2007~2008年
交通科技成果选编

2007~2008年 JIAOTONG KEJI CHENGGUO XUANBIAN

交通运输部科技司　编

人民交通出版社
China Communications Press

内 容 提 要

本书共收录了2007年和2008年经过省部级鉴定的交通科技成果项目188项，其中公路类科技成果124项，水运类科技成果22项，综合类科技成果42项。这些科技成果代表了我国交通科研的最高水平，具有较好的社会、经济和环境效益，以及良好的推广应用前景。

本书供各级交通主管部门、科研单位、交通企事业单位和交通类院校相关人员学习借鉴。

图书在版编目（CIP）数据

2007～2008年交通科技成果选编/交通运输部科技司编. —北京：人民交通出版社，2009.8

ISBN 978-7-114-07916-0

Ⅰ.2… Ⅱ.交… Ⅲ.交通运输-科技成果-汇编-中国-2007～2008 Ⅳ.U-12

中国版本图书馆CIP数据核字（2009）第132069号

书　　名：**2007～2008年交通科技成果选编**
著 作 者：交通运输部科技司
责任编辑：智景安　岑　瑜
出版发行：人民交通出版社
地　　址：(100011) 北京市朝阳区安定门外外馆斜街3号
网　　址：http://www.ccpress.com.cn
销售电话：(010) 59757969，59757973
总 经 销：北京中交盛世书刊有限公司
经　　销：各地新华书店
印　　刷：北京鑫正大印刷有限公司
开　　本：880×1230　1/16
印　　张：19
字　　数：612千字
版　　次：2009年8月 第1版
印　　次：2009年8月 第1次印刷
书　　号：ISBN 978-7-114-07916-0
印　　数：0001－1200册
定　　价：68.00元

《2007～2008年交通科技成果选编》编委会名单

前 言

为了推进交通科技进步，宣传交通运输行业近两年来取得的优秀科技成果，促进科技成果的推广应用与转化，我司组织编印了《2007～2008年交通科技成果选编》。

本书所列科技成果，主要包括两大部分：一是部科技计划重点项目取得的科技成果；二是由各省（区、直辖市）交通科技主管部门组织推荐的优秀科技成果。这些科技成果均具有较好的社会和经济效益，具有良好的推广应用前景。其中：公路类科技成果124项、水运类科技成果22项、综合类科技成果42项。

我们希望通过对这些科技成果的介绍，进一步扩大宣传，促进和推动科技成果的产业化进程，为广大科技工作者及交通运输行业搭建一个互相交流、信息资源共享的平台。

借此机会，我们还要对各有关省（区、直辖市）交通科技主管部门、科研单位、高等院校、广大科技工作者及人民交通出版社表示衷心的感谢！同时也期待着有更多、更好的科技成果问世，为交通运输行业更好更快的发展提供更大的支撑。

编 者

2009年6月

目　录

第一部分　公路类科研项目

第二部分　水运类科研项目

第三部分　综合类科研项目

第一部分
公路类科研项目

一、公路设计与施工

1. 六盘山地区公路修筑技术研究

成果所属专题编号:2001-318-000-75
成果主要完成单位:宁夏公路勘察设计院有限责任公司、长安大学
联系人:韩柳
联系电话:0951-4082239,13995286600
通信地址:宁夏银川市清和南街新生巷 15 号,宁夏公路勘察设计院有限责任公司
E-mail:hlccd_527@163. com
邮政编码:750004

一、主要技术内容

(1)对六盘山阴湿地区过湿土进行了参数的试验研究,提出了以稠度、塑性指数和 CBR 为指标的过湿土界定方法,建立了多维线性和多维非线性变形的沉降计算方法,并开发了 GSCP 沉降计算软件,提出了过湿土路基填料和过湿土地基的处治方法。

(2)在分析六盘山阴湿地区自然环境特点的基础上,通过模型试验和现场观测,提出该区路基路面排水水文计算的特殊性。研究了路基的降雨冲刷规律、公路路基路面排水设施形式及设计参数,提出了适合六盘山地区水文、气候特点的路基边坡防排水设计方法。

(3)研究六盘山下第三系清水营组(E_{3q})岩土的特殊工程性质及其对公路边坡病害形成的影响,提出了适宜的病害防治工程措施及设计参数。

(4)对六盘山地区路面的温度场进行了研究,提出了沥青面层的 PG 分级、分区及适宜的沥青标号;提出了适合于该地区的低剂量水泥粉煤灰基层材料组成;结合当地实际情况,推荐了适合于六盘山地区高等级公路使用要求的沥青混合料类型及设计方法;在面层和基层混合料类型确定的情况下,本课题考虑高等级公路行车条件、路用性能、品质等要求,以及当地气候、材料、交通组成等条件,初步推荐了三种路面结构形式。采用国内外不同设计方法对所推荐的几种结构进行了使用寿命预测。

二、适用范围

(1)六盘山地区过湿土的处治技术的研究应用于公路路基或路面基层。

(2)路基、路面综合排水技术的研究应用于公路路基或路面。

(3)不良工程地质所引发的病害防治技术研究应用于公路路基。

(4)六盘山地区合理路面结构组合形式及路用材料选用的研究应用于沥青路面。

三、已应用情况

六盘山地区公路过湿土的处治技术研究所提出的土工格栅、石灰土、碎石垫层、石灰土加土工格栅四种处治法,在省道 101 线泾源至双疙瘩梁段路基施工过程中采用了生石灰处治法,该项目 2003 年开工建设,2004 年竣工通车,经过近两年的使用和沉降跟踪观测,研究提出的过湿土处治方法取得了良好的效果,并能满足工程要求,达到了预期目的。

六盘山地区路基路面综合排水研究所提出的路面集中排水、高填方边坡综合防排水措施、横向排水

设施的设置及进出水口的冲刷防护、急流槽等排水设施的应用、地形排水系统的设置、地下排水系统的设置、挖方路段挡土墙后设置排水系统等措施，结合旧路改建设计，分别在国道 312 线六盘山隧道东西引道、省道 101 线什字至泾源段应用，经过多年观测，由于采用了完善的排水系统，排水效果良好，减少了坡面冲刷，确保了路基、路面及边坡的稳定性，大大减少了该路段水毁灾害的发生，对保障畅通、行车安全发挥了重要作用，经济效益及社会效益十分明显。

六盘山地区不良地质所引发病害的防治技术研究所提出的硬土软岩滑坡机理和防治原则，在省道 101 线泾源至双疙瘩梁段两段多年没有彻底解决的滑坡治理中应用，成功地解决了过去滑动、治理、再滑动的被动局面；在国道 312 线六盘山隧道东西引道硬土软岩崩塌、碎落防治中应用，成功地解决了多年来困扰养护部门的因崩塌、碎落病害多，养护困难大，养护成本高的难题。

六盘山地区高等级公路合理路面结构及路用材料性能研究成果，分别在国道 312 线六盘山隧道东西引道、省道 101 线三营至固原段两段公路改建时铺筑了两段试验路，并进行了试验观测和检测，通过两年多的行车及气候考验，检测结果表明，由于试验路段混合料设计采用骨架密实结构，混合料抗剪强度大，路面表面构造深度较大，使路面抗车辙能力提高，试验路段无车辙、网裂、坑槽等病害；基层采用水泥稳定碎石掺加粉煤灰、石灰，既提高了混合料的抗裂性能、同时也提高了混合料的早期强度，减少了路面开裂，试验路结构在工程费用不增加的情况下，路用性能有明显的改善，使用寿命有所延长。

研究成果所提出的面层混合料设计方法及改善混合料水稳性措施已在我区正在建设中的高速公路建设中全面应用，并在今年开工建设的孟家湾至营盘水高速公路、G211 线白土岗至太阳山公路工程中采用研究所提出的基层结构设计方法和结构。

碎石垫层处治过湿土、面层混合料设计方法及改善混合料水稳性等研究成果已在正在建设的西部大通道固原至沿川子段应用。应用本项目的研究成果将大大提高路基路面及边坡的稳定性，减少水毁灾害的发生，降低工程费用，加快施工进度，节约大量的建设成本，延长公路的使用寿命，对保障畅通、行车安全发挥了重要作用，经济效益及社会效益十分明显。

四、应用效益

本课题的研究成果在项目研究成果分别在省道 S101 线什字至泾源段、泾源至双疙瘩梁段、三营至固原段和国道 312 线六盘山隧道东西引道四个依托工程进行试验应用，为六盘山地区公路的规划、设计和管理提供了决策依据，较大幅度地减少了各种公路病害造成的损失，经济效益和社会效益显著。

泾双公路全长 31.2km，过湿土处治若全部废弃，以借土方式修筑路基的费用初步估算至少在 1 100 万元，用生石灰处治过湿土，直接工程费节省 352 万元；减少病害，降低养护费用，可增加投资效益 450 万元；减少养护费用 150 万元，总经济效益 952 万元。

根据六盘山的地质、水文、气象特征，采用路面集中排水、下边坡或填方边坡综合防排水措施，设置涵洞、急流槽和地形排水系统方法，保证路基稳定减少道路水毁灾害的发生，经济效益 280 万元。

对六盘山地区不良工程地质进行治理，防治效果良好，减少了滑坡、崩塌等公路病害，减少了养护投资费用约 80 万元。

对六盘山地区合理路面结构组合形式及路用材料选用，道路结构在工程费用不再增加的情况下，路用性能有明显的改善，使用寿命有所延长，道路使用者费用有明显降低。

该项目的研究，对于加快六盘山地区高等级公路的建设速度，提高工程质量，节约基本建设投资，促进六盘山地区高等级公路的发展具有重要的现实意义和长远意义。

2. 沥青路面再生利用关键技术研究

成果所属项目编号：2004-318-000-02

成果主要完成单位：浙江兰亭高科有限公司、长沙理工大学、湖南省交通科学研究院

联系人：邵建娣
联系电话：0575-84600319，13957501725
通信地址：浙江省绍兴县兰亭工业园区
E-mail：coco821113@sina.com
邮政编码：312044

一、主要技术内容

沥青路面在使用过程中受车辆荷载的作用和环境气候条件的影响，一定时间后会产生各种类型的病害，导致路面使用性能下降，甚至危及行车安全，必须进行维修，恢复路面使用性能。沥青路面的维修，往往要把表面的病害层铣刨掉重新罩面，从而产生大量废旧沥青混合料。本项目提供了再生利用废旧沥青混合料成套技术，包括废旧沥青混合料的评价、再生路面结构和再生混合料配合比设计、再生剂的选用、再生装备和再生工艺、再生路面施工技术。

沥青路面经使用，其中的沥青要老化，矿料要碎裂。废旧沥青混合料的再生，一是通过添加必要的助剂或新组分，在合理的工艺条件下，经反应使老化了的沥青恢复流变性能；二是通过添加合适的新矿料，使碎裂了的矿料组合，恢复级配设计的规定范围，从而使再生沥青混合料的各项路用性能达到标准规定的要求，可以与全新沥青混合料等同使用。

二、适用范围

沥青路面的再生利用技术，按再生混合料拌制和施工温度的不同，分为热再生和冷再生；按拌制场合和工艺的不同，分为厂拌再生和就地再生。本项目研究成果，适用于厂拌热再生和厂拌冷再生。

沥青道路按交通要求的不同，分高速公路和一级、二级、三级、四级5个公路等级。路面结构层则自上而下排列由面层、基层、底基层和垫层组成。面层是直接承受车辆荷载反复作用和自然因素影响的结构层，可由一至三层组成，高速公路的面层一般有三层，分别称为上面层、中面层和下面层。厂拌热再生工艺适用于对各等级公路回收沥青路面材料进行再生利用，再生后的沥青混合料根据其性能和工程情况，可用于各等级公路的沥青面层，也可用于柔性基层；厂拌冷再生工艺适用于对各等级公路的回收沥青路面材料进行再生利用，再生后的沥青混合料根据其性能和工程情况，可用于高速公路和一级、二级公路的下面层及基层，三级、四级公路的面层（当用于三级、四级公路的上面层时，应采用稀浆封层、碎石封层、微表处等做上封层）。

三、已应用情况

厂拌热再生沥青混合料分别在浙江省22号省道（诸暨至东阳）改造工程的上面层、杭甬高速公路余姚段的基层以及杭州市区道路工程的上、下面层中，已应用65 000t，共铺设上、下面层355 000m^2、基层66 000m^2；厂拌冷再生沥青混合料在浙江省22号省道下面层中应用2 820t，铺设下面层23 600m^2，均分别以全新料热拌沥青混合料和冷拌沥青混合料相同的施工工艺摊铺和碾压，成型的再生沥青路面质量情况与全新料铺设的相当。工程造价，厂拌热再生费用降低24.3%，厂拌冷再生费用降低15.4%。

上述路面工程竣工后均已经过较长时间运行。其中浙江省22号省道系2005年10月铺设，已经过四冬三夏的运行，至今路面状况良好，无裂纹、车辙、推挤、松散脱粒等病害现象发生，证明再生沥青混合料具有良好的使用耐久性。

四、效益分析

高等级道路80%以上是沥青路面，维修中产生的废旧沥青混合料数量巨大。这些废弃物的再生利用，可节约大量的沥青和矿料资源，否则将成为严重的环境污染。本项目技术的应用，具有十分显著的社会效益。

作为道路维修养护单位，应用本项目技术，如投资400万～600万元形成150t/h沥青混合料的生产能力，既可生产热再生或冷再生沥青混合料，也适应于全新料沥青混合料的生产，一般情况下，两年之内即可收回投资；作为道路业主单位，采用再生沥青混合料铺设沥青路面，在获得同等路面质量的前提下，可节省工程费用20%左右，均有较好的经济效益。

本项目技术在生产过程中，无固废或液废产生；热再生过程中，废旧料加热时产生的油烟经二次燃烧、矿料加热时产生的粉尘经旋风和布袋两级除尘，废气排放达标。

3. 固化剂稳定土路面基层应用研究

成果所属专题编号：交科鉴字2007第128号

成果主要完成单位：吉林省交通科学研究所、松原市交通局

联系人：王玢

联系电话：0431-86026020，13654398481

通信地址：长春市进化街908号

E-mail：wb-1959@163.com

邮政编码：130012

一、主要技术内容

固化剂稳定土路面基层材料，是用少量石灰等结合料与固化剂综合稳定细粒土，使稳定土基层材料具有很好的水稳定性和较高的早期强度，并具有很好的抗冻融性能和抗收缩能力等多种优良的路用性能。固化剂稳定土路面基层材料施工简单，与石灰土路面基层的施工方法很相近，该项目中所研究的液体类固化剂使用方便，且路用性能好；可就地取材，充分利用丰富的土资源；减少了胶结材料的用量，既减少了对生态环境的破坏，也减少了对环境的污染；而且，固化剂稳定土路面基层的应用，解决了无砂石地区修路难的问题，这一切所产生的经济、社会效益是非常显著的。

二、适用范围

固化剂稳定土路面基层，适用于砂石缺少地区的道路建设，可修筑不同等级道路的路面基层或底基层。

三、已应用情况

固化剂稳定土路面基层应用研究项目组多年来应用RDS-8、EN-1、ZL-1液体类固化剂稳定细粒土做路面基层或底基层铺筑了多条试验路，并进行了一些推广使用，共计铺筑固化剂稳定土路面基层或底基层试验路约4km；推广使用约百余公里。

1. 试验路相关情况

试验路相关情况见表1。

试验路相关概况　　表1

固化剂种类	试验路地点	道路等级	起始桩号	应用层位与厚度(cm)	配比种类	试验路数量(m)	共计(m)
EN-1	乾安县天身线	四级	K0+800～K1+755	基层18	9种	955	1 085.9
			K1+755～K1+815.9	整层试槽	17个	60.9	
			K7+640～K7+710	基层15	1种	70	

续上表

固化剂种类	试验路地点	道路等级	起始桩号	应用层位与厚度(cm)	配比种类	试验路数量(m)	共计(m)
ZL-1	科铁线乾安过境路	二级	K82+750～K83+953.7	底基层 15	4 种	895	1 098.7
				基层 25	1 种	203.7	
RDS-8	农安鲍家	乡道	K0+000～K0+200	基层 15	3 种	200	200
RDS-8	科铁线	二级	K89+540～K90+470	底基层 20	5 种	930	1 030
			K90+150～K90+250	垫层 15	1 种	100	
ZL-1			K90+470～K90+820	底基层 20	2 种	350	350
RDS-8	通榆粮校	四级	门前开始向左～100	基层 20	1 种	100	100

通过试验路的施工，得到了大量的试验数据，验证了固化剂稳定土材料的使用性能，并总结了该种材料的最佳配比和施工方法，为推广使用打下了良好基础。

在科铁线二级公路的基层和底基层的应用中，共计铺筑了近 2.5km 的试验路，使用效果非常好。

试验路中值得一提的是通榆粮食学校门前试验段。该路是运料重车通往二级路施工现场的必经之路，由于很多超重车辆的长期运营，该路在二级路施工时已严重破坏。为了利于施工及恢复此路况，在修复施工时用 RDS-8 固化酶稳定 4%石灰计量的石灰土(石灰为等外灰)，做 20cm 厚路面基层，铺筑了 100m。其余相邻路段为正常设计 20cm 厚的 12%石灰计量(石灰为三级灰)的石灰土基层，该路的施工由于正是二级路施工之时，基层施工结束 3d，就进行了 5cm 厚沥青混凝土面层的施工，结束后立刻投入了使用。该路投入使用后不久，由于超百吨重车较多，路面很快出现破坏，经查路面出现破坏的都是新修的 12%石灰土基层路段，且破坏均出现在重车通行一侧，而 RDS-8 固化酶稳定土基层段非常完好。同样的施工及使用条件，完好的路况，说明了 RDS-8 固化酶稳定土路面基层早期强度高，承载能力强，可有效缩短施工工期，提高工作效率。

2. 推广使用情况

(1)应用 EN-1 固化剂稳定土修建了长岭县三十号至通榆县苏公坨子段 6.9km，节省资金约41.4 万元。

(2)应用 ZL-1 固化剂稳定土在乾安县内修建了约 80km 路面基层，节约工程投资约 300 多万元。

(3)应用 ZL-1 固化剂稳定土修建了科铁线乾安至兰字井段二级路路面基层和底基层，共计 12.62km，节省工程投资约 35 万元。

四、效益分析

1. 直接和间接经济效益分析

随着国家经济建设的快速发展，公路建设也随之高速发展，面对公路建设总量和技术水平仍需显著提高，建设资金不足，公路建设所用的石灰、水泥、碎石、砂砾等主要常规材料严重匮乏等突出矛盾，本项目组研究证明，RDS-8、ZL-1、EN-1 三种液体类固化剂和少量胶结材料综合稳定细粒土，具有很好的整体强度和抗弯拉性能、抗冻性能、抗收缩性能等，完全可以满足不同等级公路不同层位的相应技术要求。固化剂稳定土路面基层的合理应用，不仅可以节约资金，创造较高的经济效益，而且解决了无砂石地区修路难的问题，对推动公路建设和经济发展具有重大的现实意义和深远的历史意义。

(1)项目研究证明，固化剂稳定土路面基层的主要技术指标均满足国家和行业的规范及技术标准要求，并且具有优良的路用性能。如果采用固化剂和石灰或固化剂和水泥综合稳定黏质土或粉质土分别替代传统结构层，可以减薄结构层厚度，且由于较高的基层强度，对于二级及二级以下公路，还可以减薄沥青面层的厚度，从而带来较大的经济效益。

(2)粉煤灰、石灰或水泥以及砂砾石等材料，在砂石缺少地区均需外购，造成砂石缺少地区筑路造价居高不下。而采用固化剂稳定土路面基层则因为减少外购材料用量或不用上述材料而大大降低工程造价。固化剂稳定土替代二灰碎石或水泥稳定砂砾做路面基层，仅材料费一项就可节约本结构层造价的40％～62％，而且固化剂稳定土路面基层小于20cm的厚度可以采用一层摊铺碾压，且施工方法简单，无需新增大型施工设备，从而产生可观的工、料、机费用的节约，带来更显著的直接经济效益。

(3)固化剂稳定土路面基层因为具有良好的路用性能，能显著提高路面的耐久性，可有效延长使用寿命和维修周期，从而产生可观的经济效益。

2.社会效益分析

(1)固化剂稳定土路面基层的应用，解决了无砂石地区修路难的问题。可就地取材，利用当地的丰富土资源，少花钱多修路，对砂石缺少地区的经济发展起到推动作用。

(2)RDS-8固化酶稳定土基层材料早期强度较高，一般3d即可开放交通，而且适宜大交通量及重道路交通，这样既节约了大量的养生费用，又由于道路的提早使用而带来很大的经济效益和社会效益。

(3)固化剂材料的引进开发和产业化经营可以增加就业机会和利税，从而带来显著的社会经济效益。

总之，随着高等级公路建设方兴未艾，全国通县路网工程建设的实施，缺砂少石地区的公路建设与社会经济跨越式发展，以及需要大量外购材料导致高造价与建设资金不足等矛盾必将日益突出。为了实现国家公路交通建设进一步发展的战略目标，以丰富的土资源为依托，推广应用固化剂稳定土科研成果，替代常规的路面基层材料，其直接经济效益和社会效益是不可估量的。

3.环境效益分析

固化剂稳定土路面基层材料替代常规的路面基层材料，可以不用和少用常规的筑路材料，如石灰、水泥、碎、砾石等，有效降低工程造价，并可减少由于过度开采和生产石灰、水泥等对环境产生的污染和对生态环境产生的破坏。这种环境效益是利国利民、获益千秋的。

4.山区高速公路路基路面排水技术研究

成果所属专题编号：2008-12

成果主要完成单位：吉林省交通科学研究所、哈尔滨工业大学、吉林省高等级公路建设局

联系人：时成林

联系电话：0431-86026027，13944933393

通信地址：吉林省长春市进化街908号

E-mail：5917293@sina.com

邮政编码：130012

一、主要技术内容

山区高速公路在营运过程中出现不同程度的病害，调查表明多数病害与水有关。进入到公路路基路面范围内的地表水和地下水是引起公路水毁的主要原因。完善的公路排水系统对于保障公路结构物的使用寿命和行车的安全、通畅具有重要的作用。

山区高速公路路基路面排水技术研究课题结合吉林省重点工程项目吉林至珲春高速公路的实际情况，提出了适用于季冻区的塑料盲沟和PE组合边沟及适用条件；确定出满足排水和强度要求的水泥稳定碎石排水基层混合料的空隙率；通过室内成型的方法，采用CBR值和动载压入试验永久变形值，对比研究筛选出具有良好力学性能的粗骨架结构；提出了确定水泥稳定碎石排水基层混合料合理稠度的析漏试验，以试件上、下部分的空隙差ΔVV(≤5％)和析漏后试件的7d无侧限抗压强度(≥3MPa)作为指标(图1)，研究了不同空隙结构普通沥青与高黏度改性沥青碎石排水基层混合料的力学性能，明确了满足路用性能要求的沥青碎石排水基层混合料空隙范围：普通重交通道路石油沥青的空隙率≤20％，高黏度改性沥青的空隙率≤25％。

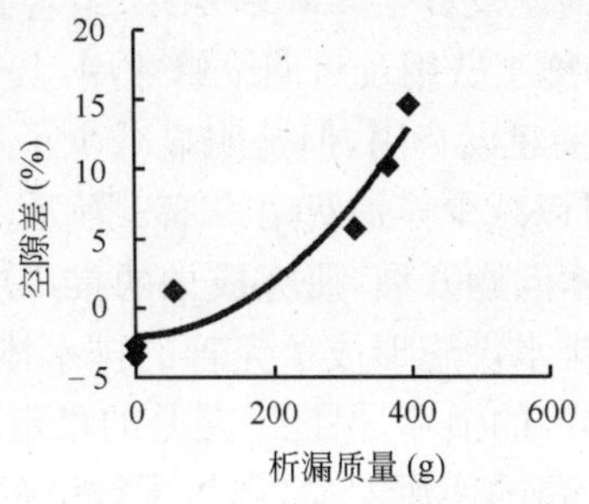

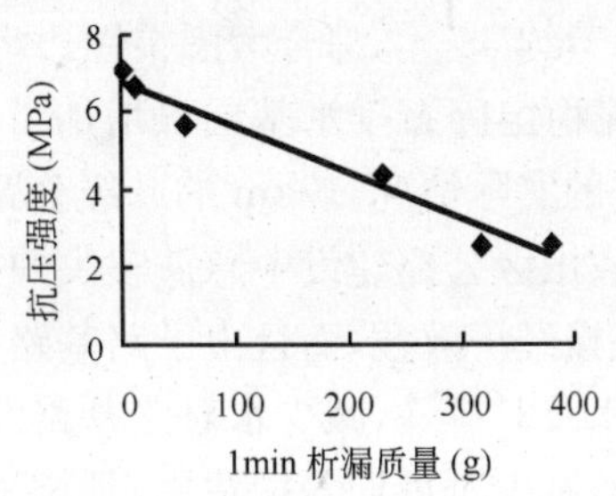

图 1　析漏质量与空隙差、抗压强度关系曲线

二、适用范围

塑料盲沟材料具有表面开孔率和空隙率高，抗压强度大，重量轻等特点，能适应土体变形和复杂环境下的施工要求，适合与山区高速公路管式渗沟，与传统的渗沟相比具有良好的集水性能和排水性能。

组合式柔性边沟能适应各种复杂地质环境，具有施工快捷，受施工条件制约小，后期养护成本低的特点，既降低了造价，又避免了冲刷破坏，作为浆砌片石边沟和植草边沟的过渡材料非常适用，其效果图见图 2。

图 2　组合式柔性排水边沟使用效果与排水基层碾压后效果

水泥稳定碎石排水基层既可以满足排水的要求，又能满足路面结构强度要求，同时具有良好的抗冻性能，适合于作为季冻区公路路面结构的组成部分。

三、已应用情况

作为吉林省重点工程吉林至珲春高速公路的配套课题，根据研究成果修筑了三段实体工程，分别为：塑料盲沟管式渗沟试验段、路基组合式柔性排水边沟试验段和水泥稳定碎石排水基层试验段。

塑料盲沟管式渗沟试验段位于吉林至珲春高速公路江密峰至黄松甸段 03 标段的 K77＋080～K77＋180 段（右半幅）、K78＋177～K78＋252 段（左半幅）和 K78＋272～K78＋395 段（左半幅），总长度 298m。为便于后期跟踪观测，在 K77＋122 和 K77＋092 处设置了两个注水口，后期的注水试验表明，塑料盲沟管式渗沟具有良好的集排水性能，是一种较好的渗沟排水材料。

路基组合式柔性排水边沟试验段位于吉林至珲春高速公路江密峰至黄松甸段 03 标段 K77＋560～K77＋610 段，与传统浆砌片石相比，大约每延米节约成本 34 元，而且组合式柔性排水边沟具有运输安装方便、施工简单快捷的优点，可以节省更多的人工费用。施工完成后的运营期间没有出现变形、冻裂、冻胀、脱皮等现象，具有良好的抗冲刷能力和抗老化能力。

水泥稳定碎石排水基层试验段位于吉林至珲春高速公路敦化至延吉段高速公路出口大石头连接线 K0＋640～K1＋240 段，总长度 600m。排水基层铺筑完成 7d 后的表面渗水试验和后期的注水试验表明，水泥稳定碎石排水基层具有良好的排水性能，能够保持路面结构干燥，改善路面使用性能，延长公路使用寿命。

四、效益分析

塑料盲沟管式渗沟与传统 PVC 管相比，每延米节约 6 元，吉林省新建高速公路中有 30％左右需要修筑管式渗沟，采用塑料盲沟替代传统PVC管可以节约建设资金330多万元；组合式柔性排水边沟与浆砌片石相比，每延米节约34元，综合考虑柔性边沟的施工费用及后期维修费用，其建设成本低于浆砌片石边沟的60%；水泥稳定碎石排水基层虽增加了直接建设费用，但是明显减少了运营过程中的养护维修费用，根据吉林省的实际情况，10km的二级公路可以减少养护费用约153万元。

本课题针对吉林省山区公路建设中急需解决的技术问题开展，研究成果的推广应用不仅可以节约工程建设投资，产生直接经济效益，而且由于路基路面排水设施形成了完善的排水体系，可以将路基范围内的地下水和地表水及时排除，减少水对路基路面结构的损坏，保证了路基的稳定性和路面结构的强度，提高了其工作性能，减少了后期养护费用，延长了公路的使用寿命，产生了较大的间接效益。因此，本课题的推广应用有利于合理配置有限的社会资源，具有显著的社会效益。

5. 季冻区高性能路面混凝土研究

成果所属专题编号：2008-13

成果主要完成单位：吉林省交通科学研究所、长安大学、吉林省高等级公路建设局

联系人：韩继国

联系电话：0431-86026015，13943052377

通信地址：吉林省长春市进化街908号

E-mail：hjguo8868@126. com

邮政编码：130012

一、主要技术内容

长期以来，水泥混凝土路面在季冻区的使用过程中存在着多种病害。随着我国经济建设的持续发展，交通量不断增加而且重载车辆也在不断增多，对水泥混凝土路面的破坏更加严重；除冰盐的大量使用会造成水泥路面大面积脱皮麻面病害，降低了水泥混凝土路面的使用耐久性能。结合吉林省重点工程项目"吉林至珲春高速公路"的建设，研究解决季冻区水泥路面耐久性劣化的问题，提高路面的长期耐久性能，降低后期养护费用，延长使用寿命。

季冻区高性能路面混凝土（HPPC）的研究优选了适合当地气候特点的高性能水泥混凝土辅助胶凝材料及外掺剂，提出了季冻区高性能路面混凝土材料组成及技术指标要求；提出了季冻区高性能路面混凝土配合比试验方法、试验控制措施及满足抗冻耐久性要求的配合比，研究配制的高性能混凝土的抗折强度超过了7MPa，抗冻、抗渗等耐久性能明显优于普通混凝土，其中抗疲劳性能比基准混凝土提高了1.4～2.2倍（图1、图2）；提出了季冻区高性能路面混凝土路用性能指标要求建议值；给出了高性能路面混凝土施工工艺要求；经过对高性能路面混凝土的性价比计算分析，得出其综合性价比是基准混凝土的1.72倍。

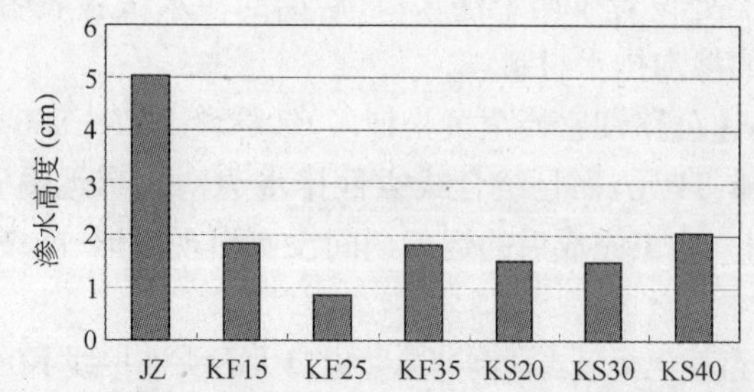

图1　不同混凝土渗水高度对比（体现出HPPC的优异抗渗性能）

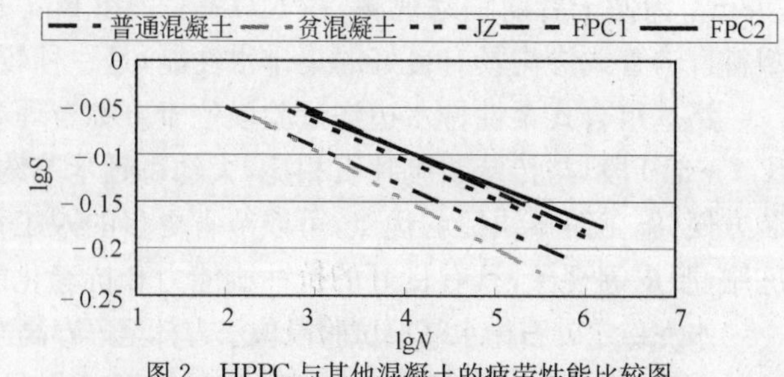

图2　HPPC与其他混凝土的疲劳性能比较图

二、适用范围

高性能路面混凝土能够大幅度提高抗冻耐久性能，抗盐冻性能，抗渗和耐磨性能，改善温度收缩及干燥收缩性能，具有良好的抗腐蚀性和耐疲劳性能。适用于季冻区各级公路水泥混凝土路面建设（包括

收费站水泥路面广场)，特别是对积雪冰冻地区的水泥路面，可以提高水泥路面抗盐冻耐久性能，减少水泥路面病害，降低后期养护费用，延长公路使用寿命。

三、已应用情况

结合室内研究成果，在吉林省吉林至珲春高速公路安图连接线上 K1＋845～K2＋160 处铺筑了315m 的高性能路面混凝土试验路，采用不同掺量的磨细矿渣粉水泥混凝土路面和对比空白水泥路面的试验方案。该路段路面宽 9.0m，路面结构为：22cm 水泥混凝土面层，20cm 水泥稳定基层和 30cm 水泥稳定山砂下基层。试验路具体方案如表 1 所示，试验路平面布置示意图如图 3，应用情况见图 4。

试验路方案 表1

方 案	方案代号	特细矿渣掺量	外加剂品种
试验方案一	KZ1	取代水泥量的 30%	长春产的 Sky 型高效引气减水剂
试验方案二	KZ2	取代水泥量的 25%	安徽产的 AH-2 型高效引气减水剂

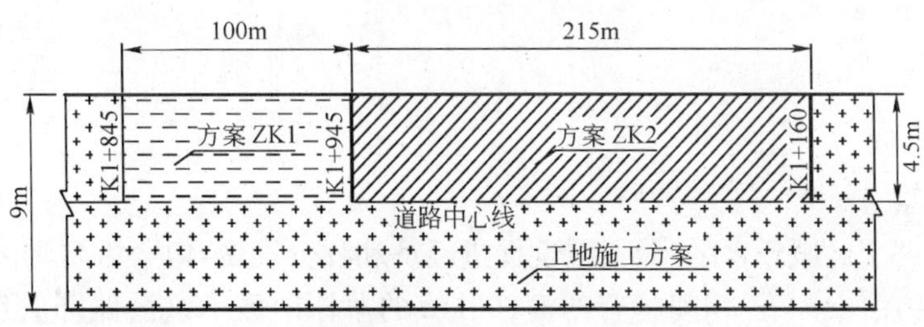

图 3 试验路段平面布置示意图

通过对竣工后和第二年的表面裂缝观测，仅在 K2＋148 处发现一处横向裂缝，全部 315m 试验段未发现纵向裂缝，路表面平整坚实。从后期路表面使用来看，高性能混凝土试验路表面有小石子外露现象，刻槽时小石子被切割，保护了后期使用刻槽的形状，使得路表面抗滑性能得以提高。

图 4 高性能路面混凝土试验应用情况

四、效益分析

2006 年，在吉林省吉林至珲春高速公路安图连接线上铺筑了高性能路面混凝土试验段。从高性能路面混凝土与普通混凝土造价和性能价格比两个方面分析其经济效益：HPPC 的价格比普通混凝土略低，造价上可以节约 10 元/m^3，每百公里高速公路水泥路面(路面宽度 21m，厚度 25cm)可降低工程造价约 525 万元，优良的路用性能可以减少后期的养护费用，创造经济效益；HPPC 在抗冻性、抗渗性、力学性能等主要指标上均比普通混凝土有明显的提高，综合性能是普通混凝土的 1.65 倍，性价比是普通混凝土的 1.72 倍。这说明掺入矿质超细粉对混凝土性能具有良好的改性效果，采用其修筑路面可以保持相对更长的寿命，节约了建设资金，使有限的资金得到了更加合理的应用，同时也减少了后期维护费用，带来巨大的间接经济效益，初步估算修建每 100km 高性能水泥路面可带来上千万元的经济效益。

由于高性能混凝土具有更加优异的路用性能，可以减少各种路面使用中的病害，保证公路行车安全、畅通，创造巨大社会效益；同时由于利用了工业废弃料(矿渣和粉煤灰)，使自然环境和有限的土地资源得到了保护，证明了 HPPC 不仅具有良好的路用性能，而且还具有较好的经济、社会效益，其推广应用前景十分广阔。

6. 草原地区一级公路升级改造适用标准及关键技术研究

成果所属专题编号：2006-353-315-010

成果主要完成单位：内蒙古自治区省际通道建设管理办公室、中交第一公路勘察设计研究院有限公司、北京中咨正达交通工程科技有限公司

联系人：张广

联系电话：13847124999

通信地址：呼和浩特市地质南街 68 号省际通道建设管理办公室

E-mail：jty6393@163.com

邮政编码：010020

一、主要技术内容

1. 课题来源与背景

为改善和提高公路交通服务水平，最大限度促进经济和社会发展，内蒙古自治区制定了切实可行的公路交通发展目标，并在“十一五”期间将有约 2 000km 的草原地区一级公路需升级改造为高速公路。虽然国内外近几年陆续完成了多个一级公路升级改造为高速公路的工程项目，积累了一定的工程经验，但限于地理位置和环境的不同，与草原地区的实际情况不相适应，且业界对升级改造的许多技术问题还处于摸索、试验阶段，行业主管部门针对改扩建工程的规范与规程较少，许多通用技术及关键技术有待于进行专题研究和总结。本课题正是针对上述现状与需求而开展的专题研究工作。

2. 技术原理及性能指标

(1)技术原理：草原地区一级公路里程长，分布范围广，如果逐条研究，工作量非常大。而内蒙古省际通道主线一级公路全长 1 315km，从东至西穿越了 6 个盟市，占全区所有一级公路升级改造项目的 66%，具有明显的草原地区一级公路交通特点，是内蒙古草原地区具有典型代表意义的一级公路。所以选定省际通道主线一级公路作为主要研究对象，论证对其进行升级改造所采用的标准和技术指标。草原地区其他一级公路升级改造项目可根据项目的共性和相似性选用升级改造建议标准和指标。从而将本课题研究成果推广到草原地区所有一级公路升级改造项目中。

(2)研究结论(性能指标)：

①根据草原地区公路的特点，草原地区一级公路升级改造宜采用不提速不加宽仅封闭的改造形式。

②草原地区一级公路升级改造宜采用的标准及主要技术指标为：a. 设计速度。为降低工程的造价，一级公路升级改造工程设计车速一般采用未改建前公路的设计车速 100km/h、80km/h。b. 车道数。一般地区、交通量相对较小的地区、沙漠等地区建议采用 4 车道；经济发达地区、交通量相对较大的地区建议采用 6～8 车道。c. 路基宽度。应满足路基宽度一般值的规定，即对设计速度为 100 km/h 的 4、6、8 车道，路基宽度分别为 26m、33.5m、44m；对设计速度为 80km/h 的 4、6 车道，路基宽度分别为24.5m、32m。为了满足一般值，经综合论证后认为不合理和不经济时，可采用路基宽度最小值。

③草原地区一级公路升级改造时应采用运行速度进行安全性评价。

④草原地区一级公路升级改造的关键技术为总体设计、收费制式、封闭方案、服务区布局、观景台、互通式立交、辅道、分离式立交、天桥、通道设计等多个方面。

3. 技术的创造性与先进性

(1)首次提出草原地区一级公路特点，为草原地区一级公路升级改造形式选择提供依据。

(2)首次系统提出一级公路升级改造的四种形式：不提速，不加宽，仅封闭改造；提速，不加宽，封闭

改造;不提速,加宽,封闭改造;提速,加宽,封闭改造。

(3)首次提出采用模糊综合评选法对线形指标适应度进行评价,从而得出既有公路线形与现行标准规范的符合程度,作为一级公路提速或不提速改造的主要依据。

(4)首次提出了草原地区一级公路升级改造的基本原则和总体设计、分期建设等原则及标准采用的建议。根据查新结果,全国没有统一的标准和建议来指导草原地区一级公路升级改造,本课题成果在进一步完善后可以成为标准或规范的雏形。

(5)首次总结和提出了基于运行速度的公路升级改造设计流程和方法及评价标准。在运行安全评价过程中,通过模拟建成后的公路特征,及早发现并尽量消除和完善由建设过程中产生的公路交通安全隐患、黑点,再进行安全性检查和效验评价,分析改造后是否已达到升级改造的目标,从而体现"以人为本"、"安全至上"的设计理念。

(6)首次提出了草原地区一级公路升级改造设计指南。

设计指南是在系统分析草原地区公路特点、全面调查一级公路升级改造现状、仔细总结内蒙古省际通道升级改造适用的技术标准与指标的研究成果基础上,参考有关技术规范编制而成,其主要内容有总则、术语、总体设计、安全性评价与检验、交叉口升级改造方案、封闭方案、交通工程及沿线设施、升级改造的灵活设计等。设计指南侧重于提出基本的技术方案与思路,对具体的技术指标与细节倡导灵活性。

二、适用范围

本研究是在广泛调研分析草原地区公路特点及借鉴其他区域公路升级改造技术成果的基础上,研究分析现行标准规范,以安全第一、以人为本为前提与目标,紧密结合工程实际而得出的系统成果,技术成熟,可以作为草原地区一级公路升级改造的基本技术原则,其他地区公路升级改造可参考借鉴。

三、已应用情况

本课题针对性强,研究成果在内蒙古乌达至石炭井、新林北至扎兰屯等数个公路升级改造项目中得到较好的应用。

四、效益分析

内蒙古乌达至石炭井一级公路升级改造过程中采用本科研课题成果,在保持原一级公路各项平纵指标不变的情况下,增加互通和分离式立交等工程,采用全封闭的形式完成高速公路的升级改造,增加辅道以满足附近农牧民的正常生产生活需要。与单独修建高速公路相比,节约资金20%,每公里节约投资约380万元。

我国草原地区幅员辽阔,公路里程长,分布范围广,本课题研究成果在其升级改造过程中将有广阔的应用前景,产生良好的经济和社会效益。

7. 百罗高速公路人文历史景观塑造综合技术研究

成果所属专题编号:交科鉴字[2009]105

成果主要完成单位:广西交通科学研究院

联系人:王淑英

联系电话:0771-2311639,13877179593

通信地址:南宁市高新区高新二路六号

E-mail:shuying.wang@163.com

邮政编码:530007

一、主要技术内容

课题以百罗路为研究对象，着重研究在最大限度地保留自然风光、文化遗迹的同时，提炼该路段的特征、内涵，在适当的位置塑造人文景观，以彰显人文景观与自然地景融合共存的艺术风景，创造该路段本身的、特定的风格，用高速公路这一载体来表现历史事件、人文景观，提高道路景观的文化内涵，创造公路的文化属性，让旅客在行进高速公路时，能同时感受到自然生态与人文景观之美，走可持续发展之路，把高速公路通过区域的自然与人文景观巧妙而恰当地与路域景观的营造结合起来，起到良好的景观效果及社会认同感。根据不同道路和其区域特征进行综合考虑，通过巧妙地融合与深层次的挖掘，营造出和谐、自然而富有地方人文特色的景观环境。对高速公路景观设计中人文景观设置的位置、内容、尺度、表现手法等基本要素形成一定的指导。

项目的技术经济指标如下：

(1)通过对百罗路人文景观塑造综合技术的研究，把百罗路建成：

红色之路——革命老区　塑造人文景观，表现百色起义这一重大的历史事件。

绿色之路——生态保护　用植物造景，恢复自然生态，与周边的自然环境融为一体。

多彩之路——民俗文化　塑造人文景观，展示多彩的民俗文化，开发当地的旅游资源。

(2)提出简洁、高效、客观的高速公路景观评价方法，为日后高速公路景观建设、评价提供依据与借鉴。

二、适应范围

该项目研究成果适应公路景观设计及养护。

三、已应用情况

本项目的研究，对百罗高速公路进行了全线景观总体性规划设计，对沿线景观有一个较大的改善，结合当地的人文历史，提高了百罗高速公路的文化内涵。尤其是在高速公路景观中反映了历史事件和地域文化，在营造生态路的同时，增强公路景观的教育性并启示后人，使之成为开放的、流动的、展示当地文化历史的博物馆，促进了当地经济、旅游的发展，创造了良好的经济效益和社会效益。

四、效益分析

通过本项目的研究应用，使百罗高速公路全线景观有一个较大的改善，在高速公路景观中反映了历史事件和地域文化，促进了当地经济、旅游的发展，其经济效益和社会效益是巨大的。

8. 膨胀土地区公路建设成套技术

成果所属专题编号：交科鉴字[2007]第161号

成果主要完成单位：长沙理工大学、南京水利科学研究院、中交第二公路勘测设计研究院有限公司、云南省公路科学技术研究所

联系人：郑健龙

联系电话：0731-5258080

通信地址：长沙市雨花区万家丽南路二段960号

E-mail： zjl@csust. edu. cn

邮政编码：410004

一、主要技术内容

膨胀土是一种富含蒙脱石混层矿物的黏性土，在环境干湿交替作用下，具有显著的体积胀缩和强度

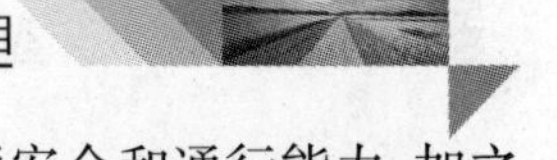

衰减特性。在膨胀土地区筑路几乎是“逢堑必滑”且屡治屡滑，严重影响道路交通安全和通行能力，加之膨胀土不能直接用作路基填料，弃借方占用大量土地，造成严重的水土流失和生态环境破坏，建养成本大大增加，故被称之为“工程中的癌症”。

本技术是在系统现场调研、大规模室内外试验、理论分析计算、实体工程修筑、检测和长期跟踪监测基础上建立起来的，集理论、方法以及勘察、设计、施工技术于一体，主要包括以下内容。

(1)创建了膨胀土路堑边坡滑坍治理的柔性支护综合处治技术。柔性支护结构由四部分组成：膨胀土加筋体产生支挡力，并通过变形吸收坡体的膨胀能；内部排水通道疏排坡体的裂隙水；防水土工膜阻止地表水下渗；阔叶植被根系稳定表土层，防止水土流失；实现了以柔治胀、以膨胀土治理膨胀土的新理念。实践表明：每100m长、10m高的路堑边坡可减少弃土和削坡占地9.4亩，缩短工期75%，降低造价66%。

(2)开发了膨胀土填筑路堤的物理处治技术。其技术特点是将膨胀土填于下路堤，并采取非膨胀性黏土包边等封闭包盖措施控制其湿度变化范围，使之成为可用的填料。工程应用证明：每100m长、8m高的路堤可利用膨胀土2万m^3以上，使膨胀土的利用率提高50%，工期缩短60%，造价降低70%，减少了借弃土占地和土方运输燃油消耗。

(3)建立了膨胀土地区公路勘察设计系列技术，提出了以标准吸湿含水率为控制指标的公路膨胀土判别指标与标准以及工程分类方法，使其误判率降低30%，补充完善了多部行业规范，并首次开发了“中国膨胀土GIS信息系统”。

(4)发明了一种膨胀土地基液态改良剂，简化了地基施工工艺，缩短了施工周期，改善了地基的水稳性，使承载力提高1.8～2.2倍。

(5)提出适宜膨胀土地区生长的植物族群组合及其培育技术。其技术特征是物种与膨胀土相适应，注重植物族群的相容性，栽培技术与边坡地形相适应。该技术使路域植物族群的存活率和植被覆盖率均达95%以上。

二、适用范围

该技术可靠、经济、环保且实用性强，可广泛用于膨胀土地区铁路、水利、房屋、机场、管道建设。

三、已应用情况

1996年至今，膨胀土地区公路建设成套技术分别在广西、云南、河南等8个省区23条公路膨胀土路段和南水北调渠坡工程中得到应用(表1)。该成套技术的相关内容已分别纳入交通部行业标准《公路路基设计规范》(JTG D30—2004)、《公路土工试验规程》(JTG E40—2007)、《公路土工合成材料应用技术规范》(JTJ/T 019—98)、《公路土工合成材料试验规程》(JTG E50—2006)和《公路工程地质勘察规范》(在审)。

膨胀土地区公路建设成套技术推广应用情况 表1

应用单位名称	应用技术	应用起止时间	经济效益(万元)
广西 1.南友高速公路 2.南百高速公路 3.百罗高速公路 4.水南高速公路 5.隆百高速公路	膨胀土地区公路建设成套技术	2003年4月至2009年2月	34 727.71

续上表

应用单位名称	应用技术	应用起止时间	经济效益（万元）
湖南 1.常张高速公路 2.醴潭高速公路 3.邵怀高速公路 4.常吉高速公路	膨胀土地区公路建设成套技术	2004年6月至2006年10月	27 537.62
河南 南邓高速公路	膨胀土地区公路建设成套技术	2004年2月至2006年10月	9 143.18
内蒙古 呼集高速公路	膨胀土地区公路建设成套技术	2001年4月至2003年8月	6 825.37
湖北 1.荆宜高速公路 2.武荆高速公路 3.孝襄高速公路	膨胀土地区公路建设成套技术	2003年4月至2007年11月	6 127.36
云南 1.楚大高速公路 2.安楚高速公路 3.砚平高速公路 4.平锁高速公路 5.保龙高速公路 6.鸡石高速公路 7.昭通机场高速	膨胀土地区公路建设成套技术	1996年2月至2008年10月	2 0147.95
江苏 宁淮高速公路	膨胀土地区公路构造物地基与基础设计和施工技术	2003年7月至2006年9月	6 800.00
四川 成雅高速公路	膨胀土地区公路构造物地基与基础设计和施工技术	2002年5月至2004年5月	280.00
南水北调工程	膨胀土边坡柔性支护技术	2007年4月至今	
合计			117 531.37

四、效益分析

该成套技术在8省区23条高速公路和南水北调工程中的应用，产生直接经济效益11.75亿元，节约建设用地1 080万m^2，减少油耗3 640.6万L，降低废气排放1.66万t，避免了因膨胀土堑坡滑坍等地质灾害而导致的交通阻断和重复治理，保障了道路交通安全畅通，保护了环境，节约了资源，取得了重大社会、生态、环境效益，被交通运输部列为重点推广技术。

9.国外公路工程标准规范研究及编译

成果所属专题编号：交科鉴字[2008]第128号

成果主要完成单位：交通部科学研究院、交通部公路科学研究院、长安大学、江苏省交通科学研究院、重庆交通科研设计院、中交公路规划设计院有限公司、中交第一公路勘察设计研究院有限公司

联系人：周紫君

联系电话：010-58278250，13581975385，010-58278301

通信地址：北京市朝阳区惠新里240号

E-mail:zhouzijun2003@126.com
邮政编码:100029

一、主要技术内容

国外公路工程标准规范研究及编译是在大量搜集国外标准规范，调研国内外公路工程技术标准规范体系和国内外公路、桥梁、隧道、公路安全和公路环境保护等五方面技术标准规范的基础上，研究分析我国公路工程技术标准规范体系的现状和需要完善之处，最终确定编译内容，有针对性的编译体现先进理念、最新技术与方法的国外公路技术标准规范，并对我国公路工程技术标准体系的完善和构建以及公路、桥梁、隧道、公路安全和公路环境保护等方面标准规范的编制与修订提出可操作的建设性意见，主要技术内容简述如下。

(1)全面、系统地研究分析和归纳了美国、英国、德国、日本等国家和国际组织的公路工程标准规范体系，并与国内标准规范体系进行对比分析；对完善我国公路技术标准规范体系及相关技术标准提出了建设性的意见。

(2)对我国公路工程(包括路面结构设计、材料和试验方法、公路养护管理、农村公路)、桥梁设计和加固、隧道运营及防火、安全运营和路侧安全设计、公路环境影响评价、环境规划与管理、公路景观设计等多方面技术标准规范进行了回顾总结，并与国外同类现行标准进行对比分析，研究成果在新理念、新技术、新方法等方面对我国公路标准规范的制定和完善具有积极的指导意义。

(3)在国内全面、系统、有针对性地研究编译出版(包括正式与非正式两种形式，以正式出版为主)国外公路、桥梁、隧道、安全、环境保护等方面的《国外道路最新技术与标准规范译丛》16册，对我国公路技术的发展具有积极的促进作用。

二、适用范围

国外公路工程标准规范研究及编译项目成果适用范围如下：

(1)用于满足公路行业技术标准规范归口管理部门制定标准规范工作指导意见等政策类文件的决策支持需要；

(2)满足参与公路技术标准规范制修订单位及相关人员研究参考需要；

(3)满足公路工程生产技术人员和科研机构研究人员对国外新理念、新技术及方法的实践参考需要及研究需要；

(4)满足高等院校公路工程专业方向师生学习国外新理念、新技术与新方法的需要。

三、已应用情况

典型应用情况举例如下：

长安大学科技处在进行河北省交通厅科技项目《低交通量道路技术标准与路面结构研究》、河南省交通厅科技项目《高速公路复合式路面养护维修成套技术研究》过程中分别应用了该编译成果中国外农村道路标准研究编译和国外道路养护标准研究编译部分，形成河北省《低交通量道路设计指南》和《复合式路面养护维修技术指南》。实践表明，本项目研究编译的《国外农村道路指南》和《国外公路养护和管理指南》包含的国外农村道路相关技术标准和国外养护技术与标准针对性和系统性很强，内容丰富，具有很强的实用性，对我国低交通量道路的建设和公路养护管理具有重要的借鉴和指导意义。

四、效益分析

国外公路工程标准规范研究及编译项目研究成果，除研究报告及分报告外，还包含公开出版的一系列国外道路最新技术与标准规范译著，社会效益显著。

1. 促进了国内外行业技术与标准规范学术交流

根据项目编译成果，邀请国外知名专家学者来华讲学，同时邀请国内专家参加学术交流活动，能够从多个方面促进国内外行业技术与标准规范学术交流。目前已成功举办过两次学术交流会议，效果良好。

2. 为修订行业标准规范体系提供理论性参考或支撑

新的国家公路工程标准规范体系正在构建中，项目的研究成果及所提出的建设性建议，将为修订行业标准、规范体系提供理论性参考，为构建“科学、完备、合理、高效”的技术标准体系提供决策依据和理论支持。

3. 促进行业相关研究及专项标准规范的建设

使领域科研、技术人员更清楚地掌握国外技术与标准规范的情况，包括国内外有关专项标准的差距和自身不够完善之处，有利于促进行业专项标准的建设，使标准制修订人员或相关科研人员在从事相关研究时，有所参考借鉴。

10. 山区双车道公路路线设计参数的研究

成果所属专题编号：交科鉴字[2007]第116号

成果主要完成单位：交通部公路科学研究院、北京工业大学、中交第一公路勘察设计研究院、中交第二公路勘察设计研究院、重庆市公路局、贵州省交通规划勘察设计研究院

联系人：方靖

联系电话：010-62361962，13901359114

通信地址：北京市海淀区西土城路8号

E-mail：j. fang@rioh. cn

邮政编码：100088

一、主要技术内容

本项目旨在通过对我国现行标准规范的适应性分析，提出适合我国西部山区交通运行规律的路线设计方法及其关键的设计参数，细化和完善现行标准、规范，提高山区双车道公路路线设计质量。

(1)根据公路运输的主流车型，同时兼顾车型发展趋势，采取统计数据分型与动力性能分型相结合的方法，从通行能力和行驶安全性两方面综合分析，确定了设计车型外廓尺寸。

(2)通过广泛调查山区双车道公路各种线形及其组合下的车辆运行速度特性，结合理论分析与系统分析，从人、车、路三位一体的角度审视了公路线形与运行速度的关系，研究驾驶员在各种线形指标和平、纵线形组合下的实际行驶速度，建立了平曲线、纵坡、弯坡组合、加减速和路面宽度速度预测模型。

(3)借助动态的速度、心率、呼吸等人体心理生理检测仪器，通过大量野外试验，首次提出了适合我国山区双车道公路特点的平、纵面指标舒适性阈值，从驾驶员心理、生理角度量化了山区双车道公路路线设计的关键性参数指标，改变了以往仅从车辆动力学角度来确定设计参数的旧有模式。

(4)在国内首次采用动态心电仪测试驾乘人员在不同弯道上不同车速条件下的心率变化情况，分析曲线半径与车速对驾乘人员的心理影响，找出乘车人的舒适度感受与横向力系数阈值的关系；确定了不同速度对应的平稳舒适、略有不适、不稳定、难以忍受等实际乘车感受阈值和极限半径、一般最小平曲线半径与不设超高的平曲线半径的建议值。

(5)通过大量翔实的实地观测数据和运行速度分析，对上坡路段，从载重汽车上坡动力性和通行能力两方面阐述了公路纵坡坡度与坡长限制问题，解决了目前标准规范纵坡指标“单一僵化”的缺点。对于连续下坡路段，在国内首次从事故机理出发，根据车辆制动器温度变化过程，建立了坡长与车辆制动器温度和制动效能之间的关系，提出了纵断面设计的关键性控制指标

(6)通过驾驶员反应时间、视线高度、制动距离的实地调查，首次建立了公路货车停车视距与车辆制

动效率和纵坡坡度之间的数学模型，丰富完善了国内标准规范。

(7)以路段间运行速度差和驾驶员心率增长率为指标，建立了我国山区双车道公路路线安全性评价标准，使预防为主的主动安全设计理念在我国公路工程技术标准中得以体现，为公路安全性评价提供了量化的评价标准和实施程序。

(8)项目从行车安全性和通行能力分析入手，详细分析了车道宽度、路肩宽度的功能与最低尺寸要求，以及双车道公路曲线路面加宽需求，从行驶时所要求的运行安全性和服务水平出发，综合考虑经济性与安全性，提出最佳的路基宽度技术指标。

(9)以研究为基础编制的“山区双车道公路路线设计指南”，作为设计人员的参考手册，细化了现行的标准规范，使之更具可操作性。

二、适用范围

项目研究成果能够指导山区双车道公路路线设计的实践工作，以及双车道公路安全性评价工作。

三、已应用情况

本项目研究成果，已先后于2006～2008年间，成功应用于黑龙江、湖南、云南、重庆、新疆等多个省市的山区双车道公路设计。通过用户反馈意见表明：在路线设计应用研究成果，以《山区双车道公路路线设计指南》为指导，使设计人员能够因地制宜，合理的选用路线技术指标，优化设计方案，做到线形连续、安全舒适，达到工程投资最小与行车安全最佳结合的预期目标，具有良好的社会效益和经济效益。研究成果在“路线和交通工程专业”标委会召开的专家咨询会上进行了介绍和讨论，与会专家认为：成果体现了山区公路特点，为完善山区双车道公路路线设计提供了有效的指导，应适时地纳入规范修订，用以科学地指导山区双车道公路的设计和安全评价。

四、效益分析

项目研究成果在保障山区公路交通需求的前提下，提供山区车辆安全运行、乘坐舒适、方便驾驶、满足经济性和环境保护要求的路线设计参数，落实了交通部倡导的公路设计新理念，实现安全、环保、节约、和谐，科学合理地指导山区公路的路线设计，优化山区双车道公路的路线设计，提高山区公路的交通安全水平，促进我国山区公路的健康持续发展。

11. 公路建设质量评定指数研究

成果所属专题编号：2005-318-223-21

成果主要完成单位：交通部公路科学研究所、交通部交通基本建设质量监督总站、北京逸群工程咨询有限公司

联系人：孟书涛

联系电话：010-62028502

通信地址：北京海淀区西土城路8号

E-mail：st. meng@rioh. cn

邮政编码：100088

一、主要技术内容

目前，我国已经建立了对单个公路工程建设项目的质量评定方法和标准，但是对于全国或者一个省内多个公路工程建设项目的宏观质量评定却无法进行。

公路建设宏观质量评定指数研究课题是在我国对全国在建的多个项目缺乏有效评价手段的情况

下，为了满足对全国或者一个省的公路建设总体质量的监管、采用科学的方法引导和加强公路工程建设质量向“更好更快”的方向发展，以及提高质量管理水平的科学手段、实现质量管理科学化、规范化的目标而开展的研究。通过本项目的研究，取得了以下6个方面的实用研究成果。

(1)研究建立了全国、片区以及各省级行政区等不同层次的公路建设宏观质量评价体系，实现了不同区域公路建设质量的横向、纵向比较。

(2)研究提出了以3个一级指标、7个二级指标和21个评价指标为模型的公路建设宏观质量指数计算方法和评价方法。

(3)根据所依托的省(市)提供的实测数据，研究确定了公路建设宏观质量评价指标的评价标准，这是本项目研究的难点和重点，突破了现行公路工程微观质量评定体系，建立了公路建设宏观质量的评价指标和评价标准。

(4)研究确定了公路建设宏观质量评价指数所需的数据采集方法和规定，便于数据提供单位收集和报送数据。

(5)研究确定了公路建设宏观质量评价计算方法与权重的赋值。

(6)研究开发了公路建设质量动态数据库和信息发布网站。

鉴定专家委员会一致认为，本项目的研究成果解决了公路工程宏观质量评价体系框架的建立和评价标准的确定等关键技术，整体研究水平处于国际领先水平。项目的实施对在建的公路工程建设项目具有积极的作用，特别是新的宏观质量评价体系的建立和宏观质量评价标准的确定，为项目建设明确了新的方向，对全国的公路建设质量影响较大，适应了我国公路建设快速发展新形势下对事关国家利益的工程质量的监管作用。

图1为公路工程建设质量宏观评定的系统框图。公路工程建设质量的宏观评定步骤为：

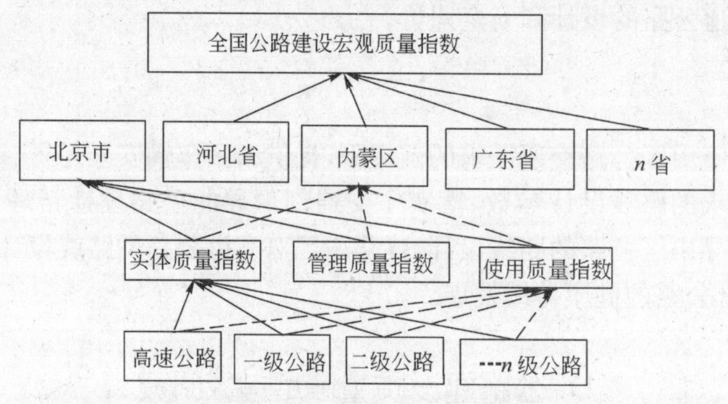

图1　全国公路建设质量宏观评定的系统框图

(1)按照不同等级公路的实测数据，计算各省级行政区域的公路建设宏观质量指数。公路工程建设的宏观质量指数由实体性质量、建设管理质量和使用质量指数组成。

我国将公路的等级划分为高速公路、一级公路、二级公路、三级公路、四级公路和等外公路几个等级，按照以上公路建设宏观质量评价体系框架，每个等级公路的宏观质量指数都可以根据图1所示的框架进行计算，进而得到每个省级行政区的公路建设宏观质量指数。

(2)按照各省级行政区域公路建设宏观质量指数，计算全国的公路建设宏观质量指数。

在得到每个省级行政区的公路建设宏观质量指数后，根据不同行政区的公路建设投资规模占全国总投资规模的比例为权重，计算全国的公路工程建设宏观质量指数。

(3)各省(区)不同等级公路的关键技术指标和管理评价指标是整个公路工程建设质量宏观评定的基础。

二、适用范围

本项目研究成果可用于各级交通主管部门对不同等级、多个在建公路工程建设质量的宏观评定，对

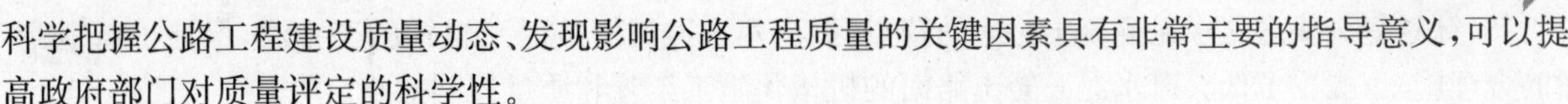

科学把握公路工程建设质量动态、发现影响公路工程质量的关键因素具有非常主要的指导意义，可以提高政府部门对质量评定的科学性。

三、已应用情况

本项目研究成果在2007年10月通过了交通部组织的鉴定，之后在交通部交通基本建设质量监督总站开始试用。2008年组织了全国约16个省级质量监督站进行了公路工程宏观质量评定培训班，目前在交通部交通基本建设质量监督总站的领导下，已经在全国开始应用，为交通主管部门的科学决策提供了帮助。

四、应用效益

公路工程质量评定指数的研究成果为我国公路工程建设宏观质量评价提供了科学依据。通过对宏观质量评价指数的跟踪和分析，可以更好地跟踪我国公路工程建设宏观质量的变化状态、分析影响宏观质量的因素，不仅可以为交通部加强交通行业管理提供有力的技术支撑，而且可以为不同区域、不同省级行政区域的公路工程建设管理提供服务，具有广泛的社会效益，利于公路建设和养护资源的节约与环境保护，具有良好的推广应用前景。

12. 低噪声水泥混凝土路面研究

成果所属专题编号：交通部西部交通建设科技项目 2004-318-223-09

成果主要完成单位：交通部公路科学研究院、广西交通科学研究院、广西交通基建管理局、中科院声学所、同济大学、河北省秦皇岛市交通局

联系人：田波

联系电话：010-62079598

通信地址：北京市海淀区西土城路8号

E-mail：b. tian@rioh. cn

邮政编码：100088

一、主要技术内容

随着我国高速公路建设的迅速发展和社会进步，公路与安全、公路与环境的关系越来越引起人们的重视，“以人为本”的理念越来越深入人心，对道路安全、舒适和环保的要求越来越高。交通噪声源于车辆发动机为主的动力系统以及轮胎与路表间的滚动接触。在高速行驶中，噪声主要来自于轮胎与路面间的摩擦。本项目就是通过对水泥混凝土路面的“路面—轮胎”噪声发生机理，评价和量测方法的研究，通过对水泥凝土路面降噪关键技术的系统研究，提出适合我国国情的低噪声水泥混凝土路面材料组成和施工工艺，达到降低交通噪声的目的。

项目取得了以下主要研究成果：

(1)开发研制了“路面与轮胎噪声测试仪”，并获得了实用新型专利，提出了“路面—轮胎”噪声量测和评价方法。

(2)通过对不同路面形式的路面—轮胎噪声的测量，研究不同路面构造引起的噪声的特点。

(3)将路面—轮胎作为一个相互作用的系数，通过深入研究路面与轮胎的相互作用机理及路面表面构造与声学特征的相互关系，提出降低“路面—轮胎”噪声的技术措施。

(4)对于多孔水泥混凝土路面材料的级配、水灰比、聚灰比等因素进行研究，提出多孔水泥混凝土材料配合比设计方法以及多孔材料水泥混凝土路面的结构、功能设计方法。

(5)利用图像识别技术，提出了试件内部贯通孔隙的研究方法。

(6)针对复合式多孔水泥混凝土路面的特点，提出两次摊铺湿接的三辊轴施工方法，保证了新型路面的合理施工；提出了低噪声水泥混凝土路面的机械化施工工艺和质量控制措施。

(7)编制了《低噪声水泥混凝土路面设计和施工技术指南》，可以为广大人口稠密地区和隧道内低噪声水泥混凝土路面提供技术支持。

(8)提交国家标准《道路表面对交通噪声影响的测量——第二部分　近场测试法》一项。

二、适用范围

本项目研究成果适用于新建或改建水泥混凝土路面，包括隧道内的水泥混凝土路面。

三、已应用情况

南友高速公路凭祥段修筑多孔混凝土路面 2 000m，其中隧道内左右洞各 270m，隧道外各 730m。

秦皇岛 102 国道山海关段(桩号为 K312＋000～K315＋000)修筑刻槽水泥混凝土路面 3 000m。秦皇岛沿海公路修筑刻槽水泥混凝土路面 20km。通过采用刻槽技术，节省道路两侧隔音墙造价 1 000 余万元。

广西在岑梧高速公路全线推广变间距横向刻槽技术 65.3km，其中约 10.5km 通过村庄、学校，按照单侧隔音墙每公里造价 150 万元计算，共节省工程造价 1 575 万元，总计节省开支 2 500 余万元。

四、应用效益

目前一般隔音墙的工程造价为每延米 2 000～4 000 元，按平均值 3 000 元计算，双侧隔音墙的造价将达每公里 600 万元。低噪声水泥混凝土路面的采用将降低道路两侧的环境噪声，节省隔音墙等减噪工程的费用，减少视觉污染。

“路面—轮胎”噪声的降低将有效改善道路沿线居民的生活环境，提高居民的生活质量，产生不可估量的社会效益。

“路面—轮胎”噪声的降低也将大大降低汽车内的噪声水平，减少因噪声疲劳引发的交通事故，产生巨大的经济和社会效益。

低噪声水泥混凝土路面的采用，将减少雨天行车时的水雾和水漂现象，改善行车条件，减少雨天交通事故的发生。尤其对于多孔水泥混凝土面层，不但可以降低噪声、提高抗滑性能，而且多孔材料的大比表面积能吸附汽车尾气，降低大气污染；当多孔路面应用于隧道时，不但能减少噪声的产生和起到吸音的效果，而且当隧道内部发生装有易燃液体货物的车辆倾覆时，多孔材料可以提供通道让液体迅速排走，从而降低引发火灾的可能性或降低火焰燃烧程度，部分起到防灾作用。

13. 西部干线公路运输保障关键技术研究

成果所属专题编号：2004-398-223-64

成果主要完成单位：交通部公路科学研究院

联系人：李亚茹

联系电话：010-62079143，13701339369

通信地址：北京市海淀区西土城路 8 号

E-mail：yr.li@rioh.cn

邮政编码：100088

一、主要技术内容

本课题的研究坚持从西部地区的社会经济和交通运输发展的实际出发，贯彻落实国家和交通部提出的交通运输发展的目标和任务，满足西部地区社会经济发展对道路运输的需求，促进西部地区社会经济的快速发展。课题以提高西部地区干线公路运输的能力和效率为核心，以优化道路运输组织结构和提高道路运输管理水平为主线，以改善西部落后地区的交通运输状况为根本出发点，为实现西部地区道路运输的跨越式发展开展深入的研究。

本课题的主要研究内容包括：道路运输在国民经济中的作用和对我国道路运输的评价；西部地区道路运输在全国道路运输中的地位及其特点：我国及本部地区道路运输经营主体结构失衡的研究；对我国及西部地区道路运输行业管理状况的分析；道路运输基本理论探讨和我国运管政策的取向研究；发达国家道路运输管理经验借鉴；发展西部地区道路运输的政策和措施建议。

本课题在运用现代经济学理论对道路运输业进行经济本质分析的基础上，在国内首次提出了道路运输业属于公用事业范畴的新观点；根据对我国道路运输业理论研究、行业管理和企业经营三方面的现状分析，报告首次提出了"我国道路运输业的发展阶段仍处于初级阶段"的论断；基于上述分析结果，报告提出了政府应对道路运输行业加强经济和社会管制的政策方针。

二、适用范围

研究成果适用于发展西部地区道路运输的政策和措施建议、道路运输基本理论探讨和我国运管政策的取向。其中为政府主管部门提出的政策措施建议包括，道路运输行业市场准入与退出、营运企业公路规费、运管体制、市场壁垒、法制建设等几个方面，这些政策和措施建议对全国的道路运输业也有较强的参考意义。

三、已应用情况

根据对主管部门的走访和座谈，并征求行业管理人员和专家的意见，研究报告提出的观点和政策措施得到了广泛的认同，因而为主管部门制定政策提供了重要的参考。

本报告提出的部分管理方针和政策措施被政府采纳并得以实施，促进了我国道路运输全行业快速、健康的发展，进而促进了国民经济的持续发展。

本课题通过课题调研、座谈会和现场考察等方式，起到了对交通科技人才的培养作用，提高他们的分析水平和理论水平；通过课题中间成果交流、课题咨询、召开研讨会等方式，使课题研究成果与西部地区的科技人员进行充分的共享与交流。据统计，以座谈会、研讨会、直接咨询等形式参加本课题研究技术交流的人员近百人。通过这些形式的交流，对西部地区交通科技人才的培养起到了良好的促进作用。

四、效益分析

依托该课题，研究人员已在《公路交通科技》等有关学术杂志发表了相关论文，推动了道路运输行业内的理论研究。

本课题针对西部地区道路运输，尤其是干线公路运输发展过程中道路运输运营主体结构失衡问题和运输行业管理问题进行了深入研究，并提出了切实可行的政策措施建议，对于促进道路运输与公路建设协调发展，提高公路客、货运输的效率，推动道路运输业向集约化、规模化方向前进，提高人民的生活质量，推动国民经济快速前进，改善西部落后地区和少数民族聚集地区的交通运输状况有着重要的现实意义和指导作用，并将带来巨大的社与经济效益。

14. 天津市高速公路线形评价研究

成果所属专题编号：津科成鉴字 S(2007)015 号

成果主要完成单位：天津市市政工程设计研究院、河北工业大学

联系人：熊文胜

联系电话：022-27815311-2581

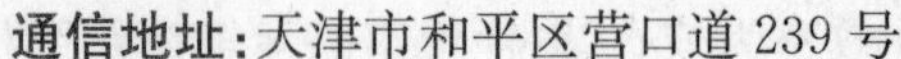

通信地址:天津市和平区营口道239号

E-mail:wsxiong@sina.com

邮政编码:300051

一、主要技术内容

本课题研究分析高速公路路线设计理论与方法,分析各种方法的优缺点。

通过调查天津市高速公路不同路段的实际运行速度,分析运行速度规律;研究运行速度与平、纵线形指标的相关关系,建立运行速度预测模型;确定高速公路线形评价方法,建立高速公路现行评价指标体系;量化高速公路线形各评价指标,举例说明评价方法的应用;提出研究结论和线形元素的取值范围建议值。

主要特点:

(1)课题通过现场实测,利用SPSS软件统计分析了天津市已建几条高速公路上的小客车、载货汽车两种车型的运行速度,并进行数学建模,首次提出并建立了适用于天津或类似于天津地区的高速公路的运行速度预测模型,为线形评价提供了科学依据。

(2)课题首次通过系统分析,筛选出了合理、可靠、可行的线形评价指标和评价标准;并针对天津地区对线形各组成部分的评分指标进行量化,归纳了以技术指标、功能指标、数量指标、环境指标为基准的评价指标体系。

(3)基于运行速度和专家打分,应用属性数学的方法,在国内首次系统地提出了应用隶属度函数计算各线形元素对线形的影响权重的方法,通过计算各线形元素隶属度值——得分权重,经过层次分析,计算得出一条高速公路的线形设计评价得分。

(4)结合天津市的地区特点,提出了天津市以及类似于天津地区的高速公路线形设计各指标的合理取值范围建议值。

二、适用范围

该课题的研究成果可以应用于高速公路的线形设计和评价,以提高线形设计质量和改善行车条件。

三、已应用情况

本课题研究成果已成功应用于天津市京沪、京津、威乌、112线、河北省青银冀鲁界至石家庄段、大广河北省深州至大名冀豫界段衡水段等近400km高速公路线形设计中,还将直接应用于津港、津宁、蓟塘等多条高速公路的线形设计。

四、效益分析

1.经济效益

本课题研究成果已成功应用于天津市京沪高速公路、京津高速公路天津段、威乌高速公路天津西段、112线高速公路、河北省青银高速公路冀鲁界至石家庄段、大广高速公路河北省深州至大名冀豫界段。衡水段等近400km高速公路线形设计中。还将直接应用于津港高速公路、津宁高速公路、蓟塘高速公路等多条高速线形设计,并对一般公路和城市道路的线形设计具有很高的指导作用。

京津高速公路采用了本课题的研究成果减少路基土方填筑90万m^3、减少路基石方填筑10万m^3、节约用地99 990m^2,缩短了施工周期30d,直接节省工程造价4 900万元。

京沪高速公路采用了本课题的研究成果,减少了路基填方50万m^3,节约用地53 328m^2,缩短了施工周期15d,直接节省工程造价2 300万元。

威乌高速公路采用了本课题的研究成果,减少了路基填方20万m^3,节约用地19 998m^2,缩短了施工周期10d,直接节省工程造价920万元。

112线高速公路采用了本课题的研究成果，减少了路基填方40万m^3，节约用地33 330m^2，将直接节省工程造价1 750万元。

河北省交通勘察设计研究院在青银高速公路冀鲁界至石家庄段的设计中采用了本课题的研究成果，减少了路基填方20万m^3，节约用地16 665m^2，缩短了施工周期15d，将直接节省工程造价505万元。

中交一院西安众合公路改建养护工程技术有限公司在贵阳至清镇高速公路改扩建工程的设计中采用了本课题的研究成果，修改优化了7处原线形较差的路段，提供了行车安全性，将直接节省工程造价380万元，并能减少后期养护费用约200万元；并在大广高速公路河北省深州至大名冀豫界段衡水段工程的线形设计中，采用了本课题的研究成果，减少了路基填方25万m^3，节约用地26 664m^2，将直接节省工程造价650万元。

本课题的应用初期阶段已取得显著的经济和社会效益，具有广阔的推广应用前景。

2.社会效益

采用该课题研究成果设计的高速公路几何线形达到了：平面线形直捷、连续、均衡；纵面线形平顺、圆滑、视觉连续，纵坡均匀、平缓；平纵线形组合相互对应，配合协调；线形能自然地诱导行驶者的视线，并保持视觉的连续性；提高了行车舒适性，减少了事故发生率；并减少了大量的土地占用；体现了“安全、环保、舒适、和谐”的设计理念，取得了良好的经济和社会效益。

经专家鉴定，该研究成果达到国际先进水平，获得2007年度天津市科技进步二等奖。

15.沥青路面工程质量过程控制的研究

成果所属专题编号：交通部鉴字2007-143号

成果主要完成单位：交通部公路科学研究院、长安大学、北京路桥通国际工程咨询有限公司、江苏省高速公路建设指挥部、贵州省交通科学研究所、郑州大学、安徽亳阜高速公路建设指挥部

联系人：周文欢

联系电话：010-62073295，13426155503

通信地址：海淀区西土城路8号

E-mail：wh.zhou@rioh.cn

邮政编码：100088

本项目是交通部西部交通建设科技项目（2003-318-223-34），2003年由交通部公路科学研究院、北京路桥通国际工程咨询有限公司、长安大学、江苏省高速公路建设指挥部、贵州省交通科学研究所、郑州大学、安徽亳阜高速公路建设指挥部联合申报立项。

该项目主要在对我国目前沥青路面施工质量过程控制和质量保证体系及现行沥青路面技术规范执行情况全面调查研究的基础上，结合西部地区特殊的自然地理气候情况，对多个依托工程的沥青路面施工过程从原材料生产，沥青混合料拌和、运输、摊铺，沥青路面压实成型等方面对影响沥青路面施工质量的关键因素进行了全面系统的研究，提出了基于过程控制的沥青路面质量保证体系，编制了沥青路面质量过程控制的施工技术指南，开发了沥青路面质量过程控制软件。

一、主要技术内容

国内已经修建了4万多公里的沥青路面高速公路，沥青路面的安全性、舒适性已经取得国内公路界的共识，但是近几年来沥青路面的早期破坏现象已经成为一个不容忽视的问题。沥青路面施工质量过程控制不严格，关键工序和工艺控制不得力是造成路面早期破坏的重要原因之一；施工单位在机械设备上的投入不足，施工中有意识按规范中的负指标控制路面厚度，沥青路面检测手段和结果反馈的滞后

性，这些因素都会导致沥青路面产生早期损坏。因此需要开展沥青路面施工质量过程控制技术的研究，建立沥青路面质量过程控制管理系统，实现对沥青路面施工质量的过程控制。

沥青路面工程质量过程控制与设计、施工、监理、科研、业主等诸多单位有着密切的联系，从多个角度认真分析对沥青路面工程质量产生影响的因素，加强过程控制，势必会有效地促进沥青路面工程质量的提高。

沥青路面使用的材料较多，施工机械设备的型号复杂，不同配合比的施工工艺也不尽相同，各条高速公路所处地理位置、气候条件也复杂多变，而且施工过程中原材料质量、混合料级配、油石比、压实度、温度、厚度等存在一定的变异性，这些因素均会影响沥青路面的施工质量。因此，采取积极有效的过程控制措施、方法，减小路面工程施工质量的变异性，是解决路面局部损坏、保证路面施工质量的重要途径。

二、研究内容和主要研究方法

本项目在总结我国现有高速公路建设的成功经验，查阅和翻译国内外大量参考文献的基础上，将室内试验和现场试验相结合，运用高新检测手段和检测仪器，基于计算机仿真模拟、模糊数学等多学科多种方法，分析和研究沥青路面质量过程控制参数和工艺，建立客观实用的过程控制系统，以便能有效减小沥青路面工程质量的变异性，提高沥青路面施工质量，切实减少沥青路面早期损坏。

本项目主要从以下六个角度分别开展了研究工作。

1. 沥青原材料质量过程控制与沥青混合料生产变异性研究

原材料质量直接影响沥青混合料的质量，沥青混合料的生产变异性也直接影响着沥青路面最终质量的优劣。本项目从沥青混合料配合比设计方法、级配及温度控制等角度，对沥青混合料质量过程控制和沥青混合料生产的变异性进行了系统的研究。

2. 沥青路面施工过程控制工序研究

沥青路面质量过程控制施工包括沥青混合料的拌和、运输与摊铺、碾压等流程。沥青路面施工是一个系统工程，而确定正确合理的技术参数是建立沥青路面质量过程控制评价体系、编制评价程序的基础。因此，阐述沥青路面施工过程中先进的过程控制方法以及过程控制中采用合理的技术参数和如何控制施工过程中的离析现象，是项目研究的重点。

3. 沥青路面过程控制快速检测手段和检测技术的分析

新型检测设备的运用主要包括红外热像仪在摊铺过程中的应用及其配合沥青转运车的联合运用，沥青转运车在减少温度离析过程中的应用，无核密度仪在压实过程中的应用及智能压路机在碾压过程中分析碾压遍数和碾压效率等的影响等。运用这些先进的沥青路面快速检测手段，将切实提高沥青路面工程质量的过程控制水平。

4. 沥青路面质量过程控制水平、指标体系与评价方法的研究

以质量管理学、控制论为理论基础，建立一套适用于实际施工现场的沥青路面施工质量过程控制体系。

5. 沥青路面过程控制系统软件编制

基于已建立的沥青路面质量过程控制评价体系，编制质量过程控制评价软件 3S(Smart Supervision Software)，该系统可应用于施工单位对施工质量情况的实时检查，监理单位的定期抽检和业主单位的抽检、评价以及确定采用何种改进的过程控制措施，从而综合了材料、设备、检测、管理、施工工艺等多个角度的信息，实现全方位进行沥青路面质量过程控制的功能。

6. 实体工程验证

以安徽亳阜高速公路、合徐高速公路等高速公路为例，应用质量过程评价软件 3S 进行测试和专家评价。3S 程序可以提高沥青路面的施工控制水平，变事后控制为过程控制，提高沥青路面的施工质量，有效减少沥青路面早期破坏现象，延长沥青路面的使用寿命，提高高速公路运营的综合效益。

本项目主要的研究方法有：

(1)国内外调研。从国内外的学校、科研机构、生产单位收集相关科研资料，走访征询有关专家意见，掌握我国在该领域研究发展阶段及水平。

(2)建立试验数据库。依托各试验段沥青路面的施工过程，根据室外及室内试验结果，建立有关施工质量控制的试验数据库，掌握沥青路面施工变异性的特征及影响因素，研究沥青路面施工工序细节，运用各种先进试验仪器对路面压实度、密度、平整度、弯沉指标等进行测定。分析技术参数(变异因素)变异性同沥青路面性能之间的相关性以及沥青路面质量过程控制的关键指标，最终得出影响沥青路面质量的主要技术参数，在质量控制体系中对技术参数的控制标准进行权重量化并编制沥青路面质量过程评价程序，评价结果为提高沥青路面施工水平提供指导。

(3)试验方法。室内试验同施工路段检测相结合，在施工路段进行摊铺温度、碾压温度、压实度(孔隙率)、平整度等检测试验。室内试验项目主要有原材料试验(集料、矿粉、沥青试验)、沥青混合料试验(冻融劈裂强度、车辙试验、小梁弯曲试验、室内马歇尔试验、混合料级配、沥青含量检测)等。现场结合各试验段对沥青路面的拌和、运输、摊铺、碾压等工序进行试验，并运用多种先进检测手段对沥青路面进行快速无损检测。

(4)其他技术方法。采用试验分析同理论分析相结合，应用数学方法对多种因素进行权重赋值。

本项目研究的重要基础性工作是大量试验数据的获取，数据来源分为两个层次，一是室内试验研究成果；二是施工路段试验检测成果。试验数据采集工作量大，由于工程进展速度很快，数据采集必须及时、全面，因此，在数据采集方面以数据时效性、真实性、可用性为核心，制定了详细的、分阶段的工作计划，作者会同富有经验、责任心强的试验人员联合开展检测工作，及时收集数据并对这些数据进行分析、评价。

以层次分析法为基础，从材料、设备、人员、工艺四大因素入手，确定过程控制的关键指标和权重的算法，提出系统的沥青路面质量过程控制的指标体系，并依托该体系编制了沥青路面质量过程控制程序。

三、适用范围

本项目成果选择合理的沥青路面质量过程控制体系关键指标建立质量过程控制体系，结合施工实际和专家打分的办法，从材料、设备、人员、工艺四个方面初选了一系列与施工控制密切相关的指标，通过专家比选和投票建议等方法，选取出了动态控制指标，结合沥青路面工程质量过程控制方法筛选出一系列关键指标，并建立质量过程控制指标体系；运用层次分析法(AHP)，对沥青路面施工质量过程控制评价体系的指标进行了权重分配、评价方法确定，并依据评价标准建立了评价体系，并结合实际对指标评价体系进行了数学验证。运用此指标体系，通过极限施工和正常施工的实例模拟，对施工前期的准备工作进行快速合理的评价，可以及时地对其中的不合理配置做出反映，避免在施工中发现给各个单位带来不便，为问题的解决提供了合理的依据。该指标体系基本包括了施工所涉及的各个过程，指标也涵盖了施工的关键环节，运用这些指标与改进的 AHP、模糊评价相结合的定性、定量的综合考虑，在提供局部定量依据和整体定性依据的基础上，有助于决策者做出科学的决策，实现沥青路面质量过程控制的目的。

为了便于质量过程控制方法在实际中灵活应用，课题组运用 VB 软件和数据库技术等手段，编制了沥青路面工程质量过程评价软件并根据路面质量指标动态评价沥青路面施工等级，达到质量过程控制评价的目的。该评价系统稳定可靠，在安徽等省份的高速公路上成功运用，评价良好。同时课题组为了验证软件的全面性和易用性，召开了多次专家讨论会，专家高度评价了该体系和程序的控制理念，并建议经过部分修改可在全国范围内进一步推广，为施工单位施工过程与控制提供依据。此外，通过本系统可以客观、全面地对工程质量进行评估。通过横向、纵向分项分值比较可以迅速获知有待提高的关键控制环节，并配合课题组推出的《沥青路面工程质量过程控制指南》应用，对提高施工工程质量有很大帮助。

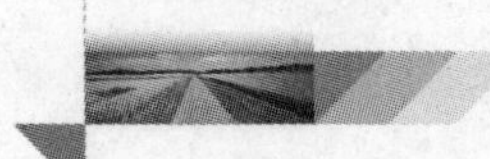

四、主要成果

本项目得出的主要成果如下：

(1)本项目通过分析原材料变异性对沥青混合料性能的影响，得出原材料的加工工艺与参数是其变异性的主要影响因素。

(2)沥青混合料运输过程的质量过程控制要点为减少温度离析和级配离析，建议结合工程具体情况，采用沥青混合料优化转运技术，从根本上改善温度离析和级配离析。

(3)沥青混合料摊铺过程中，应对摊铺机熨平板的工作参数、摊铺厚度、螺旋布料器、摊铺速度以及振捣梁的振动频率和振幅等，应根据试拌、试铺进行适当的调整；可以增加反向螺旋，有效解决在支承处的离析。

(4)沥青混合料压实过程质量控制要点主要包括：选择合理的碾压工艺，选取合适的压实参数，确保沥青混合料出场温度符合要求，采用压实度、孔隙率作为路面质量的双控指标。

(5)运用红外成像技术可有效定位温度离析的区域，为及时处治温度离析提供依据。

(6)运用无核实时密度测定技术可以监测发现沥青面层由于温度和级配离析导致密度出现较大差异的路段，进而有效地控制沥青路面碾压质量。

(7)运用沥青混合料转运技术可显著改善摊铺机收斗和摊铺过程中的涡状离析，使路面的压实度、平整度明显提高。

(8)无损实时压实度检测技术可有效防止漏压和实施补压。配备动态检测设备的智能压路机对提高路面压实度有一定作用，可克服传统的压路机无法及时检测路面压实度的弊端。

(9)基于德尔菲法选取了施工过程中材料、设备、人员、工艺等方面的一系列相关指标，运用层次分析法(AHP)建立了评价方法和体系，开发了质量过程控制评价软件，可动态评价沥青路面施工水平等级，实现了质量过程控制。

主要建议：

本项目系统研究了沥青路面质量过程控制施工技术，研究成果对提高公路建设水平，预防我国沥青路面出现早期病害，保证工程质量具有重要意义。建议进一步开展试验路跟踪观测，积极推广本项目的科研成果，为我国沥青路面质量过程控制工作提供技术上的支撑。

五、主要创新点

(1)通过研究沥青路面原材料质量的变异性对沥青混合料性能指标的变异性影响，总结出沥青路面原材料质量过程控制点。

(2)结合集料构成、混合料级配、加热温度、含水率、油石比、计量等参数的分析，系统地提出沥青混合料生产过程控制方法。

(3)提出基于红外成像技术的高速公路沥青路面沥青混合料运输、摊铺和碾压的质量过程控制方法。

(4)深入研究了基于无核实时密度测定技术及无损实时压实度检测技术的沥青路面压实质量的变异性，成果可用于沥青面层碾压质量过程控制。

(5)研究提出了无损实时测试的动态变形模量(EVIB)与无核实时测定的密度值之间的相互关系，可及时发现碾压过程中的薄弱区域，为实时补压提供依据。

(6)结合西部地区特殊的自然地理气候条件，建立了全新的沥青路面质量过程控制指标体系和信息反馈控制系统，开发了沥青路面质量过程控制 3S 软件(Smart Supervision Software)。

六、已应用情况和效益分析

由于“十一五”规划以后，中国的高速公路建设项目大多位于西部地区，西部地区地理环境和地质条

件复杂，气候条件恶劣，而且相对经济技术条件比较落后，造成高速公路建设的资金短缺，高速公路建设更加困难。如果在高速公路建设中缺少实用的沥青路面施工质量控制过程及信息反馈控制系统和对关键环节进行必要的技术控制手段，将会造成路面施工质量得不到保证，那样不仅在经济上会蒙受重大的经济损失，而且将在社会上造成严重的不良影响。

通过沥青路面工程质量过程控制研究技术成果的运用，一方面可以变事后控制为事前控制，保证沥青路面的施工质量，延长沥青路面的使用寿命，有效减少沥青路面早期破坏现象，降低返修次数，提高高速公路运营的综合效益；另一方面可以提高车辆行驶的安全性和舒适性，保证高速公路畅通，减少由于路面损坏导致交通事故的发生。因此，在全国范围内大规模推广沥青路面工程质量过程控制项目的研究成果势在必行。

16. 公路路域生态工程技术研究

成果所属专题编号：2003-318-233-33

成果主要完成单位：交通部公路科学研究院、交通部科学研究院、北京师范大学

联系人：晏晓林

联系电话：010-62079334

通信地址：北京市海淀区西土城路 8 号

E-mail：xl. yan@rioh. cn

邮政编码：100088

一、主要技术内容

本研究把路域生态工程技术看做一个整体，全面、系统、客观地分析研究了路域生态恢复设计、植被建植技术、边坡综合防护与生物工程技术、水土保持技术、水资源利用技术、路域生态恢复效果评估体系及方法等，在国内首次进行了公路路域植物生态区划与生态工程技术区划，建立了公路路域生态工程技术集成体系；系统地对比研究了厚层基质喷附等 8 种国内常用边坡植被建植技术，提出了路域生态效果评价指标体系；提出了实现路域边坡灌木化的工艺措施、灌木化植物配置模式及边坡灌木化评价指标。

二、适用范围

本项目研究建立的路域生态工程技术集成体系及技术指南为西部地区公路建设中的生态恢复奠定了基础，为实际工程应用和环境友好型行业建设提供了技术保障。其推广应用范围可涉及全国所有省份、自治区、直辖市的国家立项和地方立项的所有公路建设项目。

三、已应用情况

在西部地区分 4 个自然地带区域实施 7 个试验示范工程。

内蒙古老爷庙至集宁高速公路示范工程：公路路堑边坡和路基边坡厚层基质喷附技术，施工面积 150 000m^2。

陕西阎良至禹门口高速公路示范工程：公路路堑边坡和路基边坡厚层基质喷附技术，施工面积 50 000m^2。

宁夏银川至古窑子高速公路示范工程：路堑边坡液压喷播面积 3 865. 1m^2。

青海西宁至塔尔寺高速公路示范工程：客土喷播施工总面积为 2 400m^2。

青海大通至西宁高速公路示范工程：选取若干乡土种植物恢复边坡植被。

湖北沪容西试验示范工程：植物筛选实验设置了 57 个单植实验区，包括草本植物 10 种、花卉 10 种、灌木 21 种、乔木 16 种，筛选出 30 种适宜运用在本地区公路边坡绿化中的植物。

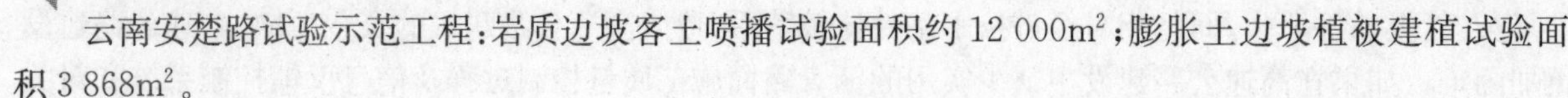

云南安楚路试验示范工程：岩质边坡客土喷播试验面积约 12 000m^2；膨胀土边坡植被建植试验面积 3 868m^2。

四、效益分析

本项目研究依托我国西部 4 个省区完成了试验与示范工程，带动了这些省份的公路生态环境建设理念与水平的提高，对促进全国公路、铁路、水利、城市园林建设以及其他生态类、农林类的基础建设项目均起到了良好的引领和带动作用，产生了较为显著的经济与生态效益。

从社会效益和环境效益上看，使用本项目提出的技术体系，在湿润地区可恢复坡面植被覆盖率在 95%以上，并可按照景观设计要求，绿化美化公路周边环境；在半干旱地区可恢复坡面植被覆盖率至少达到当地在无人为破坏条件下自然覆盖水平以上。除了公路建设以外，还能广泛应用于防沙治沙、荒山绿化等生态建设领域。

17. 水泥混凝土路面再生利用关键技术研究

成果所属专题编号：交科签字[2007]第 141 号

成果主要完成单位：交通部公路科学研究院、广西壮族自治区公路管理局、哈尔滨工业大学、重庆交通大学、湖北省交通厅公路管理局、广东省公路管理局、陕西省公路局、四川省交通厅公路局、北京中桀伟业道路技术有限公司、吉林省公路管理局、贵州省高等级公路管理局、北京新桥技术发展有限公司、河北省交通厅公路管理局

联系人：白红英

联系电话：010-64887878-8115，13910973015

通信地址：北京市朝阳区大屯路风林西奥中心 B 座 15 层

E-mail：cbms@263.com

邮政编码：100101

一、主要技术内容

水泥混凝土路面再生利用关键技术研究包括：

(1)基于水泥路面板脱空的三种方式，建立相应的有限元分析模型，得到了与实测弯沉盆曲线具有一致性的理论弯沉盆曲线。补充弯沉值与荷载的斜率、弯沉盆曲线的平缓度等两种脱空判断的方法和判断指标，提出了多指标判断集。

(2)提出以 FWD 的分析结果为参照，先确定探地雷达的识别率，再以探地雷达做快速检测板底脱空的检测方式。

(3)建立了水泥混凝土路面检测评价指标与破碎工艺的对应关系，为水泥混凝土路面养护决策提供了依据。

(4)推荐"多锤式破碎"、"板式打裂压稳"、"冲击压稳式"、"镐凿式破碎压稳"、"工厂式集中破碎" 5 种破碎工艺，并分别给出其施工工艺流程、质量控制和检验评定标准、施工注意事项。

(5)研究了旧水泥混凝土再生集料的性能和水泥稳定混凝土再生混合料的性能，验证了其作为基层的可行性。

(6)提出了采用振动压实成型，采用半刚性基层材料的粒料类基层设计与施工方法，并通过室内试验研究其可行性与有效性。

(7)通过室内试验，提出了湿贫混凝土、干贫混凝土、大孔隙贫混凝土、乳化沥青稳定再生集料混合料的配合比设计方法。

(8)根据我国水泥混凝土路面的实际使用状况，首次系统地提出了旧水泥路面改造加铺层典型结构

设计图。

(9)采用寿命周期费用分析法对旧水泥路面处治的经济性、再生料利用的经济性、加铺面层(沥青路面或水泥路面)的寿命分析、后期养护费用、使用者费用等,建立寿命周期费用综合效益评价模型。分析得出水泥混凝土路面再生利用技术与直接加铺相比,在贴现率为5%的情况下可节约费用约23.5%,在贴现率为10%的情况下约节约费用18.6%。

(10)针对不同再生利用方法所产生的噪声影响、振动影响,分别开展了研究,得出了各种再生利用方法的噪声影响安全距离和振动影响安全距离。

二、适用范围

适用于已损坏的水泥混凝土路面的快速有效改造,通过对水泥混凝土损坏路面的检测分析和判断,具体选取适合的破碎施工工艺实施改造,而对维修或修复价值不大的部分干线水泥混凝土路面,给出不同路面结构下路面破碎后其废料的利用方法。

通过改造方法环境价值评估,快速有效修补和改造已损坏的水泥混凝土路面的同时,经济合理地利用新技术、新材料、新工艺和新装备解决当前旧水泥路面改造中面临的废旧路面材料的再生利用等环保问题。

三、已应用情况

水泥混凝土路面再生利用关键技术应用情况见表1。

四、应用效益

2005年,广西区公路局首次引入多锤头碎石化技术,对旧水泥混凝土路面再生利用做了一些有益的探索,并先后在广西自治区平果至百色水泥路改造工程、广西区G324线隆安段二级水泥混凝土路面改造工程、广西南梧公路贵港桂平段、广西梧州苍桂线、广西桂林323线平乐段等水泥路改造工程中应用,改造里程近120km,改造面积近108万m^2,改造效果良好,约节约工程费用1 142～2 208万元。

2005年,湖北省公路局引入门板式打裂压稳技术,对旧水泥混凝土路面再生利用做了一些有益的探索,并先后在G105国道湖北黄梅段、湖北省襄樊市枣阳县G316国道、湖北G106咸宁至崇阳段、湖北省皂毛县、湖北省仙监线、湖北省孝感汉宜线、湖北省咸宁城区出口路等水泥路面改造工程中应用,改造里程近52km,改造面积近46.8万m^2,改造效果良好,约节约工程费用1 404万元。

水泥混凝土路面再生利用关键技术研究依托工程汇总表　　表1

序号	项目名称	实施地点(省、市)	路线名称及编号	技术等级	道路宽度	改造长度(km)	改造面积(m^2)	起止时间	破碎方式	新结构形式
1	广西G324国道	广西南宁市	G324国道	二级	9.0	2	18 000	2005.05.30～2005.06.15	多锤式	20cm级配碎石+9cm沥青混凝土
2	广西平果至百色二级公路	广西百色市	G324国道	二级	9.0	55.6	500 400	2005.10.15～2006.01.30	多锤式	20cm级配碎石+9cm沥青混凝土
3	广西苍梧至贵港(梧州段)	广西梧州市	G324国道	二级	9.0	5.245	47 205	2005.10.18～2005.11.10	多锤式	20cm级配碎石+9cm沥青混凝土

续上表

序号	项目名称	实施地点（省、市）	路线名称及编号	技术等级	道路宽度	改造长度（km）	改造面积（m^2）	起止时间	破碎方式	新结构形式
4	广西苍梧至贵港（贵港段）	广西贵港市	G324国道	二级	9.0	18	162 000	2005.09.12～2005.10.30	多锤式	20cm级配碎石＋9cm沥青混凝土
5	广西桂林G323一期	广西桂林市	G323国道	二级	9.0	11.2	100 800	2006.08.15～2006.11.30	多锤式	20cm级配碎石＋9cm沥青混凝土
6	陕西省汉中S309略阳段	陕西汉中市	S309省道	二级	7.0	2.5	17 500	2006.05.29～2006.06.05	多锤式	8cm沥青碎石＋4cm沥青混凝土
7	广东省新丰县G105线	广东韶关市	G105国道	一级	17.0	4.505	76 585	2006.06.10～2006.07.10	多锤式	15cm水稳＋26cm水泥混凝土
8	陕西省安康市S207	陕西安康市	S207省道	二级	7.0	20	140 000	2006.06.10～2006.07.10	多锤式	18cm水稳＋（4＋3）cm沥青混凝土
9	吉林省吉丰公路	吉林吉林市	吉丰东线县道	三级	4.5	0.79	3 554	2006.08.10～2006.08.25	多锤式	15cm水稳＋26cm水泥混凝土
10	广西平乐G323国道2期	广西桂林市	G323国道	二级	9.0	12.5	112 500	2006.10.22～2006.12.30	多锤式	20cm级配碎石＋9cm沥青混凝土
11	广西平果至百色二级路2期	广西南宁市	G324国道	二级	9.0	13.555	129 196	2006.11.15～2007.01.31	多锤式	20cm级配碎石＋（4＋5）cm沥青混凝土
12	广东省G106高速（清远段）	广东清远市	G106国道	高速	11.5	3	34 500	2006.03.10～2006.03.20	多锤式	8cm沥青混凝土＋4cm沥青混凝土
13	四川省卧龙映日路	四川成都市	省道	三级	6.0	1.38	83 000	2007.03.04～2007.04.13	多锤式	20cm水稳＋（3＋5）cm沥青混凝土
14	陕西省S309省道（汉中段）	陕西汉中市	S309省道	二级	8.5	16.3	138 550	2007.03.29～2007.06.29	多锤式	8cm沥青碎石＋4cm沥青混凝土
15	山西省晋中108祁县至介休	山西晋中市	G108国道	一级	11.0	9	100 000	2007.04.29～2007.7.30	多锤式	2cm×20cm水稳＋（3＋5）cm沥青混凝土
16	河北省G205国道（秦皇岛段）	河北秦皇岛市	G205国道	二级	12.0	2.3	27 600	2007.05.30～2007.06.30	多锤式	18cm水稳＋（4＋3）cm沥青混凝土
17	贵州省贵阳东北绕城公路	贵州贵阳市	国道	高速	22.5	1	22 500	2007.05.25～2007.06.30	多锤式	7cm沥青混凝土＋4cm沥青混凝土
18	贵州省毕节高等级公路	贵州毕节市	贵毕连接线	高等级	12.0	1	12 000	2007.06.10～2007.06.16	多锤式	20cm水稳＋（4＋6）cm沥青混凝土
19	河南省焦作	河南焦作市	省道238	二级	9	13	117 000	2007.06.26～2007.07.30	多锤式	18cm水稳＋（4＋5）cm沥青混凝土
20	贵州省毕节地方道路	贵州毕节市	G326国道	二级	7.5	21.5	161 250	2007.06.28～2007.08.10	多锤式	18cm水稳＋（3＋4）cm沥青混凝土

续上表

序号	项目名称	实施地点（省、市）	路线名称及编号	技术等级	道路宽度	改造长度（km）	改造面积（m^2）	起止时间	破碎方式	新结构形式
21	四川成绵高速公路改造	四川成都市	国道	高速	23.0	0.8	18 400	2007.05.20～2007.05.28	多锤式	6cm 沥青混凝土＋（5＋4）cm 沥青混凝土
22	湖北省 S213 省道（皂毛线）	湖北仙桃市	S213 省道	二级	9.0	7	59 069	2005.05.16～2005.07.25	板式	18cm 水稳＋（4＋3）cm 沥青混凝土
23	湖北省黄梅 G105 国道	湖北黄梅市	G105 国道	二级	9.0	22	198 000	2005.09.25～2005.11.30	板式	18cm 水稳＋（5＋3）cm 沥青混凝土
24	湖北省仙桃 S215 省道	湖北仙桃市	S215 省道	二级	9.0	2.5	22 500	2006.09.28～2006.10.20	板式	18cm 水稳＋（4＋3）cm 沥青混凝土
25	湖北省枣阳县 G316 国道	湖北襄樊市	G316 国道	二级	14.0	1.7	23 800	2006.08.07～2006.08.15	板式	18cm 水稳＋（5＋3）cm 沥青混凝土
26	湖北省 G106 国道（天城段）	湖北咸宁市	G106 国道	二级	9.0	7	63 000	2006.06.29～2006.07.29	板式	18cm 水稳＋（5＋3）cm 沥青混凝土
27	湖北省汉宜路	湖北孝感市	省道汉宜线	二级	9.0	3	27 000	2006.09.06～2006.09.30	板式	2cm × 18cm 水稳＋（5＋3）cm 沥青混凝土
28	湖南省 G316 竹条至朱坡段	湖北襄樊市	G316 国道	一级	15.0	4.65	69 375	2007.06.01～2007.06.21	板式	18cm 水稳＋（5＋3）cm 沥青混凝土
29	湖北省 G316 邓城互通至竹条	湖北襄樊市	G316 国道	二级	12.0	5.631	68 876	2007.06.01～2007.06.21	板式	18cm 水稳＋（5＋3）cm 沥青混凝土
30	河南省 G106 国道改造	河南驻马店市	G106 国道	一级	23.0	3	69 000	2006.03.15～2006.04.03	板式	5cm 沥青混凝土＋4cm 沥青混凝土
31	贵州省贵阳东北绕城公路	贵州贵阳市	国道	高速	22.5	2	45 000	2007.05.25～2007.06.30	板式	7cm 沥青混凝土＋4cm 沥青混凝土
32	湖北省咸宁市横路线马柏段路面改建工程	湖北省咸宁市	省道	二级	9.0	3.0	31 625	2006.09.25～2007.10.30	板式	18cm 水稳＋（5＋3）cm 沥青混凝土
33	湖北省恩施国道 G318	湖北省恩施市	G318 国道	二级	9.0	16.0	144 000	2006.04.12～2006.05.30	风镐式	22cm 级配碎石＋9cm 沥青混凝土
34	哈大高速公路改造	黑龙江哈尔滨市	国道	高速	25	10.0	250 000	2005.03.01～2005.04.30	冲击式	18cm 级配碎石＋9cm 沥青混凝土
35	广东国道 G106	广东省韶关市	国道	一级	17	3.0	51 000	2005.07.01～2001.09.29	冲击式	20cm 水稳碎石＋25cm 水泥混凝土路面
36	湖北省荆门市 S311、S107	荆门市	省道	二级	9.0	10.0	180 000	2004.07.05～2004.07.09	工厂式	22cm 级配碎石＋9cm 沥青混凝土
	合　计					325.656	3 970 405			

18. 泡沫沥青冷再生技术的应用研究

成果所属专题编号：浙交鉴定[2007]25号
成果主要完成单位：杭州市公路管理局、同济大学
联系人：张永平
联系电话：0571-85453331，13958098880
通信地址：杭州市朝晖路122号
E-mail：justyer@sina.com
邮政编码：310004

一、主要技术内容

1. 基本原理

在140℃以上高温沥青中加入少量水，沥青会迅速膨胀，从而产生微细的泡沫。这些泡沫以一种亚稳态的形式存在，一般能够维持数秒的时间，不久泡沫将会逐渐破灭，此时沥青的物理性能暂时发生变化，其黏度显著降低，和细集料结合形成沥青胶浆，且与高速搅拌状态下的冷湿集料具有很好的裹覆性能，从而在压实后提高了混合料的强度和黏聚性。沥青发泡的基本过程，如图1所示。

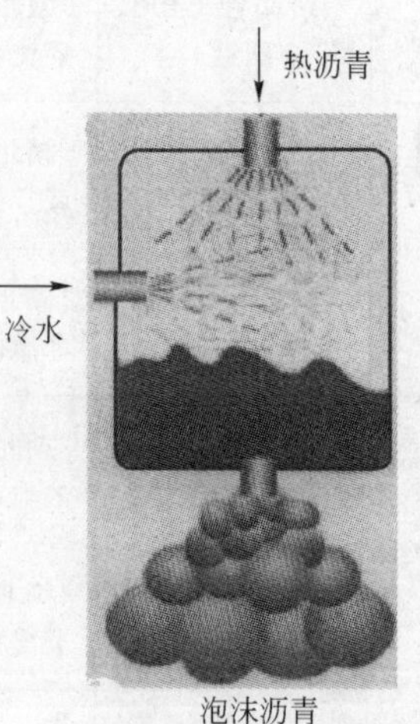

图1　沥青发泡原理

2. 主要做法及措施

杭州市公路管理局和同济大学合作，于2006年3月～2007年10月，依托04省道路面整治工程，采用泡沫沥青冷再生技术对现有道路进行维修，即用厂拌和路拌两种方法进行试验路铺筑，针对泡沫沥青冷再生技术中的关键技术问题，对沥青发泡特性、泡沫沥青混合料性能、泡沫沥青混合料组成设计和施工技术等方面进行了系统的研究。其中泡沫沥青混合料基础性能研究成果、“合适发泡条件”的提出以及泡沫沥青混合料的疲劳方程的建立，对国内外泡沫沥青冷再生技术体系的完善和发展具有重要意义；编制的泡沫沥青再生混合料组成设计指南和施工技术指南，为我国泡沫沥青冷再生技术的推广应用奠定了试验研究和工程实践基础。

2007年以来，课题的研究成果已经在省内外得到了广泛的应用，并取得了良好的应用效果，得到专家一致肯定和好评，泡沫沥青柔性基层已成为道路养护过程中一种节能、环保、经济的施工方案。各地相继开展了泡沫沥青技术的应用推广，主要集中在国省道干线公路大修工程，浙江省再生路面总里程已超过200km。

2008年，在推广泡沫沥青冷再生技术过程中，为了进一步深入研究实际应用过程中遇到的新问题，以适应该技术迅速推广的迫切要求，开展了该技术的推广应用研究。课题组通过一系列的室内实验和工程实践研究，在低剂量泡沫沥青再生混合料的可行性及适用条件、泡沫沥青冷再生路面后期性能及养护方法、泡沫沥青冷再生路面结构力学性能分析、泡沫沥青冷再生层抗剪性能研究等方面取得突破性的成果，并于12月底完成了结题工作。

3. 施工条件与要求

(1)泡沫沥青冷再生施工应采用专用的路面铣刨和再生设备。

(2)泡沫沥青冷再生施工宜在气温较高时施工，当气温低于10℃时，不宜进行施工，不应在雨天施工。施工时若遇下雨则应采取必要的防雨遮盖措施，保护好已完工的再生层免遭雨淋。

(3)沥青发泡温度宜在150～180℃之间，膨胀率不小于10倍，半衰期不小于10s。

(4)泡沫沥青应在混合料中充分分散，一旦发现混合料中存在明显沥青团或沥青丝时，必须立即停

止生产，查明原因加以解决后方可继续生产。已经生产的存在沥青团或沥青丝的混合料不得使用。

(5)当泡沫沥青冷再生混合料中含有水泥等活性填料时，从添加活性填料开始至混合料碾压完成的时间间隔不得超过活性填料的初凝时间。

(6)泡沫沥青冷再生层碾压完成后即可开放交通，但应限制重载车辆行驶。一般宜在再生层完工2d后(再生层含水率以低于拌和时含水率的40%以下为宜)，及时加铺封层。

二、适用范围

通过冷再生厂拌和路拌技术的工艺以及质量控制的对比，厂拌冷再生有以下优势：一是由于厂拌再生可以在旧料再生前进行预处理，例如预先破碎等，不仅可以去除超粒径材料，还可以使得集料更加规格，富有棱角性；二是混合料拌合均匀，质量容易控制；三是混合料用摊铺机施工，工艺成熟，平整度较好；四是铣刨后可以及时发现基层病害，并及时进行处理，从而消除隐患。

因此，我们认为厂拌冷再生技术适用于一级、二级公路以及高速公路等道路的大修，就地冷再生主要用于二级或二级以下低等级道路维修或高等级公路的底基层。

三、已应用情况

04省道余杭段3km，320国道嘉兴桐乡至崇福段15.08km，2006年01省道平湖段3.78km，湖盐公路乌镇支线8.5km，嘉兴经济技术开发区昌盛路5.4km，2007年01省道平湖段15.2km，京港澳高速公路安新段3.4km，连霍高速公路洛三灵段5.8km，浙江湖州09省道、11省道、湖盐线计29km，01省道海盐段10km，320国道海宁段6km，06省道建淳线16km，东阳市西郭线杨树塘下段农村公路3.5km，02省道杭昱线15km，06省道桐千线6km，宁波38省道10km，温州104国道苍南段11km，53省道莲都段5.5km，湖盐线湖州段9km，11省道鹿唐线5km，01省道平湖段10km，41省道永嘉段5km，短短两年多的时间合计推广应用达200km。

以上工程在通过2～3年的运行，泡沫沥青路段的各项路用性能指数基本稳定，表现出较好的结构承载能力和实际路用效果，该技术基于柔性基层的理念，使其受力及抗变形能力更趋科学化，有效解决了半刚性基层的发射裂缝问题，从而延长了道路使用寿命。

四、效益分析

截至2008年年底，通过冷再生技术在工程中的应用，再生利用沥青废料约38万t，利用率达90%以上，缩短工期约20%，节约投资4 926万元，赢得了当地政府和老百姓的赞誉，取得了良好的节能减排效果和社会效益，符合我国建设环境友好、资源节约、可持续发展的和谐社会目标。

1.节能减排、资源利用

与传统铣刨加铺方案相比，该工艺能够有效利用废料，解决了旧料堆弃占地及对环境污染的问题，又可以大量减少矿山开采，节约道路建设成本并有效地保护了自然生态环境，实现了资源再生利用和可持续发展。

2.减少裂缝、延长寿命

该技术基于柔性基层的理念，有效解决了半刚性基层的发射裂缝问题，从而延长了道路使用寿命。

3.控制高程、关注民生

泡沫沥青方案路面高程可以不抬升，不但降低了道路沿线辅助设施改造成本，而且解决了立体交叉、穿镇路段、市政道路高程不能抬高的社会难题。

4.缩短工期、保障安全

泡沫沥青冷再生方案比传统维修方案缩短工期20%左右，一方面为后续施工争取了宝贵的时间；另一方面可以减少和遏制交通事故发生频率，有效保证人民生命财产安全。

19. 永久性沥青路面设计方法研究

成果所属专题编号:交科鉴字[2008]第[23]号

成果主要完成单位:山东省交通厅公路局、山东省交通科学研究所、山东公路建设(集团)有限公司、滨州市公路管理局

联系人:王林

联系电话:0531-85903839,13706416002

通信地址:济南市无影山中路38号

E-mail:sddot@163. com

邮政编码:250031

一、主要技术内容

本项目以研究重载交通条件下永久性沥青路面设计理论与方法为目标,涉及的研究手段和内容属道路工程领域的前沿课题。分成7个子题,主要研究成果如下。

(1)基于现场动态称重设备、位置与速度传感器、小型气象站以及路面结构温度采集装置,编制了动态称重系统的安装、标定和数据采集指南,得到了车速和荷载位置的分布规律,建立了气象管理系统数据模型(CMS)与路面温度场的关系,建立了交通、气候数据库,并提出交通参数和温度参数的表征方法和路面设计参数输入和分析的计算机仿真技术。

(2)基于功能性要求,设计不同组合永久路面结构,并置于实际重载交通条件下进行比较;按功能进行了不同类型混合料设计,开发了基于高抗疲劳性能的新型沥青混合料。对永久路面结构的层间连接技术、施工动态质量控制技术进行了总结和创新。

(3)基于路面设计参数研究,确定了土、无机结合料稳定材料、沥青混合料等材料的动、静态模量关系及与FWD反算模量的关系,为设计参数的选取提供依据。建立了LSPM混合料的动态模量预估模型与FWD反算沥青混合料模量的温度修正关系式,并确定了不同混合料类型的小应变疲劳破坏控制标准。

(4)通过动态实测路面结构内部力学响应,研制了动态力学响应传感器,并开发了传感器安装,数据采集、处理及数据库技术等路面结构受力状态检测方法的成套技术,构建了应力脉冲时间的计算关系式,分析了动态车轮荷载作用下路面力学响应随温度、轴载、荷载作用位置、车速、路面结构组合等的变化规律,构建了力学响应计算模型。比较了典型永久路面结构和传统路面结构在相同荷载和温度条件下的力学响应规律。

(5)通过理论计算与实测比较,验证了动态参数比静态参数与路面实际受力状态更接近;在对比分析的基础上,提出用沥青混合料动态模量与土基、粒料、半刚性材料的回弹模量作为结构设计或分析的输入参数,建立了基于推荐采用参数的偏差调整系数模型。

(6)首次构建了完整的永久路面的设计框架体系,为永久路面的应用提供标准和方法,并编制了永久路面结构设计和分析软件。建立了永久路面设计指标的验收控制标准,为永久路路面的检测验收提供手段和方法。

(7)安装的检测传感器,为长期性能检测提供了硬件条件。通过长期检测路面的疲劳、车辙、温度开裂、平整度等随重载交通的变化规律,分析路面响应指标和材料性质的变化趋势,丰富和完善性能数据库,验证和标定永久路面设计方法。

二、适用范围

该项目针对传统设计的沥青路面结构需要周期性改建的技术难题,从重载作用下路面结构疲劳损

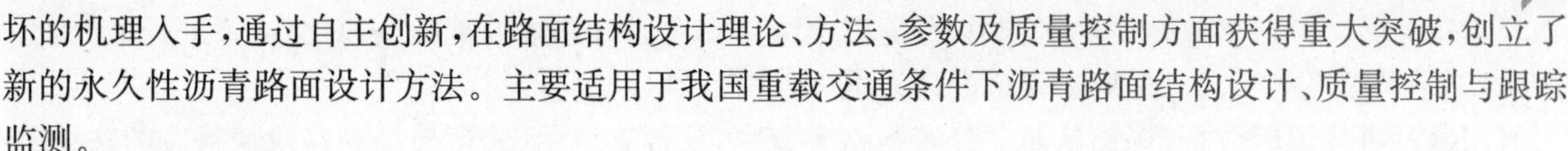

坏的机理入手，通过自主创新，在路面结构设计理论、方法、参数及质量控制方面获得重大突破，创立了新的永久性沥青路面设计方法。主要适用于我国重载交通条件下沥青路面结构设计、质量控制与跟踪监测。

三、已应用情况

根据永久性沥青路面研究成果，推荐了符合我国国情的典型路面结构，进行了推广应用，新建高速公路中的推广应用已达701km。另外，近年在高速公路大修工程中也开始大量采用本项目研究推荐的典型结构，目前已推广应用里程超过400km。

检测与使用结果表明，路面结构状况良好。最早通车的工程项目至今已近4年，目前未出现一条裂缝，路面也未出现其他病害，所有已通车的路段均表现出了良好的使用性能。

四、应用效益

在新建高速公路中的应用已达701km，若按照30年分析期计算，2006年、2007年和2008年3年节省的养护费、燃油消耗费、轮胎消耗费和维修材料消耗费(均为折现值)总和约13 220.5万元。

另外，使用该技术延长了路面使用寿命，降低了维修次数，极大地缓解因路面维修造成的对交通的影响和交通压力，减少了废料对环境的污染，节约了砂石料及沥青资源；同时，该技术使路面总体厚度变薄，节约资源，节省能源，保护生态环境。

综上所述，该技术推广应用的社会效益将远远超过直接经济效益。

20.平原地区公路安全保障工程关键技术研究及工程应用

成果所属专题编号：交科鉴字[2008]第24号

成果主要完成单位：山东省交通厅公路局、交通部公路科学研究院

联系人：徐辉

联系电话：0531-85693225，13688603115

通信地址：济南市舜耕路19号

E-mail：xuhui3215@tom.com

邮政编码：250002

一、主要技术内容

平原地区公路的交通事故高发，安全状况严峻，给公路安保工程提出了更高要求。但其道路条件、交通情况、安全特征等与山区公路有着明显的不同，现有的安保工程技术成果主要侧重于山区公路，对平原地区的指导性并不强。本项目研究是通过广泛的数据收集、调研和深入的数据分析，找出平原地区现状公路中存在的问题和事故隐患点，得出具有代表性的平原地区公路的交通事故特征和一般性规律，并提出系统的平原地区公路安全保障对策，为安保工程在平原地区继续深入进行提供技术依据和支撑。

(1)项目组通过广泛深入的调研，分析了我国平原地区公路的交通安全状况以及存在问题，获得了平原地区公路事故多发段特征和安全特性，编写了《山东省平原地区国省道干线交通安全特性分析报告》。

(2)通过大量的数据样本，对平原地区公路道路条件与安全的关系进行了分析，得到了横断面与事故、平曲线半径与事故、接入口密度与事故、中央分隔带开口与事故间的关系，分析了货车比例与事故关系。

(3)基于对平原地区交通安全状况的把握，提出平原地区公路7类安全隐患路段，即平面交叉口、穿村镇路段、立体交叉、桥梁与引道、路侧防护、公路条件变化路段、小半径弯道。

(4)从平面交叉口事故发生机理着手，在提出交叉口安全设计原则的基础上，对交叉口进行了分级，并针对不同等级平面交叉口提出了安全设计方案。

(5)通过事故原因分析，提出从路宅分离到路宅分家，从预先提示、速度控制到穿村镇路段的防护工程、分离工程等，全面系统的平原地区村镇路段的安全保障工程综合整治方案。

(6)从车辆运行速度与交通安全的关系和平原地区公路限速的必要性方面着手，对平原地区公路限速措施的效果进行了分析，并提出了能够有效提高平原地区公路限速的方法。

(7)编制完成《平原地区公路安全保障工程设计手册》，对护栏、标志、信号灯、道口桩、振动标线、彩色防滑路面、减速丘、线形诱导标、轮廓标、分道体、路肩振动带、防撞桶等安全设施的设置原则、方法进行了归纳与总结，对平面交叉口、穿村镇路段、立体交叉、桥梁与引道、路侧防护、公路条件变化路段、小半径弯道等主要安全隐患路段均提出了具体可行的安全设计方法。

二、适用范围

项目成果普遍适用于平原地区等级公路安保工程的设计和实施，并对平原地区等级公路的日常养护和安全管理也具有极高的指导意义。

三、已应用情况

本项目成果在G105、G220以及其他省内公路的重点路段上已经得到了应用，应用里程达400km左右。这些应用路段按照本项目提出的平面交叉口、穿村镇路段、立体交叉、桥梁与引道、路侧防护、公路条件变化路段、小半径弯道等7类平原地区公路上存在的重点隐患路段进行分类整治。路段整治后从根本上改善了道路的行车环境，使道路环境美观、和谐，设施设置更人性化，给驾驶员更高的安全感。安保工程实施后相对于安保工程实施前，一般事故次数、重大事故次数、事故死亡人数、受伤人数都有明显的降低。在相同的时间周期内，安保后轻微事故次数有所上升，但是一般级以上事故，以及事故死伤情况下降明显。本项目成果的应用，显著降低了交通事故次数和事故次严重程度，得到了社会各界和人民群众的广泛赞誉。

根据本项目成果总结编写的《平原地区公路安全保障工程设计手册》已经出版，其中包括了平原地区安保工程常用的护栏、标志、信号灯、道口桩、振动标线、彩色防滑路面、减速丘、线形诱导标、轮廓标、分道体、路肩振动带、防撞桶等安全设置的设置原则、方法，以及平原地区公路安保工程重点实施路段的具体可行的安全改善设计方案，为平原地区公路安全改善工作提供了参考依据。

四、效益分析

本项目成果的效益主要体现于避免和减少交通事故的发生及降低事故严重程度带来的交通事故损失，减少社会负面影响。就项目依托工程G105国道的改造工程为例：德州南段改造实施后8个月比改造实施前8个月事故率降低72.41%，死亡率降低85.71%，受伤率降低88.46%，经济损失率降低79.75%；平原段改造实施后比改造实施前事故减少50%，重大事故下降33%，重伤人员减少23%；高唐段改造前9个月共发生交通事故轻伤5人，改造后1年交通事故轻伤1人，降低了80%，直接经济损失从18 000元降至1 000元；高唐梁村路段改造实施后比改造实施前事故数降低了50%，受伤人数降低了75%。

在有效减少交通事故和事故严重程度的同时，还有效减小交通事故给社会带来的负面影响，改善了公路防护设施，完善了公路的服务功能，提升了交通行业的工作理念，进一步树立和维护了交通行业的良好社会形象。《平原地区公路安全保障工程设计手册》的出版，将进一步推动本项目成果的推广应用，带来更大的经济社会效益。

21. 水泥稳定碎石振动成型法设计与施工技术研究

成果所属专题编号：

成果主要完成单位： 申嘉湖(杭)高速公路(嘉兴段)项目指挥部、浙江浙北高速公路管理有限公司、嘉兴市交通工程质量安全监督站、天津市市政工程研究院

联系人： 许海云

联系电话： 0573-82057008

通信地址： 嘉兴市新气象路618号国际会展中心商务楼

E-mail： xuhy@sm.jiaxing.cn

邮政编码： 314000

一、主要技术内容

我国大部分高等级公路路面结构采用半刚性基层沥青路面结构形式，以水泥稳定碎石为代表的已建半刚性路面早期破坏现象比较严重。水泥稳定碎石基层在材料设计方面存在的6大主要问题是：室内成型方式与现场碾压方式不匹配；质量控制指标单一；压实标准偏低，超百现象普遍；规范规定的级配范围太宽；相关规范的修订工作不同步；施工及质量评定标准严重滞后。

经研究，根据振动成型法提出了水泥稳定碎石优化级配，与重型击实法相比，振动成型法设计的水泥稳定碎石级配范围窄、密度大(压实标准高)、水泥剂量小、强度高，相应减少收缩裂缝。

使用优化级配的混合料现场压实度应以振动击实的最大干密度作为标准来控制。与重型击实法相比，水泥稳定碎石材料密度标准提高约1.04倍。

实际工程经验表明，与传统的碾压方式相比，在不增加设备投资的情况下，完全可以达到设计方法的压实度要求。

二、适用范围

适用于新建和改扩建的高速公路和一级公路水泥稳定碎石基层、底基层设计、施工及质量检验。

其他等级公路可参照执行。

三、已应用情况

2007年3～9月，申嘉湖杭高速公路嘉兴段率先开展了“水泥稳定碎石振动成型法设计与施工技术研究”科研项目，修筑了单幅6km的试验路段，与传统方法相比实际效果显著：养生4d后取出完整芯样，压实度提高4%～5%，水泥用量略有降低，沥青面层施工前未发现裂缝。

2007年10月，该技术再次应用于黄衢南高速公路试验段，并全线推广应用，效果较好。

目前在申嘉湖杭高速公路嘉兴段科研成果的基础上，该技术已经全面推广应用于申嘉湖杭高速公路练杭段，以进一步验证并完善该技术。

四、效益分析

采用振动成型法修筑的水泥稳定碎石基层具有较高的路用性能，能延长路面的使用年限；减少基层、底基层的维修费用，如果按推迟2年进行道路大、中修，在设计使用期内可减少1次大修，大约可节省100万～150万元/km。

若能在使用期内保持良好的路况，减少大、中修的次数，将显著提高道路通行能力及安全服务的水平，提高公路使用者的满意度，并可在一定程度上提高交通行业在人民群众中的威信。

22.泡沫沥青再生混凝土半柔性基层成套技术研究

成果所属专题编号:建科教鉴字(2008)第20号

成果主要完成单位:天津市市政工程研究院、天津市高速公路投资建设发展公司、天津市鑫路路桥工程有限责任公司、天津市公路处

联系人:崔巍

联系电话:022-23370019

通信地址:天津市河西区平山道39号

E-mail:zonggongban@yeah.net

邮政编码:300074

一、主要技术内容

1.原材料特性分析

(1)回收沥青路面材料和水泥稳定基层材料的性能分析。

(2)泡沫沥青特性研究:以沥青膨胀率和半衰期为控制指标,研究不同沥青种类、不同用水量、不同温度下沥青的发泡特性。

2.泡沫沥青冷再生混合料的配合比设计研究

(1)铣刨料级配组成研究;

(2)确定合理的沥青含量;

(3)确定用水量;

(4)确定填料的种类及用量,不同参数变化对性能影响等。

3.泡沫沥青冷再生混合料的性能研究

研究内容包括再生混合料的劈裂强度、抗压强度、抗压回弹模量等。

4.提出设计施工技术指南

主要有总则、术语和符号、路况调查及分析、材料、泡沫沥青冷再生混合料设计、路面结构设计、厂拌冷再生施工、就地冷再生施工、施工质量管理与检查验收等。

5.技术经济分析

见四、应用效益部分。

6.施工工艺及现场质量控制

施工工艺主要包括两种,分别是厂拌冷再生和就地冷再生。

7.试验工程及检测

修筑试验路,验证各种施工工艺及控制指标是否合理,并进行现场含水率、压实度、强度、弯沉、平整度等各种指标的检测。

二、适用范围

(1)用泡沫沥青再生沥青路面铣刨后的旧料(RAP),使其作为道路的半柔性基层使用,可以用其取代半刚性基层,有效地减少路面反射裂缝;

(2)将泡沫沥青冷再生技术应用于公路的维修工程及新建工程中。

三、已应用情况

泡沫沥青冷再生技术已经成功在京沪高速公路、津沧高速公路、京沈高速、唐津高速公路等维修工程得到大量的推广应用,表现出良好的性能,各项指标满足使用要求,产生了明显的经济效益、社会效益

和环境效益。

四、应用效益

该项目的实施成果实现了路面废料的回收再利用，既有利于环保，又可节约大量投资，符合公路建设维修充分利用当地资源、降低工程造价的原则，同时避免由于半刚性基层引起的病害，具有极高的应用价值和广阔的应用空间。本课题研究过程中在唐津高速、京沪高速、京沈高速、外环线等建立试验工程，总面积约 $100\times10^4m^2$ 取得了技术上重大突破，获得巨大的社会经济和环境效益。

23. 级配碎石振动成型设计方法、路用性能及施工技术研究

成果所属专题编号：津科成鉴字(2009)007 号

成果主要完成单位：天津市市政工程研究院、石家庄环城公路指挥部办公室

联系人：崔巍

联系电话：13312037266

通信地址：天津市河西区平山道 39 号

E-mail：zonggongban@yeah. net

邮政编码：300074

一、主要技术内容

鉴于目前公路上普遍出现的半刚性基层裂缝问题，本研究采取加铺级配碎石中间层手段以减缓裂缝、冲刷、唧浆等病害。

(1)与传统重型击实设计相比，采用振动成型设计能使混合料的密度提高 8%～10%，CBR 强度提高 20%～50%，更重要的是振动成型的方式与现场施工的方式相近，密度提高的效果在不增加施工成本的情况下完全可以在现场实现。

(2)设计出密度较高、CBR 值较大且级配衰退最小的级配碎石级配范围。

(3)用级配碎石代替一层半刚性基层，路面每公里节约 30 万元，经济效益可观。

(4)分析结构层厚度和模量对路面结构的弯沉、应力应变的变化趋势，找出了各层合理的厚度和模量。

(5)本课题还对级配碎石的施工及质量控制做了系统分析，并在石家庄环城高速公路上做了试验路段，试验路段观测结果显示，采用该成果设计级配的范围，振动成型级配碎石的压实度和强度能达到设计要求。施做的级配碎石基层更加密实，强度更高，减缓半刚性基层裂缝效果显著。

二、适用范围

采用振动成型法和传统方法设计级配碎石，并对其路用性能进行了对比研究。探索出一套适用于级配碎石振动成型的设计方法、路面结构类型及施工技术。促进级配碎石在我国高速公路中的应用。

三、已应用情况

该成果已经于 2008 年成功应用于石家庄环城公路。

四、应用效益

与传统重型击实法相比较，振动成型级配碎石设计方法级配衰减小、密度提高 6%～10%、CBR 强度提高 1 倍左右。极大提高级配碎石的路用性能，在一定程度上弥补了级配碎石强度不足、造成路表弯

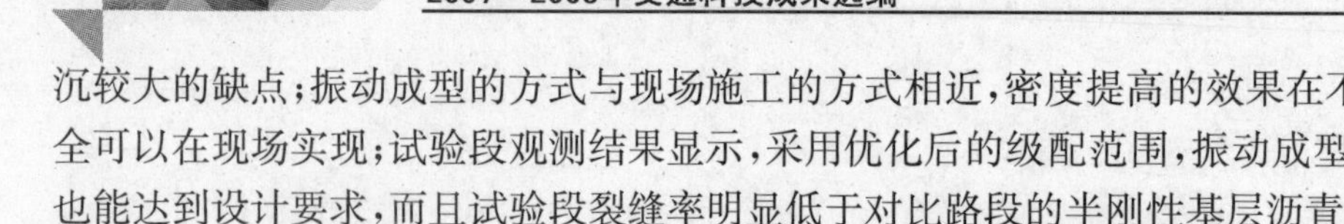

沉较大的缺点;振动成型的方式与现场施工的方式相近,密度提高的效果在不增加施工成本的情况下完全可以在现场实现;试验段观测结果显示,采用优化后的级配范围,振动成型级配碎石的压实度和强度也能达到设计要求,而且试验段裂缝率明显低于对比路段的半刚性基层沥青路面的裂缝率,因此这种级配碎石基层更加密实,强度更高,减缓半刚性基层裂缝效果显著;从经济效益方面来讲,用级配碎石代替一层半刚性基层,路面每平方米降低造价10～25元,经济效益可观;必将促进其在我国公路建设中的应用和发展。

24. 填石路基施工技术及质量评价方法研究

成果所属专题编号:津科成鉴字(2007)084号

成果主要完成单位:天津市高速公路投资建设发展公司、天津市市政工程研究院

联系人:崔巍

联系电话:022-23370019

通信地址:天津市河西区平山道39号

E-mail:zonggongban@yeah.net

邮政编码:300074

一、主要技术内容

该成果通过石料破碎试验对碎石填料破碎性的产生机理、影响因素以及填料破碎性对路基稳定性的影响等关键问题进行研究;通过现场试验,对不同岩性、不同填筑高度和不同碾压机械条件下的填石路基进行观测。在不同试验路段分别埋设沉降观测设备,就不同条件下填石路基的分层沉降、总沉降以及低级沉降等变形性能进行施工时期观测和运营阶段的长期观测,探究填石路基的变形规律。

该成果针对填石路基的压实特性,利用现有压实机械进行现场试验,着重从填石路基的压实方式、压路功率、吨位及冲击压实等技术问题对压实机械选型进行了技术研究。包括填石路基的地基处理技术要求、摊铺及整平技术、最佳摊铺方式及对填料的最大粒径组成以及松铺厚度等影响因素进行系统研究。

二、适用范围

该成果在天津地区首次采用碎石土修筑高速公路路堤,并成功应用于津蓟高速延长线工程中,解决了开山修路产生的碎石弃土问题和路堤填筑材料不足问题,节约了建设费用和土地资源,具有明显的经济和社会效益。

该成果对全国的山区高速公路的建设有很高的借鉴作用。

三、已应用情况

在天津地区首次采用碎石土修筑高速公路路堤,并成功应用于津蓟高速延长线工程中。

四、应用效益

通过该技术的研究,解决了开山修路产生的碎石弃土问题和路堤填筑材料不足问题,节约了建设费用和土地资源,具有明显的经济和社会效益。

25. 天津市公路沥青路面微表处施工技术规程

成果所属专题编号:DB29-174-2007
成果主要完成单位:天津市公路管理局
联系人:张光汉
联系电话:022-27972518,13602093106
通信地址:天津市西青区营建路南赵庄北
E-mail:andy360325@163.com
邮政编码:300380

一、主要技术内容

《天津市公路沥青路面微表处施工技术规程》是根据多年来天津市微表处施工经验和大量的专项试验研究,以交通部颁发的《公路沥青路面施工技术规范》和交通部公路科学研究院主编的《微表处和稀浆封层技术指南》为依据,引用了行业相关的技术标准编写而成,能够满足天津市道路的预防性养护需求。

《天津市公路沥青路面微表处施工技术规程》主要内容包括:总则、术语、一般规定、材料、混合料设计、施工、质量检验评定标准、条文说明等。

《天津市公路沥青路面微表处施工技术规程》以国家规范为依据,量化指标较国家规范有所增多,实用性和可操作性更强,符合天津道路养护需求的实际情况。

《天津市公路沥青路面微表处施工技术规程》对材料的选择做出了详细规定,按照同行业的普遍认同将集料进行了细分(MS-3-I 型和 MS-3-II 型),改性乳化沥青技术指标有所提高;对微表处混合料配比设计方法和混合料技术指标做出了规定;对施工前、中、后的注意事项和施工工艺、施工工序有明确规定;对质量评定标准和质量验收标准作了检查项目、检查频次的规定,对质量要求从量化角度进行了规范。

《天津市公路沥青路面微表处施工技术规程》可以使微表处施工技术更加完善,能够创造良好的经济效益,可以降低道路养护费用,延长道路使用寿命,减少环境污染,改善施工条件,节约能源,并能延长施工季节。

二、适用范围

一、二级公路和高速公路的沥青路面的预防性养护和沥青路面的车辙修复;新建或改扩建一、二级公路和高速公路的沥青路面的微表处施工。

本规程也可适用于水泥混凝土路面、水泥混凝土桥面、隧道水泥混凝土路面修复的微表处施工;新建或改扩建水泥混凝土桥面表面磨耗层的微表处施工。

三级及三级以下等级公路、城市道路的沥青路面微表处施工可参照执行。

三、已应用情况

依据《天津市公路沥青路面微表处施工技术规程》要求,于 2007 年成功应用于八二公路(88 270m^2)和宝平公路(240 000m^2),总计 328 270m^2。质量评定优良,现路面状况良好,有效地提高了路面的抗滑性能、渗水防水性能,极大地改善了路面的外观和平整度。

自 2004 年起已成功承担津同路、九园路、津围路、津港路、津静路等多项公路养护工程,工程量总计 3 114 370.8m^2,均达到良好的养护效果。

四、效益分析

1. 良好的经济效益

研究结果表明:用微表处施工技术规程作为计划预防性养护路面的养护费用,比不养护使用20年再重建的费用要低63%;比每10年加铺一次的费用要低55%,而且路面性能要好得多。经过微表处施工后的路面能延长路面使用寿命3～5年。以目前的市场价计算,100万m^2的微表处工程养护费用约为1 550万元人民币(15.5元/m^2,不包括路面表层病害的挖补及灌缝等维修费用),大大低于挖补热拌的施工费用。在原路面的使用功能基本丧失,路面为轻微病害的情况下,做微表处罩面施工可使公路路面最少能延长3年的正常服务期(津港公路、宝平公路等的微表处施工就是最好例证)。

2.减少环境污染,改善施工条件

微表处施工技术为常温施工,能节省大量的能源并且有利于环保,微表处施工技术从装料、配比、拌和、摊铺,自始至终在常温条件下操作,乳化沥青、砂石料都不需要加热,没有繁重的体力劳动,完全由机械自动操作,减小劳动强度,显著降低有害物的排放。并且单车作业噪声小,不扰民,更能体现"以人为本"的道路养护理念和建设"节约型社会"的发展趋势。

26.高速公路中修废料在农村公路建设中的应用技术研究

成果所属专题编号:2004-318-773-52

成果主要完成单位:辽宁省交通科学研究院,辽宁省交通高等专科学校,辽宁省交通厅公路管理局

联系人:杨彦海

联系电话:024-24512416,13898890527

通信地址:沈阳市东陵区文萃路81号

E-mail:yangyanhai168@126.com

邮政编码:110015

一、主要技术内容

该项目针对农村公路交通流量较少、等级较低、技术标准不高(图1),建设资金紧张的特点,结合高速公路沥青路面中修工程,通过对旧料性能分析(旧沥青、旧矿料、矿料级配)、外掺剂的研制(热再生用改善剂、冷再生用乳化沥青)、再生沥青混合料性能试验(高温性能、低温性能、抗水损害性能、抗疲劳性能等)和再生设备(热再生、冷再生)的研发,采用厂拌热再生和厂拌冷再生两种工艺方法将高速公路铣刨下来的废旧沥青混合料应用于农村公路建设中。此技术应用在公路建设上,对改善道路状况,提高公路的运输能力,提高公路网密度,促进各地区经济均衡发展,保护环境,造福后代,必将产生积极的影响,也能为村村通油路工程作出贡献。

图1　农村公路

二、适用范围

研究成果中厂拌热再生沥青混合料主要适用于高速公路的下面层或普通公路路面面层;厂拌冷再生沥青混合料主要适用于普通公路下面层。

三、已应用情况

2005年7月至9月,项目组在辽中陈家岗—瓜茄岗三级公路、葫芦岛兴城市沙后所—上家沟二级

公路铺筑了4.5km(35 000m^2)试验路段。总结了施工工艺和质量控制指标，编制出“高速公路沥青路面中修废料再生利用技术指南”，指导沥青路面中修废料的循环再利用。

2006～2007年，又分别在沈阳、鞍山、葫芦岛等地公路建设中大面积推广应用维修铣刨的旧料铺筑沥青路面119km(987 000m^2)。经对路面的检测和观测，使用状况良好，性能可靠。

四、效益分析

1.经济效益

截至2008年年底，我国已建成的高速公路总里程超过6×10^4km。按照沥青路面设计使用年限15年测算，每年约有10%的沥青路面需要翻修，可再生利用的沥青混合料预计达到$1\,700\times10^4$t/年，我们初步计算，每利用1t旧料最少可节约直接材料费140元，如果利用该研究成果将旧料全部利用，将产生经济效益24亿多元。并且，这个数字还将以每年10%的速度递增。同时随着沥青材料价格的不断上涨，利用废料的经济效益还会增加。2005年至2007年，又分别在沈阳、鞍山、葫芦岛等地公路建设中开始大面积推广应用维修铣刨的旧料铺筑沥青路面119km，产生经济效益1100余万元。今后5～15年，我国沥青路面的大、中修产生的旧沥青混合料预计达到$2\,800\times10^4$t/年～$8\,000\times10^4$t/年，如全部混合料再生利用将节约沥青资源140×10^4t/年～400×10^4t/年，减少石料的开采量$2\,660\times10^4$t/年～7600×10^4t/年，每年可节约直接材料费用31亿～88亿元，经济效益显著。

2.社会和环境效益

高速公路中修废料的循环利用，可以防止沥青混凝土废料对弃置场所及其周边环境的污染(图2)，减少石料的开采，能有效保护林地，变废为宝，维护自然景观和生态平衡。沥青路面材料的再生利用，解决了沥青路面维修改造所产生大量废料对环境污染问题，符合科学发展观和可持续发展的国策，也是倡导绿色生态和可持续发展的需要，社会和环境效益显著。

图2 公路废料弃置场所

27.丹东至庄河高速公路软土路基处理技术的研究

成果所属专题编号：交科鉴字[2007]第19号

成果主要完成单位：辽宁省交通勘测设计院、哈尔滨工业大学、辽宁省高等级公路建设局

联系人：曲向进

联系电话：024-83301168，13940380505

通信地址：沈阳市和平区砂山街42号

E-mail：htzx@lpcsdi.com

邮政编码：110005

一、主要技术内容

(1)课题成果已应用于丹东至庄河高速公路工程，指导了丹庄高速公路的软基施工，确保了软基路堤的稳定性；并经过1年时间的工后沉降观测，证明所提出的软基处治措施合理、可行，经济效益和社会效益显著，具有推广应用价值；研究成果系统、全面，具有创新性。

(2)通过软基处理施工现场观测、试验，分析、研究了路堤填土与沉降、路堤填土与水平位移、路堤填土与土压力的关系，课题成果提出了粉喷桩、塑料排水板、振冲碎石桩、自重预压4种软基处理措施，以

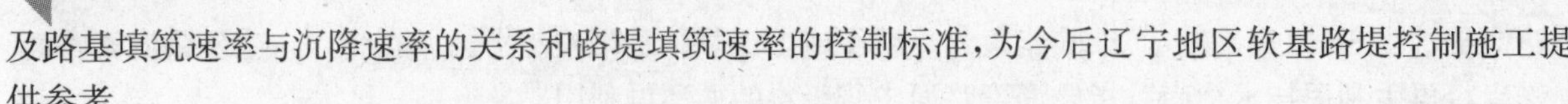

及路基填筑速率与沉降速率的关系和路堤填筑速率的控制标准，为今后辽宁地区软基路堤控制施工提供参考。

(3)提出辽宁地区软土路基处理的工后沉降量宜小于20cm的标准；

(4)根据研究结果，总结了软土地基变形规律，综合分析了不同处治措施的技术适应性，并根据辽宁地区软土特点，提出了辽宁地区软基处理设计的推荐方案，同时编制了《辽宁地区高速公路软基处理技术与施工指南》，对今后高速公路的软基处理工程具有重要的指导意义。

二、适用范围

辽宁地区高速公路软土路基处理。

三、已应用情况

(1)课题组指导了丹东—庄河高速公路软基处理工程，为辽宁地区高速公路软基处理技术的应用与施工积累了成功经验。

(2)课题组编制的《辽宁地区高速公路软基处理技术与施工指南》，为今后辽宁地区乃至全国的高速公路软基处理工程提供了科学依据。

四、效益分析

(1)丹东至庄河高速公路软土路基处理技术课题的研究，直接为丹东至庄河高速公路工程建设节省工程投资约8.5亿元人民币。

(2)辽宁沿海地区高速公路建设刚刚起步，软基处理工程量巨大，课题研究成果可以在未来软基处理设计与施工中得到广泛的推广和应用，有着显著的经济效益与社会效益。

28.高速公路SMA&ATB新型路面成套技术研究

成果所属专题编号：9412007Y0625
成果主要完成单位：河南省济焦新高速公路有限责任公司
联系人：廉高峰
联系电话：0371-67166291，13939138918
通信地址：河南省郑州市中原路93号
E-mail：lian-gao-feng@163.com
邮政编码：450052

一、主要技术内容

针对河南省公路路面干、温缩一般同时发生作用的现状，首次提出以综合抗裂指标——抗裂指数为半刚性材料抗裂设计的控制指标，并进行计算验证。设计采用了半刚性基层＋ATB联结层的复合基层结构形式，从根本上消除了半刚性基层沥青路面的反射裂缝问题，丰富了高速公路沥青路面结构形式。同时对济焦高速公路ATB联结层的设计参数进行敏感性分析，并推荐了相应设计参数范围。

最终利用有限元方法对济焦高速公路ATB联结层的抗裂效果进行力学分析，结果表明：ATB模量越大，对减少沥青面层等效应力σ_e及最大剪应力τ_{max}的效果越为明显。沥青面层的等效应、力σ_e及最大剪应力τ_{max}随沥青稳定碎石层的厚度增加呈变小的趋势。考虑技术、经济等方面的原因，推荐防裂层的厚度为12～14cm，同时配合其他防裂措施以取得良好的效果。

课题研究了重载作用的交通特性和重载作用下合理荷载图式，提出了重载作用下路用材料特性及设计参数，系统建立了重载路面设计方法。并针对河南省高速公路的施工情况，结合济焦高速公路实体工程的铺筑,首次提出了ATB联结层+半刚性基层的沥青路面的施工质量控制要点与标准。

二、适用范围

本课题的研究对河南省提出合理的路面结构形式,建设承载能力高、使用性能好、造价合理的路面结构奠定技术基础,对补充和完善我国相关技术标准、规范具有重要的理论意义和工程实用价值。该项研究内容将对河南乃至全国公路的发展带来巨大的经济效益,其适用范围对河南省乃至全国高速公路新建、改建、扩建均有其指导意义。

三、已应用情况

目前济焦(济源至焦作)高速公路全线已采用课题研究成果,与课题成果推广使用前建设成本比较,每公里路面结构层可节约192万元。按济焦高速公路全长54.442km,路面宽23.5m,实施方案比原方案总费用节约10 452万元。按河南省在建高速公路里程2 000km计算,假设50%的高速公路采用该结构,则可节约19.2亿元。

本课题的研究成果将从根本上解决多年来困扰高速公路建设中的半刚性基层开裂问题,填补和完善了我国相关技术标准、规范的空白,对保证工程质量,延长道路使用寿命具有重要意义。将为河南地区经济的快速发展打下坚实的基础,在全国都具有广阔的应用前景。从目前和长远来看,课题研究成果的推广应用,产生的经济效益和社会效益将是十分显著的。

四、效益分析

高速公路原路面施工各种费用与新型路面施工费用对比见图1。

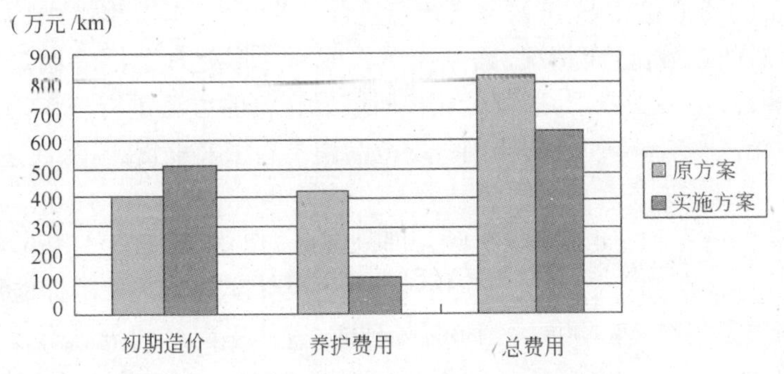

图1 不同方案的费用对比分析

实施方案比原方案初期造价增加约:110.97万元/km;

实施方案比原方案养护费用节约约:303万元/km;

实施方案比原方案总费用节约约:192万元/km。

按济焦高速公路全长54.442km,路面宽23.5m计算,实施方案比原方案总费用节约10 452万元。

按河南省在建高速公路里程2 000km计算,假设50%的高速公路采用该结构,则可节约投资19.2亿元。

本课题的研究在一定程度上解决了多年来困扰河南乃至全国半刚性基层的开裂技术难题,提出沥青稳定碎石联结层+半刚性基层组合的沥青路面结构,所取得的一系列研究成果适用性较强,应用方便,具有可操作性,与公路路面施工、设计、检验等方面内容紧密相关,这些成果的应用,为设计和施工提供了可靠的理论依据;加快了河南公路建设的步伐;对河南地区经济的快速发展起到了推动作用。也就是说,取得的社会效益比较明显。“高速公路SMA&ATB新型路面成套技术研究”的研究成果将从一定程度上解决半刚性基层沥青路面的开裂问题,填补和完善我国相关技术标准、规范的空白,对保证工程质量、延长道路使用寿命具有重要意义,将为河南地区经济的快速发展打下坚实基础,在全国都具有广阔的应用前景。从目前和长远来看，课题研究成果的推广应用，产生的社会效益将是十分显著的。

29. 高速公路路基非开挖快速加固技术

成果所属专题编号：豫科鉴委字[2007]第533号

成果主要完成单位：河南中原高速公路股份有限公司、华北水利水电学院、河南省道路养护工程技术研究中心

联系人：陈琳

联系电话：0371-67166847，13303866662

通信地址：河南省郑州市中原路93号河南中原高速公路股份有限公司养护部

E-mail：chenlin2005818@sina.com

邮政编码：450052

一、主要内容

CGMT干拌水泥碎石桩是一项新的公路路基非开挖快速加固技术。项目对CGMT桩的极限承载力计算公式和沉降计算进行了系统的分析研究，提出了CGMT桩复合地基抗液化效果评价方法，研究了复合地基液化判别的计算公式和桩土应力比的变化规律。在大量理论研究、现场试验和工程实践的基础上，总结给出了CGMT桩现场施工技术指南，提出了CGMT桩复合地基的桩体质量的工程评价标准与方法。该项目已申请国家发明专利。在CGMT桩复合地基的作用机理和荷载传递规律、CGMT桩的极限承载力及沉降计算和CGMT桩复合地基的桩体质量的工程评价标准与方法研究方法具有创新性，研究成果具有重要的理论意义，经济效益与社会效益显著。

(1)该项目根据路面裂缝的分布情况、路基变形程度和变形处理范围等制定技术方案。严格按照《建筑地基处理技术规范》等有关要求，采取打孔桩回填混合料的方法进行施工。即在病害路面上按一定方式的布局钻孔后填入混合料，使桩的周围一定范围内土层密实度提高，从而达到提高地基和路基整体强度的效果。

(2)根据道路病害的分布和变形情况，变形处理范围纵向两边延伸5～10m，横向部分路段全幅处理，处理桩长按嵌入原地面深度1～3m，最少不小于1m。具体实施工艺技术标准是：

①成孔和孔内回填夯实的施工顺序。当整幅处理时，宜从里向外间隔进行；当局部处理时，宜从外向里间隔1～2孔进行。

②回填材料拌和。混合料应集中拌和均匀，严禁人工拌和，混合料拌好后应在2h内用于成桩，否则应予以废弃。

③孔位布置。按梅花桩布置，桩间距1m，桩位定好后，经检查控制偏差在±50mm方可钻孔，钻孔时严禁加水，严格控制垂直度偏差应小于1.5%，成孔完毕检查达到要求后，即可回填夯扩。

④材料回填。材料拌好后，钻孔检查无误方可回填。向孔填料前孔底必须夯实，回填每次虚铺厚度为25～30cm，施工时不能用铁锨随意填充，应制做和设计体积相同的回填容器进行定量回填，层层如此操作，不可含糊。

⑤重锤夯实。施工前应进行试桩来确定最佳夯击次数，使用大于120kg的重锤时，落距应大于100cm，夯实次数不小于7次。

⑥封孔及封口。每根桩回填夯实完成至路面结构层时，应变换填充料进行封孔，用C30膨胀混凝土回填振捣密实并收光表面。

二、适用范围

适用于对高速公路路基病害处非开挖路基的加固处理。

三、已应用情况

研究成果已经应用到京珠高速公路许昌至漯河段、洛阳至南京高速公路周口段等工程中，处理路基病害严重的路段超过 200km，处理效果很好，为业主节约资金约 2 亿元。处理路段路基稳定，弯沉检测和路面平整度检测指标均达到国家标准要求。

四、应用效益

(1)养护成本低、降低整个工程造价成本。传统的高等级公路养护压浆的成本每吨约 2 500 元，且施工用材料的数量不可预见性大，实际施工过程中工程量无法估算准确。该技术每平方米需 3 根桩，成本只有 500 元，大约是传统施工方法的 20%。

(2)缩短施工周期、节约原材料。传统的高等级公路养护需对整个路面开挖，路基开挖面积大，开挖的材料全部扔掉，且不能同时施工。该技术每道工序可连续进行，并形成流水作业，循环周期短，进度快。每根桩的平均完成时间在 40min 左右，且封口填筑后 1h 即可放行，缩短工期 50%以上，节约原材料 80%以上。

(3)保护生态环境。由于采用了非开挖技术，一是不存在大量的废料产生；二是对养护区域的农业植被无损害；三是道路恢复交通迅速、快捷等。

30. 柔性基层沥青路面设计参数和施工控制研究

成果所属专题编号：冀交鉴字[2009]第 23 号

成果主要完成单位：河北省青银高速公路筹建管理处、长安大学、中交第一公路工程局有限公司、中交一公司第六工程有限公司

联系人：尹江华

联系电话：0311-89668778，13333015595

通信地址：河北省石家庄市东风路 115 号

E-mail：qygs-yjh@163. com

邮政编码：050000

一、主要技术内容

1. 柔性基层沥青路面的使用状况调查

对国内外已有的柔性基层沥青路面的路况调查结果显示，其主要破坏形式为路面结构的车辙及开裂破坏。并且现场的调查结果表明，路面结构的开裂除了常见的反射裂纹外，还有表面裂纹（Top-Down 裂纹）。

2. 柔性基层沥青路面结构分析和路面设计方法

从柔性基层沥青路面的病害入手，以车辙和 Top-Down 裂纹为设计指标，通过有限元程序 Ansys 模拟路面结构的车辙及开裂，分析了相关因素对车辙的影响程度并计算了路面结构的疲劳寿命。在此基础上，提出了基于车辙和 Top-Down 裂纹柔性基层沥青路面设计方法。

3. 沥青稳定碎石基层的合理设计方法

分别对现行规范的设计方法、SUPERPAVE 设计方法、贝雷法、力学法 4 种沥青稳定碎石基层的设计方法进行研究。通过不同方法设计的沥青稳定碎石基层的路用性能比较研究，提出了科学合理的沥青稳定碎石基层设计方法。在分析国内外现有研究成果的基础上，针对柔性基层的特点，采用不同类型沥青稳定碎石混合料级配，提出了 GTM 进行不同级配沥青混合料配合比设计的方法，通过大量的室内试验，说明了由 GTM 设计的混合料表现出了良好的综合路用性能，但同时 GTM 设计方法也存在一些

不完善的地方。

4.沥青稳定碎石基层竖向离析分析

研究分析沥青稳定碎石基层在实际铺筑过程中产生的竖向离析现象，分析了竖向离析产生的原因，根据不同的成因，针对性地提出了防止措施，大大减少了铺筑过程中竖向离析现象的产生。

5.柔性基层沥青路面结构组成及路用性能研究

通过试验段、实体工程的铺筑及施工方法的研究，提出了控制柔性基层沥青混合料的最佳出料温度、摊铺温度、压实温度；解决了混合料离析、混合料碾压时温度差异的控制技术；解决了混合料碾压设备的合理组合和碾压工艺控制技术。

二、适用范围

这项研究成果将从一定程度上解决半刚性基层沥青路面的早期破坏问题，对于完善我国柔性基层沥青路面设计与施工的相关技术标准、规范具有指导作用。该项研究成果可以广泛应用于高速公路建设中，尤其适用于交通量大、轴载大的沥青路面结构。对保证工程质量，延长沥青路面的使用寿命具有重要意义。

三、已应用情况

成果已用于青岛至银川高速公路河北省赵县境内K119＋490～K138＋280段。其中有半刚性基层与柔性基层的混合式结构、柔性基层的全厚式结构。经过近3年的观测表明，其路用性能良好。

四、效益分析

柔性基层沥青路面设计参数和施工控制的研究成果，将从一定程度上解决半刚性基层沥青路面的早期破坏问题，对于完善我国柔性基层沥青路面设计与施工的相关技术标准、规范具有指导作用，对保证工程质量，延长沥青路面的使用寿命具有重要意义，为当地经济的快速发展打下坚实的基础，在全国都具有广阔的应用前景。

柔性基层沥青路面的经济效益和社会效益表现在克服了半刚性基层沥青路面建成后早期破坏严重的缺陷，柔性基层不仅具有一定承载能力，更重要的是具有特别好的耐久性和稳定性，设计年限可由以前的15～20年提高到30～40年。由于此种结构的路面损坏仅限于路面顶部2.5～10cm，因此只需要定期地表面洗刨、罩面修复，在使用年限内不需要大的结构维修或重建，大大降低了公路建成后的养护费用，避免了路面建成后2～3年即需要大修的不良社会影响。由于柔性基层沥青路面的结构特点，使得路面的耐久性增强，并能在较长时间内保持较高的服务能力，相对减少车辆行程时间费用、车辆运行费用和交通事故费用；在使用期内，由于大、中修次数减少，而且养护工作量小，可大大减少时间延误费。因此，推广应用柔性基层沥青路面，可大大节省使用期费用和能源消耗，具有显著的经济效益和社会效益。

31.江西省高速公路沥青路面修筑技术研究

成果所属专题编号：200607

成果主要完成单位：江西省交通科学研究院、江西省交通厅乐温高速公路建设项目办公室、长安大学、东南大学

联系人：邵琦

联系电话：0791-6243036

通信地址：江西省南昌市庐山南大道176号

E-mail：

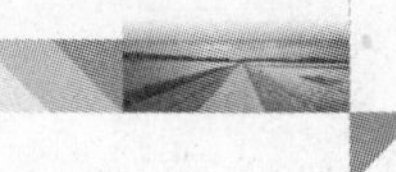

邮政编码:330038

一、主要技术内容

课题组通过对江西省现有典型高速公路进行广泛全面的路况调查,包括使用状况、环境条件、交通特征以及相关设计资料、施工与养护资料,分析沥青路面中存在的问题和主要病害,并对其产生的原因进行深入的分析研究,根据江西省气候和高速公路交通轴载特点,并通过力学计算分析,提出了江西省高速公路两种混合式基层典型路面结构;以阳离子乳化剂和非离子乳化剂为基础自行配制了慢裂快凝型复合乳化剂,研制开发了乳化改性沥青黏结材料。采用阳离子乳化剂十六烷基三甲基溴化铵、十八烷基三甲基氯化铵和非离子乳化剂 OP-15 进行复配来配制慢裂快凝型乳化沥青,3 种材料的比例为 1∶2∶2;应用马歇尔击实试验法,提出了沥青混合料粗细集料分界粒径。提出重载交通沥青混合料骨架结构特征和基于骨架密实理论(骨架特征)的沥青混合料组成设计方法。提出了半刚性基层抗裂性能评价指标,即采用综合抗裂指数的设计方法对高速公路水泥稳定碎石基层配合比进行了优化设计,提出了合理的材料组成设计比例,对水泥稳定碎石基层的掺砂量提出了明确的建议范围(10%左右);针对江西的气候及交通特点,完成了 SMA 试验路的铺筑,并对 SMA 用不同纤维(木质纤维及矿物纤维)混合料性能进行了分析比较,提出了江西应用 SMA 技术应采用的合适的原材料技术标准;针对水泥稳定碎石研究了施工变异因素对强度的影响以及减少变异的措施,提出了沥青混合料和半刚性基层材料施工离析控制技术。

二、适用范围

该科研成果对高速公路沥青路面的设计、施工技术、施工质量控制和科研工作都有重要的指导意义。

三、已应用情况

该科研成果已经成功运用于乐温高速公路。

四、应用效益

本课题的完成,能整体提高江西省内高速公路沥青路面修筑技术水平,使施工操作更加科学规范,同时又能结合省内实际,必然提高我省高速公路沥青路面的质量和路用性能,取得良好的经济效益。本课题针对江西省内已建成高速公路的早期病害进行了深入的调查研究,对其原因进行深层次的分析,并提出省内高速公路适宜采用的结构形式,能从根本上减少沥青路面早期病害的发生,从而减少了沥青路面早期破损修复带来的经济损失,同时也减少公路管养部门后期维护费用。乐温高速公路通车以来,路面养护所需费用较少,每年平均每公里节省养护费用超过 10 万元,通车至今合计共节省养护经费共计 10 万元/年×72km×2 年=1 440 万元。同时沥青路面质量的提高,可以有效减少因路面不平、车辙、坑槽等路面病害引发的车祸,减少潜在的车祸财产损失及人员伤亡损失。

32. 重交通柔性路面结构设计方法研究

交通运输部科技计划立项编号:2005-353-344-110

主要完成单位:广东渝湛高速公路有限公司、同济大学
联系人:张俊标
联系电话:13925074878
通信地址:广州市越秀区农林上路七横路七号
E-mail:vip-zhang@163. com
邮编:510080

一、主要技术内容

本项目针对目前高等级道路交通荷载日益繁重而现有沥青路面设计方法对重交通道路适应性较差的现状，通过长期的研究积累，提出了一个新的重交通沥青路面结构设计方法——基于使用性能的全寿命沥青路面结构设计方法。该结构设计方法的核心是“按性能设计，按力学验算”，强化性能的考虑，淡化力学的核心作用，力求实现结构设计与材料设计的并轨。

结合工程所在地的荷载、环境状况，基于性能设计方法软件给出了不同基层类型下的沥青层设计厚度诺谟图，并利用等效结构变换法，建立了沥青层底面的弯拉疲劳方程和路基顶面的压缩疲劳方程。在系统分析沥青路面车辙影响因素的基础上，提出了车辙预估模型的新框架，该方法采用亚层变形叠加的基本思想，综合考虑了温度、行车速度、结构和材料类型等因素，进而在试验的基础上确定了模型的基本参数并进行了验证，结果表明该方法对不同沥青混合料具有较好的通用性；采用加速加载试验的实测结果对该模型进行了标定，得出了具有普遍适用性的车辙预估方法。

通过大量力学分析和室内外实验，将剪切指标（包括剪应力和抗剪强度）引入沥青路面设计中，给出了混合料抗剪强度控制标准。针对不同层位的受力特点，首次提出了对不同层位混合料设计的具体指标要求，如面层混合料的抗剪强度、水稳层的模量以及级配碎石的模量要求等。

二、适用范围

通过本项目的研究，全面评价了我国目前道路设计和施工体系中存在的矛盾和问题，以及它们对道路质量和使用性能的影响，探索了合理模量控制的新的路面结构设计思想，首次提出结构、材料设计一体化方法，并探索相应的施工工艺，不仅为丰富和完善我国道路设计和施工理论提供了有益的借鉴，而且可以有效地提高沥青路面的质量。

三、已应用情况

“按性能设计，按力学验算”的设计系统，取得了一系列创新性成果，并将这些成果成功应用于渝湛高速公路8.8km（单幅）试验路。从运行情况看：沥青层厚度增加延长了沥青路面寿命；水泥稳定碎石基层中的水泥剂量减少大大减少了水稳基层的开裂率，还节省了水稳基层造价；同时也因基层模量降低而大大减小了沥青面层产生剪切损坏的可能性。按新方法设计的结构比原典型结构具有更为合理、均衡的结构组合，更能反映重交通作用下的力学特点和性能，也就更能有效避免或延缓目前我国重交通道路上早期损坏频发的现象。根据使用两年后的观测结果看，在相同的交通荷载作用下，试验段表现出了比普通路段更好的使用性能。

四、应用效益

本课题针对当前我国重交通沥青路面设计、施工中存在的突出问题，展开了系统、深入的研究，形成了完整的“按性能设计，按力学验算”的重交通沥青路面设计系统和施工指导建议。通过试验路寿命周期费用分析，按新方法设计的结构在未来使用年限内将比原典型结构平均（每公里每车道）节约100万元的费用。

33. 湿热重载交通旧水泥混凝土路面沥青罩面应用技术研究

成果所属专题编号：粤交科鉴字（2007）第10号

成果主要完成单位：佛山市公路局、长沙理工大学

联系人：胡拯民

通信地址：佛山市禅城区卫国路41号

E-mail：hzmaaa@sina.com
邮政编码：528000

一、主要技术内容

湿热重载交通旧水泥混凝土路面沥青罩面应用技术研究包括：旧水泥混凝土路面养护对策，旧水泥混凝土路面的综合评价、处治，加铺层材料性能研究，夹层防裂效果的研究，沥青混凝土加铺层施工工艺，沥青混凝土加铺层设计指标与设计方法等内容。

旧水泥混凝土路面状况是反映旧路面使用现状的基本资料，也是旧路面进行加铺层设计的依据之一。现行的评定方法是：通过对路面结构的完整性和表面功能的调查研究，取得各种损坏类型、损坏程度和损坏密度数据，综合分析其对路面使用性能的影响。检查手段是目测法，数据处理方法是将损坏板折算为较大损坏的结构性损坏板数，再累计各段的较大损坏的结构性损坏板数量，计算出其占调查总板块数的百分数，然后按百分比范围确定路面状况等级。由于检查手段带有主观性，因此其结果必然带有随机性。随着检测工具的不断发展，采用先进的无损评价方法势在必行，仪器的参与有利于减少主观性，增加处理结果的可靠性。对现有路面使用性能预测，能预测路面寿命，因此提高性能预测模型的预测准确率一直是人们所期望的。

目前，人们提出的延缓和减少反射裂缝的具体措施有数十种，对于同一种夹层材料，由于路面受力状态、交通量、气候环境等因素的不同，这种试验路面效果评价也就可能不同，甚至得出相悖的结论。可以说，没有放之四海而皆准的设计施工指南，而且也不太可能提出这样的指南。单纯地进行理论研究或室内实验研究不能完全了解夹层防裂真实效果。根据各地方的特点提出几种反裂措施进行试验研究，是解决问题的有效方式。

1. 旧水泥混凝土路面养护对策

在对旧水泥混凝土路面的养护过程中，应注意对病害的数量、轻重程度及养护费用进行统计分析，为何时对该路段进行沥青罩面提供决策依据。沥青罩面时间越早，则罩面费用越低，且质量更容易保证，但旧水泥混凝土路面产生的效益越低；沥青罩面时间越迟，则罩面费用越高；且后期水泥混凝土路面养护费用支出急剧增加，但旧水泥混凝土路面使用率越高。如何从时间上找到最佳的切入点，需要从水泥混凝土路面及沥青罩面全寿命进行经济分析。

2. 旧水泥混凝土路面评价

以实体工程为依托，从调查旧水泥混凝土路面的功能和结构破坏入手，借助先进的试验检测手段，考虑到旧水泥混凝土路面沥青混凝土加铺容易产生反射开裂的特点，重点对旧水泥混凝土路面的接缝传荷能力、结构承载能力和脱空情况进行检测和评定，并提出相应的旧水泥混凝土路面的处治技术措施和标准。

3. 沥青混合料级配及配合比优化设计

根据佛山地区气候、交通特点及地材的供应情况，针对双层式加铺常用的 AC-13、AC-20 二种沥青混合料进行级配及性能研究，提出湿热重载交通条件下沥青混合料的级配范围。

4. 土工织物

选取国内外具有代表性的土工织物（玻璃纤维格栅、土工布等）分别进行防裂效果试验。对比分析，并结合施工操作性，为加铺设计时选择土工织物提供依据。

5. 抗裂试验

沥青混合料加铺层与旧水泥混凝土路面层间夹层防裂效果对比试验，制作模拟加铺结构的小梁试件，分别进行连续加载破坏试验和荷载疲劳模拟试验，分析防治反射裂缝的效果。

6. 层间界面的直剪试验

通过采用不同的防裂夹层和黏层油，通过直剪试验，了解夹层和黏层油对抗剪强度的影响。

7. 沥青混凝土施工质量控制

结合沥青路面施工技术规范的修订工作与佛山公路气候、交通特点及施工水平，提出了沥青混合料原材料技术要求及选用原则、沥青混合料设计方法、沥青路面施工工艺参数、沥青路面施工质量控制方法。

二、使用范围

本课题研究成果主要用于湿热重载交通环境下旧水泥混凝土路面沥青罩面的决策、设计与施工，也可用于一般道路的整治改造。由于目前尚未进行沥青罩面的旧水泥混凝土路面数量巨大，因此本课题研究成果的推广应用有着广阔的市场和前景。

三、已应用情况

目前，佛山境内由佛山公路局管养的各类公路里程总长超过700km，其中232.92km路面是在原旧水泥混凝土路面进行的沥青薄层罩面，表1是近年来佛山公路局对国道、省道等旧水泥混凝土路面沥青罩面的汇总表。

佛山市公路局旧水泥混凝土路面沥青罩面汇总表 表1

序号	线路名称	里程桩号	长度(km)	路面结构类型
1	G105顺德段中修整治工程	K2587+670～K2621+590	33.92	旧水泥混凝土路面+沥青碎石调平层+5cm普通沥青混凝土+4cm改性沥青混凝土
2	G321南海大沥段大修整治工程	K0+000～K19+000	19.00	
3	G321三水西南段大修整治工程	K32+600～K44+780	12.18	
4	G325南海大沥段大修整治工程	K0+000～K7+800	7.80	
5	G325佛山城区段大修整治工程	K8+900～K15+500	6.60	
6	G325顺德龙江段大修整治工程	K25+910～K32+900	6.99	
7	S112顺德陈村段中修整治工程	K11+250～K19+135	7.89	
8	S269三水南边段大修整治工程	K38+582～K53+750	15.17	
9	S269南海西樵段中修整治工程	K97+520～K102+030	4.78	
10	S272高明段中修整治工程	K40+150～K53+350	13.20	
11	S273高明段大修整治工程	K34+210～K42+300	8.09	
12	S363南庄段大修整治工程	K26+100～K31+500	5.40	
13	S363顺德段大修整治工程	K0+000～K26+100	26.10	同上，其中K19+200～K20+664段为破碎压实+水泥级配碎石基层(均厚23cm)+5cm普通沥青混凝土+4cm改性沥青混凝土
14	S361盐南大修结合整治工程	K35+400～K44+000	8.60	过渡路面：水泥级配碎石上下基层+5cm普通沥青混凝土
15	X500新白线大修整工程	K0+000～K10+360	10.36	过渡路面：水泥级配碎石上下基层+5cm普通沥青混凝土
16	S269南海西樵至樵丹段中修整治工程	K84+126～K97+524	13.40	旧沥青混凝土路面+水泥级配碎石基层+5cm普通沥青混凝土+4cm改性沥青混凝土
17	X493大修整治工程	K14+000～K19+000	5.00	旧水泥混凝土路面+沥青碎石调平层+4cm普通沥青混凝土+3cm改性沥青混凝土

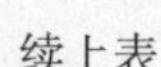

续上表

序号	线路名称	里程桩号	长度(km)	路面结构类型
18	X493大修整治工程	K22+750～K24+620	1.87	旧水泥混凝土路面+沥青碎石调平层+5cm改性沥青混凝土+4cm改性沥青混凝土
19	S269三水段大修整治工程	K76+269～K87+790	11.52	破碎压实+水泥级配碎石基层+4cm改性沥青混凝土
20	S269三水段大修整治工程	K71+046～K76+596	5.55	破碎压实+水泥级配碎石上下基层+5cm普通沥青混凝土+4cm改性沥青混凝土
21	X498大修整治工程	K7+000～K16+500	9.50	破碎压实+水泥级配碎石基层+4cm改性沥青混凝土

四、效益分析

由于水泥混凝土路面和沥青混凝土路面的设计年限和实际使用寿命有较大差异，因此，仅考虑初期投资来进行经济分析是不合理的，按照佛山公路局系统对旧水泥混凝土路面沥青罩面工程中主要采用的设计方案，将水泥混凝土路面换板维修与沥青罩面统一按15年的年限进行经济分析，大修费用在水泥混凝土路面换板维修中不考虑，在沥青罩面中予以考虑。

按照中华人民共和国交通部《公路基本建设工程概算、预算编制办法》，交公发[1996]612号规划编制，套用中华人民共和国交通部交公发[1992]65号《公路工程预算定额》及广东省、佛山市关于公路基本建设工程预算编制相关文件的规定进行经济分析。

1.经济效益分析

沥青混凝土路面在15年内，考虑路线的实际交通情况，需大修一次，大修时在老路面上加铺4cm沥青混凝土，一次大修费用60元/m^2，沥青混凝土路面养护费用确定按2元/(m^2·年)计算。按日常维修标准，根据佛山公路局提供的近4年的水泥混凝土路面维修费用推算，每年路面维修费用按15%的几何级数增长，2006年维修费用为12元/(m^2·年)，以此推算15年的总维修费为668.6元/m^2。

按照以上的计费项目和标准，对两种类型路面总费用进行对比。计算对比结果见表2。

沥青罩面与换板养护15年费用比较 表2

项目	初期投资(元/m^2)	养护费用(元/m^2)	大修费用(元/m^2)	费用合计(元/m^2)	备注
沥青罩面	230	30	60	320	不考虑贷款利率
沥青罩面	230	30	60	641.2	考虑6%年贷款利率
换板养护		668.6	0	668.6	

注：初期投资均含加铺层及调平层所有费用。

由此可见，对旧水泥混凝土路面进行沥青罩面每平方米15年可节省费用348.6元，佛山公路局600km管养路段平均按双向四车道计总面积为900万m^2，可节省投资31.37亿元，即使考虑贷款利率仍可节省投资2.47亿元。

2.社会效益分析

对旧水泥混凝土路面沥青罩面后，提升了道路的通行能力和服务水平，减少了交通拥堵。佛山作为珠江三角洲腹地的经济发达城市，经济活动频繁，每天使用公路网出行从事经济活动的人数按100万计，由于道路状况改善后节省了出行时间(在路上的时间每人每天仅按1min计)，人均生产率按15元/h计算，则每年可产生间接经济效益9 125万元。同时由于路况的改善，降低了油耗与空气污染，对改善佛山市民的居住环境有着十分重要的意义。

34. 沥青路面施工配套关键技术研究

成果所属专题编号:粤交科字鉴字(2008)第02号

成果主要完成单位:广东省长大公路工程有限公司、重庆交通大学

联系人:刘涛

联系电话:020-84586932,13902277289

通信地址:广东省广州市番禺区洛浦街沿沙东路33号省长大三公司

E-mail:gdtaoge@163.com

邮政编码:511431

一、主要技术内容

1. 技术特点

本项目的研究成果填补了我国现行施工技术规范的多处空白,其中,DR1规律、DR2规律、混合料级配控制原理以及指出混合料仅靠体积指标不足以保证路面的质量,必须有合理的级配的论断,指出Superpave系统存在的原则性缺陷及Superpave混合料严重病害的根源,在国际上都是首创的,集料标准化加工技术是与国际先进水平齐平的,以GAC级配范围中值线作为级配控制目标,通过实施"级配双控"、"体积指标和混合料级配双控"来彻底克服路面离析、透水现象的成套技术,从理念到取得的效果,也是国际上创新的。

本项目的成果,大幅度地改善了我国沥青路面质量的成套技术,实际上也构成了一个不用复杂公式表达的混合料设计和质量控制的崭新理论,它使沥青混合料的设计和施工控制奠基于一个崭新的理论基础之上。推广这些技术所需的投入极低,而且切实可行,在我省已经取得可喜效果,推广开去,可以使我国沥青路面的质量在短期内取得显著改善,取得巨大的经济效益和社会效益,因此是沥青路面技术的一项重大的突破性成果。

2. 性能指标

按照以满足密水性和均匀性要求为第一目标,力求形成骨架密实结构的原则,总结出适合我省气候、交通条件的GAC改进型密级配沥青混合料的级配范围,以GAC的级配范围中值线作为混合料级配控制目标。

对各种粗集料规格,将其在各自的公称最大粒径筛孔的通过率控制在90%～100%范围,对细集料规格,则控制其在公称最大粒径筛孔(2.36mm)的通过率为80%～100%,同时在1.18mm、0.6mm、0.075mm各筛孔的通过率也满足要求,以此控制集料级配的变异性。探讨混合料设计级配与要求级配偏离的控制原理,设法将偏离控制在最小范围。

以DR1规律和DR2规律的理论为指导,确定使用不同密度集料的混合料级配曲线的位置,对GAC级配范围的中值线作适当、合理的调整,使其适合于用不同密度集料组成的混合料的空隙率特点。

得出了在混合料拌和、运输、卸料、摊铺等工艺环节中,混合料粒料受力与运动机理,以及数学模型;得出了混合料摊铺机布料槽内粒料的动力学与运动学特性,形成了粒料运动特征方程与特征曲线。

得出了混合料温度离析和集料离析发生的规律,以及破坏或消除这种规律的理论依据与技术方法;提出了沥青混合料离析的检测方法和评价指标体系。

在保证现有施工设备有效使用的情况下,提出了克服混合料离析的新工艺——基于"转运—摊铺"的沥青路面施工新工艺与设备组成;通过渝湛高速公路粤境段路面十二标段中面层和上面层的试验对比研究,得到重要结论。

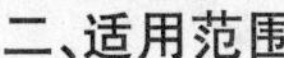

二、适用范围

高等级公路沥青路面施工。

三、已应用情况

表1中的工程项目均不同程度使用了该课题的研究成果。

应用该成果的工程项目 表1

应用项目名称	沥青工程量（$\times10^4m^3$）	项目公里数（km）	沥青路面结构厚度（cm）	应用的课题研究成果	通车年数
广梧高速公路	14.8	37	16	1.集料标准化加工技术； 2.DR1规律、DR2规律及相关混合料级配控制原理	5
惠州过境公路	9.2	23	16	集料标准化加工技术	6
河龙高速公路	17.8	42	17	1.集料标准化加工技术； 2.离析控制技术	4
渝湛高速公路12标段	18	35.5	18	1.集料标准化加工技术； 2.离析控制技术	4
广珠北高速公路	14.3	26.5	18	集料标准化加工技术	3
沿海高速珠海段17标段	14	27.5	17	集料标准化加工技术	3
粤赣高速27标段	10.6	23.6	18	集料标准化加工技术	4
湛江海湾大桥连续线	8	27.7	12	1.集料标准化加工技术； 2.DR1规律、DR2规律及相关混合料级配控制原理	3
广韶高速1标段	23.1	42.8	18	集料标准化加工技术	1
广韶扩建工程	89.1	165	18	集料标准化加工技术	3

从目前的使用效果来看，应用了该课题研究成果的沥青路面经过长时间的使用后，养护费用较低，且路面性能和状态均维持在较好的水平。

四、效益分析

1.集料标准化加工技术

该技术在推广应用期间在以下项目应用：广梧高速公路、惠州过境公路、河龙高速公路、渝湛高速公路12标段、广珠北高速公路、沿海高速公路珠海段17标段、粤赣高速公路27标段、湛江海湾大桥连续线、广韶高速公路1标段、广韶扩建工程（以渝湛项目为例），根据以上分析产生的经济效益估计超过4 000万元。

2.DR1规律、DR2规律及相关混合料级配控制原理

按原来的设计，高密度集料项目上面层都要远运玄武岩或辉绿岩碎石，广梧某标段采用该技术后就地取材，可以节约100元/m^3，80km路面约需10万m^3的集料，共节约1 000万元。湛江海湾大桥引桥桥面铺装用低密度凝灰岩集料约6 000m^3，也能节约60万元。

3.离析控制技术

从根本上解决了沥青混合料的离析问题，大大延长了沥青路面的使用寿命。有研究成果表明，低、中、高度离析造成沥青路面的寿命损失分别为2年、5年、7年，离析造成的经济损失约为HMA现值的10%、20%、50%。因此，以渝湛12标段项目为例，使用集料碎石加工技术使沥青路面使用寿命延长而产生的经济效益分别为33 953.1万元、67 906.2万元、169 765.5万元。

由此可看出，该课题推广应用期间产生了巨大的直接经济效益，如果再考虑由于应用了该技术导致

沥青路面质量发生了根本性的改善，提高了行车舒适性和保障行车安全，间接的提升企业品牌形象，从中获得的经济效益和社会效益是无法估量的。

35. 山区高等级公路半填半挖路基建造关键技术研究

成果所属专题编号：湘交科鉴字[2008]11号

成果主要完成单位：湖南省交通科学研究院

联系人：李志勇

联系电话：0731-5215843

通信地址：湖南省长沙市芙蓉中路三段472号

E-mail： hnjtlzy@yahoo.com.cn

邮政编码：410015

一、主要技术内容

本项目以湖南省邵怀高速公路等工程为依托，对山区公路半填半挖路基建造关键技术开展了系统的研究。通过理论研究，提出了隶属函数的等效性原理和完整隶属函数的构造方法，构建了山区公路建设场地的模糊分类系统；提出了针对交接面强度特征的半填半挖路基分类方法和交接面力学参数特征值的变权重确定方法；在数值模拟的基础上，系统分析了交接面参数对半填半挖路基稳定性的影响。通过分析经典不平衡推力极限平衡法的局限性，研究了基于中点对称变坡的修正方法，提出了改进的不平衡推力分析新方法。以半填半挖路基边坡稳定可靠性响应面分析方法为基础，研发了具有数据统计分析和安全系数计算功能并可考虑可靠度影响的交接面路基稳定分析软件。通过室内模型试验、山区公路现场大量陡坡交接面路段路基工程设计、施工及沉降和位移监测，提出了半填半挖路基交接面的勘察、设计、施工的建议性原则。

二、适用范围

山区公路半填半挖路基建造关键技术完善了山区公路建设技术体系，为山区公路半填半挖路基的建设提供理论支撑和技术手段，降低山区公路造价，保证工程质量。研究成果可广泛应用于公路、铁路、水利、矿山等工程建设中。

三、已应用情况

项目成果在依托工程邵怀高速公路溆浦连接线及邵怀高速公路建设中应用。在设计和施工过程中，利用模糊分类系统得出建设场地的级别，根据交接面类型，系统地利用半填半挖路基建造技术系统的稳定性分析程序进行计算分析，然后利用其提出的倒台阶加土工格栅材料联合加强交接面、锚杆护坡等技术，完成了工程的施工。目前已经完成的有关路段已通车两年多，路基稳定，沉降差异小，边坡稳定；路基、边坡工程质量良好，各项指标均达到规范要求。

四、效益分析

项目紧密结合邵怀高速公路溆浦连接线工程建设实际，进行了大量现场试验研究，理论研究直接指导实践，确保了依托工程公路路基及边坡工程质量。项目研究成果成功应用于邵怀高速公路溆浦连接线及邵怀高速公路建设中，节约工程造价约2 100万元。

36. 山区公路路基轻型支护技术研究

成果所属专题编号：湘交科鉴委字[2007]061号

成果主要完成单位:湖南省交通科学研究院
联系人:李志勇
联系电话:0731-5211328
通信地址:湖南省长沙市芙蓉中路3段472号
E-mail:hnjtlzy@yahoo.com.cn
邮政编码:410015

一、主要技术内容

通过广泛调研,选择了6处工点,重点研究路堤边坡的轻型支挡结构(如悬臂式桩板墙、预应力锚索桩板墙、锚索(杆)柱板墙、锚定板挡墙以及综合支挡结构、加筋土陡坡等),设计了5种有代表性的支挡结构。根据各类支挡结构现场测试、室内实验、数值分析的结果,系统完成了4种典型轻型支挡结构在交通动荷载作用下的现场静、动力试验和观测,分析了支挡结构与土的共同作用,得到支挡结构的作用机理;提出了山区公路路基轻型支挡结构设计的新方法,开发出与各类支挡结构配套的设计计算软件;提出各类支挡结构的设计施工技术指南与质量控制技术及标准,建立山区公路支挡结构设计的通用电子图库,从根本上改变现在支挡结构方面理论滞后于实际的局面,减少支挡结构设计中凭经验决策的成分和繁重的计算工作,使设计更加经济、合理,使公路建设和运营更加安全。

采用研究成果来指导路基处治设计和施工,解决山区公路路基稳定,使路基稳定、美观,符合验收规范要求,提高施工效率、缩短施工工期,节省用地,保护环境。

二、适用范围

研究成果适用于山区公路、铁路及其他工程的高陡边坡支挡结构工程。

三、已应用情况

本研究成果成功解决了山区公路路基轻型支护结构建设的一系列工程问题,对山区路基支挡结构类型选择、设计方法、施工与质量控制等关键问题有了重要突破,同时提出了锚索受力计算、支挡结构静动力特性等新的计算公式和新的理论成果,具有重大的理论价值和社会经济效益。

本项目应用于依托工程,取得了重大成果。

(1)提出了锚索受力计算的新公式,其计算结果更准确、理论更合理。

(2)对预应力锚索桩板墙、悬臂式桩板墙、预应力锚索柱板墙和锚杆柱板墙4种支挡结构提出了新的设计思想,设计结果更合理、更经济。

(3)对土工格栅、土工格室加筋路堤的设计参数提出了新的公式,应用于实际,效果良好。

(4)提出了山区公路路基轻型支挡结构施工与质量控制方法。

在本项目实施过程中,课题组将工程实践与科学研究紧密结合,在实际工程中推广应用,目前课题组修建了一批示范工程,并将路基轻型支护结构在邵怀、吉茶、常吉等高速公路上进行了大面积的推广。课题研究过程中始终贯穿理论指导工程实践,通过工程实践来验证理论这一指导思想。

四、效益分析

本研究成果应用于邵怀高速公路依托工程,直接节约工程经费1 200万元,在全线推广应用节约了工程经费5 300万元,在吉茶高速公路全线进行推广应用,节约工程经费2 300万元,减少农田占用248亩。此外,土工合成材料加筋路堤边坡工程耕地占用减少额度达50%,解决公路建设占用耕地的矛盾。

37. 福建高液限土填筑路基成套技术研究

成果所属专题编号:闽交科鉴字[2008]第1号

成果主要完成单位：福建省交通科学技术研究所、南平福银高速公路有限责任公司
联系人：陈治伙
联系电话：0591-87078655
通信地址：福建省福州市五一中路104号
E-mail：czhuser@hotmail. com
邮政编码：350004

一、主要技术内容

福建省地处东南沿海，降水丰富，从濒海到山区，各地遍布花岗岩类残积土，该土天然含水率大，液限高，塑性指数大，水稳定性差，属高液限土，尽管在低含水率情况下它能达到较高的强度，但由于其颗粒微观势能严重不平衡，极易受自然降水、地下水或地表水影响，甚至能从大气中吸收水分，吸水后的路基发生膨胀，密度减小，强度急剧下降，在行车荷载和土重力作用下，发生不均匀沉降、开裂、横向位移等病害。正是高液限土这种极差的水稳定性，《公路路基设计规范》(JTG D30—2004)规定高液限土属于特殊土质，不得直接用于路基填筑。

通过研究高液限土液塑限、含水率、击实功、饱和度和CBR值之间的关系、土水特征(基质吸力)、干湿循环体变特性等，寻找到高液限土有别于常规土的“最佳状态”，并通过现场试验路铺筑，寻求能保持高液限土“最佳状态”的施工工艺，使其满足工程要求。同时，将室内试验、试验路铺筑、现场施工工艺、控制指标到工后观测等成套技术进行总结，编制施工技术指南，便于我省各地高液限土应用借鉴。

二、适用范围

适用于福建省非膨胀性质的高液限土。

三、已应用情况

高液限土已在我省多条高等级公路上填筑应用，包括：

(1)1996年泉厦高速公路K10+514～K13+000(现K399+800起往厦门)含砂高液限黏土填筑。

(2)2001～2003年京福高速公路，漳龙高速公路漳州段A2、A3合同段(现K11+000～K38+000)高液限土填筑，80万m^3。

(3)厦门集美大道K2+500～K3+100含砂高液限黏土填筑，约24万m^3。

(4)浦南高速公路C1、C2合同段高液限粉土填筑，20万m^3。

(5)武邵高速公路A1、A4合同段含砂高液限土填筑，40万m^3。

经过10多年的运营验证，高液限土填筑效果良好。

四、效益分析

利用高液限土填筑路基，变废为宝，与弃方换填方案相比，每立方米节约费用14元，已利用填筑高液限土180万m^3，节约工程费用2 520万元，同时，节约宝贵的土地资源，且比改良方案环保。

38. 福建省重载交通水泥混凝土路面结构研究

成果所属专题编号：9352008Y0096
成果主要完成单位：福建省公路管理局、福州大学土木工程学院
联系人：方德铭
联系电话：0591-87078125，13706953031
通信地址：福州市交通路19号　福建省公路管理局

E-mail:fjfdm@126.com
邮政编码:350004

一、主要技术内容

(1)重点走访福建省重载交通病害严重路段,结合全省国省干线公路路面病害普查,研究了福建省重载水泥混凝土路面典型病害特征,进行了典型病害划分,并进行综合成因分析。

(2)通过福州、南平、龙岩等重载交通路段交通连续监测,轴载现场测重,车速、轮压测试和统计分析,研究了福建省重载交通量和车型分布、轴载分布和车速分布、轮胎接地面积,并提出重载标准和描述数学模型。

(3)以福建省重载交通水泥混凝土路面结构与重载交通特性为研究实体,采用三维有限元程序计算分析了重载交通特性、荷位、路面结构组合等一系列参数对路面结构受力和疲劳破坏的影响,提出了影响主要因素和防治措施的经济优先排序。

(4)在3个路段修筑试验路,分别针对冲击压实改建路面、新建路基路面、贫混凝土基层水泥路面3种结构设置共计6个测试板块,在土基、基层、面板内埋设了土动压力传感器、应力应变传感器、拉杆传力杆钢筋应变计、热电偶温度传感器。按照不同车型、车速、轴载进行了大型的现场动力测试和温度场跟踪,通过在混凝土板中埋入应变传感器,获得行驶车辆荷载作用下板内测量应变,系统研究了重型车辆动荷载作用下水泥混凝土路面板力学响应特性。具体包括板底、板顶纵横向动应变时程反应特征,水泥混凝土路面传力杆钢筋、拉杆钢筋动应变时程反应特征,车辆轴型、轴载、速度、路基差异对水泥混凝土面板动应变反应的影响,不同板块各位置受力情况,最大应力应变特性等。

(5)拟定11种不同路面结构,在南平、福州现场铺筑(总计5.1km)试验段,研究重载路面结构组合、材料和施工工艺和5.5m超常规尺寸板宽路面性能。试验路研究了多种在福建省首次采用的新型结构和材料,如多孔隙排水混凝土基层、碾压混凝土基层、贫混凝土基层、沥青隔离层新型界面结构、混杂纤维混凝土面层、掺抗折剂高性能混凝土面层和5.5m板宽面板新旧路基结合改良措施、冲击压实破碎、普通破碎、置换板垫层路面,24cm、26cm面板对比等多种结构,并采用落锤弯沉仪进行了不同路面结构的性能对比评价。

(6)提出福建省重载交通水泥混凝土路面结构组合原则,针对福建省典型病害和典型路面结构,研究给出基于不同不利荷位的轴载换算公式,和福建省重载水泥混凝土路面结构交互式设计方法;推荐了福建省重载交通水泥混凝土路面典型结构,并提出了重载分级标准。

(7)将研究成果在福建省进行了工程应用和技术推广,为福建省下一阶段重载水泥混凝土路面建设发展和技术改进奠定了实践基础。

二、适用范围

本项目及时全面系统的进行了福建省重载交通水泥混凝土路面理论和实践研究,探索了路面新技术、新材料和新结构,为福建省重载交通路面的技术改进奠定了技术基础,对于进一步全面提高福建省路面技术性能,适应未来交通的发展和挑战具有重要意义。

三、已应用情况

从2006年6月开始,课题组结合国内外最新研究成果,并考虑到施工和经济上的可行性,在福州316国道、南平环城路、南平延平区省道分别修筑了11种不同形式的典型路面结构,总计长度达到5.1km。

2007年南平共修建了新型结构路面124km,均采用了本研究项目成果。

四、应用效益

未采用本项目研究成果前,干线公路水泥混凝土路面造价120万元/km,采用本项目研究成果后,干线公路水泥混凝土路面造价132万元/km。

未采用本项目研究成果前干线公路水泥混凝土路面寿命12年，采用本项目研究成果后干线公路水泥混凝土路面寿命20年。

采用本项目后，每公里每年可以节约资金：[(120万元/12年)×20年－132万元]/20年＝3.4万元。

2006年在福州南平两地修建了试验路段总计5.1km，节约资金：3.4万元/km×5.1km×2＝34.68万元。

2007年南平共修建了新型结构路面124km，福州共修建了新型结构路面32km，总里程达156km。节约资金＝3.4万元/km×156km＝530.4万元。

39.水泥—乳化沥青稳定基层的应用研究

成果所属专题编号：

成果主要完成单位：安徽省公路管理局、安徽国顺交通咨询设计有限公司、东南大学

联系人：汪波

联系电话：0551-3623580，13505693099

通信地址：合肥市屯溪路528号　安徽省公路管理局

E-mail：wb@ahglj.com

邮政编码：230022

一、主要技术内容

我国公路结构多年来一直延续了强基薄面的思想，半刚性基层提供了高强度的基础，可以有效减小沥青面层厚度，从而节省建设费用；到目前为止，这种路面结构为我国的公路事业作出了巨大贡献。但半刚性基层沥青路面或多或少地存在反射裂缝问题，国内工程技术人员对此进行了长期研究，也获得了不少研究成果，例如通过选用骨架密实型结构可提高其抗裂、抗冲刷、抗冻等性能，但路面早期裂缝这一难题仍没有得到彻底有效解决。本研究成果在低剂量水泥稳定碎石中加入少量乳化沥青，使材料更趋于柔性，改善了材料的抗裂性，提升了其路用性能。本研究攻克的关键技术：(1)应用马歇尔试验进行配合比设计时，马歇尔试件的养生方法、评价指标对本研究材料的适应性以及如何进行马歇尔试验指标曲线界定沥青用量问题；(2)解决无侧限抗压试件破坏变形试验的变形量的测定问题及了解马歇尔的流值与无侧限抗压试件破坏变形试验的变形之间的关系，界定变形量的适宜范围。本研究成果提出了如下几个关键性质量控制技术指标：材料的7d无侧限抗压强度不小于2.0MPa，无侧限抗压试件破坏变形值d的控制范围为2.5mm≤d≤4mm；材料的抗压模量900～1 200MPa，劈裂强度0.5～0.8 MPa。

水泥乳化沥青稳定基层的施工方法与水泥稳定基层的施工方法基本相同，不同之处有两点：一是乳化沥青需先与水按配合比设计确定的比列进行勾兑，另一点是养生期间头2～3d可根据材料析水情况决定是否需要洒水。

二、适用范围

本研究成果适用在国省干线公路新建或改造工程，用作路面结构层基层，在不影响路面承载能力的情况下，达到减少或消除基层反射裂缝的发生，提高路面的使用寿命。

三、已应用情况

本省的国省干线公路中的沥青路面的破坏，主要是早期裂缝导致沥青路面水害严重。经研究，在本省国省干线公路的改造(包括白加黑)中应用本研究成果。本科研成果包括的配合比设计、施工工艺、质

量控制等已应用于公路工程中的路面工程领域，到 2008 年年底，已在本省的阜阳、巢湖、铜陵、合肥、池州等地的国省干线公路改造中推广应用本成果，应用里程已超过 130km。

通过对应用段近 5 年的长期检测观察结果表明：本研究成果不仅满足了半刚性基层能够满足的路用性能，而且在已应用的路段中基本还没有出现反射裂缝现象，而在同一使用条件下的其他半刚性基层包括水泥稳定基层、二灰稳定基层等都出现了间距在 30～50m 甚至 10～20m 的反射裂缝。

四、效益分析

1. 经济效益

2004～2008 年，在本省已应用的 130km 的道路中，与水泥稳定碎石基层相比，水泥乳化沥青稳定基层节约工程造价 360 多万元，节约各种工程养护费用 180 多万元。

2. 社会效益

使用普通半刚性基层的路面出现反射裂缝后，往往通车不久就需要对路面进行修复工作。在项目运营期间，对普通半刚性基层路面进行养护作业，对营运车辆的影响远远大于水泥乳化沥青稳定碎石基层路面的养护方案。应用本研究成果，带来了间接经济效益的提高和较好的社会效益；另外使用普通基层路面的公路，使用性能长期处于较差状态，势必会带来更加不利的社会影响。与以上情况相比，水泥—乳化沥青稳定碎石基层在一定的使用期内较好地解决了此类问题，带来了较好的社会效益。

40. 铜黄高速公路汤屯段高边坡稳定性及支护设计优化系统研究

成果所属专题编号：皖交科鉴字[2006]第 23 号

成果主要完成单位：安徽省交通投资集团有限责任公司、成都理工大学

联系人：段海澎

联系电话：0551-4299622，13965007887

通信地址：合肥市长江东路 1157 号

E-mail：hfdhp@163.com

邮政编码：230011

一、主要技术内容

铜黄高速公路汤屯段穿行于皖南山区，公路的修建在沿线形成了数量多、地质条件复杂、高度大、稳定性较差的高边坡，有些边坡已表现出较为明显的变形特性，严重地影响了施工安全。基于此，课题密切结合重大工程建设实际，开展了边坡稳定性评价与优化设计相关的关键技术难题的研究。

研究成果获得中国公路学会 2008 年度科技奖一等奖，并经中国公路学会专家委员会王玉主任等专家现场考察，给予高度评价。

项目的主要研究内容包括：

(1)基于支护的高边坡工程地质条件研究；

(2)边坡的结构类型及其失稳机理研究；

(3)高边坡支护设计地质参数取值及其优化；

(4)板裂岩体边坡稳定性评价方法和支护设计理论研究；

(5)基于变形理论的二维、三维数值仿真模拟研究；

(6)边坡破坏机理的模拟研究；

(7)基于监测信息反馈分析的边坡稳定性研究；

(8)生态护坡设计研究；

(9)重点工程边坡支护设计优化研究；

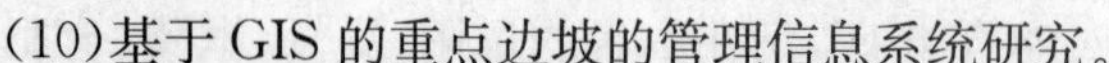

(10)基于 GIS 的重点边坡的管理信息系统研究。

本项研究的特点是：紧密结合工程，坚持创新与实际工程问题相结合的原则，解决了在工程中出现，但在理论和实践中尚未认识的实际问题。建立了一套独具特色的山区高边稳定性分析与优化设计的技术和方法体系，具体为：先普查，再详查，以此进行重点研究和专门的优化设计，最后进行系统的监测反馈分析。该研究紧密联系实际，使研究成果得到很好的应用，并有利于推广。

项目的主要创新点为：

(1)提出了公路高边坡全过程动态优化设计和信息化施工的基本思路和方法，采用了科研、业主和设计等多方共同参与的管理模式，有效地保证了高边坡治理工程的快速实施和工程建设的安全。

(2)建立了一套适合山区高速公路高边坡的"地质条件详查—岩体结构精细描述—形成机制和失稳模式分析—基于地质过程稳定性评价—灾害控制与支护优化设计"的理论和方法体系，对岩质高边坡勘察设计具有较好的指导作用。

(3)通过大量种植基特性的对比研究，提出了适合本地区的污泥(垃圾)客土种植方法和污泥(垃圾肥)作为种植基添加物质的岩质高陡边坡生态绿化防护方法，丰富了生态护坡设计方法体系。

(4)建立了公路高边坡岩体结构面的分级方案和基于三维离散元关键块体搜索的边坡块体稳定性评价方法；发展了基于复杂岩质边坡三维建模技术和变形控制理论的边坡计算分析模型和支护效果评价方法；以 GIS 为平台建立了高边坡地质调查、优化设计和安全管理信息系统。

二、适用范围

该成果的适用于山区高等级公路路堑高边坡勘察、设计、施工、监测、科研领域以及地质灾害防治领域。

三、已应用情况

项目推广应用情况：项目已在汤屯高速公路的建设中成功应用，解决了工程建设中所面临的重大工程问题，取得很好的效果。本项目的研究方法与相关技术已推广应用到了安徽省铜汤高速公路、黄塔桃高速公路、六武高速公路、雅卢高速公路的勘测、设计及施工中，应用效果良好。

四、效益分析

研究成果先后在汤屯、铜汤、六武、黄塔桃等高速公路建设中得到应用，累计创造经济效益超过 1.26 亿元。另外，研究还解决了山区高速公路高边坡的长期稳定性问题，安全效益明显。

研究还推进了交通行业地质灾害防治的技术水平，促进了勘察设计单位在山区公路设计和勘查方面的技术进步，积累了山区边坡支护设计的经验；同时也提高了建设单位在山区筑路的管理和施工控制水平。

依托项目培养博士研究生 2 名，硕士研究生 6 名(毕业 2 名)。在《岩石力学与工程学报》等核心刊物上发表论文 9 篇。

技术转让方式：可以合作开展研究，针对具体工程的地形地质条件，应用本研究成果，进行系统研究，以解决工程实际问题，促进共同进步。

41. 山区高速公路数字化集成设计系统研究与开发

成果所属专题编号：皖交科签字[2007]第 5 号

成果主要完成单位：中交第一公路勘察设计研究院、安徽省高速公路总公司

联系人：钱东升

联系电话：0551-3434522，13805690892

通信地址：合肥市美菱大道8号
E-mail： qds@ah163.com
邮政编码：230051

一、主要技术内容

通过对山区高速公路现代勘测技术、三维地质重构和再现技术、公路三维互动优化技术、三维集成CAD系统、桥梁参数化自动设计绘图系统、公路虚拟仿真与安全评价系统等的研究与开发，形成以专业的计算机辅助设计技术为核心，综合利用现代计算机、遥感、空间信息管理、虚拟仿真等技术，解决山区高速公路勘测、设计、建设、管养等方面关键问题的数字化集成设计系统与成套的关键技术和流程方法；同时，利用公路设计成果建立公路基础信息的可视化、数字化管理平台。

从工程实际出发，基于现代信息技术、手段、方法，建立全新的三维化公路勘察设计体系和工作流程；实现勘察设计内、外业工作的集成，大大提高工作效率；以公路全三维设计为核心，路、桥、隧、墙、涵、地质等多专业集成，实现资源共享、协同化设计；设计过程与成果实现可视化、动态的分析评价。

二、适用范围

本系统和相关成套技术在5个研究方向（领域）取得了14项主要研究成果，其中多项技术总体上处于国际先进水平。

适用于高速公路建设到养管全周期过程，使用科学、安全。

三、已应用情况

本科研项目依托典型山区公路——安徽省岳西（黄尾）至潜山公路工程勘察设计项目进行研究与开发，同时研发的成套技术及成果软件也应用于该项目各阶段测设工作，而且在其他勘察设计、咨询、审查项目中也进行了不同程度的应用和初步推广，受到广泛的认可和好评，并取得了十分显著的综合效益。

部分应用本研究课题成果和相应成套技术的设计企业非常多，如：陕西省、广东省、宁夏、云南省、河南省、海南省等省级公路勘察设计院和交通勘察设计企业；市政、铁路、林业、水电等勘察设计企业亦广泛采用，见表1。

部分应用本研究成果的用户和项目　　表1

序号	用　户	应用项目	时　间
1	广东省公路勘察规划设计院	广东省广梧高速公路马安至河口段、河口至双凤段、双凤至平台段；广州增城至从化高速公路	2006年8月
2	天津市市政工程设计研究院	天津市112线高速公路工程；天津市城区快速路工程	2006年11月
3	安徽省公路勘测设计院	安徽省黄塔（桃）高速公路项目，铜陵至汤口高速公路	2005年9月
4	江苏省交通规划设计院	济宁至徐州高速公路（江苏段）	2006年8月
5	湖北省交通规划设计院	宜宾至川渝界段高速公路、杭（州）瑞（丽）高速公路阳新至通山段	2006年11月
6	江西省公路科研设计院	济广线江西鹰潭至瑞金高速公路、景鹰高速公路鹰潭市连接线	2006年9月
7	吉林省公路勘测设计院	黄松甸至敦化段高速公路、营城子至梅河口高速公路东丰至梅河段	2007年1月
8	河南省交通规划勘察设计院	焦（作）桐（柏）高速公路叶县至舞钢段	2006年11月
9	宁夏公路勘察设计院有限责任公司	盐池至中宁高速公路、孟家湾一营盘水高速公路	2006年3月
10	湖南省交通规划勘察设计院	吉首至茶洞高速公路、湘潭至衡阳西线高速公路	2006年7月
11	浙江省交通规划设计研究院	龙丽（温）泰高速公路云和至景宁段、台缙高速公路	2006年7月
12	西安众合公路改建养护工程技术公司	青岛至兰州国家干线陕甘界风长高速公路	2006年9月
13	中交第一公路勘察设计研究院北方分院	重庆至云阳高速公路	2005年10月

续上表

序号	用户	应用项目	时间
14	西安立德公路工程咨询公司	安徽省黄山至皖赣界和皖浙界高速公路	2005年7月
15	中交第一公路勘察设计研究院北方分院	河南省洛阳至南阳高速公路	2005年10月
16	中交第一公路勘察设计研究院华南分院	广东省江门至肇庆高速公路	2005年7月
17	长安大学工程设计研究院	云南省关巍一级公路	2005年12月

四、效益分析

本院2005年执行的项目勘察设计和咨询项目共计80项，其中预、工可研项目18项约1 116km，两阶段勘察设计项目29项约2 714km，初步设计项目5项约207km，施工图设计项目9项约612km，咨询审查项目19项约1 581km，全年累计新签合同额113 316万元。

其中预、工可项目本研发成果应用成本比例为15%，初步设计项目应用成本比例为32%，施工图设计项目应用成本比例40%，两阶段勘察设计项目应用成本比例为38.6%。提高本院勘察设计效率1.5～3.0倍(分专业)，效率增加率30%左右。以上两项带来直接经济效益8 198.4万元。

2006年度本院承揽项目合计109项，其中预、工可项目18项，审查咨询合同22项，勘察设计合同49项，国外项目3项，其他17项，项目分布全国21省、3个直辖市及国外。全年累计签订合同额100 053万元，应用上述成套技术和软件系统提高生产效率，节约成本，直接经济效益＝总产值×生产成本比例×效率增加值，约7 004.8万元。

两年提高经济效益约1.6亿元。

42.沪蓉西顺层斜坡安全评价与防治系统关键技术研究

成果所属专题编号：鄂交科鉴字[2008]第82063134

成果主要完成单位：新疆昆仑路港工程公司、湖北省交通规划设计院、中国地质大学(武汉)

联系人：王敏

联系电话：027-83466401，13607150745

通信地址：武汉市汉阳区二桥路5号

E-mail：huangting.lg@163.com

邮政编码：430051

一、主要技术内容

顺层斜坡安全问题是工程建设中具有特色的工程地质问题之一，本课题属于应用技术类(交通工程与岩土工程)重要工程的技术研究。针对沪蓉西高速公路湖北段顺层斜坡的地质结构和变形破坏特点，重点解决斜坡工程的安全评价、防治系统以及施工方面的关键技术难题。

在顺层斜坡岩体质量评价、稳定性计算模型分析和参数试验基础上，对斜坡的安全性进行系统分析，以典型斜坡为例开展防治系统研究；运用力学分析、数值模拟、信息技术等研究防治系统的稳定效果，实现勘察、设计、施工、监测、科研的一体化；研发了多种现场测试、应急加固抢险新技术与方法。技术经济指标：沪蓉西沿线顺层斜坡和滑坡防治成功率100%；提出支挡抗滑桩嵌固段岩体质量分级评价与嵌岩段弹塑性区临界高度的计算方法，优化设计比经验设计节约投资10%；解决顺层斜坡工程的治前应急防护设计与施工技术；解决超大口径复合受荷型抗滑桩设计与施工技术。

课题取得的可促进本行业技术进步的主要创新性成果：

(1)在顺层斜坡安全性评价中首次提出岩层失稳几何模型、极限长度和滑动范围的计算方法；

(2)首次提出斜坡工程中防护系统稳定效果评价体系；

(3)首次提出抗滑桩嵌固段岩体质量分级与弹塑性区临界高度的计算方法；

(4)首次通过现场试验揭示了锚索格构框架梁的锚索对横、纵梁及其节点作用的应力分布规律；

(5)首次实施交错型锚杆快速支护技术和超大口径复合受荷型抗滑桩设计与施工。

由于该课题解决了顺层岩质斜坡稳定性安全评价模型，在沪蓉西高速公路湖北段顺层斜坡区的线路路基设计、路堑设计及其加固处理方面首先得到应用，避免了边坡失稳的工程事故以及灾难，与同期建设的宜万铁路相比具有经济节约性和工程安全性。该课题研究成果达到国际先进水平，获 2008 年度中国公路学会科技进步二等奖。

二、适用范围

成果可应用于交通工程、水利工程、城镇等边坡安全评价与防治领域，可提高解决岩质斜坡工程安全性评价、防治设计及其优化、智能信息系统及施工技术等方面的水平。课题成果已成功应用于沪蓉西湖北段沿线近 500 处斜坡防治工程，效果良好，经济效益和社会效益显著，具有广泛的推广应用前景。本项目的研究成果还可应用于其他类似的边坡稳定性评价与防护工程中。

三、已应用情况

课题研究成果成功地指导和应用于依托工程沪蓉西高速公路顺层岩质斜坡的设计、施工建设及防护效果安全评价。

应用本项目的成果，沪蓉西沿线顺层斜坡和滑坡防治成功率达 100%；提出的支挡抗滑桩嵌固段岩体质量分级评价与嵌岩段弹塑性区临界高度的计算方法，不仅有效的发挥了桩周岩体的物理力学性能，而且优化了抗滑桩的设计，这比经验设计节约投资 1.07 亿元，占工程总投资的 10%；开挖过程中采用交错型锚杆快速支护措施，在保证安全前提下加快了工程施工进度；由于顺层斜坡防护的复杂性，普通的抗滑支挡结构或者不能满足安全要求，因此研究设计了超大口径(2.5m×3m)复合受荷型抗滑桩，经防护效果评价和安全监测，支挡结构安全可靠，满足工程要求。根据双排抗滑桩推力作用机理研究结果进行的结构设计和施工，在满足安全条件下节省费用 2 759 万元；课题组自主开发的斜坡工程辅助系统，对工程的设计和施工提供了便利的条件，节约了大量的时间，使该复杂工程按时完工。

由于该课题解决了重大工程的顺层岩质斜坡稳定性安全评价问题，在沪蓉西高速公路湖北段顺层斜坡区的线路路基设计、路堑设计及其加固处理方面得到广泛应用，避免了边坡失稳工程事故及灾难，与同期建设的宜万铁路相比具有工程安全性。在我国山区工程建设及地质灾害治理中具有广泛应用前景。

四、应用效益

应用本课题研究成果，在沪蓉西沿线顺层斜坡与三峡库区重大滑坡防治工程中减少锚杆 22 810m，节约投资 110 万元；预应力锚索减少 104 062m，节约投资 1 927 万元；桩身混凝土减少 50 505m^3，节约投资 1 519 万元；浆砌片石护面墙减少 317 152m^3，节约投资 5 127 万元；挂网喷射混凝土减少 32 961m^2，节约 2 014 万元。

顺层斜坡安全问题是工程建设中具有特色的工程地质问题之一，本课题针对沪蓉西顺层斜坡，解决了斜坡工程的安全评价、防治系统的关键技术难题。其成果能有效减少自然灾害，保护周边环境，为沪蓉西高速公路顺利施工及安全运营提供了保障。课题研究成果提高了岩质斜坡工程稳定性分析、安全性评价、防治系统及其优化、智能信息系统及施工技术等方面的能力，在我国山区工程建设及地质灾害治理中具有广泛应用价值。

43.基于应力吸收层的水泥混凝土路面沥青加铺技术研究

成果所属专题编号:鄂科鉴字[2007]第73753309号

成果主要完成单位:湖北汉宜高速公路沥青加铺工程指挥部、长安大学

联系人:廖卫东

联系电话:027-83468309,13907105726

通信地址:湖北省武汉市汉阳区龙阳大道9号

E-mail:lwdlmh@yahoo.com.cn

邮政编码:430051

一、主要技术内容

采用有限元法分析了板底局部脱空和重载以及两者耦合作用对混凝土板断裂的影响,提出局部脱空板稳固处理的技术措施及控制指标;数值模拟了应力吸收层抗反射裂缝机理,提出了设置应力吸收层防裂措施的旧水泥混凝土路面加铺结构;进行了设置应力吸收层的旧水泥混凝土路面加铺结构力学分析,模拟了应力吸收层模量和厚度等参数对加铺层结构的影响,确定出应力吸收层厚度、模量的取值范围,首次提出了旧水泥混凝土路面应力吸收层加铺结构设计方法;提出基于路用性能的应力吸收层结合料改性方案,研发出与集料黏附性好、具有优良的高温及低温、弹性恢复、存储稳定、抗老化、抗疲劳等性能的改性沥青结合料;提出了采用旋转压实方法进行应力吸收层混合料目标配合比设计,马歇尔方法进行施工质量控制的材料组成设计方法;通过大量室内对比试验,提出应力吸收层材料的高温稳定性、抗疲劳特性等性能评价设备与方法;提出了以摊铺机为核心的机械配套与匹配理论,形成了一套基于应力吸收层沥青加铺结构的施工技术。

二、适用范围

基于应力吸收层的水泥混凝土路面沥青加铺技术,适合在非破坏旧水泥混凝土路面加铺沥青层结构易产生反射裂缝进而出现水损害问题而在旧水泥混凝土路面上加铺的沥青结构。

三、已应用情况

湖北武黄高速公路全长70km,于2001年对已有水泥混凝土路面进行加铺改造,采用“基于应力吸收层的水泥混凝土路面沥青加铺技术”,在不破碎原板的技术情况下,采用10cm Superpave沥青混合料+2.5cm应力吸收层结构加铺,经过4年多的行车,全线路面使用状况良好,彻底解决了旧水泥混凝土路面加铺沥青层反射裂缝及车辙现象等严重技术难题。每公里平均节约近200万元,全线70km共节约13 460万元。在后期的运营管理中,除正常的小修保养外,全线使用情况至今仍保持在“优级”,节约了大量的维修养护费用。

湖北汉宜高速公路全长278km,于2004年利用“基于应力吸收层的水泥混凝土路面沥青加铺技术”进行全线加铺改造,并按交通量及交通组成,分别采用10～12cm的Superpave沥青混合料+2.5cm应力吸收层的加铺结构,彻底解决了旧水泥混凝土路面加铺沥青层反射裂缝及车辙现象等严重技术难题,大大减少了路面病害,提高了路面使用性能。每公里节约近116.9万元,全线278km共节约32 498万元,在后期的运营管理中,也节约了大量的维修养护费用。

四、应用效益

应力吸收层加铺结构系统及研制出的沥青结合料已在湖北省武黄高速、汉宜高速公路及国内多条水泥混凝土路面加铺改造和新建道路中运用。经过试验路铺筑到大规模的生产路段使用来看,该加铺

层结构抗裂效果显著，防水及与水泥混凝土板块黏结性能好，大大提高了路面的使用寿命。经室内对比试验研究和试验路的实践证明：应力吸收层沥青加铺结构是一种科学的、系统的、实用的解决反射裂缝问题的路面形式，研制的沥青结合料性能可靠，推广应用前景广阔。

44. 山区高速公路高填方构造物受力特性及地基处理研究与应用

成果所属专题编号：鄂科鉴字[2008]第 83172 号

成果主要完成单位：湖北省十漫高速公路建设指挥部、华中科技大学

联系人：张世飙

联系电话：0719-8614856，15007258897

通信地址：湖北省十堰市张湾区河南路银武小区

E-mail：jishuchu509@163. com

邮政编码：442011

一、主要技术内容

(1)通过现场踏勘和原位地质勘察，查明山区地形和地质特征，为高填方构造物受力机理的研究提供基础条件。

(2)结合工程调研，了解既有构造物的病害特征和破坏机理。

(3)通过现场原位试验，对高填方涵洞施工过程中涵洞土压力和位移分布规律及其随填土高度的变化规律进行全程监控，并对原位试验结果进行了分析。

(4)通过理论方法和数值模拟，分析了填土—构造物体系的相互作用机理，讨论了地形、地质条件，填料性质，填土高度，构造物结构形式及几何尺寸等因素对构造物工作性状的影响。

(5)利用理论计算方法对高填方构造物的土压力进行研究，提出了非线性土压力计算公式，对顾安全公式进行了修正，并将目前主要用于高填方构造物土压力计算的理论方法与中国现行的《公路桥涵设计通用规范》(JTG D60—2004)，《铁路桥涵设计基本规范》(TB 10002 1—2005)和《美国公路桥涵设计规范》(AASHTO 2002)进行了对比分析，讨论了各种计算方法的适用范围。

(6)通过数值模拟手段对高填方构造物受力的减载措施进行了研究。

(7)通过理论分析和数值模拟，对高填方构造物的选址和选型进行了研究，给出了构造物的选址及选型原则。

(8)结合理论分析和数值模拟，对构造物的地基承载力的确定进行了研究，并给出了相应的确定原则。

(9)对高填方构造物地基处理方法进行了系统研究，提出了不同地基处理方法的适用范围，并对不同地基处理方法的效果进行评价。

(10)在地基处理技术指标的基础上，对符合同一工况条件下的各种可行的地基处理方案采用综合评价法进行优选，提出了地基处理方案的熵权多属性决策方法。

二、适用范围

山区地形复杂，山高坡陡、沟壑纵横，地层分布极不均匀。本课题针对山区不良地基与地形条件构筑物设置时可能遇到的关键技术问题进行了研究，研究成果主要可应用于存在偏载效应，地基软硬不均匀，不同填土高度、沟谷宽度、岸坡角度等条件下涵洞结构物的受力与变形计算，基础与结构选型，软弱地基处理以及地基处理的优化设计。综上所述，本课题丰富的研究成果可在山区高速公路高填方涵洞结构设计与地基处理中推广使用。

三、已应用情况

应用实例一：

十(堰)漫(川关)高速公路K76＋687处典型高填方涵洞工程成功应用了本课题的技术成果。该涵洞为沟埋式涵洞，沟谷两侧山势较陡，自然坡脚30°～40°，植被较发育。沟底表层覆盖层填土厚度1.2～3.2m，水沟淤泥厚度0.3～0.8m，淤泥底部为厚层含碎石亚黏土，下伏强、弱风化绿泥纳长片岩，裂隙发育。

涵洞采用整体式基础钢筋混凝土拱涵结构，涵顶最大填土高17.6m，涵洞洞身长度为104.465m，高度8.25m，基础宽度15.64m，经过清淤换填，涵洞不直接设于沟底，而建于两侧山体隧道出渣的填埋碎石土之上，降低了涵顶总荷载，同时减小了涵顶应力集中；考虑地基承载力修正，充分利用山体边坡的减载效应，对本涵洞施工过程进行实时监控，结果表明，技术与经济效果显著，单个涵洞工程比常规设计节约造价约120万元。

应用实例二：

十(堰)漫(川关)高速公路K34＋747处机耕通道，采用分离式基础钢筋混凝土拱涵结构。涵顶最大填土高度13.75m，分两级放坡，设计涵长75.9m。比采用整体式基础和不考虑承载力修正时相比节约造价约65万元。

应用实例三：

十(堰)漫(川关)高速公路K27＋362处涵洞洞身长68m，涵顶最大填土高度9.35m。采用分离式基础时要求地基承载力达到600kPa以上，而采用整体式基础并考虑地基承载力修正时，比工程前期考虑采用的分离式基础节约造价约60万元。

四、应用效益

本课题通过对山区高速公路高填方构造物中的一系列关键问题进行系统研究，极大地推进了高填方构造物在山区高速公路工程中的应用，完善了高填方构造物的土压力计算理论和设计方法及高填方构造物地基处理设计方法，为《公路桥涵设计通用规范》(JTG D60—2004)的修编提供了科学依据，具有巨大的经济效益和良好的社会效益。其技术成果已成功应用于十(堰)漫(川关)高速公路高填方通涵工程，并取得了巨大的经济效益。其技术成果应用于高填方通涵工程后，单项工程可节约工程造价50万元左右。沿线通涵工程总数为300多座，初步统计，沿线通涵工程共节约工程造价5 000万元。

45. 岩土锚固安全评价与处治技术研究

成果所属专题编号：交科鉴字[2008]第137号

成果主要完成单位：重庆交通科研设计院、云南省公路科学技术研究所、重庆大学、云南保龙高速公路建设指挥部、广东汕揭高速公路有限公司、重庆高发司南方分公司、清华大学

联系人：唐树名

联系电话：023-62653515，13983018526

通信地址：重庆市南岸区学府大道33号

E-mail：tangshuming@cmhk.com

邮政编码：400067

一、主要技术内容

“岩土锚固安全评价与处治技术研究”以公路边坡岩土锚固主动锚为研究对象，依托在建的云南保龙高速公路和已建的重庆渝黔高速公路，采用调研、室内外大量试验、数值仿真分析、解析计算等多种手

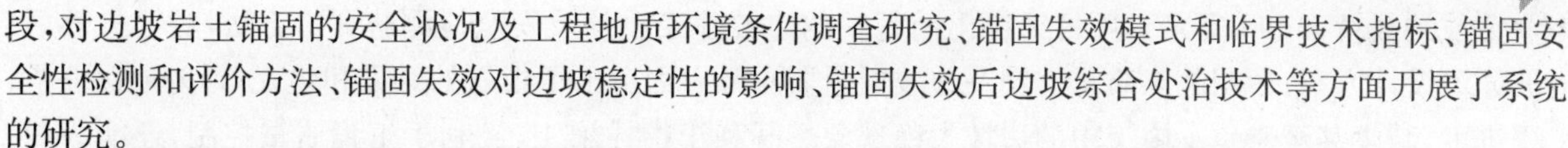

段，对边坡岩土锚固的安全状况及工程地质环境条件调查研究、锚固失效模式和临界技术指标、锚固安全性检测和评价方法、锚固失效对边坡稳定性的影响、锚固失效后边坡综合处治技术等方面开展了系统的研究。

本项目通过3年多时间的研究，取得了以下主要研究成果。

(1)提出了边坡岩土锚固安全的主要影响因素，建立了边坡岩土锚固的安全评估体系，归纳总结了公路边坡锚固的工程地质环境条件，在86个工程实例工点的调研基础上获得了公路边坡主动锚锚固的典型岩土体对象和营运中的锚固边坡安全状况。

(2)研究提出了完整的典型岩土体边坡主动锚锚固单锚失效模式包括四大类：黏结失效、筋材断裂失效、预应力松弛失效、锚具失效。针对云南保龙高速公路第5标依托工程工点，综合采用室内模型试验、有限元数值分析、工程实例工点调研等手段研究了各类锚固失效模式及其影响因素。

(3)提出了主动锚锚固安全评价的“四项指标”体系：锚长、灌浆饱满度、预应力、腐蚀。并采用解析计算、室内模型试验、数值分析、现场试验等手段，研究建立了“四项指标”的临界技术标准：灌浆饱满度75%、预应力损失30%、腐蚀率4%、锚长临界值采用提出的解析公式计算确定。

(4)初步探讨了岩土锚固安全性检测的无损探伤理论及其信号处理技术，建立了锚动测问题的一维波动方程，讨论了其解析解和各种锚缺陷情况下的数值解；探讨了应用频谱分析法、动弹性模量反演法判定灌浆质量及锚长的方法；提出了应用神经网络和小波变换解决损伤信号处理问题，对信号进行预处理和故障特征提取，提高了诊断精度。

(5)提出了主动锚锚固安全评价“四项指标”的检测或估算方法：锚长、灌浆饱满度两指标采用应力波无损探测方法检测；预应力指标可采用应力波无损探测方法检测，也可采用反拉法检测；腐蚀指标采用研究提出的剩余寿命评估公式进行估算。开发了利用应力波无损探测方法检测的孔底反射器。通过依托工程工点现场试验、室内模拟试验、解析计算等手段对上述成果进行了对比验证和分析。

(6)提出了主动锚锚固安全评价“四项指标”安全等级划分方法及其对应的指标值，建立了基于神经网络及小波分析法的主动锚单锚锚固安全评价方法，并开发了相应的计算机软件系统。

(7)室内模型试验和有限元数值分析结果表明，云南保龙路依托工程工点边坡破坏面近似圆弧形，边坡不同部位锚失效及锚力损失导致的锚固边坡破坏基本相同，因此对这类边坡而言，各部位的锚都较重要，实践中尽量均匀布锚；重庆渝黔路示范工程工点边坡破坏面为折线形，边坡滑体质心以下的锚失效及锚力损失比边坡滑体质心以上的锚失效及锚力损失更易导致边坡破坏，因此对这类边坡而言，滑体质心以下的锚很重要，实践中应尽量将锚布置在这部分区域或者说强化这部分的锚。

(8)针对重庆渝黔路示范工程工点，初步探讨了边坡不同位置单锚失效对群锚的影响、单锚及群锚失效对边坡稳定性的影响、锚失效后荷载重分布特征与规律。

(9)研究提出了边坡岩土主动锚锚固安全性评价指南。

(10)归纳总结了单锚失效后不同处治方法的使用条件、边坡锚固失效后的处治方法及其选择原则，结合重庆渝黔路示范工程工点，研究了锚固失效后边坡综合处治技术并将之应用于该工点。

二、适用范围

该成果的适用领域为新建边坡的工程质量控制、既有锚失效后边坡整治设计、后期施工质量控制及边坡安全监测等。

三、已应用情况

上述研究成果已成功应用于保(山)龙(陵)高速公路、蒙(自)新(街)高速公路和重庆渝黔高速公路示范工程工点，取得了显著的社会经济效益，具有广阔的推广应用前景。

四、效益分析

该项目的研究成果应用于实际工程中产生的经济效益十分显著，在完工的3个工程项目建设中，共为业主节约投资 2 690 万元。项目组提出的完整的边坡施工质量及安全检测与评价方法，对锚失效后边坡处治设计方案、后期施工质量控制及边坡安全监测等方面提出了很好的意见和建议，有力地保证了工程进度，减少甚至避免了施工中的边坡失稳现象。既利于指导施工，又利于工程质量控制，还能为业主管理提供有力的帮助，更关键的是为我国公路部门行业规范的修订及完善提供可借鉴和参考的资料，产生的社会效益非常显著。

46. 加筋土路基力学行为与设计方法的研究

成果所属专题编号：2004-318-822-06

成果主要完成单位：同济大学、重庆交通科研设计院、中南大学

联系人：凌建明

联系电话：021-69583005，13901710625

通信地址：上海市曹安路 4800 号　同济大学嘉定校区交通运输工程学院 633 室

E-mail：jmling01@yahoo.com.cn

邮政编码：201804

一、主要技术内容

针对加筋土路基的关键问题，通过现场调查、理论分析、室内试验、数值模拟和现场测试，对加筋土路基的主要工程问题、静力荷载和行车荷载作用下加筋土路基的力学行为、加筋土路基的设计计算理论、方法和参数以及加筋土路基施工技术进行了深入系统的研究，提出了加筋土路基的层位分类法，明确了加筋土路基病害的成因机理、失效模式和控制因素，揭示了静力荷载和行车荷载作用下加筋土路基应力—应变关系、强度特征、变形规律和破坏模式，掌握了路面结构对路基变形的力学响应。在此基础上，提出了“稳定控制和变形控制并重”的加筋土路基设计思想，并创建了基于极限上限定理和可靠度理论的两种稳定性控制设计方法以及基于累积塑性变形、工后沉降和不协调变形控制的变形控制的设计方法，提出了加筋土路基设计参数和标准，总结了各种加筋土路基的施工技术，并在重庆、广东、上海 3 地 5 项依托工程中得到了应用和验证，编制了《公路加筋土路基设计施工技术指南》。通过项目研究，改进和发展了加筋土路基的分析计算理论，突破了加筋土路基设计的关键技术，为相关技术规范的修订提供了科学依据。

二、适用范围

本项目研究目的是通过对加筋土路基力学行为的研究，完善加筋土路基设计计算理论、方法、指标和参数，改进现有施工技术。因此研究成果不仅直接服务、应用于新建和改建各级道路(特别是西部地区的道路)加筋土路基的设计、施工，同时还可供建筑、铁道、港口、水利等领域中的加筋土工程参考。成果还为《公路加筋土工程设计规范》(JTJ 015—91)、《公路路基设计规范》(JTG D30—2004)、《公路工程结构可靠度设计统一标准》(GB/T 50283—1999)、《公路加筋土工程施工技术规范》(JTJ 035—91)的修订提供了系统、可靠的技术依据，具有广阔的推广应用前景。

三、已运用情况

研究成果的运用情况主要体现在：

(1)通过对重庆、广东、上海等地进行实地调研，确定了重庆忠县—垫江高速公路、天津—汕尾高速工程广东境内梅县城东至扶大段、上海沪宁高速公路(上海段)拓宽工程 3 条高速公路作为依托工程，各试验路按照拓宽条件的不同分别划为若干个试验路段(表 1)。

成果应用概述　　表1

依托工程	试验路段	主要工程特征	加筋方案
重庆忠县—垫江高速公路	K81+370～K81+410	重庆忠垫高速公路为国家沪蓉国道主干线支线，全长75km，总投资42亿元，路线位于重丘区，有大量的高填路基。该工程于2004年8月开工，2008年竣工，工期为4年	软基采用沉管碎石桩+50cm砂砾垫层+5层间距60cm的双向钢塑土工格栅处治
	K125+180～K125+280		路堤下部设置7层较长的土工格栅，垂直间距60cm；长筋中间隔布置了6层短筋，长筋与短筋间距30cm
天津—汕尾高速公路广东境内梅县城东至扶大段	K43+040～K43+110	天(津)汕(尾)国家重点公路粤境蕉岭广福至梅县城东段，全长58.278km，公路等级为高速公路，设计行车速度为100km/h，总投资约26亿元，2004年8月开工，2006年12月竣工	大于1∶3陡坡地面线上开挖台阶设置多层7m单向土工格栅；路床下铺设2层10m宽双向土工格栅
	K46+375～K46+415		大于1∶3陡坡地面线上开挖台阶设置16～19层7m单向土工格栅
沪宁高速公路（上海段）拓宽工程	K18+750～K19+250	沪宁高速公路上海段（简称A11公路）西起外青松公路，东至大渡河路，原设计车速120km/h，建设规模为双向4车道，拓宽为双向8车道，该拓宽工程2008年竣工	软基采用预应力管桩+40cm碎石垫层+2层间距20cm的双向钢塑土工格栅处治

(2)根据各依托工程的加筋目的，采取的加筋方案包括填挖结合部加筋、基底加筋、新老路基结合部加筋以及堤身加筋等。

(3)对于各试验工程，主要通过沉降板、沉降管、沉降钉、位移桩、显示滑动式沉降仪等分别进行沉降、水平位移和分层压缩变形的观测；埋设上压力盒进行水平土压力和竖向土压力观测；安置柔性位移传感器量测土工格栅的变形和受力大小分布情况。

(4)通过对试验路实施效果的跟踪观测和评价，证实了项目各项成果的合理性和可靠性。

四、应用效益

应用本项目的研究成果，可有效指导西部地区加筋土路基的施工。同时通过阶段成果的技术交流，成果也应用于其他地区的实体工程中。成果产生的效益分析以广东省梅县试验路建设所产生的直接经济效益、间接效益为例，不计社会效益。项目成果应用后所产生的直接、间接经济效益统计见表2。

经济效益计算结果表　　表2

效益类型	直接经济效益	间接经济效益	合　计
效益(万元/km)	24.50	13.45	37.95

本项目研究成果可为西部地区经济的快速发展打下坚实的基础，具有广阔的应用前景。从目前和长远来看，项目研究成果的广泛推广应用，其产生的经济效益和社会效益将十分显著。

47. 广西高速公路旧水泥混凝土路面加铺沥青层典型结构研究

成果所属专题编号：200673068

成果主要完成单位：广西壮族自治区高速公路管理局、广州大学

联系人：李果发

联系电话：0771-2115769

通信地址：南宁市滨湖路66号1509室

E-mail:liguofa2006@126.com
邮政编码:530021

广西已建成越过1 400km水泥混凝土路面高速公路,随着使用年限的推移,路面病害加速发展,使用功能降低,维护费用逐年增大,而旧水泥混凝土路面加铺沥青层可大大改善路面的强度、温度稳定性和抗水损害的能力,从而延长旧路面使用寿命。为此,广西壮族自治区高速公路管理局与广州大学共同申报的“广西高速公路旧水泥混凝土路面加铺沥青层典型结构研究”课题于2004年获广西壮族自治区交通厅立项,同年3月即全面开始了全面的课题研究工作。该项目采用弯沉差和弯沉比指标评价旧水泥路面,为加铺沥青层设计提供了依据;按加铺层功能要求,采用主骨架空隙填充法,进行了沥青混合料选型和组成设计;提出了经济合理的防裂层材料组成与技术要求;经过计算分析,提出了柳南高速公路改造的加铺层结构与厚度,并于2004年12月至2005年4月修筑了6种加铺结构试验段。试验段共长5km(双幅),是广西地区高速公路“白＋黑”的首次尝试,也是广西地区高速公路通车的第一段沥青路面。经4年多的通车使用和跟踪观测,无早期损坏和破损,使用效果良好,取得了明显的直接经济效益和社会效益。项目开展遵循了调查分析—路面现状的评定—室内试验—试验路段实施—跟踪检测—成果鉴定的路线。项目共投入科研经费约1 760万元,主要用于试验路段实施。

该项目研究成果总体达到国内领先水平,并获得2007年度广西科学进步三等奖。

一、主要技术内容

(1)用贝克曼梁逐板测量弯沉差、弯沉比的方法评价旧水泥混凝土路面板的承载能力和传荷能力以及脱空情况,并以此确定旧路板块处理的措施和方法,并根据实际情况提出了具体技术指标,为旧路处理方案提供了技术依据。

(2)FWD、路面雷达评价了旧路面承载能力和现状,采用超声回弹法检测了路面板的强度,为确定加铺方案和加铺层结构设计提供了技术依据。

(3)采用美国SHRP性能分级方法和国家标准方法双重方法评价和选用SBS改性沥青,综合评价和选用高温性能好、耐老化、抗疲劳的改性沥青。

(4)尝试了几种延缓反射裂缝技术对策:

①提出了防裂层沥青混合料设计方法和技术指标,提出并采用了改性沥青防水防裂层反射裂缝防治技术。

②防裂层＋土工布复合层作为反射裂缝抑制层的反射裂缝防治技术。

③设计骨架密实型KH-25密断级配沥青混合料作为中面层,提高反射裂缝抵抗能力。

④上下面层全部采用SBS改性沥青的全厚式改性沥青加铺技术。

⑤科氏STRATA应力吸收层射裂缝防治技术。

(5)利用弯沉比指标和实测参数进行加铺层结构疲劳寿命预估。

(6)采用了创新技术来提高加铺层抵抗反射裂缝能力,提高其表面功能:

①表面层采用骨架密实型密断级配KH-13型沥青混合料,提高路面耐久性。

②表面层采用SMA-13型沥青混合料,提高路面耐久性。

(7)根据以上研究成果,本项目研究最终在南(宁)—柳(州)高速公路K553～K558旧水泥混凝土路面采用6种沥青加铺层结构铺筑了试验段。该试验段现已开放交通4年多,使用性能良好,迄今未见反射裂缝发生。

二、适用范围

该成果适用于高等级公路旧水泥路面加铺沥青层大修。

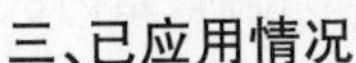

三、已应用情况

该项目研究成果在2005～2007年期间已分别在广西柳南高速公路和桂柳高速公路推广应用37km和40km，目前使用效果良好。

四、效益分析

1.经济效益

2004年12月～2005年4月，试验段5km，119 500m²，2005年11月，推广应用沥青混凝土加铺路面实体工程116 290m²，共计235 790m²。试验段半幅59 750m²采用4cm厚密断级配磨耗层（单价8元/m²·cm），与同等厚度SMA结构层相比（单价11元/m²·cm）节省工程造价约80万元；试验段和实体工程235 790m²采用砂粒式防裂调平层+土工布（单价22元/m²），与Strata应力吸收层相比（单价37元/m²）节省工程造价约350万元；本项目实施结构层总厚度为12cm，相比广西其他高速公路沥青面层一般采用15cm减薄了3cm，平均降低造价30元/m²，节省工程造价约700万元；路幅较低的一侧留出15～20cm不满铺，形成明沟排水可节省工程造价约4万元/km，共计60万元。与"白+白"相比，加铺层厚度相对较薄，避免或减少了附属设施提高高程的改造工程，减少了施工作业封闭道路的时间，经济效益显著；加铺建设速度快，不需要养生，减少了改造工程的建设周期，减少了交通封闭时间；工程维修成本较低，养护维修方便，可以当天维修当天通车，减少施工养护对道路通行能力的影响，降低事故的发生。此项估计共节省建设成本30%，约合1 000万元。照此计算，2006年的沥青混凝土加铺路面为200 100m²，节省资金约1 900万元。

2.社会效益

（1）路面平整无接缝，提高了行车的舒适性。

（2）增强了路面的抗滑性能，提高了行车（特别是雨天行车）的安全性。

（3）降低行车噪声，有利于环境保护。

（4）大大缩短了大修改造工期，减少了对交通的影响。

（5）工程养护维修方便，可以当天维修当天通车，减少施工养护对道路通行能力的影响，降低交通与安全事故的发生。

（6）维修成本较低，可对沥青混凝土再生和回收利用。

48.膨胀土地区公路构造物地基与基础设计和施工技术研究

合同号：2002-318-746-16

成果所属专题编号：交科鉴字[2007]第139号

主要完成单位：南京水利科学研究院

参加单位：广西交通规划勘察设计研究院、中交第一公路勘察设计院、四川省交通厅公路规划勘察设计研究院、河海大学、广西区交通基建管理局

联系人：章为民

联系电话：025-85829502，13605179509

通信地址：南京市虎踞关34号　土工所

E-mail：wmzhang@nhri.cn

邮政编码：210024

一、主要技术内容

项目重点研究了膨胀土地基的4个关键性问题：膨胀土地基的强度和变形特性、构造物与膨胀土地

基基础相互作用、膨胀土地基的设计理论、膨胀土地基的处理方法。研究采用工程实地调研、室内试验、离心模型试验、大型膨胀土模型试验(10m×4m×2.5m)、膨胀土变形理论、非饱和土理论研究以及实体工程的现场试验与验证的技术路线和技术方法。通过数百组次的试验研究，提出了膨胀土地基的胀缩模型，模型揭示了膨胀土地基在不同初始含水率、不同初始干密度、不同上覆荷载等条件下膨胀土地基吸水膨胀、失水收缩的力学行为特征和变化规律。研究提出了膨胀土在干、湿循环过程中的强度变化规律。完成了国内外最大规模的大型膨胀土地基室内物理模型试验(10m×4m×2.5m)，进行了包括膨胀土地基承载力、膨胀土挡墙、膨胀土桩基础等构造物的大型模型长期浸水试验。提出了在不同荷载条件下膨胀土地基表面和不同深度膨胀土膨胀变形的变化规律，揭示了膨胀土地基的胀缩变形机理。研究提出了膨胀土中桩基础的变形与受力变化规律，揭示了膨胀土中桩基础的工作机理。通过离心模型和大型物理模型试验提出了挡墙膨胀土压力的变化规律。通过试验证明了膨胀力与变形的相关关系，从工程的角度提出了膨胀土的膨胀能量概念。首次采用非饱和土简化固结理论与有效应力折减吸力理论，研究了构造物与膨胀土地基的相互作用特性，分析了构造物地基与基础的变形、应力状态以及构造物地基基础的稳定特性，提出了非饱和土压力的变化规律。

二、适用范围

适用于膨胀土地区的构造物地基与基础工程的设计、计算分析和指导施工。

三、已应用情况

(1)南友路依托工程试验段实体工程研究。南宁至友谊关公路是国道主干线衡阳—南宁—昆明公路(G275线)的重要支线，直接与越南的1号公路连接。全长约220km，大中小桥23座，涵洞、通道377道，隧道3座，互通式立交7处，分离式立交61处。该路途经宁明盆地边缘路段较广泛地分布膨胀土。项目结合南宁至友谊关公路的实际情况，根据项目成果，对膨胀土路段桥台、灌注桩、涵洞、挡土墙等构造物地基与基础的设计进行了验证优化，主要包括宁明互通立交跨线桥(K134+805.097)，高岭大桥桥台灌注桩(AK3+499)、涵洞(AK1+748)、挡土结构(K134+272)，通过原位测试和原型监测，基础变形小，符合规范要求，确保了工程安全。同时检验了设计计算理论与方法。

(2)宁淮高速公路。南京市至淮安市高速公路(简称宁淮高速)是江苏省高速公路网规划“四纵四横四联”主骨架“纵三”高速公路的重要组成部分，全长超过110km，其中92km区域为膨胀土地基。宁淮高速公路自南京六合区雍庄至淮安段武墩，长度约128km的范围内，全部为弱到中等膨胀土地基。项目结合研究成果，对膨胀土路堤进行了研究，通过多个路段的现场碾压试验(K173+120～K173+300、K173+600～K173+740、K170+680～K170+840、K174+020～K174+150)，提出了膨胀土地基填筑的施工工艺方法与标准，在全路段得到了应用。还对桥台台背与填土相互作用进行了现场试验研究，研究优化了桥台后填土的施工工艺与处治技术。

(3)呼集高速膨胀土边坡治理方法及效果研究。呼和浩特—集宁高速公路全长约140km，是丹东—拉萨高速公路的一部分，在K430+900～K431+300和K453+200～K453+800路段出现了多次滑坡与塌方。项目在进行过程中结合工程的建设，开展了膨胀土加固设计和试验验证的工作。该边坡目前开挖最大深度30m，设计边坡高度41m，安全稳定。

(4)长沙至常德高速公路。在常张高速公路第11B标段慈利东互通修筑了3段试验路段和1个涵洞的示范工程，同时作为科研成果在全线推广应用。

四、应用效益

项目结合广西、江苏、内蒙、湖南、四川等省区的公路工程，进行了桥台、灌注桩、涵洞、挡土结构等多种构造物地基基础的不同处治方法现场试验，结合工程进行了大量的设计优化工作，确保了工程的安全，提高了经济效益。多项研究成果在依托工程中得到应用和推广，解决了大量西部地区公路建设中的

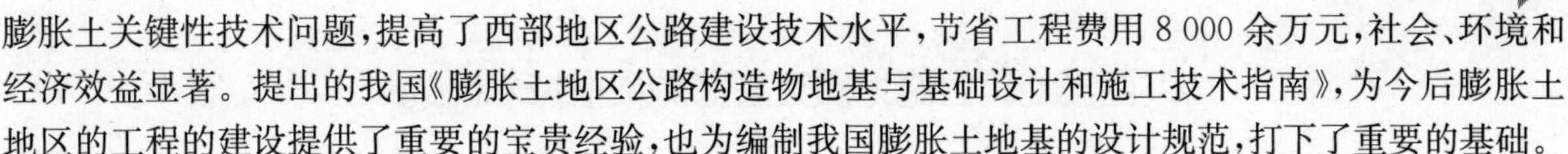

膨胀土关键性技术问题，提高了西部地区公路建设技术水平，节省工程费用 8 000 余万元，社会、环境和经济效益显著。提出的我国《膨胀土地区公路构造物地基与基础设计和施工技术指南》，为今后膨胀土地区的工程的建设提供了重要的宝贵经验，也为编制我国膨胀土地基的设计规范，打下了重要的基础。

49. 山区高等级公路半填半挖路基建造关键技术研究

成果所属专题编号：湘交科鉴字[2008]11 号

成果主要完成单位：湖南省交通科学研究院

联系人：李志勇

联系电话：0731-5215843

通信地址：湖南省长沙市芙蓉中路三段 472 号

E-mail： hnjtlzy@yahoo. com. cn

邮政编码：410015

一、主要技术内容

本项目以湖南省邵怀高速公路等工程为依托，对山区公路半填半挖路基建造关键技术开展了系统的研究。通过理论研究，提出了隶属函数的等效性原理和完整隶属函数的构造方法，构建了山区公路建设场地的模糊分类系统；提出了针对交接面强度特征的半填半挖路基分类方法和交接面力学参数特征值的变权重确定方法；在数值模拟的基础上，系统分析了交接面参数对半填半挖路基稳定性的影响。通过分析经典不平衡推力极限平衡法的局限性，研究了基于中点对称变坡的修正方法，提出了改进的不平衡推力分析新方法。以半填半挖路基边坡稳定可靠性响应面分析方法为基础，研发了具有数据统计分析和安全系数计算功能并可考虑可靠度影响的交接面路基稳定分析软件。通过室内模型试验、山区公路现场大量陡坡交接面路段路基工程设计、施工及沉降和位移监测，提出了半填半挖路基交接面的勘察、设计、施工的建议性原则。

二、适用范围

山区公路半填半挖路基建造关键技术完善了山区公路建设技术体系，为山区公路半填半挖路基的建设提供理论支撑和技术手段，降低山区公路造价，保证工程质量。研究成果可广泛应用于公路、铁路、水利、矿山等工程建设中。

三、已应用情况

项目成果在依托工程邵怀高速公路溆浦连接线及邵怀高速公路建设中应用。在设计和施工过程中，利用模糊分类系统得出建设场地的级别，根据交接面类型，系统地利用半填半挖路基建造技术系统的稳定性分析程序进行计算分析，然后利用其提出的倒台阶＋土工格栅材料联合加强交接面、锚杆护坡等技术，完成了工程的施工。目前已经完成的有关路段已通车两年多，路基稳定，沉降差异小，边坡稳定；路基、边坡工程质量良好，各项指标均达到规范要求。

四、效益分析

项目紧密结合邵怀高速公路溆浦连接线工程建设实际，进行了大量现场试验研究，理论研究直接指导实践，确保了依托工程公路路基及边坡工程质量。项目研究成果成功应用于邵怀高速公路溆浦连接线及邵怀高速公路建设中，节约工程造价约 2 100 万元。

50.西部地区公路地质灾害监测预报技术研究

成果所属专题编号:交科鉴字[2008]第107号

成果主要完成单位:贵州省交通规划勘察设计研究院、中南大学、中国科学院·水利部成都山地灾害与环境研究所、贵州高速公路开发总公司

联系人:龙万学

联系电话:0851-5841762,13908502002

通信地址:贵阳市中山东路69号 贵州省交通规划勘察设计研究院

E-mail:LWX2005@GZJTSJ·com·cn

邮政编码:550001

一、主要技术内容

通过项目研究,提出了西部地区公路地质灾害危险性区划和分段的基本理论和方法,并结合区域地质灾害发生的特点和机理,建立了西部地区地质灾害危险性评价的多态系统可靠度计算模型。

通过现场大型人工降雨诱发滑坡试验和机械开挖诱发滑坡试验、岩石声发射特征试验、室内崩塌试验,为滑坡时间、空间和危害程度预测预报提供了依据。

实现了滑坡自动监测、数据远程传输,首次分3个阶段(勘察设计、施工、运营)对西部地区滑坡、崩塌与泥石流监测预报技术进行了完整、系统的研究,提出了公路地质灾害监测预报工作程序和技术要求,并开发了“基于GIS的公路地质灾害监测预报系统”平台。

二、适用范围

项目成果除可在交通行业应用外,还可推广应用到国土、铁路、水利、采矿、城建等部门。项目成果的应用,可以指导地质选线、避免设计的盲目性、节约建设投资、确保施工安全和缩短建设工期、保证公路运营中生命财产的安全和公路畅通,为公路建设和管理提供科学依据,是交通科学发展观的具体体现。

三、已应用情况

(1)完成了“贵州省地质灾害危险性区划图”(17.6万km^2)。

(2)完成了贵阳—凯里—三穗高速公路“地质灾害危险性分段图”(260km)。

(3)完成了四川省“G318国道二郎山段K2710～K2750的泥石流灾害危险性分区”。

(4)完成了贵毕公路K79崩塌和G320国道K2403“普安堂崩塌”监测与预报。

(5)完成了四川省G318国道K2723+750“白茶坪沟泥石流”监测与预报。

(6)完成了大型滑坡“平溪特大桥滑坡”、“晴隆滑坡”、“永宁滑坡”,施工期监测与预报及“牟珠洞滑坡”、“沙坪III号滑坡”运营期监测与预报。

(7)完成了在贵阳市深基坑信息化施工中的应用,如世纪夏都·城市花园项目基坑边坡监测预报。

(8)在镇胜高速公路、都新高速公路、茅台高速公路和水都高速公路施工阶段,利用该项技术进行地质灾害监测预报,保证了施工安全,有效地节约投资、优化设计和缩短工期。

(9)在水都高速公路勘察设计阶段,利用“贵州省地质灾害区划图”有效地指导了地质选线工作。

四、效益分析

1.经济效益

项目在研究和推广应用过程中产生了显著的经济效益,产生的直接经济效益主要有:

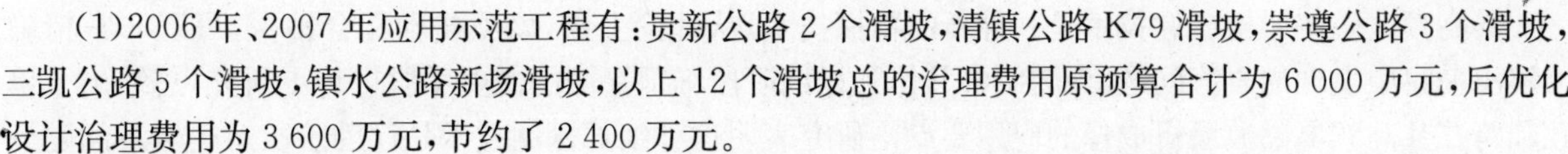

(1)2006 年、2007 年应用示范工程有:贵新公路 2 个滑坡,清镇公路 K79 滑坡,崇遵公路 3 个滑坡,三凯公路 5 个滑坡,镇水公路新场滑坡,以上 12 个滑坡总的治理费用原预算合计为 6 000 万元,后优化设计治理费用为 3 600 万元,节约了 2 400 万元。

(2)2008 年应用工程有:贵开公路 3 个滑坡,关兴公路 K129 滑坡,贵阳绕城公路 K16 滑坡,茅台公路 2 个滑坡,镇胜公路 9 个滑坡及边坡,贵阳市南环公路 4 个边坡,都新公路 3 个滑坡,以上 23 个滑坡总的治理费用原预算为 1.38 亿元,后优化设计治理费用为 9 200 万元,节约了 4 600 万元。

(3)在水都高速公路勘察设计阶段,利用"贵州省地质灾害区划图"有效地指导了地质选线工作,成功绕开地质灾害严重区路段里程 20 余公里,节约地质灾害治理投资约 2.5 亿元;在施工建设阶段,利用"公路地质灾害监测预报技术"对整条线路的高边坡防护设计进行专项咨询,实现了该线路高边坡的动态设计、信息化施工,保证高边坡防护设计合理可行、安全、经济。目前已完成该线路 160 余处高边坡专项咨询,正在实施监测的高边坡有 8 个。这些边坡总的治理费用原预算为 13.24 亿元,目前实际治理费用预算为 10.08 亿元,节约了 3.16 亿元,并保证了施工工期及安全。

(4)应用于贵阳市"世纪夏都·城市花园"项目基坑边坡稳定性监测预报,有效地指导了基坑边坡治理动态设计和信息化施工,保证了基坑开挖过程中的边坡稳定,边坡治理费用原设计预算为 190 万元,实际治理费用为 130 万元,节约了 60 万元。

以上共计产生的直接经济效益为 6.366 亿元。

2.社会效益

项目研究成果能保证潜在的地质灾害的危险状态时时刻刻在公路管理养护人员和专业技术人员的掌控之中,方便政府职能部门迅速做出决策,有效避免因地质灾害发生车毁人亡的重大事故,提高了公路运输服务保障水平,保证人民群众安全便捷出行,很好地维护了党和政府的形象,是"大力推进创新型交通行业建设"的具体体现。

51. 岩溶地区公路工程地质勘察与综合评价技术研究

成果所属专题编号:交科鉴字[2007]第 103 号

成果主要完成单位:贵州省交通规划勘察设计研究院、长沙理工大学、中国矿业大学、中国科学院武汉岩土力学研究所

联系人:谭捍华

联系电话:0851-5825066

通信地址:贵阳市中山东路 69 号

E-mail:thh@gzjtsj.com.cn

一、主要技术内容

1.岩溶地区公路工程地质综合勘察技术体系

在分析岩溶典型图像的基础上,结合中小比例尺野外调绘,较为系统地总结了碳酸盐地层和典型岩溶形态的遥感影像特征,为岩溶地区遥感图像解译工作的进一步普及创造了条件。

在总结前人研究成果的基础上,根据研究单位的经验,提出了岩溶地区公路地质测绘和地质调查、工程地质钻探的一些基本要求,使岩溶地区公路地质测绘和地质调查、工程地质钻探工程更符合实际,补充了《公路工程地质勘察规范》的不足。

在对多种地球物理勘探方法进行分析后,结合初勘阶段的特点,对地震映像法、面波法、直流电法三极测深、高密度电法、三维电法、瞬变电磁法、地质雷达法进行了重点研究,经过镇宁至胜境关公路诸多工点的野外对比试验,总结了岩溶地区公路物探初勘阶段的勘探要点和适用条件,弥补了岩溶地区公路物探方法的不足。

甚高频电磁波层析成像技术是一种新的物探技术，从理论上讲，该项技术配合钻探，可以非常精确地解决勘察中发现的岩溶问题，课题组将其作为详勘阶段细部探测的主要手段进行了研究，总结出了单孔和跨孔甚高频电磁波层析成像的应用要点。研究表明这种细部探测技术是详勘阶段解决岩溶问题最为有效的勘察方法。

以上成果形成了一套较为完善的岩溶地区公路工程地质综合勘察技术体系。

2. 岩溶场地地基稳定性综合评价体系

岩溶地区公路工程地质评价技术研究是以隐伏溶洞的评价为重点，从定性、半定量、定量以及监测4个方面进行的研究。

项目组在归纳总结、数值分析和物理模拟的基础上，通过引进岩溶地基岩体基本质量分级标准，为岩溶顶板岩体的物理力学参数的快速确定找到了较为可靠的方法；项目研究以甚高频电磁波层析成像和钻探相配合确定的隐伏溶洞边界条件为基础，提出了岩溶洞穴顶板的稳定性定性评价标准和半定量、定量评价模型。

项目研究还首次将多点位移计应用在隐伏溶洞的加荷变形监测中，通过分析钻孔多点位移计采集的隐伏溶洞顶板的变形数据发展趋势，来评价隐伏溶洞的稳定性，解决了隐伏溶洞稳定性评价这一长期困扰工程界的难题。

开发了“隧道类工程变形监测方法及其装置”，基本解决了隐伏溶洞稳定性的准确评价问题。

3. 岩溶地区公路工程地质勘察技术指南

根据以上成果编制了岩溶地区公路工程地质勘察技术指南，并由贵州省交通厅发布。

二、适用范围

本项目的研究成果适用于裸露型岩溶地区进行公路工程设计、施工、运行等阶段的工程地质勘探工作。

三、已应用情况

研究成果已在贵州省水城至黄果树公路、玉屏至三穗公路、三穗至凯里公路、崇溪河至遵义公路以及在建的镇宁至胜境关公路、遵赤公路白腊坎至茅台段高速公路、贵新公路都匀至新寨段改扩建工程上进行了应用。

四、效益分析

1. 直接经济效益

勘察阶段，由于及时发现岩溶，采取了必要的处置措施，避免了在不稳定岩溶地基修筑公路，降低了施工阶段进行岩溶病害处置的费用，减少了不必要的工程浪费。水城至黄果树公路、崇溪河至遵义高速公路、镇宁至胜境关高速公路部分岩溶路段进行线路调整，预算变动。本项目研究成果的应用工程因勘察阶段查明岩溶而调整线路方案，避开了岩溶发育段，优化了设计方案，使得局部段落工程预算降低。仅所统计的三段岩溶段，就节约工程预算费用2 098.908万元。

2. 潜在经济效益

项目研究成果提高了工程地质勘察工作的效率，为工程的早日开工创造了条件；提高了勘察工作的有效性，减少了施工阶段补勘工作量，减少了工程变更，从而减少了后期服务工作量，降低了后期服务费用；由于工程变更减少，施工单位减少窝工现象，节约人工费、设备租赁和维护费、管理费等，节约了工期，降低了施工成本，为安全施工提供了资料和依据；由于工程变更减少，节约了管理成本，避免了工程浪费；由于节约了工期，使公路能提前投入运营，提前产生效益。

3. 社会效益

交通是国民经济的基础，公路建设是一项公益性事业，其社会效益往往远大于它自身的经济意义。

本项目的社会效益主要表现在以下4个方面：促进区域经济发展和社会进步；提升工程建设水平，节约工程投资；促进行业科技进步；确保交通安全和服务水平。

52.岩溶地区公路基础设计与施工技术研究

成果所属专题编号：交科鉴字[2007]第121号

成果主要完成单位：贵州省公路工程集团总公司、长沙理工大学、湖南省交通规划勘察设计院、广西壮族自治区交通科学研究所

联系人：石连富

联系电话：0851-4704817，13985456661

通信地址：贵阳市白云大道南段305号

E-mail：richstone009@sina.com

邮政编码：550008

一、主要技术内容

本项目依托于贵州、湖南、广西等省已建、在建和拟建高速公路开展研究，项目旨在解决岩溶地区高等级公路修筑技术与施工工艺问题。在充分认识岩溶工程地质特点的前提下，以先进理论和方法作指导，开展了如下4个方面的研究。

(1)岩溶对公路(路基、桥基、隧道)的稳定性影响研究。

(2)岩溶地区公路填石路基修筑、加固与测试技术研究。

(3)岩溶地区路基病害处理的方法研究。

(4)岩溶地区公路地基承载特性研究。

目前针对岩溶地区土质填料缺乏，石质填料丰富但路用性能差异悬殊的状况，以级配、强度和可压实性为主要指标，提出了公路路堤石质填料的分类新方法。以MapInfo为平台，初步建立了国内第一个岩溶路基病害地理信息系统；以实体工程为基础，提出了基于GIS的岩溶路基病害预测和评价方法；以依托工程桩基的自平衡载荷试验数据为基础，采用阿ABAQUS通用有限元软件，建立了溶洞—岩体—桥梁桩基三维数值分析模型，系统分析了溶洞存在条件下，桩和岩石共同作用效应以及群桩效应，深入研究了岩溶地质条件下公路桥梁基础的承载力特性，建立了溶洞影响的桥梁桩基设计承载力确定方法；为补充现行《公路桥涵地基与基础设计规范》(JTG D63—2007)的相关内容提供了可靠依据。项目研究编写指南1本，取得1项发明专利。

二、适用范围

该成果适用于岩溶地区高等级公路基础的设计与施工。

三、已应用情况

(1)遵义至崇溪河高速公路(2005年通车)：应用岩溶隧道病害地质预报监测技术，有效预防了夏家庙隧道施工中突泥、突水，保证了施工安全，节约工程处治费用505万元。

(2)镇宁至胜境关高速公路(2007年12月通车)：应用溶洞存在条件下确定桥梁桩基承载力的新方法，对坝陵河大桥部分桥梁桩基进行测试，确定其承载力。

(3)贵阳至遵义公路扎佐至南北改扩建工程(2007年12月通车)：应用机制砂高性能混凝土配制技术，在乌江大桥、沙帽河高架桥等工程中使用机制砂混凝土20.4万m^3，节约投资1 750万元。

(4)河池(水任)至南宁公路路基病害处理中的推广应用。

(5)南友(南宁至友谊关)高速公路岩溶路基病害处理中的推广应用。

(6)云南宜良南盘江特大桥岩溶病害解决方案中的推广应用。

四、应用效益

通过岩溶地区公路基础设计与施工技术研究成果的应用，已取得直接经济效益1.2亿元，在岩溶地区公路基础工程处治、承载力评价、材料利用与环境保护等方面较好地解决工程实际问题，提升了工程建设水平和科技含量，保证了工程质量和服务水平，保护了岩溶环境，对加快贵州公路交通基础设施发展贡献巨大，效益显著。

53.岩溶地区公路修筑成套技术研究

成果所属专题编号：交科鉴字[2007]第112号

成果主要完成单位：贵州省交通科学研究院、贵州省交通规划勘察设计研究院、贵州省公路工程总公司、湖南省交通规划勘察设计院

联系人：吴大鸿
联系电话：0851-4706786，13985524903
通信地址：贵阳市白云大道南段301号
E-mail：dahongw@163.com
邮政编码：550008

一、主要技术内容

以贵州为中心的西南岩溶地区是世界上最大的一片裸露型岩溶区，该地区隐伏岩溶极其发育、生态环境十分脆弱、优质筑路材料相当匮乏，在这样严峻的岩溶环境和地质条件下修建高速公路面临诸多世界性难题。

本项目历经14年，通过多省区多部门联合攻关，取得了26项研究成果，形成了以5大共性关键技术和2个平台为核心的岩溶地区公路建设成套技术。

1.在地质勘察方面

针对传统技术精度差、效率低、适用性不强等问题：

(1)首次提出相对电导率和相对介电常数两个新解译参数及其层析成像理论，自主研发了甚高频电磁波多参数层析成像新技术，解决隐伏岩溶探测多解性难题，准确率接近100%。

(2)采取一次布极、多极距测量的方式，并基于二维视电阻率切片图的组合，形成了公路岩溶地质勘探的三维直流电阻率法，解决了二维直流电阻率法的旁侧效应和漏判问题，并使勘察效率提高了3倍以上。

(3)以经济、合理的勘察技术组合为基础，构建了与公路建设四阶段特点相适应的综合勘察技术体系，填补了现行规范中的空白。

2.在地基评价方面

针对隐伏溶洞变形无法监测、顶板利用率低、可靠性差等问题：

(1)以钢弦式多点位移测试原理和钻孔为基础，结合现代电子技术，研制了隐伏溶洞顶板变形监测技术及装置，获国家专利。

(2)通过现场自平衡法测桩试验，联合三维数值仿真，提出了含隐伏溶洞地基桥梁桩基承载力确定的新方法，使溶洞顶板的利用率提高近60%。

3.在材料开发方面

岩溶地区普通碳酸盐岩集料抗滑性能差，缺乏江河砂，机制砂高性能混凝土石粉含量限制严、成本高。为此，本项目：

(1)重新认识石粉对强度的影响机理,研发了高石粉含量机制砂高性能混凝土,C60、C80混凝土的石粉含量大幅度突破现行规范3%的上限,生产成本降低11%。

(2)根据集料的微观摩擦特性,研究开发了两种抗滑耐磨耗路面集料,并建立了基于中心质结构模型的抗滑表层沥青混合料设计新方法。该技术可使沥青路面的摩擦系数提高46%。

4.在病害处治方面

针对巨粒土路堤分析理论和应用技术缺乏、病害防治对策不明的现状:

(1)通过多种大型模拟试验,揭示了巨粒土路堤在岩溶水作用下因软化、冲刷、淘蚀引起的渐进变形破坏机理,并基于"时步—黏性初应变法"理论和参数优化反演,建立了巨粒土路堤工后沉降时效分析方法。

(2)以针对性和实用性为原则,提出了以控制岩溶水为核心的各种公路设施病害防治技术及措施。

5.在岩溶环境保护方面

公路工程占地多、对岩溶水环境影响大、植被恢复困难、技术措施缺乏。为此,本项目:

(1)调查揭示了路域植被物种呈多样性递减、种群逆向演替的变化规律;首次提出公路工程岩溶环境敏感性分区,优化提出的公路建设用地指标仅为国家标准限值的42%~50%。

(2)自主研发防治岩溶地表水和地下水污染的多种实用设施,保障了公路沿线人畜饮水安全和灌溉需要。其中,"路面径流处理池"已获国家专利,对重金属和油污的净化率分别为54%和82%,达到国际先进水平,但其成本不到国外同类技术的1/4。

(3)首次提出公路景观、边坡防护与路域生态恢复一体化设计技术,遴选了与之相适应的植物种类和植种组合。

6.在平台建设方面

(1)在建立3级区划指标、16个因子影响分区图和层次分析区划模型的基础上,研究完成了全国公路工程岩溶环境一、二级区划和相关省区的三级区划,填补了这一领域的空白。

(2)通过技术集成和信息集成,研发了公路工程岩溶环境地理信息系统,已获计算机软件著作权。

二、适用范围

该成果适用于岩溶地区高速公路建设与养护。

三、已应用情况

成果已在贵州玉屏至三穗高速公路、三穗至凯里高速公路、崇溪河至遵义高速公路、镇宁至胜境关高速公路、清镇至镇宁高速公路、扎佐至南北高速公路,广西水任至南宁、桂林至阳朔、南宁至友谊关高速公路,湖南常德至张家界、衡阳至枣木铺高速公路,云南九石阿公路等1 813km高速公路和262km一、二级公路工程中得到推广应用,有力支撑了重大工程建设。

四、应用效益

通过岩溶地区公路修筑成套技术的应用,已取得直接经济效益2.6亿元,显著减少了路域环境的污染和破坏。项目对加快区域经济发展、提高人民生活质量和健康水平、促进民族团结、保护自然资源与生态环境做出了重大贡献。

54.黄土地区公路路基设计施工技术研究

成果所属专题编号:交科鉴字[2007]第157号

成果主要完成单位:陕西省交通厅世界银行贷款项目执行办公室长安大学

联系人:郑涛
联系电话:13709260228
通信地址:西安市友谊西路 300 号
E-mail:Jiarunzhong881@hotmailsohu. com
邮政编码:710068

一、主要技术内容

项目重点研究了黄土地区公路路基设计施工所面临的湿陷性评价、地基处治、填料力学控制指标与标准以及高填方路基沉降变形与监控等技术难题,形成了较为完善的黄土地区公路路基设计与施工技术,主要包括:

(1)明确了湿陷性黄土地区路基的水源条件和受力状况,通过降雨入渗规律的室内、外试验与模拟分析,提出了适用于公路路基的黄土湿陷性评价方法,并建立了基于非饱和土力学理论的黄土湿陷沉降变形评价模型。

(2)提出了湿陷性黄土地区一般路基只需采用浅层处治的思想,并结合依托工程,系统研究了振动碾压、冲击碾压、强夯等湿陷性黄土地基处治技术的施工工艺及适用性,推荐了适宜的浅层处治技术。

(3)深入研究了黄土的 CBR 值、回弹模量 E_0 等力学特征及影响因素,推荐了黄土填料 CBR 值及黄土路基压实标准。

(4)通过静碾、振动和冲击 3 种工况的黄土压实室内模型试验,得出了土体内部应力应变和压实度的变化规律,提出了适合黄土压实的最佳振动频率及施工工艺。

二、适用范围

研究成果广泛适用于黄土地区公路路基的湿陷性评价、地基处治、填料力学控制指标与标准以及高填方路基的设计与施工。

三、已应用情况

研究成果在依托工程禹门口—阎良高速公路 155.67km 长的湿陷性黄土路段得到了全面应用,在黄陵—延安高速公路 85.669km 长的湿陷性黄土路段得到了部分应用,在凤翔—永寿高速公路的湿陷性黄土路基处理中得到全面应用,为这 3 条高速公路建设的顺利实施提供了很好的技术支撑和保障作用。

四、应用效益

根据交通运输部批复的禹阎高速公路初步设计,该公路湿陷性黄土路基采用灰土垫层处理,换填路基湿陷性黄土总计 7 011 323m^3,概算金额 2.24 亿元。按照项目研究成果,经陕西省交通厅 2003 年会议研究,对湿陷性黄土地基处理方案进行了调整,主要采用冲击碾压、强夯等措施对湿陷性黄土地基进行处理。同时,陕西省交通厅在随后的施工图设计批复中也调整了湿陷性黄土处理方案,湿陷性黄土处理实际工程量:强夯 877 388m^2,冲击碾压 4 452 844m^2,修正概算金额 1.09 亿元。与初步设计概算比较,节约工程投资 1.15 亿元。随后,项目主要成果在凤翔—永寿高速公路中又得到应用,仅湿陷性黄土处理一项即节约工程投资 827 万元;黄陵至延安高速公路建设过程中使用项目推荐的湿陷性黄土地基处理方法,最终节约工程投资 2 817 万元。

二、桥梁设计与施工

55. 预应力钢—混组合箱梁受力分析及设计参数优化研究

成果所属专题编号：NJ-2006-18
成果主要完成单位：内蒙古自治区省际通道建设管理办公室、长安大学
联系人：张广
联系电话：0471-6269121，13847124999
通信地址：内蒙古呼和浩特市赛罕区地质局南街68号
E-mail：Zg4999@163.com
邮政编码：010010

一、主要技术内容

通过预应力钢—混组合箱梁的抗弯性能、抗扭性能、抗剪性能、稳定性能、箱梁剪力连接件等几个方面的研究，首次提出了预应力钢—混组合箱梁桥不同条件下的修正计算公式，建立了空间有限元模型并进行了荷载试验，验证了修正计算公式，为同类型桥梁的设计提供了依据。

采用非线性优化理论，首次建立了约束方程，给出了优化参数之间的关系，编写了优化设计程序，使该类桥设计更加科学、更为经济。

二、适用范围

钢—混组合结构是在钢结构和混凝土结构基础上发展起来的一种新型结构，同钢结构相比，可以节省用钢量和增强耐久性等，同混凝土结构相比，可以大大减轻自重，减小结构尺寸，方便施工等。近十几年来，钢—混组合结构在我国发展很快。应用实践证明，这种结构形式综合了钢结构和混凝土结构的优点，具有“轻型大跨”、“预制装配”、“快速施工”等优点，能够满足现代结构对功能的需求，具有显著的技术经济效益和社会效益，适合我国基本建设的国情，已成为结构体系的重要发展方向之一。作为组合结构体系中具有横向承重构件的钢—混组合梁在桥梁结构及建筑结构等领域具有广阔的应用前景，从现价段来看，能够更好地适用于对净高有要求的跨线桥梁。

三、已应用情况

该成果在箱梁桥设计施工中得到应用，为工程建设中的预应力钢—混组合箱梁桥设计、施工提供技术支撑，以最小的投入获得最大的效益。

通过课题研究，对预应力钢—混组合箱梁的设计参数进行了优化，包括对确定钢箱梁壁厚、混凝土板厚之间的关系，梁高于跨径比值范围等关键参数的优化，为该类桥型的设计、施工提供了可靠的技术保证，同时通过设计参数的优化产生了极好的社会经济效益。

通过该项目的研究，为解决同类桥梁设计、施工和维护管理中的关键问题，补充现行规范规程，充分发挥其经济效益提供了可靠依据。

四、效益分析

该项目的部分技术成果已在内蒙古乌石高速公路上部分空心板桥梁铰缝加固中得到应用，经过一年运营，空心板桥梁整体性得到提高，耐久性得到增强，基本解决了空心板铰缝破坏问题，效果十分显著。该项目研究成果避免了空心板病害桥梁换板、换梁治理措施，对于单跨结构可直接节约资金 2 万元，共节约资金 50 多万元，产生直接经济效益 30 万元。

该项目的部分技术成果已在内蒙古乌石高速公路上部分预应力钢—混组合箱梁桥设计施工中得到部分应用，为工程建设中的预应力钢—混组合箱梁桥设计、施工提供支撑，以最小的投入获得最大的效益，节约资金 60 多万元，产生直接经济效益 30 万元。通过本项目的研究工作对日后的预应力钢—混组合箱梁设计、施工产生的间接经济效益每年多达上百万元，得到了内蒙古自治区省际通道建设管理办公室的高度赞扬，提高了预应力钢—混组合箱梁桥设计、施工的技术含量。同时通过该项目的研究，为解决实际工程设计、施工和维护管理中的关键问题，补充现行规范规程，充分发挥其经济效益提供了可靠依据。

56. 大跨度拱桥设计与施工技术研究

成果所属专题编号：85-05-01-22

成果主要完成单位：广西壮族自治区交通厅、广西壮族自治区公路桥梁工程总公司

联系人：韩玉

联系电话：0771-2108377，13517717158

通信地址：广西南宁市中华路 17 号

E-mail：han_yu_163@163. com

邮政编码：530011

一、主要技术内容

在拱桥施工中多采用满堂支架或拱架施工，不仅耗费大量支架拱架材料，而且对施工场地、地形要求高，适用范围狭小，施工周期长。同时施工工艺严重限制了拱桥向更大跨度的发展。从 1968 年首创拱桥无支架缆索吊装施工工艺，成功解决了不搭设拱架修建拱桥的施工难题，并在邕宁邕江大桥施工中进一步将拱桥跨径提升到 312m，提出了用钢绞线代替钢丝绳，用液压千斤顶代替滑轮组、卷扬机施力的新扣挂方法和用先合龙后松索代替老方法松索合龙的成拱工艺，进一步推动拱桥向更大跨径发展。

拱桥无支架缆索吊装施工，通过分段预制拱箱、缆索系统分段吊装、斜拉扣挂体系，实现拱桥无支架施工，钢绞线斜拉扣挂体系，解决了多段吊装的难题。采用无支架缆索吊装施工安全、可靠、快捷、成本低。

二、适用范围

适用于拱桥尤其是大跨度拱桥设计及施工。

三、已应用情况

先后在邕宁邕江大桥(跨径为 312m 的中承式钢骨钢筋混凝土(SRC)拱桥)、三岸邕江大桥(跨径为 270m 的中承式钢管混凝土拱桥)、来宾磨东红水河大桥(跨径为 180m 的上承式钢筋混凝土箱形拱桥、杭州市钱塘江四桥(桥跨组合为 2×85m＋190m＋5×85m＋190m＋2×85m 的多跨双层组合钢管混凝土系杆拱桥)、安徽太平湖大桥(跨径 336m 的中承式钢管混凝土提篮拱桥)成功应用。

工程实践表明，以上大跨径拱桥施工技术减小了操作难度，增加了安全度，加快了施工进度，推动了拱桥跨度的跨越式发展(目前已达 550m)，进一步研究表明，以上大跨径拱桥施工技术对超大跨度拱桥依然适用。

四、应用效益

大跨度拱桥设计与施工技术从 1991 年在邕宁邕江大桥应用研究，持续研究应用于来宾磨东红水河

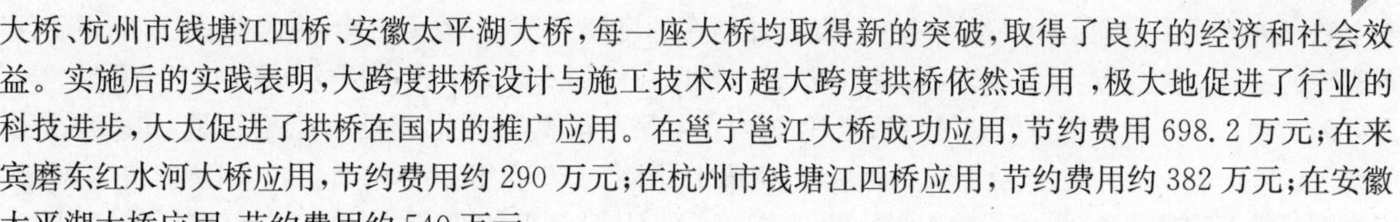

大桥、杭州市钱塘江四桥、安徽太平湖大桥，每一座大桥均取得新的突破，取得了良好的经济和社会效益。实施后的实践表明，大跨度拱桥设计与施工技术对超大跨度拱桥依然适用，极大地促进了行业的科技进步，大大促进了拱桥在国内的推广应用。在邕宁邕江大桥成功应用，节约费用 698.2 万元；在来宾磨东红水河大桥应用，节约费用约 290 万元；在杭州市钱塘江四桥应用，节约费用约 382 万元；在安徽太平湖大桥应用，节约费用约 540 万元。

57. 杭州市钱江四桥双索跨大跨度缆索吊装施工技术研究

成果所属专题编号：广西壮族自治区交通厅科研项目(交综合函[2004]631 号)

成果主要完成单位：广西壮族自治区公路桥梁工程总公司

联系人：韩玉

联系电话：0771-2108377，13517717158

通信地址：广西南宁市中华路 17 号

E-mail：han_yu_163@163.com

邮政编码：530011

一、主要技术内容

近年来，随着我国桥梁建设的发展，越来越多的多跨连续拱桥应用于跨越大江大河城市交通工程，然而，大江大河流经城市的水域，一般都是水上交通繁忙的河段，采用支架法施工主拱圈(肋)，势必增大工程造价，同时，将影响河道通航，并不同程度造成环境污染，若采用单跨无支架缆索吊装系统施工，由于跨径太大必然导致索塔建筑高度增高、主索的垂度和张力增大以及牵引与起重索张力增大而导致成本过高也增加吊装风险，难以保证桥下航道的畅通与安全。因此，最理想的办法，就是加设中塔形成双索跨缆索吊装系统。这样既排除了单索跨的安全风险、降低了施工成本，同时也能很好地保护环境，对外界干扰少，从而获得良好的社会效益和经济效益。

钱江四桥是国内第一座大跨径双层组合式钢管混凝土系杆拱桥，横跨钱塘江，全桥长 1 376m，双层桥面。采用缆索吊装施工，双索跨双索道布置，其吊点工作面可以覆盖全桥，可以完成全桥所有构件的安装任务。

二、适用范围

适用于多跨连续的钢管混凝土拱桥和钢筋混凝土拱桥的上构安装施工。

三、已应用情况

钱江四桥采用双索跨双索道缆索吊装系统，该系统在两岸各设一个边主塔，江中设一个中主塔，形成三塔双索跨吊装系统，两主索塔分别达到 700m 和 650m，合计 1 350m。一套主索设计吊重 650kN，共两套主索，合计吊重能力达到 11 300kN。吊点覆盖全部主桥，完成了该桥所有上部结构的吊装施工，实际吊重达 1 300kN。

2003 年 12 月 27 日完成所有拱肋吊装，小跨 2d/孔，大跨分别用 17d 和 19d，吊装速度超过预期目标，创国内企业新纪录。大桥于 2004 年 10 月正式通车。

四、应用效益

双索跨大跨度缆索吊装系统在钱江四桥的应用从技术上是对缆索吊装吊装系统跨度极限的一次挑战，同时实践也证明，该系统的应用取得了令人满意的成功，其系统规模居国内首位，在台风地区系统的高塔架、大索跨和中塔在无横向浪风的情况下经受住了强对流天气(风力达到 11 级以上台风)的考验，

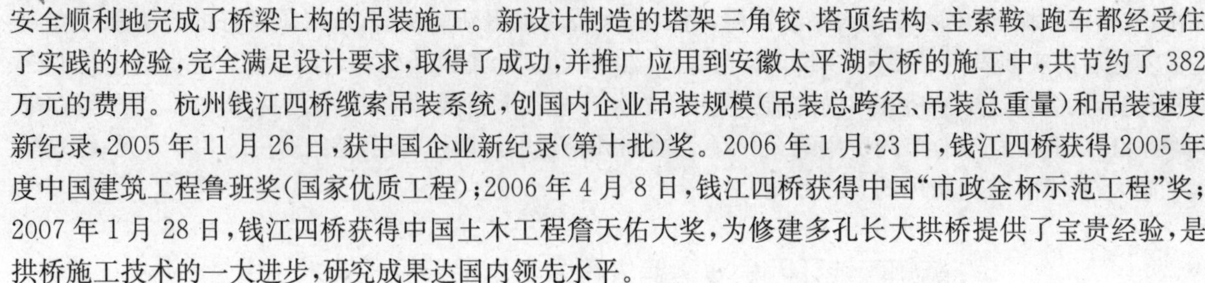

安全顺利地完成了桥梁上构的吊装施工。新设计制造的塔架三角铰、塔顶结构、主索鞍、跑车都经受住了实践的检验，完全满足设计要求，取得了成功，并推广应用到安徽太平湖大桥的施工中，共节约了382万元的费用。杭州钱江四桥缆索吊装系统，创国内企业吊装规模（吊装总跨径、吊装总重量）和吊装速度新纪录，2005年11月26日，获中国企业新纪录（第十批）奖。2006年1月23日，钱江四桥获得2005年度中国建筑工程鲁班奖（国家优质工程）；2006年4月8日，钱江四桥获得中国“市政金杯示范工程”奖；2007年1月28日，钱江四桥获得中国土木工程詹天佑大奖，为修建多孔长大拱桥提供了宝贵经验，是拱桥施工技术的一大进步，研究成果达国内领先水平。

58. 提篮式钢管混凝土拱桥上部结构施工关键技术研究

成果所属专题编号：广西壮族自治区交通厅科研项目（交综合函[2005]728号）

成果主要完成单位：广西壮族自治区公路桥梁工程总公司

联系人：韩玉

联系电话：0771-2108377，13517717158

通信地址：广西南宁市中华路17号

E-mail：han_yu_163@163.com

邮政编码：530011

一、主要技术内容

太平湖大桥主拱肋为提篮式，桥型新颖，跨度大，吊重大。为保证安装时单边拱肋稳定，以往常采用双吊双扣法施工，即首先在起吊场上将对称于桥轴线的两段拱肋通过横联拼接成一个整体，然后再用两组索道吊点同时起吊安装。此法需要将拱肋全断面立式预拼，预拼时需要不断修改拼装台座的高程及宽度，每个预拼好的节段需要安设强大的临时横联，以形成较强大的总体刚度，保证吊装过程中不发生扭转等变形，因此需要的预拼场地宽大、场地吊装设备起吊高度大、吊重能力大，造成地面工序多、投资大、费用高、施工速度慢等问题。

而提篮拱的单吊单扣法，采用先将对称于桥轴线两段拱肋分别吊装到位再安设横联的方法，避免了全断面预拼接，只需将单边拱肋卧式预拼即可，需要的预拼场地小、材料省、起重设备小、费用省。但单吊单扣法施工，必须解决拱肋空间安装过程中的姿态形成、空间定位、稳定性、安全性等问题。

二、适用范围

适用于大跨度钢管混凝土和钢箱提篮拱桥。

三、已应用情况

太平湖大桥位于黄山区太平湖柳家峡谷风景区，是铜陵至汤口高速公路中一座重要桥梁。共两条主拱肋，每肋分22个吊装节段，最大吊装节段重87.7t，拱肋节段安装采用无支架缆索吊装系统单吊单扣斜拉扣挂施工技术，安装工期为88d；管内混凝土灌注采用钢管混凝土拱桥填芯混凝土连续顶升灌注施工技术，灌注工期为21d。

工程实践表明，采用提篮式钢管混凝土拱桥上部结构施工关键技术，减小了操作难度，增加了安全度，加快了施工进度，提高了对接质量和精度。

四、应用效益

2006年，安徽省黄山区太平湖大桥在上构施工中采用了提篮式钢管混凝土拱桥上部结构施工关键技术，取得了良好的经济和社会效益。实施后的实践表明，提篮式钢管混凝土拱桥上部结构施工关键技术是一种经济有效的施工方案，在原有的无支架缆索吊装技术和钢绞线斜拉扣挂技术的基础上加以改进和创新，在技术上有了新的突破，开发出提篮拱卧式加工、单吊单扣新技术，打开了制约提篮拱桥推广应用的瓶颈，极大地促进了行业的科技进步，在安徽太平湖大桥施工中节省工程费用540多万元，在广西隆安花周桥施工中节省200万元。

59. 钢管混凝土拱桥设计、施工及养护关键技术研究

成果所属专题编号：交科鉴字[2007]第154号

成果主要完成单位：湖南省交通规划勘察设计院、福州大学、长沙理工大学、交通部公路科学研究院、湖南路桥建设集团公司、湖南大学、哈尔滨工业大学、益阳市茅草街大桥建设开发有限公司、中南大学

联系人：李瑜

联系电话：0731-4367061，13607480946

通信地址：湖南省长沙市芙蓉北路二段158号

E-mail：liyuhello@263.net

邮政编码：410008

一、主要技术内容

本项目通过益阳市茅草街大桥（图1）的理论分析、试验研究、软件研发和多座依托工程的实践验证，取得了以下国际首创的技术成果。

图1 益阳市茅草街大桥

(1)在国际上率先开展了钢管混凝土哑铃形、桁式构件以及肋拱多点加载的试验研究，发现了其受力性能规律及破坏机理；首次提出了修正格构式法、等效长细比法、等效梁柱法的极限承载力计算方法，开发了钢管混凝土拱极限承载力计算专用软件。

(2)首次进行了长达5年的钢管混凝土收缩、徐变试验，发现了收缩、徐变长期发展规律，完善了收缩、徐变计算理论，提出了钢管混凝土拱桥正常使用极限状态的钢管初应力度限值、拱肋设计刚度取值以及行车舒适度指标。

(3)基于茅草街大桥全桥施工控制及相关模型试验，提出了钢管混凝土拱桥缆索吊装的索力增量比较法、预制拱段拼装的二步定位法和横梁定位的相对高程法，开发了钢管混凝土拱桥施工控制专用软件，可显著提高施工控制效率和精度。

本项目系统提出了一套适合于钢管混凝土拱桥缆索吊装法的施工技术，解决了缆吊系统优化、吊扣塔一体化、管内高性能混凝土等关键技术难题；系统地对全国范围内近1/3的钢管混凝土拱桥进行了调研，制定了一套完整的钢管混凝土拱桥养护、维修技术方案，解决了钢管混凝土拱桥管理和养护的关键问题。全桥模型试验及钢管拱肋架设见图2和图3。

同时，本项目还编制了《钢管混凝土拱桥设计指南》、《钢管混凝土拱桥施工指南》、《钢管混凝土拱桥养护维修指南》，为我国钢管混凝土拱桥设计、施工及养护维修规范的制定奠定了基础。

2007年12月12日，由众多国内桥梁工程界知名专家组成的鉴定委员会充分肯定了本项目成果，鉴定结论为：本项目创造性地解决了钢管混凝土拱桥建设、养护等诸多技术难题，取得了显著的经济和社会效益，项目技术成果整体达到国际领先水平。

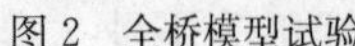

图2　全桥模型试验

图3　钢管拱肋架设

二、适用范围

本项目属桥梁工程学科领域，针对钢管混凝土拱桥建造过程中存在的问题开展了深入的研究，取得了一批重要创新成果，形成了一整套钢管混凝土拱桥设计、施工及养护关键技术，为我国钢管混凝土拱桥相应规范的制定奠定了基础，同时也为钢管混凝土拱桥建设提供了有力的技术支撑。

三、已应用情况

研究成果已在益阳市茅草街大桥、湘西王村大桥及长沙市黑石铺大桥等中成功应用，创造性地解决了大跨度钢管混凝土拱桥建设中的诸多技术难题，确保了大桥结构合理、设计先进、施工安全和顺利建成。

同时，本课题的研究成果已成功地应用于益阳市茅草街大桥、福建福鼎山前大桥、福鼎新桐山大桥及泉州百琦湖大桥等多座大桥的设计过程中，产生了显著的社会、经济效益。

四、应用效益

本课题成果通过在依托工程益阳市茅草街大桥的应用，创造性地解决了益阳市茅草街大桥368m主跨钢管混凝土拱桥的诸多技术难题，同时也产生了巨大社会、经济效益，共计2 500万元。本课题的研究成果已成功的应用于福建福鼎山前大桥、福鼎新桐山大桥及泉州百琦湖大桥等多座大桥的设计过程中，降低了工程造价，缩短了工期，直接经济效益共计450万元。本课题施工控制技术研究成果成功的应用于长沙黑石铺大桥及湘西王村大桥，使得该桥施工控制成果理想，节约了工期，产生直接经济效益共计1 200万元。

本项目的科研、设计和施工为后续桥梁建设起到了典型示范作用，在国内外产生了重大影响，多次受邀在2005年国际桥梁学术研讨会(武汉)、中国公路学会桥梁与结构工程学会2006年年会(重庆)、国际桥梁与结构学会2006年年会(布达佩斯)及2006年国际钢结构学术研讨会(北京)等国内外重大学术会议中作专题报告和学术交流，并应清华大学、哈尔滨工业大学、浙江大学、北京交通大学、中南大学及湖南大学等各大高校及科研单位的邀请，作专题学术报告。

本项目研究成果对我国目前钢管混凝土拱桥设计、施工及养护等方面都具有重大的指导意义。这些研究成果将使我国钢管混凝土拱桥跃上一个新台阶，为今后钢管混凝土拱桥相关规范或制度的建立奠定了基础，填补了我国钢管混凝土拱桥领域的空白。

60. 高墩大跨径弯桥的设计与施工技术研究

成果所属专题编号：2002-318-223-29

成果主要完成单位：交通部公路科学研究院、长安大学、贵州省交通规划勘察设计研究院、贵州省公

路工程总公司、河海大学
联系人:杨 昀
联系电话:010-62014120,13501123057
通信地址:北京市海淀区西土城路8号
E-mail:y.yang@rioh.cn
邮政编码:100088

一、主要技术内容

1.专题研究

专题1:上下部结构形式的研究。

专题2:预应力设置及分析的研究。

专题3:收缩徐变、温度效应的分析研究。

专题4:箱梁薄壁墩空间分析研究。

专题5:全过程稳定分析研究。

专题6:支撑布置对箱梁结构影响的研究。

专题7:动力及地震反应三维分析研究。

专题8:施工方法和监控方法的研究。

2.模型试验

(1)预应力混凝土悬拼试验桥试验。

(2)约束混凝土柱的极限承载力试验。

3.软件编制

(1)高墩弯桥三维预应力分析系统BridgcKF。

(2)高墩弯桥稳定专用分析系统BridgeBW。

4.依托工程研究

贵州沙银沟大桥设计、施工和试验。

二、适用范围

(1)项目的研究成果对西部山区高墩大跨径弯桥的设计和施工有指导作用,尤其是对跨径大于100m,墩高大于60m,平曲线$R<400$m连续刚构或连续梁组合体系的设计和施工更有针对性。项目有两个成果可直接应用,一个是技术规程建议,一个是专用计算程序。应用前者可使设计施工人员避免走简化或以直代曲的老路,精确设计、精确施工;应用后者可解决分析弯桥的各种复杂计算,节省时间和人力资源,提高计算的准确度,尤其将计算分析由二维转向三维,是结构分析的一大讲步。

(2)我国桥梁设计规范严重滞后于实际设计,很多在实际中遇到的问题,现行规范没有规定。设计单位要么参照国外规范,要么和高校列题研究。项目在弯桥构造、计算、施工和监控方面的研究成果可作为修改规范的依据。

三、已应用情况

(1)约束混凝土柱极限承载力试验见图1。

(2)室内模型桥见图2。

(3)依托工程沙银沟大桥见图3。

(4)计算系统BridgeKF见图4。

图1　混凝土柱极限承载力试验

图2　模型桥

图3　项目依托工程沙银沟大桥

图4　BridgeKF 计算系统

(5)计算系统 BridgeBW 见图5。

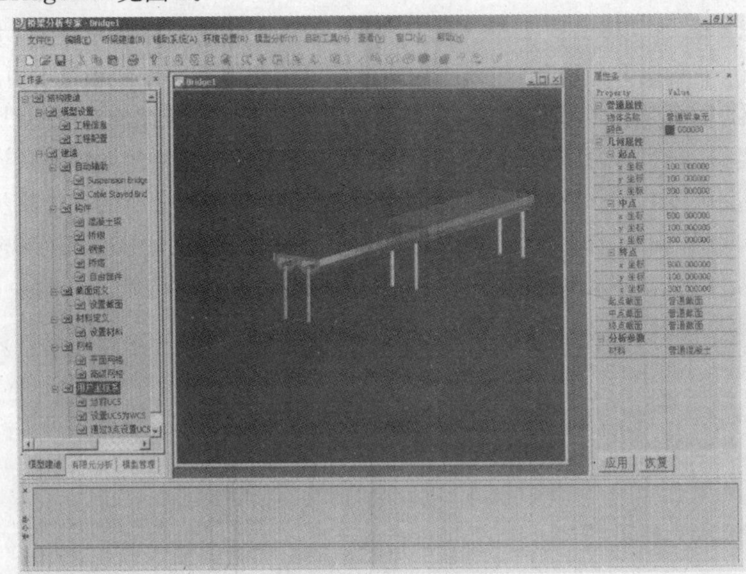

图5　Bridge BW 计算系统

四、效益分析

本项目通过理论研究、计算分析、室内试验和依托工程验证，得出一整套高墩大跨径弯梁桥设计施工的研究成果。这些成果投入实践将为山区大跨高墩弯梁桥的设计施工提供新技术和新工艺，并创造巨大的经济和社会效益。

按以往设计施工项目的科技投入与经济效益产出经验比例估计，本项目的投入产出比至少在1∶20以上，由交通部、参加单位目前总投入约800万元，将能够产生至少1.6亿元以上的产值，直接经济效益不少于总产值的10%。

61. 超长钻孔灌注桩桩基承载性能的研究

成果所属专题编号：交科鉴字[2008]第113号

成果主要完成单位：交通部公路科学研究院、重庆交通大学、长沙理工大学、湛江海湾大桥有限公司、东营黄河公路大桥有限责任公司、汕头市金凤大桥路桥建设有限公司、陕西西禹高速公路有限公司。

联系人：马晔

联系电话：010-62053375，13336010285

通信地址：北京市海淀区西土城路8号院小白楼206

E-mail：y. ma@rioh. cn

邮政编码：100088

一、主要技术内容

1. 超长钻孔灌注桩桩基承载能力测试技术

“大吨位基桩静载试验预应力反力系统装置”的技术能控制锚桩及反力梁的开裂，大幅提高测试吨位，并使其仍作为工程桩和承台墩身的一部分继续使用，从而大大节约工程造价，其最大加载吨位达到4 000t；“自锚桩法荷载箱”的技术是通过增加刚度补偿，解决了自锚桩测桩法的荷载—沉降曲线失真的技术难题。

2. 超长钻孔灌注桩桩基设计、计算及参数取值

首次提出桩土刚度参数，通过对超长桩的荷载传递性能、受力特性分析，建立超长桩计算理论，确定了超长桩的定义和超长桩的定量界定；通过实测、分析超长桩参数，给出超长桩相关设计参数标准值的建议值及取值方法；结合工程实际和理论研究结果给出超长桩的设计计算方法。

3. 超长钻孔灌注桩桩基成孔检测

基于超声测距原理，总结超声成孔检测的现场测试、数据分析、结果评定等方法，提出超长钻孔灌注桩成孔质量检测的相关指标，编写了超长钻孔灌注桩成孔质量检测规程。

二、适用范围

该项目成果主要应用于超长钻孔灌注桩桩基承载力测试、设计、计算及参数取值和超长钻孔灌注桩桩基成孔检测。

三、已应用情况

本项目所取得的科研成果已在多个实体工程中成功推广和应用，其中大吨位桩基静荷载试验的推广应用工程有10个，如表1所示，成孔质量检测推广应用工程有14个，如表2所示。完成了13根锚桩—反力梁法试桩和8根自锚桩法试桩试验，以及2 630根钻孔灌注桩成孔检测工作。其中锚桩反力

梁法加载量最大达 40 000kN，为该法世界最大加载量。本项目科研成果的应用，提高了各工程桥梁基础建设的安全性，大吨位静荷载试验技术的应用大大节约了工程建设成本。

桥梁基桩静荷载试验技术应用工程　　表1

序　号	桥　　名	桥　　型	最大跨径(m)
1	陕西禹—阎良高速公路太枣沟特大桥	预应力混凝土刚构—连续梁	170
2	广东湛江海湾大桥	双塔双索面流线型箱梁曲线塔混合梁	480
3	山东东营黄河公路大桥	预应力混凝土刚构—连续梁	220
4	汕头金凤大桥	连续刚构桥	62
	汕头西港高架桥	连续刚构桥	138
5	浙江杭洲弯跨海大桥北通航孔桥	双塔双索面钢箱梁斜拉桥	448
6	山东青岛海湾大桥	斜拉桥	全长 28 047
7	浙江杭徽高速公路高架桥	连续—刚构桥	25
8	浙江钱塘江四桥	双层桥面系杆拱桥	190
9	浙江钱塘江五桥	预应力混凝土连续箱型梁桥	120
10	浙江钱塘江六桥	连续刚构—连续体系	232

成孔成桩质量检测技术应用工程主要情况表　　表2

序号	桥　　名	桥　　型	最大跨径(m)
1	苏通长江公路大桥	双塔双索面钢箱梁斜拉桥	1 088
2	浙江钱塘江六桥	连续刚构—连续体系	232
3	浙江钱塘江五桥	预应力混凝土连续箱型梁桥	120
4	广东汕头金凤大桥	连续刚构桥	62
5	杭州绕城公路东段	高速公路沿线桥梁	—
6	浙江杭千高速公路	全部沿线桥梁	—
7	南通城闸大桥	独塔单索面混凝土斜拉桥	200
8	湖南省常德夹夹大桥	简支 T 形梁	48.5
9	浙江杭州湾跨海大桥	双塔双索面钢箱梁斜拉桥	448
10	湖南怀新高速公路	简支 T 形梁、箱梁桥	40
11	广东东二环黄铺大桥	悬索桥、斜拉桥	1 108.383
12	拉萨柳梧大桥	中承式拱桥	120
13	山东青岛海湾大桥	斜拉桥	主线全长 26 707
14	杭州德胜路沪杭高速立交工程Ⅰ标段	立交桥所有匝道	40

四、效益分析

本项目成果的全面推广应用，将会大大节约桥梁建设资金，提高桥梁建设的安全性，提升我国公路桥梁钻孔桩的试验、测试、设计及缺陷处治的总体水平，具有良好的社会和经济效益。本项目成果仅在东营黄河公路大桥工程、汕头市梅溪河金凤大桥—西港高架桥工程、湛江海湾大桥工程、陕西禹阎高速公路太枣沟特大桥工程中就节约建设投资 1 691.54 万元。

62. 西部地区中小跨径适用桥梁形式的研究

成果所属专题编号:交科鉴定[2007]第130号

成果主要完成单位:交通部公路科学研究院、清华大学、四川省交通厅公路规划勘察设计研究院、云南省公路规划勘察设计院、广西壮族自治区交通规划勘察设计研究院、甘肃省交通规划勘察设计院有限责任公司、新疆公路规划勘察设计研究院、陕西西禹高速公路有限公司

联系人:吕建鸣

联系电话:010-62361969,13601173417

通信地址:北京市海淀区西土城路8号

E-mail:lujianming@263.net

邮政编码:100088

一、主要技术内容

本项目属桥梁工程技术研究领域,系交通部2003年度交通部西部交通建设科技项目。

本项目围绕5个专题开展研究。

专题一:不同地形、地质、河流特点的中小跨径桥梁合理孔跨布置方案的研究。

专题二:中小跨径桥梁合理结构形式、设计理论及计算方法的研究。

专题三:钢—混凝土组合梁桥结构形式、设计理论及计算方法的研究。

专题四:中小跨径桥梁电子版通用设计图图库管理系统的开发。

专题五:西部地区中小跨径桥梁设计指南。

本项目提交的成果为各专题研究报告、依托工程设计文件、荷载试验验证报告、中小跨径桥梁上下部结构通用设计图,电子版通用设计图图库管理系统,西部地区中小跨径桥梁设计指南。

项目的研究成果为中小跨径桥梁的设计提供依据和技术保障,可减少设计单位工作量,使中小跨径桥梁的设计更加经济、安全、耐久、合理,使我国公路桥梁整体设计水平得到较大的提高。

二、适用范围

适用于西部地区不同跨径、不同斜度的桥梁通用设计图,对桥梁设计人员具有较强指导作用和实际应用价值,设计人员做出好的中小跨径桥梁设计方案,可以避免自然灾害造成的经济损失,可以使其使用年限更长,节省桥梁建设和维修资金。项目研究的钢—混凝土组合桥梁技术是桥梁结构体系的发展趋势之一,适合在西部山区推广使用,具有较大的推广应用前景。

三、已应用情况

项目提出的西部地区中小跨径桥梁孔径合理布设原则和开发出的一系列较完整的、适用于西部地区不同跨径、不同斜度的桥梁通用设计图,对桥梁设计人员具有较强的指导作用和实际应用价值,设计人员做出好的中小跨径桥梁设计方案,可以避免自然灾害造成的经济损失,可以使其使用年限更长,节省桥梁建设和维修资金。项目研究的钢—混凝土组合桥梁技术是桥梁结构体系的发展趋势之一,适合在西部山区推广使用,具有较大的推广应用前景。

项目编制的《西部地区中小跨径桥梁设计指南》全面阐述了西部地区中小跨径桥梁孔径合理布设原则、适应西部地区的中小跨径桥梁的合理结构形式、设计理论及计算方法,有利于促进我国西部地区桥梁设计水平的进一步提高。

项目开发的中小跨径桥梁电子版通用设计图图库管理系统,其中存储着本项目研制的常用中小跨径桥梁通用设计图纸(约2 300张)及计算书(约1 450页),使设计人员能够方便地查询、参考本项目研究成果。同时,图库系统能够帮助设计院更加有效地管理本院的设计图纸,共享设计图纸信息资源,这将大大提高桥梁设计工作效率,缩短桥梁设计周期,节约设计经费。中小跨径桥梁电子版通用设计图图库管理系统BDDMS已在公路系统省、地级设计院以及铁路、水电、市政等其他行业十多家设计咨询单位推广使用,应用效果较好,该系统进一步的推广应用将会大大提高我国中小跨径桥梁设计水平和设计工作效率,促使西部地区中小跨径桥梁的设计更加科学化、标准化、信息化、数字化。

成果已经在宜渝高速公路、纳黔高速公路、川陕高速公路、武定至昆明高速公路、安宁至晋宁高速公路、石林至锁龙寺高速公路、锁龙寺至蒙自高速公路、广西岑溪至兴业高速公路、筋竹至岑溪高速公路、隆林至百色高速公路、六寨至河池高速公路等项目中应用。

四、效益分析

在各参研单位的共同努力下,通过本项目的研究,项目组全面完成了合同规定的科研任务。提交了合同规定的全部项目研究报告、各专题及子课题研究报告、依托工程报告、西部地区中小跨径桥梁设计指南。项目实施以来,各参研单位在业务工作中大力推广应用本项目研究成果,大大提高了中小跨径桥梁设计效率和设计质量,提高了西部地区设计单位的技术水平,达到了预期的效果,并实现新增利润总计约4 300万元,新增税收约300万元,产生了可观的经济效益。

图库系统开发完成后,鉴定验收前,已在参研单位的5个西部地区省级设计院的局域网中安装,并让一线桥梁设计人员使用,根据桥梁设计人员使用中发现的问题和反馈的修改意见,对图库系统进行了多次修改完善。本项目鉴定验收一年来,除在5个西部省级设计院参研单位中大力推广使用中小跨径桥梁电子版通用设计图图库管理系统外,还将该系统推广到公路、铁路、水电、市政等行业内外十多家非参研设计咨询单位,应用效果较好。图库系统销售达130余万元。

63. 西堠门大桥建设成套技术研究

成果所属专题编号:浙交鉴字[2007]30号

成果主要完成单位:浙江省舟山连岛工程建设指挥部、中铁大桥局集团武汉桥梁科学研究院有限公司、中交公路规划设计院、中铁宝桥股份有限公司

联系人:季广丰

联系电话:0580-8052926,13735037103

通信地址:浙江省舟山市定海区金塘镇沥港码头旁

E-mail:nishui2002@126.com

邮政编码:316032

一、主要技术内容

西堠门大桥北塔老虎山稳定性分析及对策措施研究。大桥北塔位于海中的老虎山(小岛礁)上。老虎山四周临空,山体单薄,断裂构造发育,塔基处缓倾坡外的裂隙构成坡体稳定的潜在底滑面。课题对老虎山的稳定性进行了分析计算,得出了老虎山在工程建设前后以及工程建设过程中整体是稳定的结论,提出了南侧山体边坡的专项加固措施和监测方案。

西堠门大桥分体式钢箱梁受力性能及制造工艺研究。本项目借助钢箱梁节段大比例尺(1∶2)模型,进行模型静载试验,测试结构各部分荷载响应,分析分体式钢箱梁各部分构件的传力途径、力学特点,研究结构传力是否顺畅、细部构件设计是否有效适用、各部分的传力比例;同时进行了分体式钢箱梁制造工艺研究,以确保分体式钢箱梁设计合理和在运营中的安全性和适用性。

大跨径悬索桥应用国产1 770MPa主缆索股技术研究。西堠门大桥为主跨1 650m的钢箱梁悬索

桥，单根主缆长度达到2 881m，单根主缆使用高强度钢丝量达到11 000t，本项目针对西堠门大桥实现大跨度悬索桥1 770MPa主缆索股的国产化，运用全新的水平成圈放索技术解决传统方法出现的“呼啦圈”问题，改善主缆索股架设计进度和质量。

二、适用范围

研究成果适用于大跨径悬索桥的建设。

三、已应用情况

西堠门大桥是舟山大陆连岛工程的第四座特大型跨海大桥，连接册子岛和金塘岛，跨越西堠门水道。大桥规模宏伟，总投资23.6亿元；主跨跨径1 650m，为世界第一大跨径钢箱梁悬索桥。

主梁创新地采用了抗风性能优异的双箱分体式钢箱梁，宽36m，高3.5m，双箱间距6m，钢箱梁连续长度2 228m。全桥共两根主缆，重21 450t，长度为2 880m，为神州第一缆。主缆由在工厂预制的高强度镀锌平行钢丝索股(PPWS)组成，主缆钢丝抗拉强度不小于1 770MPa，每根索股含127根钢丝，钢丝直径5.25mm。

大桥建设过程中及完工后，北塔地基和老虎山均保持稳定，加固后的南侧边坡没有出现滑移现象。分体式钢箱梁和主缆已顺利架设完毕，制造质量优良，并且经受住了强台风的考验。

四、应用效益

北塔设于老虎山，避免了北塔入水和船撞风险，降低了北塔基础施工难度，节约了工程投资。

西堠门大桥采用分体式钢箱梁，与钢桁梁方案相比较，钢梁用量减少14 482t(施工标价9 961元/t)、主缆高强钢丝用量减少6 720t(施工标价14 528元/t)、锚碇混凝土方量减少3.84万立方米(施工标价560元/m^3)，直接投资节省2.634亿。

相对通常采用的1 660MPa钢丝，主缆采用1 770MPa钢丝可以减轻主缆自重、减小缆力，塔、锚的规模相应地减小，主缆索股数减少、施工周期减短，由此可带来一定的经济效益，跨径越大效益越好，具体工程数量如表1。

工程数量比较表 表1

分项工程＼钢丝强度	1 670MPa	1 770MPa	减小幅度(%)	备注
锚碇规模(m^3)	185 229	180 619	2.5	
锚固系统(套)	468	432	7.7	不论规格大小
主缆用钢量(t)	24 888	22 943	7.8	
索夹用钢量(t)	686	664	3.2	
索鞍用钢量(t)	1 271	1 201	5.5	

经造价测算，除主缆外的各分项工程共计减少835万元。

64. 金塘大桥非通航孔桥防碰撞技术研究

成果所属专题编号：浙交鉴字[2008]11号

成果主要完成单位：浙江舟山大陆连岛工程高速公路有限公司、总参谋部南京科技创新工作站、浙江省舟山连岛工程建设指挥部

联系人：宋刚

联系电话:0580-2031296,13002623823

通信地址:浙江舟山定海区环城东路66号舟山大厦五楼

E-mail:songgang0512@126.com

邮编:316000

一、主要技术内容

项目研究提出的柔性浮式防撞系统由浮体、拦阻锚链、系泊锚链和重力锚组成(图1)。在遭受船舶撞击时,受撞部位的浮体和拦阻锚链将受到船舶作用力,并传递到系泊锚链和重力锚。在系泊锚链的张力作用下,重力锚将依次从最靠近撞击部位向两侧开始走锚,消耗船舶动能,降低船舶速度,最终实现对失控船舶的有效拦阻。由于每个重力锚的阻力是可以设计的,走锚的数量是由少增多的,因此可以通过调整锚的重量和锚的数量实现撞击作用力和作用时间的控制。此外,在撞击过程中,防撞系统对船舶的反作用力(拦阻力)是逐步增大的,有利于减轻失控船舶受损程度。

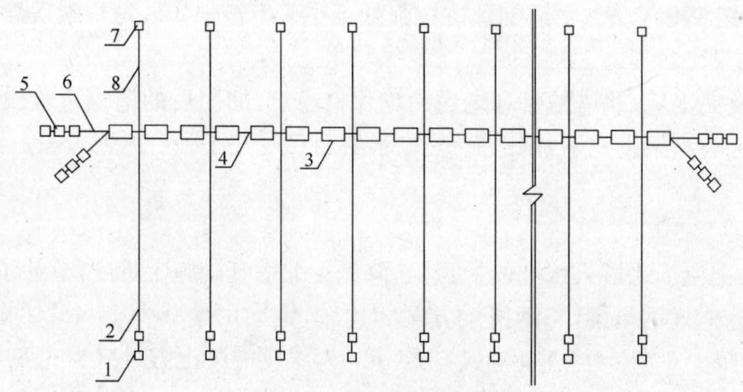

图1　柔性浮式防撞系统

1-重力锚一;2-系泊锚链一;3-浮筒;4-拦阻锚链;5-端部重力锚;6-端部锚链;7-重力锚二;8-系泊锚链二

本项目的技术特点和性能指标包括三个方面:

(1)建设期短,并可灵活转场使用。在柔性浮式防船舶碰撞系统建设时,主要有水上投锚作业和锚链的连接作业,因而施工期短,并可根据需要改变防碰撞系统的设置位置。

(2)使用期长,更换和维护方便。柔性浮式防船舶碰撞系统的使用期可达20年以上,并可更换和维修。

(3)不仅保护桥梁安全,同时也能保护失控船舶,可以预防因运输危险品的船舶撞桥而引发的泄漏对水域的危害。

二、适用范围

非通航孔桥及其他重要水上目标防船舶撞击的保护。

三、已应用情况

目前,金塘大桥非通航孔桥防碰撞技术研究的实船撞击试验和示范工程正在筹备阶段,拟于近期建设。

该项目研究的专利成果已被同济大学建筑设计研究院应用于浙江浙江台州椒江二桥非通航孔桥防撞施工图设计。

四、应用效益

金塘大桥是浙江舟山大陆连岛工程中路线最长的桥梁,非通航孔桥的上部结构采用先简支后连续的先进施工工艺,主要是五跨一联(300m)。在大桥建成通车后,一旦受大型船舶撞击,可能造成300m

桥面落海和部分桥墩损毁，桥上人员、车辆损失数量可能远远超过“6.15”广东九江船撞桥事故。如果是危险品船舶撞桥引发危险品大量泄漏，将对舟山海域的生态环境造成严重影响。由于金塘大桥非通航孔桥的单片箱梁重达1 500t，需要有专用的预制场地、专用陆上运输设备和装载码头，从准备预制至箱梁运出约需半年以上时间。此外，如果钢管桩受损，原桩位无法重新打桩，需对受损非通航孔桥段重新设计，可能修复时间会更长。根据预测，舟山大陆连工程每年的收费3亿多元，若修复时间超过8个月，其收费损失将超过2亿元。除了上述损失外，如果金塘大桥在运营数年后的遭受大型船舶撞击，将会严重影响舟山与宁波侧的人员、车辆往来，甚至会对舟山社会经济造成较大的影响。

超长的非通航孔桥的防撞需要连续设置超长的防撞系统，目前没有成熟的经验可借鉴。本项目研究的柔性浮式防撞系统总体方案技术先进，是一项成本较低的工程防撞措施(仅仅是传统防撞结构造价的1/5)，与桥区船舶综合管理措施配合运用，可保护跨海大桥非通航孔桥的安全，同时也能减小失控船舶的受损程度。可供类似水上防护工程参考，有显著的社会效益和经济效益。

另外，该项目研究的防撞体系工程造价低，经济性好。初步估算，拦阻5千吨级船舶的防撞系统每纵长米约2万元，拦阻2万吨级船舶的防撞系统每纵长米约3万元。

65. 杭州湾跨海大桥混凝土结构耐久性长期性能研究

成果所属专题编号:2002207

成果主要完成单位:杭州湾大桥工程指挥部、浙江大学

联系人:金伟良

联系电话:0571-88208716

通信地址:杭州市余杭塘路388号浙江大学建筑工程学院

E-mail:jinwl@zju. edu. cn

邮政编码:310058

一、主要技术内容

该项目建立了耐久性多重环境时间相似性试验方法，对杭州湾跨海大桥混凝土结构耐久性的长期性能进行了系统深入的研究，通过引入与研究对象具有相似环境条件且具有一定服役年限的第三方参照物，成功地解决了室内试验环境与现场实际环境之间的定量相似性问题。针对沿海环境特征，对混凝土结构耐久性的基本理论进行了深入的研究，提出了非饱和状态下氯离子的输运机理、干湿交替区域氯离子侵蚀的分布规律。建立了与混凝土配合比相关的氯离子扩散系数预测模型，对混凝土材料的耐久性能进行了评价，为桥梁的寿命评估提供了重要的经验参数。以电量法通电量比和干湿循环法氯离子侵蚀深度为衡量指标，制定了具有工程适用性的混凝土防腐涂料抗氯离子保护性能的评定标准。提出了沿海混凝土结构耐久性检测与评估的实用方法，通过人工环境室内加速与现场取样检测、观场暴露试验等，建立了人工气候环境与自然环境条件下混凝土结构性能劣化的相似关系，从而在较短时间内实现了对新建或待建结构的耐久性评估。完成了现场暴露试验站的设计与建造，为杭州湾海域进行氯盐侵蚀研究提供了试验场地，为跨海大桥的维护提供技术支持。提出了混凝土结构寿命预测的路径概率方法和相似理论方法，实现了桥梁混凝土结构的寿命预测。

二、适用范围

本项目的研究成果适用于沿海桥隧工程、港口工程、海洋工程、水利与市政等生命线工程。

三、已应用情况

本项目的研究成果已经应用于杭州湾跨海大桥工程检测、质量控制、耐久性施工指南和寿命评估

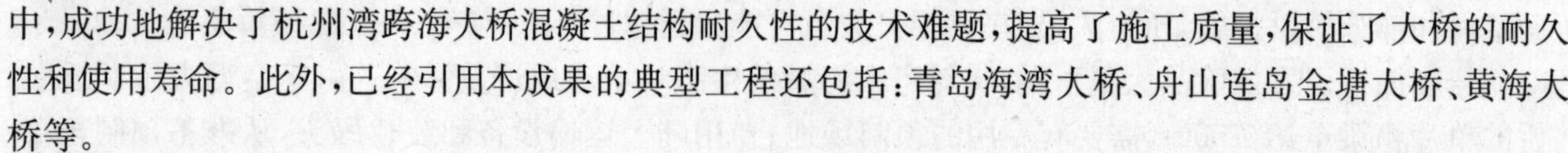

中,成功地解决了杭州湾跨海大桥混凝土结构耐久性的技术难题,提高了施工质量,保证了大桥的耐久性和使用寿命。此外,已经引用本成果的典型工程还包括:青岛海湾大桥、舟山连岛金塘大桥、黄海大桥等。

四、效益分析

本项目的研究成果可在跨海大桥工程建设与管理中发挥巨大的作用,如杭州湾跨海大桥应用了本项目的研究成果,节约建设成本近1亿元人民币,经济效益显著;此外研究成果可为国内规范、标准的补充与制定提供科学依据;对其他沿海桥隧、港口工程、海洋工程的建设具有重要的参考和借鉴作用;对混凝土结构维护与再建成本的控制以及与节能减排、环境保护和社会的可持续发展都将产生巨大的社会效益。

66.大型斜拉桥的非线性动力分析及其可靠性研究

成果所属专题编号:建设部[2007]建科验字26号

成果主要完成单位:天津市市政工程设计研究院

联系人:王新岐

联系电话:13821158299

通信地址:天津市和平区营口道239号

E-mail:tjw2mz@126.com

邮政编码:300051

一、主要技术内容

(1)从结构的非线性理论出发,研究斜拉桥结构的非线形性,以及由于结构的变化而引起的外部荷载变化,避免共振的产生。

(2)以永和斜拉桥维修工程为研究对象,对大型斜拉桥进行动力分析,建立双索面结构计算模型,采用ANSYS结构分析程序进行成桥状态动力特性分析,以此作为斜拉桥完好状态下的动力"指纹"。

(3)对大型斜拉桥进行动力测试,采用自由交通流作为环境振源,对永和斜拉桥营运状况的动力特性进行测定,从斜拉桥现状脉动速度反应信号的频谱中利用相关函数法识别全桥的振动模态(固有频率、振型和阻尼),以此作为斜拉桥破损状态下的动力"指纹"。

(4)针对修建时间较长的斜拉桥破损诊断技术这一技术难题,对各种破损诊断、破损定位方法进行研究,提取对破损状况较敏感的模态曲率作为斜拉桥破损诊断的参数,对永和斜拉桥进行破损诊断。最终导出一个可以指示斜拉桥桥面(主梁)大概损伤位置的Index损伤指标,识别出斜拉桥发生破损的区段及破损程度,对永和斜拉桥使用状况提出评价。

(5)研究大型斜拉桥在线监测破损诊断技术,提出采用最优矢量法对斜拉桥具体破损位置进行识别的方法,确定具体破损发生的位置及程度,为混凝土斜拉桥破损诊断技术开辟了新思路。

(6)对永和斜拉桥进行静力分析及静力测试,验证所提出的破损诊断方法,对永和斜拉桥整体使用性能作出评价,提出维修养护方案,为大型斜拉桥非线性动力可靠性分析提出可行的方法。

课题特点:对实体大型斜拉桥非线性动力分析技术、动力检测技术、破损诊断技术等进行综合研究,使理论研究、工程检测、施工养护得到有机的统一。

应用情况:在永和斜拉桥动力检测中节省营运成本900万元(断交5d营运成本)。

提出永和斜拉桥破损诊断技术,在永和斜拉桥维修工程中节约资金650万元,运用到国内外斜拉桥破损诊断研究领域,预计每年每座斜拉桥可节约维修费用120万元。

二、适用范围

该课题的研究成果可以应用于大型非线性斜拉桥的静动力分析、测试、破损诊断，为斜拉桥设计、施工、养护提供技术支持。

三、已应用情况

目前永和斜拉桥正在利用本次研究成果进行维修加固，天津丹拉海河大桥也将采用本次研究成果进行维修，结合这些工程的应用，课题将出台斜拉桥破损诊断技术指南、斜拉桥养护管理手册，并对采用自由交通流进行斜拉桥动力测试方法进行总结，编制专用软件进行推广，为大跨度斜拉桥在线监测提供技术支持，使得破损诊断技术真正运用于实桥监测诊断状态，并将动力分析方法应用于桥梁健康监测、抗风、抗震研究中，具有广阔的应用前景。

四、效益分析

经济效益：提出自由交通流检测技术，在永和斜拉桥检测中节省营运成本 900 万元(断交 5 天营运成本)。

提出大型斜拉桥破损诊断方法，在永和斜拉桥维修技术中节约资金 650 万元，在维修工程中节省投资 230 万元，运用到国内外斜拉桥设计、施工、养护研究领域，预计每年每座斜拉桥可节约维修费用120 万元。

为斜拉桥设计施工提供非线性动力研究依据，为规范线性化设计向考虑非线性动力影响设计转化提供保证，具有很高的理论及实用价值。

社会效益：桥梁的大量修建、跨径的不断增大，其安全问题摆在了学术界面前，重庆彩虹桥、美国塔科马海峡悬索桥以及近几年连续出现的桥梁坍塌事件加剧了人们对于斜拉桥安全重要性的认识，如何保证新修筑斜拉桥应有的安全水平，如何对使用多年桥梁的安全性提出评价，并进一步提出维修养护方案成为社会关注的问题。课题针对这些重大问题进行研究，从保证大型斜拉桥结构安全的角度出发，提出斜拉桥动力检测技术，斜拉桥破损诊断技术，对斜拉桥非线性动力及可靠性进行分析，评估现有大型斜拉桥结构，以确保斜拉桥设计、施工及营运的安全可靠性。这些问题的解决对于保障人民的生命财产安全具有重要的意义，对未来斜拉桥的修建及维修提供了有力的技术支持。

交通的畅通关系到社会的稳定和安全，以往进行斜拉桥动力检测需要封闭交通，而这些斜拉桥往往是重要通道的交通咽喉，即使短期的封闭交通都将带来巨大的社会影响，课题提出的自由交通流动力检测技术避免了这种现象的发生，保证了交通要道的畅通，为交通安全营运准备了条件。

课题所提供之斜拉桥动力分析方法为未来斜拉桥设计及理论分析提供必要的保证，为我国斜拉桥设计向世界先进水平靠近提供理论指导，具有重要的社会意义。

经专家评定该研究成果达到国内领先水平，获得 2007 年度天津市科技进步三等奖。

67. 超宽箱涵顶进过程数值模拟及监测预报研究

成果所属专题编号：豫科鉴委字[2006]第 1107 号

成果主要完成单位：河南省交通规划勘察设计院有限责任公司、河南省交院工程测试咨询有限公司

联系人：张晓炜

联系电话：0371-68810359，13703716768

通信地址：河南省郑州市陇海中路 70 号

E-mail：zzxw@vip. sina. com

邮政编码：450052

一、主要技术内容

本项目首次综合采用三维数值模拟、施工过程监测、监测信息管理、预测系统等技术，对大型超宽斜交顶进箱涵施工过程开展了施工监控研究工作，针对下穿高速公路箱涵顶进过程中的路面沉降、水平位移、土体侧向位移、箱涵结构内力、应变等进行了系统、全面的监测，得到了大型超宽箱涵下穿高速公路顶进施工的若干规律；按照“安全监测—快速反馈—施工控制”的研究思路，建立了箱涵顶进过程监测信息管理及预测预报系统，提高了监测工作的信息化和反馈水平，实现了信息化施工。

二、适用范围

适用于超宽箱涵暗顶过程的数值模拟及监测预报。

三、已应用情况

2006年，在郑开(郑州—开封)城市通道下穿京港澳高速公路的箱涵顶进工程中采用了此项研究成果。

通过数值模拟及现场监测，得出以下研究结论：推进过程中路面主要表现为沉降，随着箱涵推进越多，路面的沉降速率越快，最大沉降量约为20cm，在推进初期，位于顶进箱涵前面的路面出现了轻微隆起；在推进过程中，高速公路的水平位移随着箱涵推进逐渐加大，最大值约为5.5cm左右，整个水平位移呈波浪式前进；在推进过程中，竖向应力变化不大，箱涵结构局部出现了应力集中和拉应力，但其值不大。

据此建立预测预报系统和预警机制，分析施工过程中出现的不利因素，及时调整施工方案，为箱涵暗顶工程的顺利实施提供保障。

四、应用效益

郑州至开封城市通道在组织施工滑轨时，由于高速公路路面监测数据异常，及时变更了施工方案；在双孔箱涵同时错距顶推前，设计了箱涵偏差及升降监测方案，避免了出现大的偏位；在施工过程中发现箱涵钢筋计量数据异常，后此处有裂缝发生，通知施工单位做了加固补强；监测发现掌子面数据异常，后对掌子面土体进行了注浆加固；避免经济损失累计682.5万元；在高速公路不断行的情况下，实现箱涵总顶进里程139m。

68. 折线配筋预应力混凝土先张梁成套技术研究

成果所属专题编号：豫交科鉴字[2007]第36号

成果主要完成单位：河南高速公路发展有限责任公司、河南岭南高速公路有限公司、河南驿宛高速公路有限公司、河南海威工程咨询有限公司

联系人：陈玉梅

联系电话：0371-68736740，13838092619

通信地址：郑州市淮河东路19号

E-mail：cym345678@sina.com

邮政编码：450015

一、主要技术内容

通过系统全面的试验、设计、施工监控，研究了折线配筋预应力混凝土先张梁的力学特性、预应力损失、梁端局部应力及弯起器、张拉台座、放张工艺等诸多方面的理论与技术问题。其主要结论与成果为：

(1)折线配筋预应力混凝土先张梁基本受力性能略优于常用曲线配筋预应力混凝土后张梁，现行预应力混凝土桥梁结构设计规范可以应用于线配筋预应力混凝土先张梁的设计；

(2)本课题研究表明采用局部加强与合理的应力消除设计可以较好地应对折线配筋预应力混凝土先张梁梁端局部应力问题；

(3)本课题研究发明的拉板式弯起器，较现在常用的折线配筋预应力先张梁用夹板辊轴式弯起器结构合理、受力明确、使用方便、造价低廉。对弯起器的研究开发起到了开拓性作用，有利于折线配筋预应力混凝土先张梁工程技术的发展与普及(弯起器已申请专利，实用新型名称：预应力束拉板式弯起器，申请号：200720092851.9)；

(4)本课题研究提出的用小千斤顶单根张拉，大千斤顶补充张拉放张预留量的张拉工艺和用大千斤顶整体分次放张的放张工艺，此为现有折线配筋预应力混凝土先张梁张拉放张工艺的总结与优化，这一技术成果与拉板式弯起器的发明，较有针对性地解决了目前我国折线配筋预应力混凝土先张梁技术难题，为我国折线配筋预应力混凝土先张梁工程技术的发展作了开拓性贡献(先张梁施工工艺已申请发明专利，专利名称：折线配筋预应力混凝土先张梁施工工艺，申请号：200710180508.4)。

二、适用范围

此技术主要应用于公路、铁路和市政桥梁工程中的中等跨径(30～80m)的桥梁。

三、已应用情况

本课题研究成果已应用于岭南高速公路南召黄鸭河桥(全长 1 085m，共 31 跨，单跨 35m，共 248 榀梁)、驿宛高速桐柏淮河桥(全长 385m，共 11 跨，单跨 35m，共 88 榀梁)，现正应用于德商高速鄄城黄河公路大桥的引桥(全长 5 500m，单跨为 50m 的 T 形箱梁，67 跨共 804 榀梁)及湖南岳常高速公路的所有中小跨径桥梁。本课题研究成果更有利于跨海、高寒地区预应力混凝土桥梁的建设，这些桥梁建设工方兴未艾，亟待此课题研究成果的应用解决耐久性与工程造价问题，故而这个课题研究成果的推广应用前景非常看好。

四、效益分析

折线配筋先张梁因预应力重心高度的增加，一般可较后张梁节省混凝土、预应力钢材，且可节省建安费 5%～7%(预应力管道、锚具费用)，但却要增加张拉台座的摊销费用，故一旦预制先张梁达到一定数量，使张拉台座费用得到摊销，就会有可观的经济效益。对桐柏淮河桥一个长线台张拉台座的制作成本约需经 20 榀小箱梁的制作就能摊销，对一条高速公路，这种效益应该很容易达到。

以近年我国每年新建公路桥梁总里程 3 000km 做估计，其中 70%即 2 100km 为中小跨预应力混凝土梁式桥，可采用折线配筋预应力先张梁。按本课题项目研究先张较后张梁至少节省建安费 5%～7%的结论，则每年可望节省桥梁工程投资 50 亿元左右，经济效益是巨大的；若注意到因耐久性提高带来的结构寿命的增长与交通安全保障，其社会效益无法估量。

课题研究成果已成功应用于桐柏淮河桥和南召黄鸭河桥，为淮河桥节约投资 68 万元，为黄鸭河桥节约投资 289 万元。本课题研究成果亦应用于山东鄄城黄河公路大桥，为其节约投资 5 782 万元；项目研究成果在湖南岳常高速公路中也成功的应用，共节约了 79 900 万元。

折线配筋预应力混凝土先张梁既是工程技术又是预应力新材料，更是桥梁工业产品，其推广和发展可以促使形成新兴产业。本课题研究成果将成为中小跨桥梁工厂制作、大型架桥机安装等桥梁工程产业化工程的催化剂，促进先张桥梁产业化的发展。配合折线配筋预应力混凝土先张梁的工程应用，弯起器、张拉台座必将成为桥梁工业新产品而构成新的产业，按我国近年来桥梁建设规模初估其年产销总量将达人民币 30 亿元左右。

69.黄河特殊地质长大直径钻孔灌注桩施工技术及承载性能研究

成果所属专题编号:

成果主要完成单位:山西侯禹高速公路建设有限公司、山西省交通科学研究院、东南大学、中铁大桥局集团有限公司

联系人:荆劲峰

联系电话:0359-5062000,13703599336

通信地址:山西省运城市河东东街32号

E-mail:jjf610@163.com

邮政编码:044000

一、主要技术内容

侯禹龙门黄河大桥是迄今为止黄河上跨度最大的混凝土斜拉桥,桥梁下部基础由于处在黄河特殊地区,地质条件较复杂,设计时均采用了混凝土钻孔摩擦桩,且持力层均设置在密实细砂或中砂层中,并考虑了液化深度20m。全桥共有桩基476根,其中直径在1.5～2.0m范围,桩长在51～90m范围。如此大的直径(2.0m)超长桩基础(最长达90m),而大桥所处地区属于黄河特殊地质条件区域,其桩基础的设计、施工技术及承载力试验等方面都存在着诸多需要深入探讨的问题,该项目以龙门黄河大桥为依托,采取室内试验和室外试验相结合的研究方法,对黄河特殊地质条件下的长大直径钻孔灌注桩施工技术及承载性能进行了深入研究,总结出了适合黄河特殊地质条件下长大直径钻孔灌注桩施工工艺,并研究了该类型桩的承载性能评价方法,提出了相应的施工和设计指南。

主要技术内容为:

(1)针对黄河特殊地质条件,以侯禹龙门黄河大桥为依托,进行了超大桩施工技术及承载性能的研究,为该大桥的桩基设计优化、施工工艺提供了科学的理论和实践依据。

(2)根据试验研究结果,确定了依托工程钻孔灌注桩的竖向极限承载力,并获得了分层岩土摩阻力、桩端阻力、桩身弹性压缩和岩土塑性变形。

(3)基于桩基承载性能的试验研究结果,对黄河特殊地质条件下长大直径桩承载特性进行了分析,包括桩身轴力分布,桩侧摩阻力、桩端阻力发挥性状,并对桩侧摩阻力—位移关系,桩端阻力—位移关系采用双曲线函数进行了拟合。

(4)基于桩基承载性能的试验研究结果,确定了桩侧阻力和端阻力分项系数、桩身自重、桩端阻力的取值、桩身压缩量的考虑等影响系数。

(5)在原位试验结果的基础上,采用大型有限元计算程序,对黄河特殊地质长大直径钻孔桩进行了数值模拟分析。分析了桩径、桩长、桩身弹性模量、桩端土体参数变化对长大直径桩承载性能的影响程度,具有重要的参考价值。

(6)编写出了黄河特殊地质条件下长大钻孔灌注桩基设计与施工指南,为今后同类型工程提供了一整套实用的理论和实践依据。

二、适用范围

本课题提出的针对龙门黄河大桥特殊地质条件下钻孔灌注桩桩基施工工艺指南及桩基设计计算方法及设计参数的取值方式,可提高钻孔灌注桩桩基设计的可靠性。随着国民经济的发展,黄河上将会出现大量的大跨径公路桥梁,桥梁基础中也将出现大量的大直径钻孔灌注桩,而且会出现许多超长钻孔灌注桩,本课题成果能充分应用于今后同类型桥梁或相近结构桥梁的桩基础设计中。

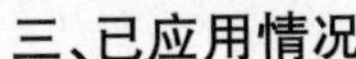

三、已应用情况

在侯禹高速公路龙门黄河大桥、晋陕边境黄土高原上河津—临猗一级公路地下连续墙和箱形基础设计与承载力测试、清石黄河大桥基础设计、芹玉桥桩基测试、西堠门大桥桩基测试等桥梁设计施工中，直接应用了该研究成果，提高了设计效率，优化了设计方案，保证测试的质量和安全，节约了时间，提高了效益，取得了良好的效果，产生了显著的经济和社会效益。

四、应用效益

2004 年该成果运用于清石黄河大桥设计，周期缩短了 10d，节约资金约 10 万元，同时优化了桩长、桩径，桩基建设费用比原设计节约 10%，约 100 万元；2005～2006 年运用课题研究成果，在龙门黄河大桥桩基工程项目建设过程中指导设计和施工，节约了总投资的 10%，约 1 000 万元；2006～2007 年在龙门黄河大桥运营过程中，当年节约养护费用 100 万元，在郑州黄河公铁两用桥建设工程项目中，应用施工技术方面的研究内容，节约建设资金约 1 000 万元，总计节约资金约 2 210 万元。

70. T 形刚构桥梁加固技术研究

成果所属专题编号：071036

成果主要完成单位：山西省交通规划勘察设计院、山西交通职业技术学院

联系人：崔兰

联系电话：0351-5669919

通信地址：山西省太原市并州南路 69 号

E-mail：sxjty@sxjtsj. com. cn

邮政编码：030012

一、主要技术内容

针对 20 世纪 70～80 年代修建的 T 形刚构桥梁，特别是跨中设铰的此类桥梁的一些通病和其他病害，在详细分析结构的特性和病害成因的基础上，本课题提出了综合改造和加固的方法，并通过分析和试验，得出了一些比较通用的理论。

本课题主要研究内容包括：

(1)在已有桥墩及桥墩和主梁刚度比的情况下，改变结构体系的可能性。

(2)跨中新型连接方式的性能。

(3)新旧混凝土接合面分析、设计及施工方法研究。

(4)后加预应力对整个结构的影响。

本课题的主要研究手段包括：

(1)现场调查。

(2)平面、空间结构分析。

(3)室内试验。

(4)桥梁动静载试验。

本课题主要成果包括：

(1)本课题提出的新型跨中连接结构属于原创技术，填补了结构加固领域的一项空白。理论分析和工程实践证明，该结构传递弯矩的能力是箱梁连续时的 86.6%，而传递的水平力很小。因此，该结构既能有效地传递弯矩，又可以大幅减少温度、收缩徐变对下部结构的影响，完全满足了设计意图，对今后类

似桥梁的加固与设计提供了一种崭新的设计思路。

(2)本课题对扩大截面后箱梁新、旧混凝土接合面处的各种效应进行了分析,对由收缩、徐变和预应力产生的应力在结合面的分布规律进行了深入的阐述,结论与实际工程结果相符。该理论为箱梁增大截面后的构造设计提供了理论依据。

(3)本课题对扩大截面后的T形刚构在预应力、收缩、徐变作用下的应力分布和变形规律进行了深入探讨。课题阐述了后加预应力在箱梁全截面的分布规律,并提出了在收缩和徐变作用下,结构的上、下挠变形与多种因素有关的论述。这些论述有助于进一步加深对T形刚构变形的认识。

二、适用范围

适用于同类型桥梁的新建和改建工程。

三、已应用情况

保德黄河大桥建于1972年,主桥为30m+5×60m+30m T形刚构,跨中为链杆式剪力铰连接,桥面净—7m+2×1.0m人行道,350m×900m圆端形实体桥墩,墩高5.8m,桥台上设弹性支座,设计荷载为旧规范的汽车—13级、拖车—60,是我国唯一的一座剪力铰接多跨连续T构桥梁。随着国民经济和交通运输事业的发展,车辆荷载不断增大,且该桥为陕北跨越黄河向东部沿海运煤的必经通道,从当时现场情况看,通行车辆的荷载已经达到了汽车—20级,且有相当比例的运煤车辆由于超载其轴重已大大超出了这个等级,因此桥梁产生了许多病害,如结构发生了严重的变形(各跨中均发生了不等的下挠,最大下挠值达11.9cm)、箱梁裂缝(各T构的箱梁顶板均有3～5道横向裂缝,裂缝宽度大多为0.1mm左右,少数达到0.2mm)、跨中剪力铰失效、结构在动载通过时,伴随有剧烈的振动和纵横向摆动等。

《T形刚构桥梁加固技术研究》课题组提出的综合改造和加固技术措施,成功应用于保德黄河大桥后,旧桥的承载力由原来的汽车—13级、拖车—60(旧标准)提高到了汽车—20级、挂车—100;全桥结构分析和动静载检测结果表明,全桥的整体承载能力、横向抗扭能力、跨中的变形协调能力以及全桥的动力性能和稳定性均得到大幅度提高,完全满足现行营运荷载的要求。

四、效益分析

该桥的经济效益包括:由于旧桥的加固,避免新建桥梁投资约6 000万元,减去加固旧桥费用约1 300万元,共节约资金4 700万元;由于旧桥承载力的提高,使公路运输成本每年降低而节约的资金2 000万元;由于交通条件改善而减少交通事故及减少货损所产生的经济效益、由于行车速度的提高而节约旅客旅行时间所产生的效益等社会效益也是非常巨大的。

71.桥梁管理系统中的技术状态评估方法研究——中小跨径RC梁桥

成果所属专题编号:赣交科鉴字[2007]第13号

成果主要完成单位:江西省公路管理局、武汉理工大学、华东交通大学

联系人:彭德清

联系电话:0791-6243902

通信地址:南昌市站前西路59号

E-mail:jxgly@jxgly.com

邮政编码:330002

一、主要技术内容

1.主要研究内容

(1)桥面系缺陷影响因素分析。

(2)评价指标确定,包括:

①确定评价指标,建立技术状态评价指标体系;

②评价指标模糊化与反模糊化;

(3)专家评分数据库的建立。

(4)桥梁技术状态评估,包括:

①(模糊)神经网络方法应用;

②技术状态等级综合评估;

③程序实现。

2. 主要研究成果

(1)根据现有规范,并结合桥龄、环境等因素,建立了具有层次结构的技术状态评价指标体系,提出了各评价指标的取值参考标准。

(2)运用模糊神经网络建立了桥梁技术状态评估模型,开发了 RC 梁桥状态评估系统,实现了桥面系、桥跨结构、墩台与基础、裂缝等分项结构状态和桥梁结构状态的评估、病害主因识别、病害处理优先排序等功能,并根据实桥样本进行了验证,避免了主观因素的干扰。

(3)在建立 RC 梁桥技术状态评估指标体系、病害主因识别、病害处理优先排序和模糊神经网络算法改进等方面,具有创新性;鉴定委员会认为,研究成果总体达到国内领先水平。

二、适用范围

该研究成果主要适用于中小跨径梁桥的技术状态评估,对桥梁检测与预测提供数据参考,并可为我国桥梁管理系统提供一定的参考依据。

三、已应用情况

该研究成果已在赣州市沙河大道跨铁路桥的维修中进行了成功应用。

四、效益分析

该研究以 RC 梁桥为切入点,以外观调查数据为评价指标,借助模糊理论和神经网络等人工智能技术进行桥梁技术状态评估,以取代传统方法,系统的实现将大大节约评估成本,经济效益显著。

系统的研发将实现我国现有 BMS 中的技术状态评估功能,提高评估效能,为 BMS 中其他功能的实现提供依据,进而为我国 BMS 的研究与发展创造条件。

72. 景婺黄高速公路隧道群施工若干关键技术研究

成果所属专题编号:赣交科鉴字[2007]第 17 号

成果主要完成单位:江西省交通厅景婺黄(常)高速公路建设项目办公室、同济大学、江西省公路科研设计院

联系人:徐建平

联系电话:0791-6243305,13807918915

通信地址:南昌市站前西路 63 号

E-mail:xujianping2001@163. com

邮政编码:330002

一、主要技术内容

(1)隧道洞口边坡稳定性与控制技术研究;

(2)破碎岩体长大隧道超前预报与施工控制技术研究;

(3)偏压连拱隧道施工技术与结构优化;

(4)基于数字地层的隧道动态施工信息反馈与远程监控系统。

取得的主要研究成果:

(1)对隧道开挖过程中边坡破坏机理进行了研究,在理论上揭示出由于开挖而引起的边坡稳定性系数的改变;同时,提出了隧道边坡破坏稳定的综合分析方法,为今后在实际工程中研究隧道边仰坡的稳定性提供可参考的理论依据。

(2)在综合比较分析各种地质预报方法特点及适用条件的基础上,对GPR超前预报法和地质素描超前预报法进行了重点分析,提出了实用型综合超前预报技术。

(3)以河砂、重晶石粉为骨料,水及机油为胶结剂配制,设计了两次模型试验,试验材料具有高弹模、低强度、力学性能稳定及经济等特点,较好地模拟Ⅳ级、Ⅴ级条件下公路隧道围岩的力学特性,得到部分定性规律。

(4)归纳与总结了偏压连拱隧道最为关键的设计技术,包括断面结构形式的选择、荷载的确定以及结构的设计,如支护参数设计、中隔墙设计和防排水设计等,对偏压连拱隧道的施工技术进行分析研究,优化了偏压连拱隧道的施工顺序及结构参数。

(5)基于现场监测,系统研究了各种监测项目的数据组织方式,建立了一套监测项目的数据标准,研究了隧道监控量测预警值和报警体系,有效地提高了隧道监测的效率与水平,提升了隧道的信息化管理水平。

二、适用范围

研究成果适用于公路、铁路隧道的工程建设。

三、已应用情况

成果已在景婺黄(常)高速公路建设中应用。

四、效益分析

大大减少了洞口开挖量,有效地节省了隧道进洞成本,减少了工程材料,节约了工程造价,可达总造价的5%。

提高了隧道工程设计施工信息化程度,在社会效益方面,及时精确的超前地质预报可大大降低工程事故发生概率。

提高了信息管理水平。隧道远程监测数据库管理系统可以有效地提高隧道监测的效率与水平,提高公路隧道施工中预警水平,完善了报警体系。

73. 桥梁抵御万吨级船舶撞击的柔性吸能防撞装置的研究与开发

成果所属专题编号:2002-03

成果主要完成单位:湛江海湾大桥有限公司、中铁大桥勘测设计院有限公司、上海海洋结构研究所、广州广船国际股份有限公司、国营武昌造船厂

联系人:段乃民

联系电话：13602838594
通信地址：广东省湛江市坡头区湛江海湾大桥管理中心
E-mail：duan6688@yahoo.com.cn
邮政编码：524057

一、主要技术内容

柔性吸能防撞装置的主要技术特点是：通过改变撞击点位置，大幅减少船舶的动能在撞击物体间的交换，从而达到降低撞击力的目的，与之前使用过的防撞装置交换全部动能的主要技术特点不同，提出了"小撞不坏、中撞可修、大撞不倒"的三级防撞设计原则。用冲击力学原理，使用LS-DYNA3D通用程序对柔性吸能防撞设施进行仿真计算，碰撞仿真计算模型的前处理采用美国ETA公司的FEMB软件完成。计算中的初始条件：防撞装置的初速度为零，船的初速度为3m/s。货船的质量按满载排水量62 500t，并考虑10%的附水质量，总质量达到687 500t。计算结果：未设防撞装置时船桥撞击总撞击力100MN，设置柔性吸能防撞装置后，最大撞击力56MN，小于桥梁允许船舶撞击力60MN。

本防撞装置独创的双浮箱设计方案由外浮箱、弹性吸能圈、内浮箱及其连接构造组成。内外浮箱既起抵抗船舶撞击的作用，又提供浮力，使整个装置漂浮在水面随水位自由浮动。外钢箱体在被船舶撞击时后退，带动若干弹性吸能圈变形进而带动内钢箱体压迫桥墩，共同提供反作用力推动船头滑移。装置整体发挥变形吸能作用，减少能力交换，降低撞击力。双浮箱的设计方案构造简洁，能够充分发挥各部分的作用，而且便于安装和维修。

二、适用范围

桥梁抵御万吨级船舶撞击的柔性吸能防撞装置适用于抵御万吨级船舶适航水位条件下桥梁的桥墩防撞。

三、已应用情况

湛江海湾大桥是省内特大型建设项目，工程地处湛江地区，是连接湛江市坡头区与霞山区的重要通道，大桥通航按5万t散装货标准设计。通航净宽400m，净高48m，主跨为480m的斜拉桥，防撞设计一直是桥梁设计的一个薄弱环节，这是由于航舶撞击桥梁的计算一直沿用经验公式来得到，各个国家规范公式的计算结果相差较大，直接选用一个公式的计算结果作为设计依据的风险大，可参照性不强，为确保桥梁安全，并做到经济设计，应该进一步研究撞击力的计算办法；由于湛江海湾大桥主桥基础所处水位深，航舶撞击的风险大，撞击力大，基础造价高，选择的防撞设计不同对造价有大幅的影响，并直接影响桥梁的使用安全。通过技术比较，湛江海湾大桥采用了桥梁抵御万吨级船舶撞击的柔性吸能防撞装置，总费用2 300万元，目前使用效果良好。

四、效益分析

湛江海湾大桥（840m斜拉桥）的主体工程概算总价达5.7亿元人民币，如果出现基础受船撞损伤，根据桥梁的受损程度可能出现几种情况：

（1）主塔基础出现细微裂缝，不需修补；结构带缝工作将影响其使用寿命；

（2）主塔基础出现裂缝宽度超过规范要求，需修补后使用；修补时需要断行封航3个月以上，工程直接费用将达亿元以上，所带来的间接经济损失和社会影响无法估计；

（3）可能造成大桥无法使用。即使船撞后不出现主桥结构受损，造价达千万的防撞设施和船只受损、造成对湛江港湾通航的影响，也将会产生数百万元的直接经济损失。由此，可以得出结论，湛江海湾大桥"三不坏"柔性吸能防撞装置将带来深远的经济和社会效益。

74.山区高速公路斜坡桥基稳定分析及设计方法研究

成果所属专题编号:湘交科鉴委字[2007]062号

成果主要完成单位:湖南省交通科学研究院

联系人:李志勇

联系电话:0731-5211328

通信地址:湖南省长沙市芙蓉中路3段472号

E-mail:hnjtlzy@yahoo.com.cn

邮政编码:410015

一、主要技术内容

以湖南省常吉高速公路建设为依托,对山区公路斜坡桥基稳定分析及设计计算方法开展了系统的研究;基于边坡岩体质量分级的SMR法和数学地质分析,研究确定山区高速公路斜坡桥基形式和位置的方法;建立了考虑桩土共同作用的接触非线性计算模型,分析斜坡桥基受力特征,采用正交设计与数值模拟相结合,提出了确定斜坡桥基承载力的方法;基于桥梁荷载作用下斜坡及桥基稳定性评价,采用三维数值模拟方法分析了桥基承载力及边坡稳定性的影响因素,建立了基于强度折减法的山区斜坡桥基位置及埋深的确定方法;基于功效函数法及精英蚂蚁寻优策略,提出了斜坡桥基的结构优化模型及算法;基于强度折减理论,建立桥基荷载作用下斜坡三维空间稳定性分析方法。研究成果能及时分析和查明桥基斜坡施工和加固后的稳定性,便于决策者评判和决策,也为优化设计、施工及有关规范条文参数的修订提供科学数据和理论基础。促进道路工程设计理论和方法发展、完善,提高公路工程设计和施工水平,节约工程造价,缩短工期,减少工程建设中的不确定性问题,从而具有显著的经济社会效益,保证公路运营安全,降低后期养护工程费用。

二、适用范围

研究成果适用于山区公路、铁路、城建及其他工程的高陡斜坡桥梁结构工程,可在全国范围内推广应用。

三、应用情况

本项目成果成功解决了山区公路斜坡桥基建设的一系列问题,对斜坡桥基形式和位置确定、斜坡桥基稳定性分析、斜坡桥基承载力设计以及斜坡桥基优化设计等关键问题有重大突破,对现有规范作了重要补充,具有重要的理论价值与社会经济效益。

在本项目实施过程中,将工程实践与科学研究紧密结合,成果已成功应用于常吉高速公路建设,修建了一批示范工程,效果良好。对常吉高速公路全线的桥基斜坡进行了稳定性评判,根据评判结果对有些桥基形式和位置进行了变更,确保桥基斜坡在各种条件下保持稳定,同时保证环境不受破坏。成果在吉茶、邵怀、常吉等高速公路上进行了大面积的推广。

四、效益分析

通过项目依托工程的实施,对常吉高速公路中的大部分桥基斜坡进行了稳定性评判,对桥基斜坡在各种工况下的受力破坏机理进行了分析,根据评判结果对有些桥基形式和位置进行了变更,确保桥基斜坡在各种条件下保持稳定,同时保证环境不受破坏,直接节约工程造价约2 650万元,取得了显著的经济效益和社会效益。

75. 预应力碳纤维布(板)加固桥梁受弯构件的技术研究

成果所属专题编号:湘交科鉴字[2008]09 号

成果主要完成单位:湖南省交通科学研究院、湖南大学、湖南省公路管理局、长沙市公路管理局

联系人:罗杰 李霞

联系电话:13327312998

通信地址:湖南省长沙市芙蓉中路三段 472 号

E-mail:roger. 2000@163. com

邮政编码:410015

一、主要技术内容

研究预应力碳纤维加固桥梁结构受弯构件的静力性能、疲劳性能,以此为基础,制订出预应力碳纤维布(板)加固桥梁结构受弯构件的设计方法及有效的施工工艺,将预应力碳纤维布(板)加固桥梁结构受弯构件发展成为一项成熟的、切实可行的、具有较大实用价值的加固技术。

本技术能够充分地利用碳纤维增强塑料的高强性能,使得碳纤维增强塑料加固技术具有更好的经济效益;碳纤维增强塑料具有极佳的徐变性能,可有效减少徐变、松弛等效应对预应力的影响,对结构的尺寸及外形及自重几乎没有影响,较其他加固技术具有更好的社会效益,工艺简单,不需要大型施工机械,施工效率高。

二、适用范围

预应力碳纤维布(板)加固桥梁受弯构件的技术主要适用于梁桥、板桥等桥型的加固工程。

三、已应用情况

2005 年 10 月～2006 年 1 月应用预应力碳纤维板技术对 106 国道湖南省境内的金刚头桥进行了加固修复工作,并进行了一系列现场试验和后期观测。通过碳纤维板施加的预应力有效地提高了桥梁结构的承载能力,显著减小了桥梁结构变形,使该桥可重新满足地区日益增长的交通流量;该技术施工简便易行,对交通影响小。

四、效益分析

应用预应力碳纤维板技术对金刚头桥进行加固与将该桥拆除重建相比,可节省造价 190 万元,加固工作的成功,证明了该技术已经建立了完善的设计理论体系,具有实用价值,具有良好的经济和社会效益,值得推广应用。实际工程证实了这一项新技术不仅有先进的理论作支撑,还具备显著的经济效益、社会效益,拥有广阔的应用前景。

76. 福建省宁屏路天池特大桥大跨度钢筋混凝土拱桥施工技术

成果所属专题编号:闽交科鉴字[2008]03 号

成果主要完成单位:中铁大桥局股份有限公司、福建省公路管理局、中铁大桥局第六工程有限公司、武汉理工大学、宁德市蕉城交通局

联系人:郭爱民

联系电话:0591-83318192,13705061676

通信地址：福建省福州市交通路 19 号
E-mail：guoaimen@126.com
邮政编码：350004

一、主要技术内容

目前我国钢筋混凝土拱桥的主跨，一直落后于国外，主要原因是受施工方法的限制。我国桥梁工作者都一直在探索，寻求安全、经济、适用的方法。根据近年来的实践，常用的拱桥施工方法有：

(1)主支架现浇；

(2)预制梁段缆索吊装；

(3)预制块件悬臂安装；

(4)半拱转体法；

(5)刚性或半刚性骨架法。

随着施工方法的多样化，钢筋混凝土拱桥向拱圈轻型化、长大化方向发展。

为了寻求我省山区公路跨越深山峡谷的快速优质低价桥梁建设方案，拱桥是适合于山区峡谷的一种桥式，而钢筋混凝土拱桥则是更经济的桥型。

天池特大桥的 205m 大跨度，是目前国内最大跨度无支架扣锚索悬臂架设施工的钢筋混凝土箱形拱桥，施工积累了宝贵的经验，对大跨度钢筋混凝土箱形拱桥的设计与施工具有借鉴意义；为以后国内山区公路建设的发展，尤其是为跨越深山峡谷的地段修建桥梁可提供有益的参考，将在我国山区公路建设中有着广泛应用前景，能带来良好的经济效益和社会效益。

缆索吊机的设计和安装。天池特大桥主拱节段最大吊重 118t，缆索吊机额定起吊净重为 130t，设计时应充分考虑桥址地形条件，合理布置吊机跨径和缆索系统，塔架支撑系统、锚固系统、缆风系统、鞍座横移系统、机械和电气系统的设计。缆索吊机设计共要考虑 3 种施工工况：吊装上游拱肋、吊装下游拱肋、吊装空心板梁。缆塔、扣索塔架是方案实施的关键，应进行各种工况下的检算工作，确定安全、可靠的支架形式十分重要。

钢筋混凝土箱形拱肋分节段预制，因地形条件限制，无法进行 $L/2$ 拱肋嵌合预制，只能采用分节段预制，所以预制台座线形、高程控制应准确。节段混凝土最后一块完成并移至下一台座时，混凝土匹配节段应严格按照下一台座的线形坐标调整到位，否则会影响下一台座整个混凝土节段的线形。

天池特大桥拱段接头腹板采用大剪力键，底板采用剪力槽，而且台座又是拱形，所以应认真研究预制拱段的分离工艺并使用合格的隔离剂，确保预制拱段分离时剪力键不受损伤。

为了使上、下游拱段的龄期尽可能一致，预制和架设拱段时应仔细安排顺序。扣锚索体系的设计和研究，天池特大桥拱段架设采用无支架的扣锚索悬挂技术，因此扣锚索是拱段架设时的生命线，应充分考虑扣锚索张拉端、扣索锚固端(拱肋扣点)、锚索锚固端设计的每一个细节、做到万无一失。根据拱肋架设方案准确计算每个节段安装时的扣锚索受力，选择扣锚索材料和张拉步骤，应避免不平衡水平力对主塔架和桥台造成的不利影响。

拱肋悬臂架设及合龙，为了保证拱肋拼装期间结构稳定，应制订稳妥的安装方案，最好采用双拱齐头并进。大跨度钢筋混凝土拱桥采用胶拼工艺是一种新的尝试，应精心配制胶浆，并充分考虑胶拼与扣锚索安装的协调。

施工时拱段线形控制是拱肋安装的重点，应精确计算各种工况下拱段的预拱度设置和扣锚索力的变化，要加强拼装过程中的线形监控、应力监测工作，保证拼装质量和合龙精度。

二、适用范围

山区峡谷两岸多为悬崖峭壁，为了避开高墩，减少工程造价和施工难度，桥型的选择多为单跨跨越的大型结构，如悬索桥、钢筋混凝土拱桥或钢拱桥，拱桥的施工方法多为无支架的锚索吊装，锚索锚固之锚碇若采用大型重力式，则需要较大的锚地。若峡谷两岸地质为岩体，选择岩锚作为锚索的锚固方式是非常适用的，因此采用这种施工方法可因地制宜、保护环境、保护峡谷稳定，是一举两得的方案。在跨越深山峡谷地带因地制宜应用该方法修建拱桥是一种理想的选择，具有造型美、工期短、造价低的特点。

三、已应用情况

福建省宁屏路天池特大跨桥(净跨 205m)；贵州省六圭河特大桥(净跨 195m)。

四、效益分析

缆索吊装、斜拉扣锚索施工大跨度钢筋混凝土拱桥能较好地克服在高山峡谷、水深流急或经常通航的河道上架桥的困难，且工期短、造价低，有良好的经济效益和社会效益。本桥采用的施工技术在我国山区公路建设中具有推广使用价值。

77. 根式基础研究

成果所属专题编号：皖交科签字[2007]第 14 号
成果主要完成单位：安徽省高速公路总公司
联系人：殷永高
联系电话：0551-3433922，13705692580
通信地址：合肥市美菱大道 8 号
E-mail：Yinyonggao@yahoo.com.cn
邮政编码：230051

一、主要技术内容

根式基础研究科研课题，是安徽省交通厅 2007 年交通科技通达计划科研项目，省交通厅批准立项文号为"发改交运[2007]1217 号"。

根式基础(图 1)是安徽省高速公路总公司一种原创的"仿生"基础，它是在沉井壁增加根键，起到地基梁的承载效应，充分发挥土体的承载力，达到了弹塑性土体与刚性沉井之间的刚度协调。课题主要研究内容包括：根式基础的力学行为探讨，根式基础深下沉、根键顶进、根键防水等系列施工工艺，根式基础的检测方法，根式基础的理论分析方法等 4 个方面。

图 1 根式基础示意图

通过现场的承载力测试，根式基础比普通沉井基础的竖向、水平承载力分别提高达 2.5 倍、1.6 倍，同时结合成桥后基础的变形监测，根式基础的沉降变形指标均满足设计及规范要求。与传统群桩基础相比，同等承载力指标下，根式基础材料强度利用率、构件预制率高，质量易保证，节省造价约 30%，工期节省约 25%。

该研究课题获得 2008 年安徽省科学技术进步二等奖。

二、适用范围

根式基础具有减小对河道、航道的影响，降低工程材料用量，方便施工，降低工程造价，最大限度发挥基础与土体的作用效应等优点。它不仅适用于厚覆盖层，在合适的岩溶发育地层也为桥梁基础提供了选择。根式基础研究成果能为长江、黄河等过江通道及跨海大桥工程提供借鉴和参考，甚至可以推广到水工、建筑等工程行业，推广应用前景广阔。

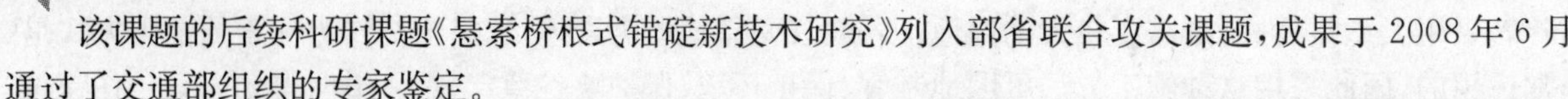

该课题的后续科研课题《悬索桥根式锚碇新技术研究》列入部省联合攻关课题，成果于 2008 年 6 月通过了交通部组织的专家鉴定。

根式锚碇基础可应用于悬索桥锚碇基础中，为跨海通道工程提供了很好的技术选择。

三、已应用情况

2006～2007 年，在合肥—阜阳高速公路淮河特大桥跨堤引桥采用左幅两个直径 8m 深 23.5m 的根式基础，根据后期运营监测根式基础位移小，优于同等条件下的灌注桩，检测结果表明，节省造价约 253 万元。

2007～2008 年，在马鞍山长江公路大桥江心洲科研试桩工程中应用，工程场区属于富水厚覆盖层地质，已施工完成 A、B、C、D、E、F 6 个根式基础，直径均为 6m，深度为 38～47m 不等，摸索了一系列完善的分析、设计、施工、测试等配套成果，节省造价约 500 万元。

四、效益分析

根式基础已应用于合肥—阜阳高速公路淮河大桥引桥基础，并在马鞍山大桥科研试桩中进行了系列理论、施工、检测验证。本课题研究形成了富水厚覆盖地层根式基础深下沉、根键顶进、根键防水等成套施工装置及施工工艺，结合应力应变、承载力等检测数据与数值分析、解析解对比总结形成根式基础的理论分析方法，具有很高的工程指导意义。根式基础可以化整为零，构件预制率高，质量可控，同时减小了施工风险，安全性高，人工作业环境均为干环境，机械化，标准化程度高。根式基础大大减小了土方开挖量，即减小泥浆和弃土的环保问题。

后期作为桥梁水中基础尤其厚覆盖层地区推广，每座桥梁的建设成本比传统水中基础节省 30%，技术工期节省带来的效益，其数额是巨大的。

78. 弹塑体改性沥青桥梁伸缩缝在寒冷地区的推广应用

成果所属专题编号：黑科交鉴字 2008 第 013 号

成果主要完成单位：黑龙江省公路局、东北林业大学

联系人：王佳梅 于天来

联系电话：0451-53641560

通信地址：黑龙江省哈尔滨市南岗区一曼街 169 号

E-mail：cal8237@126.com

邮政编码：150001

一、主要技术内容

自 2000 年起，黑龙江省公路局、东北林业大学对适于寒区条件下的改性沥青填充式桥梁伸缩缝进行了较为系统的研究，通过对改性沥青桥梁伸缩缝在寒冷地区应用时出现破损原因的分析，对既有产品进行二次改性，使该类伸缩缝的低温性能有较明显的提高。改进后的改性沥青伸缩缝可满足寒冷地区中、小跨径桥梁的使用要求，基本解决了改类伸缩缝在寒区应用时易出现的低温开裂等问题。针对应用中存在的问题，总结该类伸缩缝的施工工艺，完善设计图纸，形成该类伸缩缝的施工指南；同时，为降低成本，进行改性沥青填充式桥梁伸缩缝黏结料的国产化研究，为该项技术在我省的推广应用创造条件。

该项技术适用于温度不低于−40℃的寒冷地区，跨径不大于 60m 的桥梁伸缩缝的新建与改造。课题研发的黏结料使用了废旧轮胎生产的橡胶粉，为废物再利用提供了条件，具有良好的环保价值，黏结料成本大大低于国内外同类产品，仅为同类产品的 1/2，伸缩缝每延米成本仅为同类产品的 2/3，具有良好的经济效益。采用该技术改造旧桥伸缩缝具有使用寿命长，行车平稳、舒适，振动及噪声小，可半幅施

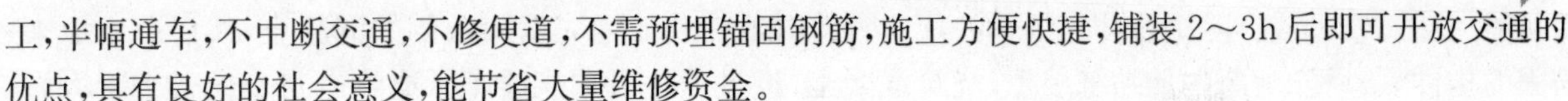

工，半幅通车，不中断交通，不修便道，不需预埋锚固钢筋，施工方便快捷，铺装2～3h后即可开放交通的优点，具有良好的社会意义，能节省大量维修资金。

二、适用范围

该项技术适用于温度不低于－40℃的寒冷地区，跨径不大于60m的桥梁伸缩缝的新建与改造。

三、已应用情况

课题成果应用情况见表1。

实桥伸缩缝改造情况　　表1

公路名称	桥名	桥梁跨径	开缝宽度	改造数量	改造时间
哈同公路	K557	桥长60m	90cm	1道	2002.10
哈同公路	K541	计算跨径60m	60cm	1道	2003.4
哈同公路	K546	跨径30m	50cm	1道	2003.8
辽宁葫芦岛	与河北交界处	简支梁，孔径为9×30m，非桥面连续结构	50cm	8道	2004.9
依宝公路	和平桥(K109＋305)	13m简支梁桥	40cm	2道	2005.11
	保安桥(K122＋247)	30m简支梁桥	50cm	2道	2006.5
	驼腰桥(K117＋958)	13m简支梁桥	40cm	2道	2006.5
	庆云桥(K114＋587)	20m两孔连续	60cm	2道	2006.8
	干沟子桥(K112＋324)	20m两孔连续	70cm	2道	2006.10

改造前后效果对比见图1和图2。

图1　改造前伸缩缝

图2　改造后伸缩缝

橡胶粉改性沥青生产设备见图3。

国产化后改性沥青桥梁伸缩缝结合料见图4和图5。

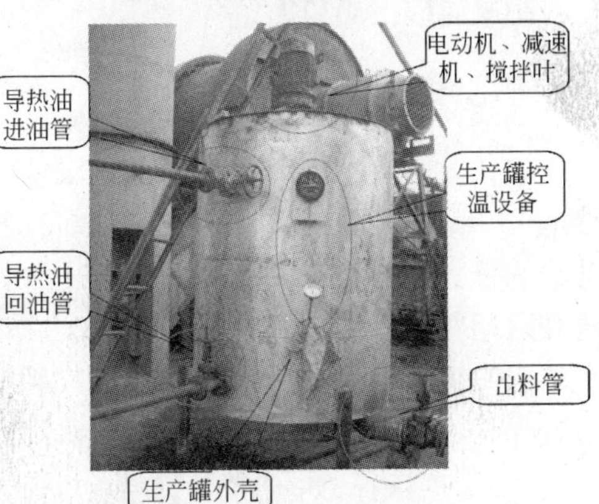

图3　橡胶粉改性沥青生产设备

四、应用效益

以开槽宽度50cm为例，计算每延米改性沥青桥梁伸缩缝的造价见表2。

桥梁伸缩缝是桥梁结构的重要组成部分，它对桥梁的正常使用起着非常重要的作用。伸缩缝装置的破损，使车辆行驶其上时颠簸不止，影响行车的舒适性；由于伸缩缝的破损，雨水会侵蚀主梁，使支座锈蚀、卡滞、老化，影响梁体的正常伸缩。因此，伸缩缝虽小，但它却直接影响桥梁的使用功能。然而修理或拆除更换伸缩缝是一项费力费时的工作。需先凿除两侧的混凝土，然后取出原来锚固的构件，最后安上新的伸缩缝装置，浇筑混凝土，经过养生后才能通车。这给道路交通带来很大影响和干扰，而中断交通或影响交通带来的负面社会影响和间接的经济损失更大。因此，开发研制行车舒适、使用效果好、使用年限长、施工方便、造价低的适于中、小跨径桥梁的伸缩缝已迫在眉睫。它的应用将对改善很冷地区中、小跨径桥梁伸缩缝的使用现状起到重要的作用，因而具有很大的社会效益。

图4　伸缩缝结合料一

图5　伸缩缝结合料二

本课题改性沥青桥梁伸缩缝每延米费用　　表2

序　号	工 程 项 目	单价(元/延米)	序　号	工 程 项 目	单价(元/延米)
1	人工费(2工日×60元/工日)	120	4	其他材料	24
2	材料费	463	5	机械使用费	125
3	跨缝钢板	90	合计		822.00

79. 长江三峡库区特大型桥梁超高桥塔(墩)建设关键技术研究

成果所属专题编号：交科鉴字[2007]第8号

成果主要完成单位：湖北省交通规划设计院、重庆交通大学

联系人：王敏

联系电话：027-83466401，13607150745

通信地址：武汉市汉阳区二桥路5号

E-mail：huangting.lg@163.com

邮政编码：430051

一、主要技术内容

本项目属应用技术类(桥梁工程设计和施工建设)重要项目的技术研究。巴东长江公路大桥桥塔高度达212m，为同类桥梁(混凝土斜拉桥)中亚洲第一、世界第二高桥塔。项目以该桥梁工程设计和施工建设为依托，研究在三峡库区和西部山区等深山峡谷地区建设具有超高塔(墩)的特大型桥梁面临的关键技术问题：

(1)首次把交变作用的汽车荷载模拟成多重循环的简谐荷载，研究了运营期汽车荷载作用下高塔(墩)结构的受力性能；采用荷载增量法，分析并解决了高塔(墩)施工过程中逐级加载的稳定问题；

(2)根据峡谷地形中特殊的风场特征、库区蓄水和特殊的地质条件等特点，结合相关的试验分析，研究了巴东长江公路大桥高塔(墩)特大型桥梁动力特性，提出并采用了合理的结构外形，解决了高塔(墩)

抗风、抗震的稳定问题；

(3)首次提出高塔(墩)受船舶撞击与风荷载作用的最不利耦合效应等问题，系统地对高塔(墩)船舶撞击下结构的可靠性进行了分析研究；

(4)系统地对索塔锚固区预应力"深埋锚"进行了理论分析及试验研究，解决了预应力锚固与竖向主筋相互干扰的问题，满足了结构受力要求，方便了施工。研究工作和研究结论，成功地指导和应用于依托工程的设计、施工建设及营运管理工作。

二、适用范围

该项目围绕依托工程有关高塔(墩)特点的研究结论，具有较广泛的代表性和先进适应性，直接推广应用于同类工程建设，如直接为巴东长江公路大桥工程节省520多万元，为沪蓉高速公路清江大桥工程节省近320多万元，为阳逻长江公路大桥工程节省近300多万元等。交通部组织对本项目成果鉴定的主要结论认为：该课题的研究成果为顺利建成巴东长江公路大桥提供了科学依据和技术支撑，并在同类桥梁建设中得到了推广应用，取得了显著的经济、社会效益；该项目研究成果达到国际先进水平。

三、已应用情况

课题研究工作和研究结论，成功地指导和应用于依托工程巴东长江公路大桥的设计、施工建设及营运管理工作；主要体现在：超高塔墩各部结构尺寸变化合理，各部分刚度配置协调，采用宝石形塔身结构和空间双索面形式，较好解决了超过200m高塔的抗风、抗震和抗船舶撞击的稳定问题等设计关键技术。塔墩采用椭圆流线型，有利于减少风、水等阻力作用和扩散船舶撞击力作用；减少混凝土数量约3 000m^3，直接为本桥索塔施工节省费用400多万元。索塔锚固区预应力采用"深埋锚"技术措施，解决了预应力锚固与竖向主筋相互干扰的问题，既方便了施工，又满足了结构受力要求。对锚固区等关键部位采用仿真分析技术辅助设计，既优化了设计，又节省了预应力材料，科学地验证了结构的可靠性，节省了锚固区预应力钢绞线90t，节约了费用约120多万元。课题研究也较好地指导了该大桥建设的施工组织和施工期及运营期的检测、监控工作，为大桥建设和运营均处于安全、科学的可控状态提供了技术支持和保证，减少成桥后结构维护管理费约25%。工程交工、竣工验收均被评为优良等级。课题对超高塔(墩)的抗风、抗震稳定性等关键技术研究，已经推广应用在武汉阳逻长江大桥、恩施至利川高速公路清江大桥工程设计、施工组织和施工期检测、监控工作中。锚固区预应力采用"深埋锚"技术措施，锚固区等关键部位采用仿真分析技术辅助设计，直接指导优化清江大桥索塔设计，节省试验费用约120多万元。指导阳逻长江公路大桥桥塔设计，节省工程费用约300多万元。总之，项目研究成果在同类工程中具有良好的推广前景和借鉴意义。

四、效益分析

研究成果指导巴东长江公路大桥桥塔优化设计，减少混凝土数量约3 000m^3，节省费用约400多万元；指导该桥索塔锚固区优化设计，减少锚固区预应力钢绞线约90t，节约费用约120多万元。

研究成果指导湖北沪蓉西高速公路清江大桥桥塔优化设计，减少混凝土数量约1 300m^3，节省费用约200多万元；指导该桥索塔锚固区优化设计，减少锚固区预应力钢绞线约40t，节省试验成本，共节约费用约120多万元。

研究成果指导阳逻长江公路大桥桥塔设计，减少混凝土数量约2 000m^3，节省费用约300多万元。

项目成果直接指导建成的依托工程的运行状况良好。建成后的巴东长江公路大桥造型美观，线形流畅、顺适，平纵协调，景观优美，是巴东城区标志性的建筑，它已成为三峡库区旅游中一道靓丽的景观，吸引了大批旅客参观，具有良好的社会效益。巴东长江公路大桥交工、竣工验收均被评为优良等级。

项目成果应用于清江大桥、阳逻长江公路大桥等同类工程，其设计和工程建设进展顺利；成果应用后的经济和社会效益方面的反映良好。

80. 黄土地区大跨度桥梁地下连续墙和箱形基础的应用研究

成果所属专题编号:2003-318-493-57

成果主要完成单位:中交公路规划设计院有限公司、山西省公路局、西南交通大学、东南大学

联系人:陈晓东

联系电话: 010-82017546,13911206810

通信地址:北京西城区德胜门外大街85号A座中交公路规划设计院有限公司咨询审核部

E-mail:cxd666@yahoo.cn

邮政编码:100088

一、主要技术内容

针对我国西部巨厚的黄土地层中缺少良好的桩端持力层这一问题,提出用地下连续墙和箱形基础这一相对埋深较浅的基础形式来代替现有的深、大桩基础。通过资料分析、理论研究、现场大型静载荷试验、室内模型试验、三维数值模拟、依托工程施工及运行期间的精密监测等手段,获得以下主要技术成果:

(1)对闭合墙体轴力和变形特征、摩阻力的发挥机制及分布规律、摩阻力和端阻力对荷载的分担比例、土抗力的分布特性等进行了研究,发现地下连续墙和箱形基础可很好地承担竖向和水平荷载,桥梁基础选用地下连续墙基础具有一定的合理性和优越性。

(2)进行了基础形式的合理性研究,并结合依托工程,确定了单室闭合型地下连续墙基础的最优入土深度以及几何尺寸。

(3)研究了黄土地区地下连续墙槽壁的开挖极限深度和影响槽壁稳定性的因素。

(4)分析了基础开挖的工法、挖槽机械及施工工艺等关键问题,提出了适合黄土地区槽壁开挖的机械及施工技术。

研究表明集"挡土、承重和防水"于一身的"三合一"闭合型地下连续墙和箱形基础作为一种新型的桥梁基础,具有整体承载力高、工程量小、工程造价低和施工难度小等优点。研究成果对以后黄土地区类似的工程设计、施工以及进一步研究具有一定的借鉴和指导意义。

二、适用范围

地下连续墙基础适用于黄土地区桥梁基础,研究项目属公路桥梁基础的应用研究领域。黄土地区地下水位埋藏深,且黄土具有卓越的直立行,可采用"干法"施工进行槽壁开挖;相对于桩基础而言,采用地下连续墙可较大程度地减小基础埋置深度;地下连续墙基础具有较大的水平刚度,可有效减少抗推桥台大量的圬工量,无论施工工艺还是工程造价均具有较大益处。

三、已应用情况

国道209线河津—临猗一级公路工程K23+385天桥原设计方案的基础结构形式为桩基础加浆砌片石,预算建安费用301万元。在原桥位相同建设条件和相同上部结构形式的基础上,进行了上部结构的优化设计,保持原上部结构设计理念与风格,适当加大了拱肋截面尺寸以及桥面板厚度。重点对下部基础变更设计,变更后基础结构形式为单室闭合型地下连续墙方案,新方案节约投资金额约29%。

施工期间及后期运营的监测和检测结果表明:地下连续墙基础运行状态良好,各项技术指标均满足设计和相关规范要求。

四、应用效益

闭合型地下连续墙基础和桩基础相比具有较大的水平刚度，采用闭合型地下连续墙基础虽然基础和桥台增加了一部分混凝土用量，但却大大减少了抗推桥台大量的圬工量，因此也节省了费用。

国道209线河津—临猗一级公路工程K23＋385天桥原桩基础方案其预算建安费用301万元，采用闭合地下连续墙基础方案后，建安费减少到215万元，节省86万元，约占原投资的29%，具有较明显的经济效益（表1），且施工工艺简单。

闭合型地下连续墙基础与桩基础方案造价比较表　　表1

项　目	建安费（万元）		差值（万元）	主要原因
	地下连续墙方案	桩基础方案		
基础	117	119	−2	基础结构形式变化
下部	30	125	−95	无抗推桥台
上部（拱）	68	57	11	混凝土增加 $68m^3$
合计（万元）	215	301	−86	—

81. 机制砂混凝土用于桥梁建设的研究

成果所属专题编号：2003-318-811-06

成果主要完成单位：武汉理工大学、湖北沪蓉西高速公路建设指挥部、恩施土家族自治州交通局

联系人：周明凯

联系电话：13907198715

通信地址：武汉市洪山区珞狮路122号　武汉理工大学硅酸盐材料工程教育部重点实验室

E-mail：zhoumingkai@163.com

邮政编码：430070

一、主要技术内容

由于河砂资源的短缺，机制砂在混凝土工程中的应用与日俱增。对于河砂资源匮乏而岩石资源丰富的山区高速公路建设，充分利用当地的岩石资源破碎制成的机制砂代替河砂制备混凝土成为必然趋势。与河砂相比，机制砂具有颗粒表面粗糙、尖锐多棱角、细度模数大、级配不良、石粉含量高等特性，由此产生在混凝土配合比设计、施工和使用性能等方面的许多技术难题，是阻碍机制砂广泛应用于工程建设的重要原因。

项目研究从机制砂的生产要求（简化工艺、节约资源、保护环境）以及应用要求（扩大机制砂的使用范围、提高应用水平和混凝土的高性能化）着手，在机制砂的生产、石粉含量限值、机制砂混凝土制备与材料性能上取得关键突破，为天然砂资源匮乏地区混凝土用机制砂的生产、质量控制及其应用提供了技术支撑，将机制砂的应用推上了一个新的台阶，其主要技术内容如下。

（1）结合高速公路线长点多的特点，开发了简单、优质、节能和环保的机制砂生产工艺，提出了机制砂生产质量控制措施和质量保证体系，建立了机制砂的细度模数（FM）与2.36mm粒级的分计筛余（a_2）的定量关系。

（2）明确了机制砂与河砂以及石粉与泥粉在物理化学特性上的差异，提出了机制砂颗粒形貌参数测试的数字图形处理技术方法，分析了其形貌特征参数与粗糙度参数的相关性，发现了机制砂的MB值不仅与含泥量有关，且与土质相关。

(3)系统掌握了石粉含量对不同强度、不同流态机制砂混凝土性能的影响规律，掌握了高强及高性能机制砂混凝土的制备技术与耐久性，揭示了石灰岩石粉增黏、润滑、填充、水化增强的作用机理，提出配制中低强度或大流态混凝土用机制砂的石粉含量限值放宽到10％甚至15％有利于改善机制砂混凝土的离析、泌水并提高强度和抗渗透性，配制高强混凝土用机制砂石粉含量限值放宽到7％～10％在掺有矿物掺和料和化学外加剂情况下并不影响混凝土的高性能及耐久性。

(4)明确了石粉与泥粉在混凝土中的不同作用，采用石粉含量5％和7％～10％的机制砂可配制与天然砂具有同等优异性能的C60、C80高强高性能混凝土，而机制砂中含3％～5％的泥粉则不利于混凝土的高性能化。

(5)提出了高含石粉机制砂混凝土的应用技术，建立了机制砂质量标准，掌握了机制砂混凝土原材料选用、配合比设计参数与施工的关键技术，并形成了《机制砂在混凝土中的应用技术规程》，有效解决了低强、大流态机制砂混凝土离析泌水及机制砂高强高性能混凝土过黏、可泵性差的关键技术难题，推动了其在大型工程中的应用。

二、适用范围

适用于交通、铁路、水利、土木工程等基础设施建设领域的各种水泥混凝土工程。

三、已应用情况

应用本项目研究成果，在湖北沪蓉西高速公路全线桥梁工程中开展了大规模的机制砂生产和机制砂混凝土推广应用工作，涉及强度等级C30及以下的桩基、承台、桥墩混凝土和C40～C50的预制梁板、桥面铺装层、现浇箱梁混凝土。截止到2007年12月，在桥梁工程中累积推广应用机制砂混凝土276万m^3，使用机制砂约124万m^3。机制砂混凝土的质量，通过监理、中心试验室、省厅质检站多级检测验收，均达到优质工程要求。同时，指导建立机制砂厂30家，形成年产机制砂585万t的规模，不仅解决了沪蓉西高速公路建设缺砂的问题，也为宜万铁路建设提供了大量的机制砂。

四、效益分析

湖北沪蓉西高速公路河砂沿线没有可用的天然河砂，从外地调运河砂的价格高达180～280元/m^3，而就地生产的机制砂平均价格约60元/m^3，截止到2007年12月使用机制砂的材料节约费达到2.15亿元。

天然砂是一种地方性和不可再生的资源，天然砂不能满足工程实际需要是长期存在的问题。通过该项目的研究，为机制砂替代天然砂制备混凝土提供了理论依据和技术支撑，为山区修筑高速公路"因地制宜、就地取材"创造了有利条件，降低了工程造价，保障了工程进度，推动了地方经济的发展，节约了宝贵的河砂资源，保护了江堤、河道环境。高石粉机制砂的应用技术，不仅充分发挥了石粉的作用，改善了机制砂混凝土的性能，且大大扩大了机制砂的应用范围，有效利用了石粉资源，免去了机制砂生产的水洗除粉工艺，从而降低了机制砂生产成本，减少了石粉废弃物堆存及污水排放形成的二次污染。

82.基于现有传感器的桥梁无线检测成套技术

成果所属专题编号：辽科鉴字[2008]第108号

成果主要完成单位：辽宁大通公路工程有限公司、哈尔滨工业大学
联系人：于健
联系电话：024-83783658，13804901870
通信地址：辽宁省沈阳市浑南新区高歌路5号
E-mail：lndt@lndt.cn

邮政编码：110179

一、主要技术内容

(1)在详细总结和评述目前国内外桥梁结构测试系统研究和应用现状的基础上，针对现有以导线进行数据传输的测试系统存在的问题，进行了桥梁静、动态无线测试系统整体结构设计、实验、调试和验证工作。

(2)针对桥梁结构静态测试特点，利用C＋＋buider进行了软件编程，利用数据库技术进行了测试数据库结构设计和研究，实现了数据操作管理；针对系统应用环境特点，进行了无线通信协议平台设计和无线信道通信协议设计，实现了特殊环境中数据的无线传输；针对数据需求，进行了数据库结构设计，实现对数据的操作管理；通过系统软件设计，实现数据的无线传输、存储、显示和处理等功能；经过软件的调试与验证，证明了系统的可行性、可靠性和稳定性。

(3)针对桥梁结构动态测试特点，实现动态信号采集；通过无线信道通信协议设计，实现数据无线传输；通过主控软件设计、采集节点子系统单片机软件的设计、调试与实验，实现主站和副站之间的数据无线传输；通过后处理实现动态测试参数频率、阻尼和冲击系数的数据处理、分析和评价。

二、适用范围

该成果适用于大型建筑、公路、桥梁、大坝、涵洞、地铁等大型土木工程的应变、位移、裂缝、结构动力性能等参数的静态、动态监测与测试。

三、已应用情况

(1)该研究成果已成功应用于辽宁省数座长大跨径桥梁和中小跨径桥梁的检测工作中，准确的测定用于判定桥梁结构性缺陷或不同程度的功能性失效隐患检测数据。

(2)该研究成果已应用于振弦式传感器、电感式传感器、电阻式传感器、加速度传感器等包括多种传感器的测试系统。

(3)该研究成果还成功应用于吉林省通化市西昌大桥等检测。

四、效益分析

该项目的研究成果之一是研制出桥梁无线检测成套技术及其设备，检测设备的有效覆盖范围在平原区不小于3km^2，桥梁无线测试系统取消了导线，降低了测试成本，直接产生了经济效益；缩短了时间，提高了效率，间接地提高了经济效益；桥梁无线检测技术的研究成果形成产品出口，产生直接经济效益。

83. 底板可拆除式单壁钢套箱围堰研制

成果所属专题编号：鲁交科鉴字[2008]第18号

成果主要完成单位：山东省路桥集团有限公司、山东鲁桥建设有限公司

联系人：王书明

联系电话：0531-87082355，13953160898

通信地址：山东省济南市经三路289号

E-mail：110550741@qq.com

邮政编码：250021

一、主要技术内容

目前，桥梁下部结构深水施工多采用沉井、无底钢套箱围堰或传统的有底钢套箱围堰法，工序繁琐，

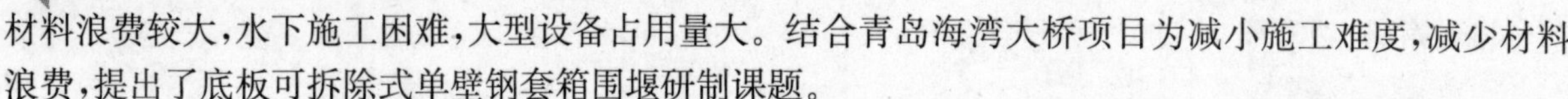

材料浪费较大，水下施工困难，大型设备占用量大。结合青岛海湾大桥项目为减小施工难度，减少材料浪费，提出了底板可拆除式单壁钢套箱围堰研制课题。

底板可拆除式单壁钢套箱围堰的主要技术特点如下：

(1)底板仅在侧板外侧设置吊点，封底混凝土范围内不设吊点，底板构件分块制作，不用焊接，拆除简便，底板构件可周转使用。

(2)侧板间水下部分采用工字钢扣接，避免了水下作业，降低了施工难度。

(3)封底混凝土内预埋钢带，抽水后将钢带焊接到护筒上，与封底混凝土共同受力，减小了封底混凝土厚度。

(4)分块拼装，单片重量轻，操作简便，不需要大型的机械设备。

二、适用范围

底板可拆除式单壁钢套箱围堰主要适用于铁路、公路桥的圆形、方形深水承台施工，承台平面尺寸最大为12.4m，潮水水位最低时钢套箱下节顶部露出水面1～2m，套箱下放到位后底板距海床最小高度为0.2m。

三、已应用情况

(1)青岛海湾大桥十合同段位于青岛市黄岛岸侧，起讫点桩号为：K30＋650.00～K33＋200.00。主要工程内容为104个花瓶式墩身，104座方形分离式承台，桩径150cm钻孔灌注桩416根，102孔50m预应力混凝土等截面连续箱梁，结构形式为9联4×50m＋3联5×50m。青岛海湾大桥第十合同段承台施工自2007年5月到2008年6月共投入了12套底板可拆除式单壁钢套箱围堰，全部达到预计挡水效果及设计周转次数。

(2)青岛海湾大桥第二合同段起讫桩号为：K10＋310～K14＋150(右幅)，K10＋310～K14＋030(左幅)。桥梁全长3 840m(右幅)，3 720m(左幅)。施工内容为：沧口航道桥(600m)＋非通航孔桥下部(54×60m)(右幅)和沧口航道桥(600m)＋非通航孔桥下部(54×60m)(左幅)。工程总标价为58 491万元。承台为带圆倒角的矩形承台，共106座；花瓶式墩身106个。该合同段自2007年9月至2008年6月共投入底板可拆除式单壁钢套箱围堰4套，全部达到预计挡水效果及设计周转次数。

(3)青岛海湾大桥第三合同段工程范围包括红岛互通立交、红岛连接线、红岛收费站及被交公路(泉大公路)改建，主要工程为红岛互通立交和红岛连接线工程，红岛互通立交位于本项目海上桥梁与红岛连接线相交处，包含红岛互通主线桥和A、B、C、D四座匝道桥，主线桥范围左右幅共计18联，承台共计73个。匝道桥范围(A匝道共计4联，承台共计17个；B匝道共计9联，承台共计31个；C匝道共计11联，承台共计33个；D匝道共计4联，承台共计15个)。红岛连接线共计5联，承台共计28个。桥梁下部为钻孔桩基础，高桩承台。青岛海湾大桥第三合同段承台施工自2007年9月到2008年6月共投入了41套底板可拆除式单壁钢套箱围堰，全部达到预计挡水效果及设计周转次数。

四、效益分析

1.经济效益分析

制造成本：

(1)一套钢套箱钢结构加工件52t×6 875元/t＝357 500元。

(2)千斤顶设备：4套×8 000元/套＝32 000元。

(3)其他工料机费用：18 000元。

制造成本＝钢结构加工费(357 500元)＋液压设备购置费(32 000元)＋其他工料机费用(18 000元)＋研制费(6 800元)＝414 300元。

每套钢套箱底板节约钢材8.5t、封底混凝土32.8方(整个红岛互通立交钢套箱共197套次)，按目

前价格计算，197 套钢套箱底板可节约材料费、加工费及安装费 1 260 万元。

2. 社会效益分析

(1)传统钢套箱底板不拆除，材料浪费严重，封底混凝土厚度过大，护筒和护筒间的黏结力可控性差，本项目设计的底板可拆除式单壁钢套箱围堰每套次节约钢材 8.5t、封底混凝土 32.8m^3。

(2)传统钢套箱分块之间均采用螺栓连接，拆除比较麻烦，本项目设计的底板可拆除式单壁钢套箱围堰采用螺栓连接与型钢扣接相结合，避免了水下施工。

(3)传统钢套箱吊杆位于套箱内部，吊杆在封底后需要割除，而该项目套箱设计吊杆位于套箱外部，下放时利用临时吊杆，在保证拼装时间的同时，不存在吊杆消耗。

(4)钢套箱进行水下混凝土封底后，套箱内始终处于干燥状态，承台、墩身养护过程中海水未与海工混凝土过早接触，保证了海工混凝土的防腐性能，对提高大桥使用寿命具有重要意义。

(5)钢材在国内购买、加工，促进了国内钢铁产业的发展，对提高社会就业率起到一定作用。

三、隧 道 工 程

84. 双洞八车道高速公路隧道关键技术研究

成果所属专题编号：粤交科鉴字[2008]第 01 号

成果主要完成单位：广州珠江黄埔大桥建设有限公司、同济大学、北京交通大学、华南理工大学、重庆交通科研设计院、中交第一公路勘察设计研究院有限公司、中铁一局集团有限公司、中铁十七局集团有限公司、西安方舟—广州诚信联合体

联系人：严宗雪

联系电话：13826180706

通信地址：

E-mail：johnyzx@163.com

邮政编码：510500

一、主要技术内容

“双洞八车道高速公路隧道关键技术研究”项目，以国家“十五”期间交通重点建设项目、国道主干线广州绕城公路东段龙头山隧道为依托工程进行研究，属土木工程领域(交通行业)。本龙头山隧道依托工程是广州珠江黄埔大桥北引线的控制性工程，全线按照双向八车道高速公路建设，隧道断面大(230m^2)、跨度大(21.6m)、扁平率小(0.63)、净距小于 1 倍洞径，是我国目前最大断面的高速公路隧道；隧道洞口及浅埋段覆跨比小于 1，地形严重偏压，地质为富水全强风化花岗岩，夹杂大量孤石；隧道西面毗邻海军油库，穿越龙头山森林公园，洞顶危石多，左右洞间距不足 1 倍洞径，跨度大，施工工序多，爆破控制要求严格，安全风险高；隧道洞口段地质上软下硬，下层爆破极易引发工作面失稳、拱顶坍塌，危及人员安全；故本隧道的设计、施工极为困难，在国内外同类工程中也属罕见。

目前，国内对特大断面公路隧道的设计、施工、通风照明等无统一认识，主要参考二、三车道进行类比设计、施工，积累的工程经验少，尚未展开系统科研攻关研究。现有公路隧道设计规范也仅限于三车道以下，且隧道通风照明设计规范更是针对二车道以下隧道，能耗大，隧道设计难度大。

本项目通过系统研究解决了一系列技术难题，形成大跨隧道修建成套技术，主要内容包括：

(1) 提出了考虑施工过程的大跨公路隧道"过程荷载"及围岩压力计算理论与方法，将现有的大跨隧道的设计计算荷载降低 40%左右。

(2)建立了考虑造价、结构受力、不同围岩级别等综合因素的大跨隧道的全断面优化分析模型(图 1)，对龙头山隧道进行了优化。

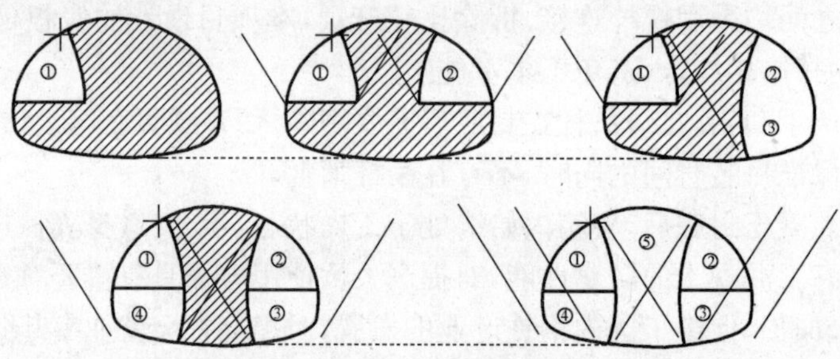

图 1　基于过程理念的荷载及围岩压力计算模式

(3)提出了富水全强风化花岗岩夹孤石地层大跨隧道信息化施工技术及硬岩大跨隧道中导洞超前再扩挖的钻爆法施工技术，可减振 30%左右。

(4)在研究围岩流变效应与渗流效应的基础上，确定了隧道防排水系统的设计和施工原则，并开展了隧道远程自动化长期监测。

(5)建立了一个高效的集勘察、设计、施工、监测于一体的信息化、数字化平台，首次实现了隧道建设过程中的动态数字化管理，为隧道运营、维修提供了重要依据。

(6)提出了节能的预警型混合式通风控制方法，研究了全隧道采用 LED 光源的照明节能技术，提出了隧道入口段照明显色性换算系数，初步估计可节约电能 40%左右。

研究成果为优质、高效、安全地建成龙头山隧道提供了全过程强大的技术支持，也拓展了现有公路隧道设计规范的应用范围，推动了大跨公路隧道的设计理论与施工技术的发展。成果已在福建机场二期大断面隧道等工程中得到应用，在大跨隧道日益增多的今天，必将具有广泛的推广价值和市场前景。成果达到国际先进水平，其中大跨隧道荷载计算理论、隧道动态数字化管理技术达到了国际领先水平。

二、适用范围

(1)"过程荷载"设计方法可直接应用于分步开挖的隧道设计，将较大限度地降低隧道工程造价。

(2)LED 隧道照明节能技术成果可直接应用于已建和在建隧道，随着 LED 半导体技术的进步，LED 隧道照明将具有非常广阔且巨大的市场推广价值。

三、应用情况

(1)过程荷载计算方法及信息化施工技术成功应用于龙头山隧道的设计和施工。

(2)龙头山隧道全隧应用 LED 照明技术。

(3)课题成果已在福州一双连拱八车道公路隧道中应用。

(4)随着我国高速公路的快速发展，将出现越来越多的双洞八车道大断面隧道，本成果具有广阔的推广前景。

四、效益分析

课题成果在龙头山隧道中应用创造了显著的经济效益，工程建设直接节约 700 万元。LED 照明在其寿命期 6.7 年(50 000h)内将节省费用 1 788.9 万元。

(1)"过程荷载"的设计计算方法提高了我国大跨隧道的设计水平，促进了大跨隧道的设计规范与技术规程的制订。

(2)特大断面隧道信息化施工技术及成套工法丰富了我国大断面隧道的施工方法，特别是推进了全

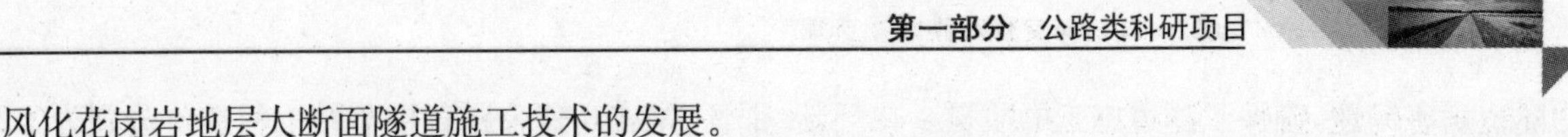

强风化花岗岩地层大断面隧道施工技术的发展。

(3)LED节能照明技术及其企业标准，推动了公路隧道照明技术的发展，并将改变现有公路隧道的照明方式，促进了我国交通行业节能减排计划的实施。

85. 浅埋隧道围岩稳定与施工动态控制技术研究

成果所属专题编号：湘交科鉴字[2008]12号

成果主要完成单位：湖南省交通科学研究院

联系人：李志勇

联系电话：0731-5215843

通信地址：湖南省长沙市芙蓉中路三段472号

E-mail：hnjtlzy@yahoo.com.cn

邮政编码：410015

一、主要技术内容

本项目主要对浅埋隧道围岩稳定与施工动态控制技术进行了系统研究。项目以湖南省怀新高速公路隧道为工程背景，采用现场调查、室内外试验、理论分析、实体工程施工及现场监测等多种综合手段，研究了浅埋隧道围岩稳定和变形特征，提出了相应的施工控制措施，在实际工程中获得应用，所选择的实体工程具有典型代表性。

项目针对浅埋隧道围岩的地质和工程特征，以新型反分析方法为手段建立了等效围岩力学参数确定方法，通过隧道施工全过程监测，建立了浅埋隧道的各类破坏模式，推导了围岩压力计算公式，并开发了相应的软件；揭示了浅埋隧道围岩与二次衬砌结构相互作用的内在力学机制；分析了不同施工工序对浅埋偏压连拱隧道围岩稳定与结构安全的影响，优化了施工工艺；提出了浅埋隧道施工动态控制技术。

二、适用范围

浅埋隧道围岩稳定与施工动态控制技术适用于浅埋隧道的施工建设，可优化施工工艺，保证隧道工程质量。研究成果可广泛应用于公路、铁路、水利、矿山等工程建设中。

三、已应用情况

项目成果在怀新、邵怀、常吉和衡炎等高速公路建设中得到了广泛应用。

(1)针对连拱隧道浅埋、偏压，围岩条件差的特点，进行了围岩变形参数的现场试验研究，进行了系统的数值模拟研究，提出了隧道施工的建议，并且进行了详细的现场测试，对于保证复杂条件下连拱隧道顺利建成通车起到了积极的促进作用。

(2)针对典型偏压连拱隧道施工所面临的问题进行了分析，在隧道选定了现场试验断面并进行测试；对于典型的施工工序进行了分析，讨论了隧道相关病害出现的原因，成果在实际中获得应用。

(3)对于浅埋隧道施工控制提出建议，在实际中获得应用。

目前怀新、邵怀、常吉和衡炎高速公路已经建成通车，检测结果表明，隧道工程质量良好，没有出现隧道病害情况，各项指标均达到或优于规范要求。

四、效益分析

项目对怀新、邵怀、常吉高速公路的典型浅埋隧道进行了大量现场试验研究和施工全过程监控量测。根据研究和监测结果，提出了浅埋隧道施工建议，优化了施工工艺，并成功解决了施工过程中出现

的隧道病害问题，确保了隧道施工的质量。在怀新、邵怀、常吉高速公路直接节约工程造价分别为1 230万元、1 800万元、2 050万元，累计直接节约工程造价约5 080万元。

86.深埋隧道勘察技术研究

成果所属专题编号：湘交科鉴字[2008]16号

成果主要完成单位：湖南省交通规划勘察设计院、成都理工大学、中南大学

联系人：李维娟

联系电话：0731-4367029，13973138473

通信地址：长沙市芙蓉北路二段158号

E-mail：lwjhnjtsjy@163.com

邮政编码：410008

一、主要技术内容

本项目针对深埋隧道工程地质勘察所面临的几大难题而展开研究，主要研究内容：

(1)复杂地形和岩层陡倾角条件下高分辨率工程地震勘探技术研究。

(2)深埋隧道的电磁测深法探测技术的应用研究。

(3)深埋隧道的岩爆和大变形预测研究。

取得的主要成果如下：

(1)基于雪峰山隧道勘察区地形陡、地层陡的特点，设计与定义了适合地形复杂、地质界面陡倾环境下的工程地震反射波法的理论模型。在野外工作方法上，设计并实施了共排列双向变偏移距宽频激发的高分辨率反射波多次覆盖技术，成功开发了适合山区复杂地形条件下的人工地震震源激发技术，成功解决了复杂地形条件下地震反射波和折射波同步勘测技术问题。在地震数据处理方面，进行了地层速度谱研究，进行了折射静校正处理研究，大大提高了山区地震勘探数据处理精度。

(2)首次将EH-4电磁测深法应用于隧道的工程地质勘探。首次研究了高频大地电磁信号特征规律，并研究了风及50Hz工业电流干扰对EH-4电磁测深高频大地电磁信号的影响，研究了具体的压制技术。对比了标量和张量测量分析结果，分析对比了不同空间滤波窗口系数压制数据分散性的结果。

(3)建立了一套在勘察阶段通过多种地应力测试方法对越岭深埋特长隧道地应力场进行预测的方法，通过研究岩爆及大变形与地质构造、岩性、地应力场及水动力场的相关性，提出了一套预测岩爆与大变形的程序与方法。

二、适用范围

研究成果可广泛应用于公路、铁路、水电、地下管线的隧道勘察。

三、已应用情况

1.科研成果在依托工程雪峰山隧道的应用情况

课题研究成果应用于雪峰山隧道地质勘察，解决了常规勘察技术无法解决的问题，大大提高了勘察成果精度，施工证明。

(1)对隧道区构造特征的判断非常正确。

(2)对围岩类别划分的精度达到国内领先水平。

(3)对隧道涌水量的预测准确。

(4)对岩爆的预测准确。

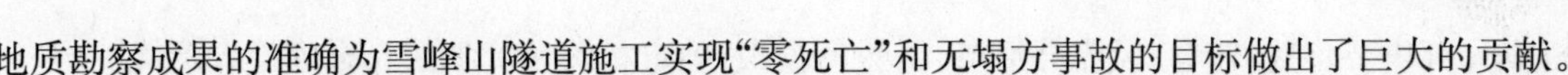

地质勘察成果的准确为雪峰山隧道施工实现“零死亡”和无塌方事故的目标做出了巨大的贡献。

2. 科研成果在其他隧道勘探中的应用情况

(1)自从 EH-4 电磁测深仪在雪峰山隧道首次成功应用后，目前已在公路、铁路隧道的勘探中广泛应用，如对宜昌至万州铁路白云山等 8 座长大、深埋、岩溶隧道的勘探。

(2)复杂地形和岩层陡倾角的条件下，高分辨率工程地震勘探技术研究成果成功应用于衡阳至炎陵高速公路云阳仙隧道的勘探。

(3)岩爆与大变形的研究成果应用于国道主干线四川段雅西高速公路干海子隧道等 3 座深埋隧道的岩爆预测。

四、应用效益

研究成果应用于雪峰山隧道勘察，经施工验证大大提高了勘察精度，减少钻探进尺约 3 000m，节省的钻探费用约 6 800 万元，缩短勘察工期约 6 个月，节省工程造价约 1 500 万元。由于采用研制的绿色环保的地震勘探技术施工，大大减少了对环境的破坏，环境效益显著。

截至 2008 年年底，除雪峰山隧道外，研究成果还应用于湖南省衡炎高速公路、四川省雅西高速公路、宜万铁路等十多座隧道的勘察。应用于这些项目共节省勘探费用 11 150 万元，节省工程费用 4 800 万元，取得了显著的经济效益与社会效益。

87. 高速公路特长隧道组合式通风及机电设备配置优化研究

成果所属专题编号：2008Y014

成果主要完成单位：重庆高速公路发展有限公司渝东分公司、西南交通大学

联系人：刘亮

联系电话：023-89077395，13508351129

通信地址：重庆渝北区龙溪街道新南路 52 号

E-mail：Ydzgb123@163.com

邮政编码：401147

一、主要技术内容

1. 隧道营运及救灾通风基础设计条件和控制参数研究

调查研究隧道所在地区的地形及气象参数，研究在不同季节和各设计年限阶段通过各隧道的交通流特征，为隧道营运及救灾通风设计提供可靠的基础参数。

2. 全射流通风适用长度的研究

根据隧道长度、隧道坡度、交通量及隧道断面等对全射流通风适用长度的影响，在长度 4.0～5.0km的隧道中，进行不设竖井的全射流通风方式研究；在长度超过 6.0km 的隧道中，进行阶段性实施全射流通风方式的研究。

3. 组合式纵向通风方案研究及机电设备的优化配置研究

从运营通风费用经济出发，结合隧道所在地区的地形，兼顾防灾通风，在长度超过 6.0km 隧道中，研究少设(或不设)竖井(或斜井、平导)的组合式纵向通风方案，包括系统中的风速、风量、风压、风口距离、风口形式，附属竖井(或斜井、平导)土建工程位置和断面大小，以及机电设备的配置，为隧道土建及机电设计提供指导。

4. 隧道内射流风机流场及局部重要位置的风流流场的三元流数值模拟研究

通过隧道内风流流场的数值模拟，研究不同型号射流风机所引起的流场分布，确定其合理设置间

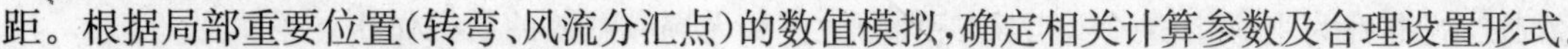

距。根据局部重要位置(转弯、风流分汇点)的数值模拟，确定相关计算参数及合理设置形式。

5.组合式纵向通风的网络数值模拟

通过通风网络程序模拟隧道内风量分配，对运营通风及防灾救援通风设计提供指导。

二、适用范围

研究成果适用于高速公路特长隧道，开展通风模式选择、救灾通风设计及设备设施配置优化的情况；其中提出的隧道组合式通风方案适用于特长公路隧道，在近期交通量较小，采用全射流通风，在远期交通量较大，采用竖井送排式通风的情况。

三、已应用情况

项目的全部科研成果已直接实施于万开高速公路上的南山隧道和铁峰山 2 号隧道中，并在其他类似隧道中得到大量推广应用。

1.研究成果在依托工程中的应用情况

对万开高速公路隧道所在地区的地形、气象及交通流特征进行的现场调查分析，为隧道营运及救灾通风设计提供了可靠的基础参数；提出的全射流纵向通风方式下隧道极限长度计算方法直接指导了南山隧道和铁峰山 2 号隧道通风方式的选择；通过引入经济断面法设计通风辅助通道，减少了铁峰山 2 号隧道远期运营投资费用和能源消耗；提出了利用基元虚边法表示自然通风力和采用虚拟风机表示送排风口压力模式特点的公路隧道网络通风模型，提高了两座隧道预防处理事故及抵抗火灾风险的能力。

2.研究成果在依托工程中的应用效果

研究成果的应用使长度为南山隧道(长 4 850m)左右线隧道均实现采用永久不设竖井的全射流通风方式，使铁峰山 2 号隧道(长 6 022m)左线隧道(下坡)实现采用永久不设竖井的全射流通风方式，右线隧道(上坡)实现近期采用不设竖(斜)井的全射流通风、中远期采用设一处斜井的组合式纵向通风的综合方案。因不设(或少设)竖(斜)井而节约的一次性土建与机电设备费用为 9 700 万元，并减少电费开支约 306 万元/ 年。经过依托示范工程 1 年的实际营运，已经取得 10 006 万元的直接经济效益。

3.推广应用情况

项目的研究成果在重庆地区的 12 座长度为 4 000～6 000m 的高速公路隧道中得到了广泛的应用，这些隧道包括：武隆隧道(2×4 897m)、共和隧道(2×4 745m)、谭家寨隧道(2×4 868m)、庙梁隧道(2×4 922m)、火烧庵隧道(2×4 740m)、骡坪隧道(2×4 569m)、大风口隧道(2×4 990m)、财神梁隧道(2×4 920m)、凤凰梁隧道(2×4 723m)、分界梁隧道(2×5 074m)、中兴隧道(2×6 092m)、施家梁隧道(2×4 194m)等，这些隧道因取消了大量竖(斜)井的建设，节约的一次性建安费为 52 200 万元，此外降低了能耗、减少了综合管理成本和机电设备维护费用，在营运期间预计可实现 3 672 万元/年以上的经济效益。

四、应用效益

南山隧道左右线、铁锋山 2 号隧道左线均采用永久全射流纵向通风方式，节约不设竖(斜)井的一次性土建与设备费用共 9 700 万元；这两座隧道采用全射流通风，避免了大型轴流风机的开启，减少电费开支约 306 万元/ 年。营运 1 年以来，已经取得 10 006 万元的经济效益。在重庆市长度在 4 000～6 000m之间的 12 座公路隧道中使用了本成果，采用不设置竖(斜)井的全射流通风方案，共节约一次性建安费为 52 200 万元。本项目研究成果的应用已经产生了 62 206 万元的经济效益。

项目研究成果创新性突出，使我国高速公路隧道采用全纵向式射流通风的长度首次突破 6 000m，极大地推动了行业技术进步；研究成果广泛应用于公路隧道的防灾救援中，提高了隧道处理灾害及抵抗风险的能力，社会效益十分显著；研究成果的推广应用，使 12 座 4 000～6 000m 的公路隧道中采用了全纵向射流通风建设模式，降低了能源消耗、综合管理成本和机电设备维护费用，在营运阶段预计可实现 3 672 万元/年以上的经济效益，社会效益突出。

88. 分岔隧道设计施工关键技术研究

成果所属专题编号:交科鉴字[2008]第102号
成果主要完成单位:湖北沪蓉西高速公路建设指挥部、中交第二公路勘察设计研究院有限公司、中国科学院武汉岩土力学研究所、中国铁路工程总公司
联系人:路为
联系电话:0718-8415312,13367189222
通信地址:湖北恩施市黄泥路99号
E-mail:xpluwei@126. com
邮政编码:445000

一、主要技术内容

我国西部地区地形、地质条件复杂,高等级公路建设中遇到大量的桥梁、隧道工程,由于特殊的地质和地形条件,高速公路桥隧连接方案受总体线路线形和工程造价等限制,分离式隧道左右线间距不能保证达到规定的要求,采用分岔式隧道这种特殊结构形式,其特点是一端洞口为连拱隧道甚至四车道大拱,另一端洞口为上下行分离隧道。八字岭分岔隧道是国内建成的第一个大跨公路隧道,通过本项目的系统理论研究、室内实验和工程验证,本项研究成果将对我国西部复杂山区长大隧道的勘察、设计、施工起重要的指导作用,最大限度提高工程质量和国家投资的社会效益,为西部山区复杂地形的隧道勘察、设计、施工提供有效的新技术、新工艺和新思路。本项目通过数值模拟、室内物理模型实验和工程现场测试相结合的方法,对分岔隧道的施工工法、岩柱厚度、衬砌支护结构的可靠度以及双洞洞口送排风相互影响等方面进行深入细致的研究,提出切实可行的工程技术措施和隧道稳定性评价方法,保证工程稳定性,编制分岔隧道设计施工指南。

取得的主要成果如下:

(1)在国际上率先提出大跨公路分岔隧道的结构形式的新概念,丰富了隧道结构形式与山区高速公路的线形布置方法,提出了分岔隧道在不同围岩条件下的最优施工工序和支护参数,并将优化工法成功应用到八字岭、庙垭和漆树槽等三座分岔隧道的工程实践中,并获得成功。

(2)在国际上率先提出近距离隧道循环风相互影响的计算方法和工程处治措施。通过对不同隧道间距、不同进排风速度隧道的混风过程的三维数值模拟、室内物理模型试验和现场通风试验,提出近距离隧道通风相互影响的经验计算公式。提出减少循环风相互影响的三大技术措施:一为错开隧道口,二为在隧道口外修筑中隔墙,三为提前修筑通风横洞排放污风流。

(3)在国内首次研制了新型组合式大型三维地质力学模型试验台架装置和高压加载控制系统,详细研究了分岔隧道大拱到连拱过渡段、连拱与小间距过渡段的围岩变形与破坏特性,本项试验规模和测试手段具有多项创新,模型试验所得到的围岩变形和破坏规律有效地指导了工程设计与施工。

(4)根据理论分析、数值计算以及现场监控量测等成果,在国内首次系统地对分岔隧道大拱、连拱、夹心连拱和小间距段进行分析研究并取得创新性成果:提出大拱段隧道设计采用无中隔墙方案;提出不同围岩分级条件下的最小岩柱宽度。

(5)首次对分岔隧道大拱段、连拱段、夹心连拱和小间距段分别进行了爆破的数值计算和分析,提出不同围岩级别下小间距段隧道控制爆破技术参数。

(6)根据对分岔隧道的计算以及监控量测资料分析,首次推导出了连拱隧道以及小间距隧道土压力荷载计算公式。

(7)率先编写完成《分岔隧道设计施工技术指南》,成功应用到沪蓉西高速公路八字岭、庙垭和漆树槽隧道

的施工设计中，部分内容已经收录到《公路隧道设计细则》，为《公路隧道设计规范》(JTG D20—2004)的修订提供技术依据。

二、适用范围

分岔式隧道设计适宜在地形、地质条件复杂，高等级公路建设中受特殊地质和地形条件限制，桥隧连接方案受总体线路线形和工程造价等限制，分离式隧道左右线间距不能保证达到规定要求的情况下使用。同时，本成果提出的近距离隧道通风相互影响及工程治理措施的研究成果，不仅在分岔隧道的设计施工中起到推广作用，还对小间距隧道及连拱隧道的通风设计也起到很好的推广指导作用，适应性很广。

三、已应用情况

八字岭分岔隧道是国内建成的第一个大跨公路隧道，在湖北沪蓉西高速公路宜昌至恩施段共设计3座分岔隧道：八字岭、漆树槽和庙垭隧道。八字岭隧道位于宜昌市长阳县恩施土家族苗族自治州的巴东县境内，起讫桩号左线 ZK96＋750～K100＋290，长 3 540m，右线 YK96＋730～K100＋290，长3 560m。隧道平面线形左线为左偏半径 R＝2 500m 的圆曲线接直线接右偏半径 R＝9 000m 的圆曲线接直线，右线为左偏半径 R＝2 500m 的圆曲线接直线接右偏半径 R＝8 000m 的圆曲线接直线。左、右线纵坡均为 2.4%单向上坡。隧道最大埋深约为 390m。隧道进出口均为端墙式洞门，见图 1。

图 1　八字岭分岔隧道示意图

四、应用效益

本项研究成果成功地解决了西部特殊地形和地质条件下，桥隧相连地区隧道工程设计与施工中的关键技术难题，丰富了高速公路线形布置形式，丰富了隧道结构形式。根据近距离隧道通风相互影响的研究成果，提出的优化隧道的通风方案和减小循环风相互影响的工程措施，可以有效地降低隧道循环风的影响，并对隧道通风方案进行变更，通过现场监测、室内试验、理论分析，优化并取消了八字岭隧道原有的三次衬砌，减小了施工周期和工程的投资；优化小间距段岩柱厚度，及时修改相关设计参数，形成的浅埋大跨公路隧道和小间距隧道稳定性评价方法，既丰富和完善了岩土力学的计算理论和方法，又可直接为国内外同类工程借鉴，具备了良好的应用前景，累计产生经济效益 1.6 亿千万元。

89. 岩性与结构多变地层隧道围岩分级方法研究与实践

成果所属专题编号：鄂科鉴字[2008]第 83173 号

成果主要完成单位：湖北省十漫高速公路建设指挥部、中国地质大学(武汉)

联系人：张世飙

联系电话：0719-8614856，15007258897

通信地址：湖北省十堰市张湾区河南路银武小区

E-mail：jishuchu509@163.com

邮政编码：442011

一、主要技术内容

本课题以十漫高速公路隧道为研究对象，以地质调查分析为主线，采集隧道区域岩体相关资料，根

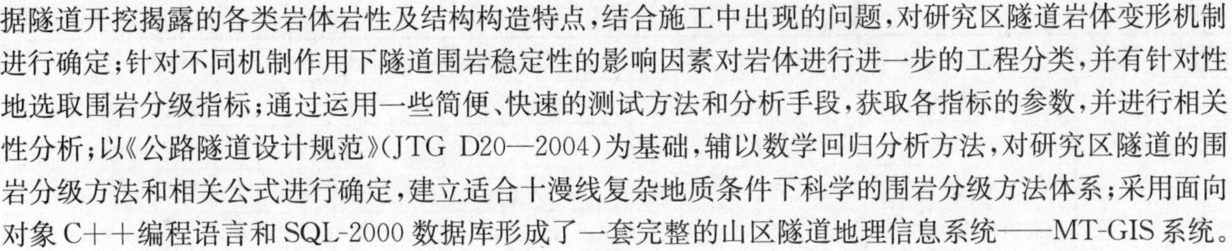

据隧道开挖揭露的各类岩体岩性及结构构造特点，结合施工中出现的问题，对研究区隧道岩体变形机制进行确定；针对不同机制作用下隧道围岩稳定性的影响因素对岩体进行进一步的工程分类，并有针对性地选取围岩分级指标；通过运用一些简便、快速的测试方法和分析手段，获取各指标的参数，并进行相关性分析；以《公路隧道设计规范》(JTG D20—2004)为基础，辅以数学回归分析方法，对研究区隧道的围岩分级方法和相关公式进行确定，建立适合十漫线复杂地质条件下科学的围岩分级方法体系；采用面向对象 C++编程语言和 SQL-2000 数据库形成了一套完整的山区隧道地理信息系统——MT-GIS 系统。

取得的创新性成果：

(1)将围岩分级工作分为设计和施工两个阶段，在对研究区变质软岩变形特征及影响因素研究的基础上，提出了由基本质量指标、修正指标以及附加指标组成的"三步指标体系"，弥补了现行《公路隧道设计规范》(JTG D70—2004)中的围岩分级方法的不足。

(2)在对现场大量工程样本和实测数据统计回归的基础上，提出了带两个限制条件的基本质量公式和修正质量公式，并结合定量修正，形成了较完整的围岩分级方法体系(图 1)

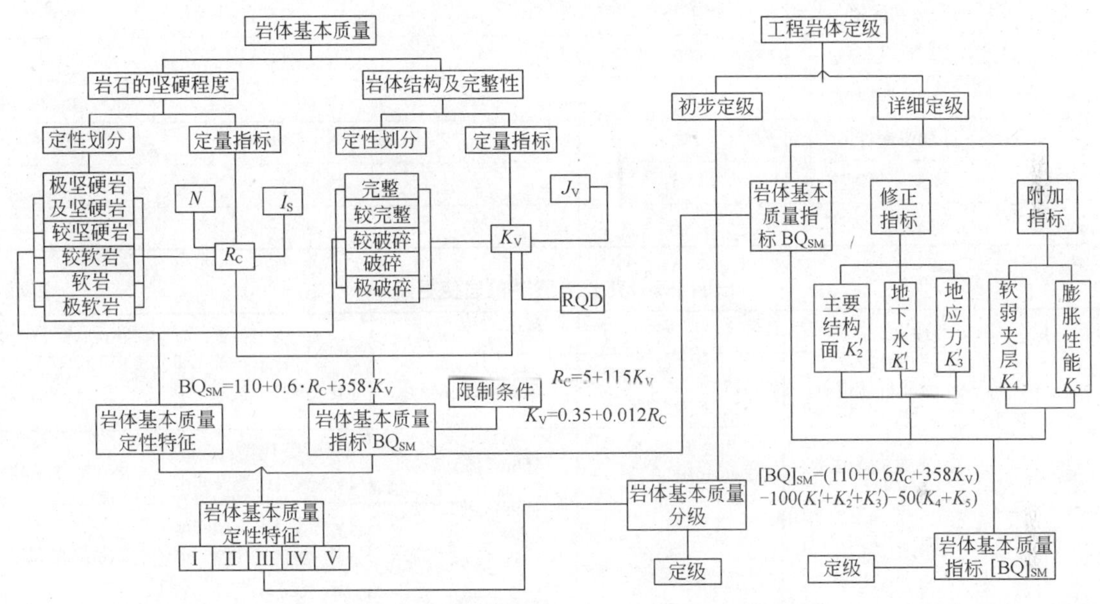

图 1　十漫高速公路隧道围岩分级方法思路框图

(3)形成了界面友好、操作性强的山区隧道地理信息系统——MT-GIS 系统，就 GIS(地理信息系统技术)在隧道工程中的应用取得了创新性的成果。

二、适用范围

随着我国高速公路的大力发展，高速公路隧道将越来越多地出现。由于本课题研究的深入，对变质岩隧道围岩的变形机理、岩体的工程分类、分级指标的选取、分级方法的修正等问题将得到透彻的了解，准确合理的围岩分级方法得到应用，隧道支护参数与现场围岩条件的匹配将使得隧道变形失稳事故大幅度下降，工期得以缩短，造价降低。本项目成果为类似条件下隧道工程的建设提供宝贵的经验和资料，预计将每年产生数千万元的经济效益，并有力地推动我国高速公路隧道的进步与发展。本项目的研究成果可应用于包括高速公路隧道及国内水电、矿山、交通等部门的隧道设计施工、围岩分级等行业领域，应用前景良好。

三、已应用情况

本课题于 2005 年 3 月开始实施，目前已在十漫高速公路全线隧道中进行了全面的应用，其工作量统计见表 1 和表 2。

中短隧道围岩变更工作量统计表　　表1

<table>
<tr><th>标　段</th><th>隧道名称</th><th>左线变更总长度(m)</th><th>右线变更总长度(m)</th><th>左线变更比例(%)</th><th>右线变更比例(%)</th></tr>
<tr><td rowspan="10">Ⅰ标</td><td>城皇沟隧道</td><td>80</td><td>80</td><td>34.19</td><td>34.19</td></tr>
<tr><td>余家沟隧道</td><td>69</td><td>15</td><td>35.39</td><td>7.69</td></tr>
<tr><td>梁家沟隧道</td><td colspan="2">325</td><td colspan="2">100</td></tr>
<tr><td>花明堂2号隧道</td><td>152.5</td><td>128.5</td><td>61</td><td>51.4</td></tr>
<tr><td>肖家沟隧道</td><td>3</td><td>0</td><td>1.875</td><td>0</td></tr>
<tr><td>挖断岗隧道</td><td>20</td><td>18</td><td>8.81</td><td>7.99</td></tr>
<tr><td>当家湾隧道</td><td>120</td><td>168</td><td>40</td><td>56</td></tr>
<tr><td>迎风垭隧道</td><td>101</td><td>125</td><td>33.11</td><td>41.45</td></tr>
<tr><td>大轩岭隧道</td><td>86</td><td>116.8</td><td>41.95</td><td>56.98</td></tr>
<tr><td>花明堂1号隧道</td><td>48.5</td><td>49</td><td>30.12</td><td>30.43</td></tr>
<tr><td rowspan="6">Ⅱ标</td><td>庵沟隧道</td><td>130</td><td>20</td><td>53.1</td><td>8.2</td></tr>
<tr><td>土门二号隧道</td><td>30</td><td>—</td><td>14.6</td><td>—</td></tr>
<tr><td>过风楼隧道</td><td>125</td><td>125</td><td>45.5</td><td>45.5</td></tr>
<tr><td>梯子沟隧道</td><td>65</td><td>40</td><td>61.3</td><td>42.1</td></tr>
<tr><td>伞河一号隧道</td><td>30</td><td>30</td><td>12.5</td><td>12.5</td></tr>
<tr><td>伞河二号隧道</td><td>—</td><td>20</td><td>—</td><td>15.4</td></tr>
</table>

十漫高速公路长大隧道围岩变更统计　　表2

<table>
<tr><th>标　段</th><th>隧道名称</th><th>左线变更</th><th>共计(占百分比)</th><th>右线变更</th><th>共计(占百分比)</th></tr>
<tr><td rowspan="3">Ⅰ标</td><td>火车岭隧道</td><td>Ⅲ类变Ⅱ类:530m
Ⅰ类变Ⅱ类:20m</td><td>550m(38.6%)</td><td>Ⅲ类变Ⅱ类:386m</td><td>386m(31.87%)</td></tr>
<tr><td>界牌关隧道</td><td>Ⅳ类变Ⅱ类:146m
Ⅳ类变Ⅲ类:310m</td><td>456m(45.15%)</td><td>Ⅳ类变Ⅱ类:135m
Ⅳ变变Ⅲ类:466m</td><td>601m(56.43%)</td></tr>
<tr><td>龚家垭隧道</td><td>—</td><td>—</td><td>Ⅳ类变Ⅲ类:646m
Ⅳ类变Ⅱ类70m
Ⅲ类变Ⅱ类:30m</td><td>746m(48.44%)</td></tr>
<tr><td rowspan="2">Ⅱ标</td><td>二道垭隧道</td><td>Ⅴ类变Ⅳ类:82m
Ⅴ类变Ⅲ类265m
Ⅳ类变Ⅲ类:84m
Ⅳ类变Ⅱ类:157m
Ⅲ类变Ⅳ类:15m
Ⅲ类变Ⅱ类:478m</td><td>1 081m(34.76%)</td><td>Ⅴ类变Ⅳ类:30m
Ⅴ类变Ⅲ类:457m
Ⅳ类变Ⅲ类:175m
Ⅳ类变Ⅱ类:52m
Ⅲ类变Ⅱ类:413m</td><td>1 127m(36.72%)</td></tr>
<tr><td>云岭隧道</td><td>Ⅲ类变Ⅱ类:780m
Ⅳ类变Ⅲ类:100m
Ⅳ类变Ⅱ类:240m
Ⅴ类变Ⅲ类:357m</td><td>1 537m(71.3%)</td><td>Ⅲ类变Ⅱ类:224m
Ⅳ类变Ⅲ类:115m
Ⅳ类变Ⅱ类:252m
Ⅴ类变Ⅳ类:60m
Ⅴ类变Ⅲ类:414m</td><td>1125m(52.1%)</td></tr>
</table>

四、应用效益

将课题组提出分级方法在沿线进行应用、反馈、优化、再应用，同时就隧道支护参数进行相应的调整，取得了良好的效果，主要表现在经济效益和社会效益两方面，具体表现在如下。

(1)结合依托工程的自身特点，就隧道勘察设计阶段围岩分级，首先从设计阶段围岩分级的思路入手，通过分析所需的指标和对应的获取手段，结合十漫线实际的勘查工作，对每种勘查方法的适应性及局限性进行了深入分析，最后提出了一套大断裂(尤其是受地质构造运动强烈)区域内的隧道综合勘查体系。该方法体系的提出，可以为后期类似的工程提供参考和借鉴，避免由于勘察精度的不足或过多依赖物探成果导致的围岩设计分级结果的偏差。

(2)在隧道施工阶段，利用项目组提出的分级方法，对沿线数条隧道进行了围岩变更，并相应地进行了支护参数的调整，有效地避免了大变形、塌方等施工地质灾害的发生，弥补了当初设计上的不足，确保了施工的顺利进行。截止到隧道全线贯通，项目组共对沿线 5 条长大隧道，累计变更 7 609m，对中短隧道变更共计 2 320.3m；累计变更长度达隧道总长度的 65.7%。

(3)此外，课题组提出的隧道分级修正方法，是在对《公路隧道设计规范》(JTG D70—2004)围岩分级方法的基础上进行的改进和完善，面对我国西部山岭隧道众多，地质条件复杂的情况，能起到良好的借鉴作用，尤其是对推动针对高速公路隧道专门的围岩分级规范的建立有着积极的促进作用。

本课题的实施，不仅确保了全线隧道的顺利施工，而且使施工工期提前 6 个月，降低施工成本 20%，以隧道 3 万元/m 计，15 120m 隧道降低直接成本约计 9 072 万元；产生的间接经济效益 20 000 万元以上，其成果已在湖北十漫高速公路全线进行了应用，也可以推广到西部其他高速公路中，预计会产生巨大的经济效益和社会效益。

本项目研究成果可为公路隧道的合理设计、准确的围岩分级提供依据，尤其是对新《公路隧道设计规范》中的围岩分级方法和规定做了有针对性的修正和完善，为解决目前复杂地质条件下，隧道围岩分级和支护设计提供资料。故其成果对湖北省山区公路建设有直接的指导意义，对全国交通系统也将有很好的借鉴意义和参考价值。

90. 公路隧道进出口运行安全研究

成果所属专题编号：2004-318-223-33-07

成果主要完成单位：同济大学、中交第一公路勘察设计研究院、华杰工程咨询有限公司、广清高速公路北段有限公司

联系人：郭忠印

联系电话：021-69585723，13918264820

通信地址：上海市曹安路 4800 号同济大学交通运输工程学院

E-mail：zhongyin@tongji.edu.cn

邮政编码：201804

一、主要技术内容

项目从自然环境、设计方法、隧道段道路特性和驾驶行为等方面出发，调查和分析西部地区隧道路段运行安全的影响因素。通过理论分析和实验研究，制订一套能确保西部地区隧道进出口安全运行的设计指标、设计方法和管理控制措施。

针对公路隧道进出口的安全问题，主要包括道路线形、路面表面特性和亮度变化等对隧道进出口行车安全的影响，通过调查不同线形对驾驶员视觉和驾驶行为的影响、特殊天气条件下路面防滑性能的变化、过渡段照明的特殊要求，确定隧道进出口线形组合控制指标，细化过渡段照明亮度的设计标准，解决驾驶员进出隧道的视距问题，同时从交通工程角度出发，确定隧道进出口段安全综合改进措施。

根据以上总体设想，为提高隧道进出口的运行安全性，项目从以下 4 个方面展开研究。

1. 隧道进出口运行安全状况调研与影响因素分析

通过对现有隧道进出口线形及其与环境协调性，交通标志标线、安全设施与交通管理对策现状，路面状况与照明等情况调研，分析我国现有隧道运行安全状况及隧道进出口运行安全影响因素。提出隧道进出口主要影响指标为线形过渡、照度过渡以及路面抗滑过渡，并通过理论研究及实验验证，确定了

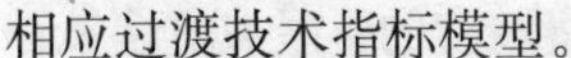

相应过渡技术指标模型。

2.隧道进出口几何线形对行车安全的影响

从自由流状态下的几何线形对行车安全的影响，隧道进出口处不同平、纵、横线形组合对交通流特征的影响，以及隧道进出口处驾驶员视觉和行为的特点等多方面研究隧道进出口几何线形对行车安全性的影响，并提出基于运营安全的隧道路线过渡技术指标模型。

3.隧道进出口安全保障技术研究

通过对隧道进出口线形、抗滑及亮度等过渡条件的分析，研究隧道进出口过渡段行车环境对安全的影响，制订了详细的安全保障措施，总体设计方案为：

(1)隧道进出口安全保障设施总体设计方法包括隧道进出口交通标志、标线、护栏、视线诱导设施、洞口照明过渡、洞门设计等。

(2)针对公路隧道进出口的实际情况和特点，确定安全设施设计的基本要求。

(3)结合公路隧道进出口危险路段和事故多发路段的特点，重点提出隧道进出口危险路段交通安全设施综合应用的方案。

4.隧道安全性评价指标及安全评价方法

在收集国外隧道进出口交通安全评价方法的基础上，分析隧道进出口路段道路交通事故资料，研究隧道进出口过渡段长度、交通量、线形、路面条件等特征参数对安全性的影响，确定了隧道进出口的线形协调性、抗滑性能和亮度过渡三方面为影响运行安全性的主要因素，提出了相应的隧道进出口过渡技术指标。通过大量的数据观测，运用统计回归分析方法，建立了隧道进出口过渡技术指标与运行车速差、减速度和心率增值3个安全性评价指标的相关关系模型，并对模型的有效性进行了验证。基于相关关系模型提出了隧道进出口运行安全性评价标准，并给出了隧道进出口几何线形、路面抗滑和照明设计的建议值。并编写隧道进出口运行安全评价指南，作为对已有公路项目安全性评价指南的补充。

二、适用范围

该项研究成果经过实践的检验及修正，可以对我国隧道设计规范进行有益的补充，使我国隧道设计规范不断完善，从隧道设计的阶段有效地提高隧道的安全性水平。同时通过隧道进出口安全性保障技术的推广和完善对提高现有隧道的安全性水平具有积极的作用。

三、已应用情况

在项目依托工程——重庆万开高速公路铁峰山1号隧道工程中，课题组运用安全评价模型对其进行了相应分析，并针对存在的问题提出了相应的安全改进措施，如振动标线、出口指示标志的设置等，隧道通车后跟踪观测半年内无交通事故发生，车辆运行车速观测显示车辆运行连续性较好，安全性好。

同时课题组还将项目部分成果应用于清连路六甲洞隧道、沪蓉西高速、江西景鹜黄高速、济青南线等10余座隧道。

四、应用效益

项目研究成果在重庆铁峰山1号隧道、清连路六甲洞隧道、沪蓉西高速公路、江西景鹜黄高速公路、济青南线等10余座隧道应用，通过实施过渡技术指标评价、安全保障技术等可有效的降低事故率，预计降低事故率30%～50%，根据国内道路交通事故经济损失计算，以上隧道累计已挽回经济损失约245万元。

道路交通事故损失不仅仅表现为直接经济损失，更多的反映为人员伤亡等引发的社会效益损害。项目成果的推广将对我国公路隧道安全设计起到重要推动作用，将有效的降低公路隧道事故率，具有非常可观的社会效益。

91. 公路隧道围岩分级指标体系与动态分类方法研究

成果所属专题编号:交科鉴字[2007]第 153 号
成果主要完成单位:西南交通大学、四川省交通厅公路规划勘察设计研究院
联系人:王明年
联系电话:13808029798
通信地址:四川成都西南交通大学地下工程系
E-mail:19910622@163. com 或 mingnian_w@sohu. com
邮政编码:610031

一、主要技术内容

制定了《公路隧道围岩分级指南》,开发出“公路隧道围岩亚级分级软件系统”,实现了公路隧道设计和施工两阶段岩质围岩和土质围岩亚级分级的自动化。

建立了围岩分级指标体系:给出围岩分级指标体系的定义,分析了围岩两个阶段分级指标体系之间的关系,分别建立了土质围岩和岩质围岩分级指标体系。

给出了两阶段围岩分级指标值获取方法:围岩分级指标值由定性和定量两种表达形式,给出了土质围岩和岩质围岩分级指标定性和定量值获取方法,建立了应用数码摄像技术获取岩质围岩结构面发育程度参数方法,并开发出相应的软件系统。

建立了统一的围岩(土质和岩质围岩)亚级分级标准:对围岩自稳性等级进行了划分,分别建立了岩质围岩和土质围岩自稳性判据,对围岩自稳跨度进行了确定,根据围岩自稳跨度建立了统一的围岩(土质和岩质围岩)亚级分级标准。

建立了围岩亚级分级方法:根据统一的围岩亚级分级标准,分别建立了岩质围岩和土质围岩亚级分级方法。结合隧道施工特点,建立了施工阶段围岩亚级分级量化方法,根据上述研究成果,开发出围岩分级软件系统。

确定出围岩亚级物理力学指标值:通过调研、理论分析、数值仿真、模型试验和现场试验等多种方法,确定了岩质围岩和土质围岩各亚级物理力学指标值,为数值模拟计算提供了依据。

确定出公路隧道设计参数:根据围岩亚级分级标准,结合公路隧道特点,确定了公路隧道预加固措施、开挖方法、支护类型及结构形式等设计参数,并编制了各围岩亚级对应的支护模式图集。

二、适用范围

适用于公路隧道设计阶段、施工阶段岩质和土质围岩亚级分级,确定岩质围岩和土质围岩各亚级物理力学指标值,确定公路隧道预加固措施、开挖方法、支护类型及结构形式参数。

三、已应用情况

西昌(黄联关)至攀枝花高速公路段隧道单洞 27 条,其中长隧道 8 条,连拱隧道 1 条,单洞总长 27 292m;G317 线都江堰至汶川高速公路段隧道 7 条,其中特长隧道 4 条,长隧道 2 条,董家山隧道为小净距隧道,单洞总长 17 590m;G318 线川藏路海竹段隧道 7 条,特长隧道 1 条,长隧道 3 条,单洞总长 11 361m;重庆云阳至万州高速公路隧道共 26 条,其中特长隧道 4 条,长隧道 8 条,连拱隧道 2 条,小净距隧道 1 条,单洞总长 39 683m。

四、应用效益

在 4 条高速公路上,隧道总共 67 条,单洞总延长达 95. 926km,进行现场围岩级别(亚级)动态评估,

对隧道内 24 026m(约占总长度的 25%)的围岩级别和支护参数进行了动态修正,保证了隧道施工的安全,降低了工程造价。

四、工 程 材 料

92.火山灰材料在道路工程中的应用研究

成果所属专题编号:2003-318-801-30

成果主要完成单位:吉林省交通科学研究所

联系人:陈志国

联系电话:0431-86026019,13069008878

通信地址:吉林省长春市进化街 908 号

E-mail:jcczg@vip. sina. com

邮政编码:130012

一、主要技术内容

火山灰是火山喷发时随同熔岩一起喷发的大量熔岩碎屑和粉尘沉积在地表面或水中形成松散或轻度胶结的物质。全球火山灰资源十分丰富,尤其是我国东北及西部地区,火山灰材料分布比较集中,且储量巨大,火山灰材料应用于道路工程中,可以降低公路工程造价,并可以提高工程质量,因地制宜开展火山灰材料在道路工程的应用研究十分必要。

本项目的主要研究成果包括以下几个方面的内容。

1.火山灰分布、材料性质调查及用于道路工程中的可行性

调查了解全国范围内主要火山灰资源的分布及储量,选取国内外有代表性的火山灰材料进行物理、化学性质及颗粒组成分析,针对火山灰的性质,结合道路工程中筑路材料的指标要求,对各地火山灰可用于道路工程的层位进行了推荐。

2.火山灰填筑路基压实稳定技术、隔温性及边坡稳定技术

针对火山灰填筑路基存在的问题开展了研究,即火山灰路基的压实工艺、火山灰材料的抗冲刷能力、火山灰材料的隔温性能,解决火山灰填筑路基的关键技术问题,为火山灰地区火山灰路基的修筑提供了可靠的技术支持。

3.火山灰用于道路基层的强度、抗冻性、抗收缩性、抗疲劳等路用性能

分析了不同配合比火山灰混合料的各项路用性能,包括力学性能、抗收缩性能、抗疲劳性能、抗冻性能及抗冲刷性能,并和传统半刚性基层材料的路用性能进行对比,通过实体工程研究火山灰基层混合料的施工工艺。

4.火山灰在水泥混凝土路面中的应用

通过测试火山渣的压碎值、洛杉矶磨耗损失等物理指标,并根据工作性和强度、抗冻性能试验确定火山渣的掺配比例及性能指标,研究了细火山灰作为掺料改善水泥混凝土的机理和路用性能。

5.磨细火山灰改善沥青混合料性能

利用 DSR、BBR 试验研究磨细火山灰对沥青胶浆高、低温性能的改善,将磨细火山灰替代矿粉进行

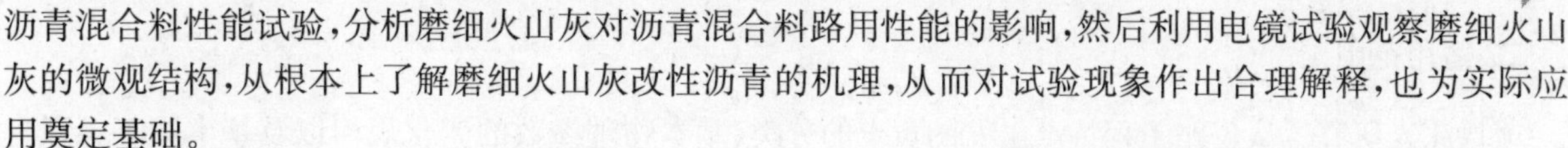

沥青混合料性能试验，分析磨细火山灰对沥青混合料路用性能的影响，然后利用电镜试验观察磨细火山灰的微观结构，从根本上了解磨细火山灰改性沥青的机理，从而对试验现象作出合理解释，也为实际应用奠定基础。

二、适用范围

适用于有火山灰地区的道路工程。

三、已应用情况

目前，本课题的研究成果“火山灰成套筑路技术”于2006～2007年先后在吉林省东南部山区几条路线上进行了应用：长白县境内的长白山南坡边防旅游公路，修筑1km水泥混凝土路面，全线46.601km均采用火山灰基层，修筑9km火山灰填筑路基；北岗至松江河三级公路，路线里程为38.679km，砬子河至安图界三级公路，路线里程32.73km，路线长度合计71.407km，全部应用火山灰混合料修筑道路基层；辉南县利用火山灰替代部分粗集料修筑水泥混凝土路面。这些路段不仅可以达到规范要求，保证工程建设质量，更降低了工程造价。

四、应用效益

2006～2007年，在吉林省有火山灰地区的公路工程中，利用火山灰修筑路基9km，节约工程造价3 540.7万元；采用火山灰混合料修筑道路基层118.08km，节约工程造价1 717.6万元；利用火山灰代替部分粗集料修筑水泥混凝土路面30km，节约工程造价247.7万元；综上，在项目研究过程中，应用里程达157.08km，共节约工程造价5 506万元，取得了巨大经济效益。

同时，经室内试验及实体工程验证，火山灰材料用于道路工程可以提高公路的质量；可以减少公路建设中的借方、弃方，减少公路占地，有效地保护了有限的耕地，美化了环境；火山灰材料的运用还能够带动有火山灰地区的地方经济发展，所以，火山灰材料用于道路工程中能够取得巨大的社会效益。

93. 黄土的物理特性研究

成果所属专题编号：交科鉴字[2007]第125号

成果主要完成单位：长安大学、陕西省交通厅世界银行贷款执行办公室、甘肃省公路局

联系人：沙爱民

联系电话：029-82334015，13709213223

通信地址：西安市南二环中段长安大学校本部577信箱

E-mail：aiminsha@263.net

邮政编码：710064

一、主要技术内容

黄土分布区滑坡、崩塌、泥石流等地质灾害非常发育，且具有遇水湿陷的特性，极大地制约了黄土地区公路建设的发展。本项目从公路工程特点出发，研究了黄土的压实特性，提出黄土振动压实参数；分析了黄土的物理指标与强度指标、沉降变形、湿陷变形之间的关系，得出了含水率、压力、压实度等因素对压实黄土的压缩性、抗剪强度、湿陷性影响程度的主次顺序；从湿陷系数的测定、构造物等级的划分、湿陷类型的划分以及湿陷等级的判定等方面提出了湿陷性黄土的公路地基评价方法和黄土的公路工程分类方案；研究了黄土区植物的生态、生理特征，对公路边坡气候和土壤性质的适应性以及抗病虫害和再生能力，提出了黄土地区公路边坡植物防护分区，为黄土地区边坡植物的选择提供了依据。

二、适用范围

项目深入研究了从公路工程特点出发的黄土的分类、基本物理参数的变化规律以及基本物理参数与工程特性指标参数之间的关系，适用于黄土地区公路设计与施工，同时也可以为黄土地区建筑等其他行业提供必要的参考。

提出的公路工程中湿陷性黄土地基评价方法的建议、黄土的公路工程分类方案，为完善黄土地区公路工程设计与施工技术提供了必要的技术原则和参数，为相关行业标准规范体系的修订提供技术性参考或基础。

三、已应用情况

陕西阎良至禹门口高速公路位于黄土地区平原微丘区和山岭重丘区的秦晋黄河边黄土塬、梁、峁过渡区内，从分布上该区属黄土中亚区，各种黄土在本段沿线均有分布。项目依托该工程开展了黄土压实特性、压实黄土的强度与变形、沉降特性以及生态特性研究。

陕西临潼至渭南高速公路是连云港—霍尔果斯国道主干线的重要组成部分，位于黄土地区平原微丘区和山岭重丘区的秦晋黄河边黄土塬、梁、峁过渡区内，项目依托该工程进行了黄土的物理特性参数相关研究，研究成果指导工程实践。

国道312线兰州段属于汽车二级公路，位于我国陇西黄土高原中部干旱地区，属强烈侵蚀的黄土梁、峁、沟壑区，结合该工程项目研究了黄土的物理特征参数及黄土微观结构。

四、应用效益

项目从公路工程特点出发，系统研究了黄土的压实特性、沉降特性、湿陷特性、生态特性、黄土的物理特征参数和公路工程分类以及黄土的微观结构等关键技术，项目成果对黄土地区公路建设的前期工作起到了指导性作用，为修订行业标准规范体系提供技术性参数，为其他行业和其他省区进行相关研究提供借鉴。

94. 玻璃纤维复合材料增强沥青混凝土的应用研究

成果所属专题编号：2007-353-322-090

成果主要完成单位：长春市交通局、吉林大学

联系人：付极

联系电话：0431-88973681，13578684304

通信地址：长春市民康路555号

E-mail：fuji133@163.com

邮政编码：130041

一、主要技术内容

本项目采用玻璃纤维复合材料提高沥青混合料的综合路用性能，尤其是热稳定性、抗疲劳性和低温裂缝的自愈能力，使道路投入的性价比明显提高，达到与聚酯纤维、木纤维等外掺剂相同的路用性能，并且造价显著降低；具有路用性能好、成本合理、开放交通快、施工工艺方便可行、易于推广的特点，有利于延长使用寿命，增长养护周期，提高沥青路面的服务水平。

(1)应用耦联剂提高玻璃纤维的界面性能，试制可应用于沥青混合料的玻璃纤维产品，使玻璃纤维在沥青混合料中能够分散均匀，并与沥青有很好的黏结性。

(2)利用红外光谱分析了沥青与改性玻璃纤维之间的界面性能。

(3)通过车辙、单轴静载蠕变、浸水马歇尔、浸水飞散、冻融劈裂、T283、低温小梁弯曲、间接拉伸劲度模量、劈裂疲劳和弯曲疲劳等路用性能试验表明，掺加玻璃纤维对沥青混合料的路用性能有明显的改善效果。在AC13型沥青混合料中，玻璃纤维的最佳掺量为沥青混合料总质量的0.2%，并且不需额外增加沥青用量。

(4)运用灰色系统理论中的预测模型G(1,1)和G(1,N)，对试验数据建模分析，预测最佳沥青含量和纤维含量，为今后的试验研究和工程应用提供参考。

(5)铺设试验路，提出玻璃纤维增强沥青混凝土的施工工艺方法，对试验路进行观测、检测。

从试验研究和试验路应用可以看出，我们试制生产的玻璃纤维复合材料产品性能指标优异，稳定性好，与沥青具有很好的黏结性，在沥青混合料中分散均匀，满足沥青混合料生产、施工过程中的技术要求，显著提高了路用性能，且价格低廉，具有很好的市场推广前景。

二、适用范围

玻璃纤维增强沥青混凝土路面施工简单，不需增加专用设备，现有的国产和进口沥青混合料拌和设备均可生产，拌和、运输、碾压等工序与普通沥青混凝土路面基本相同，可应用于各级新改建公路的沥青面层。

三、已应用情况

2006年8月，在长春龙家堡至蒋家屯公路01标段铺筑了玻璃纤维增强沥青混凝土试验路，施工地点在九台市东湖镇，试验段长度为200m，桩号为K16+800～K17+000，施工单位为吉林省嘉鹏路桥建设公司。该路为新建二级公路，路面宽9m。

2008年7月，在长春至伊通公路铺筑了玻璃纤维增强沥青混凝上试验段，施工地点在长春市乐山镇，试验段长度为5km，施工单位为长春环城公路建设养护有限责任公司。该路段为养护工程，三级公路标准，路面宽6m。

两条路段原设计结构均为上面层为3cm的SMA13，下面层为4cm的AC20。我们在上面层铺筑3cm纤维沥青混凝土代替SMA13，纤维掺量为0.2%。

四、应用效益

玻璃纤维与沥青结合后，可提高沥青混合料的综合路用性能及抵抗塑性变形能力和裂缝的自愈能力，防止早期损坏，减少养护费用，延长路面使用寿命，使投资方得到更多的投资效益。玻璃纤维复合材料在国外已经应用在很多领域，其物理、力学指标优越，定型后可批量工业化生产。玻璃纤维的价格是聚酯纤维的1/5，与普通沥青混合料相比，玻璃纤维增强沥青混凝土的造价增加约5%，明显低于掺加木纤维(SMA增加造价约20%)和聚酯纤维(增加造价约40%)，提高了性价比，具有显著的经济效益和推广前景。

95. 岩沥青资源开发与路用性能研究

成果所属专题编号：交科鉴字[2008]第108号

成果主要完成单位：交通部公路科学研究院、新疆生产建设兵团农七师交通局、重庆万开高速公路有限公司

联系人：曹东伟

联系电话：010-62079289，13910287728

通信地址：北京市海淀区西土城路8号

E-mail:dw. cao@rioh. cn

邮政编码:100088

一、主要技术内容

对新疆岩沥青资源进行了勘探调查，提交了完备的地质资料和勘察成果；通过采用红外光谱、核磁共振、X射线衍射等技术手段，全面研究了岩沥青化学组成和微观结构，揭示了岩沥青的改性机理；对新疆岩沥青改性沥青及其混合料进行了路用性能评价，并与国外岩沥青进行了比较。研究表明，新疆岩沥青可以显著提高混合料的抗高温、抗水损坏、抗老化等性能，工程适用性好；提出了新疆岩沥青及其改性沥青路用技术指标、混合料设计、施工工艺和质量控制方法等，编制了《岩沥青路面工程应用技术指南》，填补了国内技术规范的空白；综合利用天然沥青与合成高聚物两种改性技术的优势，成功研制了岩沥青复合改性添加剂，申请了发明专利。

开发新疆岩沥青路用产品，达到国外同类岩沥青产品水平，价格低10%以上；得出路面工程应用国产岩沥青材料的设计与施工技术；开发的岩沥青复合添加剂，动稳定度可到达10 000次/mm以上；抗水损坏性能提高30%以上；技术成本则比国外低30%以上；分散性优于国外添加剂的产品。

二、适用范围

以前，新疆岩沥青的应用主要集中于油漆、油墨等化工行业，在路面工程中应用很少。本项目技术有利地促进了国产岩沥青在我国路面工程的应用，增强了其竞争优势；开发的岩沥青复合改性剂产品申请了发明专利(200710120677.9)，具有施工简便、节能的优势，与国外类似产品相比，具有突出的性能价格比优势；本项目编制了《岩沥青路面工程应用技术指南》，提出了岩沥青及其改性沥青性能技术标准、混合料设计方法、施工工艺和质量控制方法等，填补了现行技术规范在此方面的空白。

三、已应用情况

使用本项目技术在重庆、新疆、四川等地修筑了5km的岩沥青路面实体工程，沪蓉西宜昌至恩施段49km岩沥青路面工程也使用了本项目研究成果；在河北京秦高速和唐山102国道等的应用，取得的直接经济效益超过150万元。

由于不利的交通状况和气候条件，车辙、水损坏是我国沥青路面常见的病害类型，本项目研究的岩沥青改性技术有利于增强路面的抗车辙能力、抗水损坏能力和抗老化性能，防止路面早期损坏，延长路面使用寿命。

项目开发的复合改性技术同时利用天然高分子化合物与化工合成高分子聚合物的特点，更显著地增强了混合料的综合路用性能，具有更高的性价比，也提高了岩沥青的附加值，适合在重载交通、高温、多雨地区路面工程应用，有着良好的应用前景，已申报2008年国家级火炬计划产业化项目。

四、效益分析

使用本项目技术在重庆、新疆、四川等地修筑了5km的岩沥青路面实体工程；沪蓉西宜昌至恩施段49km岩沥青路面工程使用了本项目研究成果；在河北京秦高速和唐山102国道等的应用，取得的直接经济效益超过150万元，专利成果已申报2008年国家级火炬计划产业化项目。

96. 人造轻质土路堤试验研究

成果所属专题编号:浙交鉴字[2007]23号

成果主要完成单位:浙江省交通规划设计研究院、余姚市交通局、余姚交通工程监理咨询有限公司、

宁波市公路局路桥工程处

联系人:杨少华

联系电话:0571-85156936,13805749926

通信地址:杭州环城西路89号

E-mail:y-shaohua@163.com

邮政编码:310006

一、主要技术内容

1.技术特点

人造轻质土(Man-made Light Soil,简称MLS),也称EPS泡沫颗粒混合轻质土,是将EPS泡沫颗粒或碎片和原料土(砂砾、石屑、石粉、普通土、粉煤灰、淤泥等)通过水泥等固化剂掺水拌和均匀后,经固化作用形成的一种改性土,是继模压法EPS后开发的新工法。尽管MLS的密度较纯EPS大,但其强度高,压缩模量大,自立性和快硬性良好,耐久性良好,隔热性良好,价格较EPS低,同时混合物密度可根据工程需要调配,能满足路用性能要求,并可利用废泡沫塑料和建筑弃土(如泥浆等)的优点,在国外被纳入环境岩土工程范畴,其具有如下特点。

(1)密度可调节:通过调整EPS颗粒的添加量,其密度可在0.7~1.4kg/m^{3}之间进行调节,密度随着EPS添加量的增加而降低。

(2)性质可调节:当水泥添加量为土、砂干重的2%~5%时,EPS颗粒混合轻质土的强度、变形特性和普通土相近;当水泥添加量增大到6%~10%时,其性质就接近于轻质软岩。

(3)变形追随性良好。

(4)密水性好。

(5)耐久性良好:属水泥类材料,与高分子材料相比,其耐久性、耐热、抗油污能力强。

(6)隔热性良好:EPS颗粒混合轻质土中有大量的EPS颗粒,这些EPS颗粒是热的不良导体,隔热性好。

(7)环保性好:能够利用废泡沫塑料和建筑废土,兼顾环境问题。

(8)拌和特性:在小于某含水率时,泡沫珠与土会发生分离,当含水率超过某一限值时,拌和较为困难,出现成团现象,只有在一个适宜的含水率,才能形成一个拌和均匀体。

(9)通过马歇尔击实方法可以得到最优含水率和最大干密度。

2.性能指标

(1)强度:通过调整固化材料的添加量,其28d无侧限抗压强度可以达300kPa,28dCBR在10以上。

(2)回弹模量:28d回弹模量可以控制在10~50MPa。

(3)自立性和快硬性良好:由于使用水泥作为固化剂,通常在浇注5h后就会开始固化,固化后可以自立,可进行垂直填土,且对挡土结构物几乎没有推力。

3.技术配套条件

(1)原材料来源广泛,EPS颗粒生产厂家多且分布广。

(2)可参照普通土的设计、试验与检测方法进行。

(3)施工方便,机械设备配套简单,人力投入少。

(4)拌和可采用稳定土拌和机厂伴,也可现场采用铲车、犁车等翻拌。

(5)摊铺碾压可用平地机、推土机、铲车等链轨式轻型车进行。

(6)养生可采用土工布、毯等表面覆盖,种植土边坡包边。

二、适用范围

(1)路堤的快速修复。

(2)工后沉降要求高、软土指标差的桥头或箱涵接部位路堤。

(3)拓宽高路堤。

(4)挡墙后填土，以减小台背土压力。

(5)高桥墩台与隧道相连部位，以减少弃渣对桥墩的侧向土压力，便于墩的自由变形，易于施工。

三、已应用情况

人造轻质土路堤首次于2004年在我省应用于桩号为K5+605～K5+700的甬余线洋溪河桥东端，溪河桥路段软基深度为22m，软土为高压缩性的淤泥土，路堤填筑高度3.35m，路面设计宽度38.5m，软基处理长度为95m。其成功应用确保了甬余干线公路按原计划顺利通车，至今已营运3年，效果良好；其后又在台州市104国道桥头路段得到推广应用；2008年，浙江省交通规划设计研究院在温州瑞安飞云江大桥接线工程的设计中采用人造轻质土路堤处理软基；2009开始建设的嘉绍二通道南岸接线工程，表层硬壳层达15～22m，下部淤泥20～30m，若不进行处理则工后沉降达不到规范要求，而采用一般的处理方法很难施工，浙江省交通规划设计研究院在设计中对8座桥头软土路基采用了人造轻质土路堤处理。

四、效益分析

1.经济效益

表1为根据洋溪河东桥头路堤工程采用不同软基处理方式的比较表。从表中可以看出，人造轻质土和EPS方案比较，节支421.4万元－293.47万元＝127.9万元，人造轻质和造桥方案比较，节支665万元－293.47万元＝371.53万元。人造轻质土造价为EPS的69.6％，为架桥的44％，具有明显的经济效益。

不同软基处理方式的比较　　表1

软基处理形式	路基施工期(月)	施工简便性	处理费用(万元)
人造轻质土路堤	<3	＋	293.5
EPS	<3	＋＋	421.4
架桥	3～5	－	665.0

2.社会效益

人造轻质土路堤具有强度高，压缩模量大，价格低，耐久性好等优点，可大大缩短高速公路的建设工期，同时可充分利用废泡沫塑料和建筑弃土(如泥浆等)的优点，兼顾了环境问题。人造轻质土路堤在浙江省、乃至我国都是首次应用，填补了该领域的空白，同时其在洋溪河东桥头路堤工程的成功应用，确保了甬余干线公路按原计划顺利通车，具有明显的社会效益。

97.耐久性沥青路面结构与材料研究

成果所属专题编号：鲁科成鉴字[2007]第952号

成果主要完成单位：山东省交通厅公路局、长安大学

联系人：李洪印

联系电话：0531-85693280，13854159960

通信地址：济南市舜耕路19号

E-mail：lihongyin3216@tom.com

邮政编码：250002

一、主要技术内容

耐久性沥青路面是指在各种内、外因素作用影响下，设计使用期内无需花费大量资金维修与养护就能满足道路使用功能的路面结构。耐久性沥青路面的使用寿命可根据要求进行设计，如30年、45年甚至更长，使用年限内其损坏仅限于沥青面层范围，只要定期对路面表面进行铣刨、罩面修复就可保证其正常的使用功能。路面耐久性设计的理念代表了目前高级公路路面结构选择和设计的新趋势，引起各国道路工作者的重视。

本项目在国内外已有研究的基础上，结合我国石油资源缺乏，石灰岩资源丰富的国情，以期通过室内外试验与理论分析，提出基于贫混凝土、水泥混凝土及连续配筋混凝土等刚性基层耐久性沥青路面的设计理念，并从路面结构组合设计、材料组成设计、路面厚度计算和经济效益分析等方面对耐久性沥青路面进行深入系统的研究，提出了混凝土基层沥青路面反射裂缝扩展路径模拟；混凝土基层沥青路面面层荷载应力、温度应力及耦合应力分析；应用Kf-Neuber公式和ESED法计算沥青路面局部应变的方法；刚性基层沥青路面温度应变和荷载应变的实用计算拟合公式；基于局部应变的刚性基层沥青路面疲劳开裂寿命估算方法；沥青路面混凝土基层荷载应力、温度应力及耦合应力分析；沥青路面混凝土基层荷载应力、温度应力及耦合应力实用计算公式；混凝土基层沥青路面结构设计方法；连续配筋混凝土基层沥青路面沥青面层层间剪应力与层底拉应力分析；沥青路面低配筋率连续配筋混凝土基层荷载应力、温度应力分析；沥青路面连续配筋混凝土基层端部锚固力计算；低配筋率连续配筋混凝土基层沥青路面结构设计方法；刚性基层沥青路面反射裂缝大尺寸疲劳试验与小梁疲劳试验；刚性基层沥青路面抗裂结构层施工技术。

二、适用范围

该项目各项研究成果，可广泛应用于国内多种气候条件下刚性基层耐久性沥青路面的设计与施工。

三、已应用情况

济聊馆高速公路于1997年竣工通车，设计荷载为汽—超20级、挂—100，设计标准为双向四车道，行车时速100km/h，路基宽26m，路面宽20m，德州段全长40km。由于交通量快速增长，加之超限超载车辆破坏，路面出现了坑槽、车辙、裂缝以及桥头跳车等病害，原路面结构承载能力严重不足。为深入研究刚性基层沥青路面在重载交通下的应用情况，2004～2005年，结合高速公路大修改造，分别在K593＋914～K595＋914段（2004年铺筑）和K576＋559～K585＋533段（2005年铺筑）南半幅铺筑了试验路段，两次试验路段分别采用了不同的结构组合形式。2004年试验段根据连续配筋混凝土、贫混凝土两种刚性基层材料类型及面层与基层层间防止反射裂缝措施分为4种形式，共计2km。2005年试验段分为3种形式，即3km连续配筋混凝土基层，2km贫混凝土基层及1km普通水泥混凝土基层，共计6km。施工完成后对各结构层进行了质量检测，结果表明每种路面结构施工质量均达到设计要求。试验路段通车3年多来，路面使用状况良好，未出现任何损坏。

四、应用效益

通过寿命周期费用分析法，得出2004年原路段及各试验路半幅45年的建养费用分别为351.72万元/km、338.55万元/km、278.79万元/km、341.9万元/km、279.17万元/km；2005年原路段及各试验路半幅45年的建养费用分别为507.04万元/km、353.06万元/km、426.23万元/km、423.7万元/km。经计算，在全寿命周期内，推荐的7种路面结构每公里节省费用分别为13.17万元、72.93万元、9.82万元、72.55万元、153.98万元、80.81万元、83.34万元，合计共节约资金791万元。

使用课题推荐的路面结构，路面使用寿命大大延长，运营养护费用明显降低，相对减少了行程时间费、车辆运营费和事故发生率，取得明显的经济效益和社会效益。

98.高模量沥青混凝土应用技术研究

成果所属专题编号:2005-318-773-06

成果主要完成单位:辽宁省交通科学研究院、中国石化石油化工科学研究院、辽宁省高等级公路建设局

联系人:刘云全

联系电话:024-24512416,13904059395

通信地址:辽宁省沈阳市东陵区文萃路81号

E-mail:keyanzhongxin@163.com

邮政编码:110015

一、主要技术内容

高模量沥青混凝土具有显著的抗车辙效果,能够有效解决长期困扰道路建设者的沥青路面早期车辙病害问题,延长路面使用寿命,降低工程社会总成本。同时,改变沥青路面设计理念,为长寿命沥青路面结构设计提供有效的解决措施。研究基于沥青路面车辙形成机理分析,旨在通过提出一种具有较高模量的抗车辙沥青混合料,减少沥青混合料在荷载作用下的应变量,减少沥青混合料的高温塑性变形,加大中面层混合料向下传递荷载的扩散角,使路面各结构层充分发挥作用,科学地解决路面建设先期投资与长期使用性能、长远经济利益的矛盾。

项目研制出工艺简单、性能可靠的高模量低标号沥青,并给出技术指标范围;利用改性PE/PP生产出抗车辙性能产品——“路宝”高模量沥青混凝土外加剂(图1),节约资源,减少环境污染;提出高模量沥青混合料的界定标准和指标体系。

图1 “路宝”高模量外加剂

二、适用范围

高模量沥青混凝土技术适合于高温、重载、交通量大或者长大纵坡等易于产生车辙病害路段,可应用于新建高速公路中面层,也适用于需要解决车辙病害的公路改扩建项目工程。

三、已应用情况

2006年利用项目研究成果在抚顺—南杂木高速公路和鹤岗—大连普通公路,共铺筑高模量沥青混凝土试验路段约5km;2007年7月至9月,总结2006年试验路段的施工经验,调整工艺,分别在沈阳—彰武高速公路(图2)和包括沈阳、鞍山、丹东、葫芦岛、朝阳、抚顺等10个市县的国省干线上共修筑试验推广路段111km(图3);2008年7月至9月又分别在本溪经辽阳至辽中高速公路、沈阳至山海关高速公路维修改造工程及营口、铁岭、抚顺3个市县的国省干线共铺筑试验推广路段173km。

图2 沈阳至彰武高速公路推广路段

图3 抚顺至南杂木高速公路试验路

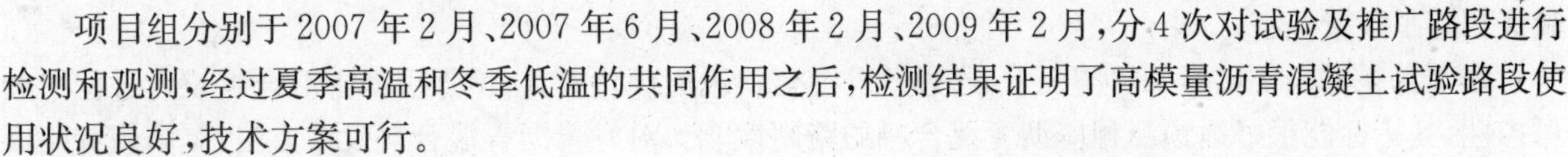

项目组分别于2007年2月、2007年6月、2008年2月、2009年2月，分4次对试验及推广路段进行检测和观测，经过夏季高温和冬季低温的共同作用之后，检测结果证明了高模量沥青混凝土试验路段使用状况良好，技术方案可行。

四、应用效益

1.经济效益

经测算，1t高模量沥青混合料同比1t普通改性热拌沥青混合料可节省费用20元。2006年在抚顺至难杂木高速公路和鹤岗至大连二级公路铺筑试验路段4.7km，新增产值6万元，扣除设备等折旧，新增利润4.7万元，上交税收0.36万元，节支5.64万元；2007年在沈阳至彰武高速公路和丹东、宽甸等普通公路铺筑实体工程111km，新增产值193万元，扣除设备等折旧，新增利润174万元，上交税收11.6万元，节支181.4万元；2008年分别在本溪经辽阳至辽中高速公路和营盖线、102线等公路建设中铺筑实体工程173km，新增产值969.2万元，扣除设备等折旧，新增利润877万元，新增税收63.9万元，节支905.3万元。截至2008年年底，共实现经济效益1 092.34万元。

2.社会效益

高模量沥青混凝土技术使路面服务状况得到改善，降低路面早期破坏，提高路面高温抗车辙性能，延长路面使用寿命，提高公路交通安全性和服务功能，从而带来运输成本的节约，具有重大的社会效益。

3.环境效益

该项目利用外掺剂工艺路线，每年回收再利用废旧塑料超过2 000t，直接减少资源浪费1 100万元，并极大地维护了自然景观和生态环境平衡，符合国家建设资源节约型和环境友好型社会的方针，具有良好的环境效益。

99.沥青混合料级配优化研究

成果所属专题编号：交科鉴字[2008]8号

成果主要完成单位：河北省青银高速公路筹建管理处、长安大学

联系人：尹江华

联系电话：0311-89668778，13333015595

通信地址：河北省石家庄市东风路115号

E-mail：qygs-yjh@163.com

邮政编码：050000

一、主要技术内容

矿料是沥青混合料的骨架和基础，决定着沥青混合料的体积构成，对沥青路面的使用质量和使用寿命影响至关重要。但目前规范中尚无针对矿料级配的设计方法，而国内外的研究多集中在定性分析和应用研究方面，有关矿料级配设计理论和方法的研究尚属空白，亟须进行系统深入研究。

本项目以密实、稳定为混合料的设计准则，采用分形理论和图像分析技术研究矿料特征(矿料规格、形状和矿料粒径分布)，并通过与沥青混合料性质的相关分析，提出了矿料特征分形评价模式与参数获取方法；提出了级配的稳定性评价指标，采用密实能量指数CEI反映沥青混合料施工阶段的可压实特性，用交通密实指数TDI反映沥青混合料抵抗交通荷载变形能力；将分形理论和骨架密实原则用于级配优化方法研究，研究了粗、细集料级配确定方法和粗、细集料的合成方法，提出了级配优化设计方法，以及相应的试验方法和参数，并给出了沥青混合料级配优化设计流程。通过铺筑实体工程，提出了减少级配变异的措施，分析了沥青混合料体积参数的关系，探讨了体积参数通用图，并将其用于设计结果的

验证和施工质量控制。

本项目在材料变化不大的情况下，通过沥青混合料级配优化设计，增强了沥青混合料设计过程中的可控性，其指标能很好地预测相应沥青混合料的路用性能。对完善沥青混合料设计方法，提高沥青路面使用性能，延长沥青路面使用寿命，减少投资浪费和不良社会影响，具有重要的实用价值和理论意义。

二、适用范围

本研究成果可用于沥青混合料的级配优化设计，可在高等级公路及市政工程上推广应用，可以提高沥青混合料的设计水平，完善沥青混合料设计方法，提高沥青路面使用性能，减少沥青路面早期病害，延长沥青路面使用寿命。

三、已应用情况

青银高速公路是交通部规划的“五纵七横”国道主干线的组成部分，是河北省公路网建设发展规划确定的“四纵四横十条线”主骨架中的一部分，也是我国东部沿海与内陆地区联系的重要运输通道。在不增加成本的情况下，通过合理的材料优化设计减少路面病害，延长使用寿命一直是道路建设追求的目标。课题提出的矿料级配评价和确定方法、级配稳定性评价指标、施工过程中级配质量控制措施以及提出的嵌挤密实级配的沥青混合料设计方法等研究成果已在青银高速(河北段)成功应用，铺筑31.6km实体工程。经过3年多的使用及跟踪观测表明，路面表面抗滑、密实，使用效果良好，取得了成功，取得了显著的经济和社会效益。

四、应用效益

使用该技术修建的路面，并不会增加初期建设费用，由于路面使用质量好，减少了路面维修养护。按照日常维修经费预算(3.0万元/km)，每年可节省日常维修养护费用1.35万元/km。

参照国外经验及实际计算试验分析，路面使用效果良好，没有出现拥包、车辙等病害，可延长道路使用寿命1/4～1/3，即至少可以节省1～2次大修，大修罩面按实际50～90元/m^2计算，按照15年分析期，减少1～2次大修，可节约维修费用15～27万元/km。31.6km至少可以节约474万元。

此外，本课题成果紧密结合我国沥青路面存在的实际问题，有很强的针对性，可操作性强，经济实用，适宜推广应用。应用此技术铺筑路面，应用方便，利用现有施工机械设备，不需增加投资。施工后路段表观质地均匀美观、密实防水、抗滑，提高了行车安全性，路况改善，降低了运营费用。同时减少路面维修养护次数，延长路面大中修周期，减少由于路面维修施工断交带来的不利影响；降低了路面养护和维修次数，节约了材料，降低了能耗及材料运输和施工过程中的环境污染，社会和环境效益显著。

100. 废旧轮胎橡胶粉道路应用成套技术研究

成果所属专题编号：冀科鉴字[2007]第9-175号

成果主要完成单位：河北省高速公路管理局、交通部公路科学研究院

联系人：王国清

联系电话：13323113088

通信地址：石家庄市裕华东路109号

E-mail：wanggq98@163.com

邮政编码：050031

一、主要技术内容

1. 橡胶粉的技术指标研究

开展全面的橡胶粉规格、物理性能指标和化学性能指标分析，并对我国当前的主要胶粉厂家的胶粉进行相关试验分析，结合国外相关技术标准，确定适于我国的路用橡胶粉产品标准。

2. 橡胶粉和沥青的作用机理及橡胶沥青技术性能指标的研究

由于橡胶沥青的特殊性，现有的重交沥青和改性沥青的技术指标不能全面评价其技术性能。为此，本项目在对橡胶粉和沥青的作用机理进行充分分析的基础上，采用多种试验手段研究了橡胶沥青性能的各种影响因素、指标范围。最终结合国外橡胶沥青技术标准及指南，建立了适于我国华北地区的、以黏度为主要控制指标的橡胶沥青技术性能指标体系。

3. 橡胶粉沥青混凝土的设计方法和技术性能的研究

在橡胶粉沥青混凝土机理分析的基础上，以骨架密实结构的理论为基础，进行橡胶粉沥青混合料的适用级配与配合比设计方法的研究，并以 10 型级配和 13 型级配为研究重点，从路用性能、力学性能方面对橡胶粉沥青混合料进行多角度的评价。

4. 橡胶沥青路面施工技术研究

通过试验路的实施，重点研究了橡胶沥青生产工艺与质量控制措施，橡胶沥青碎石封层施工技术与质量控制措施，干拌法、湿拌法橡胶粉沥青混合料施工工艺。

5. 编制了“橡胶粉改性沥青及混合料设计施工技术指南”

作为研究工作的总结，并便于橡胶粉技术的推广应用，本项目编制了《废轮胎橡胶沥青及混合料技术指南》。该指南主要包括路用橡胶粉技术标准、橡胶沥青技术标准、橡胶粉混合料的设计方法与技术标准、应力吸收层或防水黏结层以及相应的施工质量标准等。

二、适用范围

本课题成果适用于各级公路沥青路面、路面结构防水层、应力吸收层。

三、已经应用情况

2002 年以来，先后在河北省的正港公路孟村自治县段、石黄高速公路衡水支线、京秦高速公路、石安高速公路及张石高速公路张家口段铺筑试验段，后来在京承高速公路河北段、京昆高速公路保定段进行了推广应用，应用里程近百公里。这些路涵盖了河北省的大部分地区，采用多种形式的路面结构与材料。根据对各试验路的跟踪观测，橡胶粉路面使用状况良好。

四、应用效益

目前，河北省高速公路沥青路面结构中，4cm 上面层与 6cm 中面层均采用 SBS 改性沥青。当采用橡胶粉改性沥青代替 SBS 改性沥青后，每公里可节约 26 万元以上(按双向四车道计算)。如果 2007 年建成通车的高速公路中有 100km(占 1/5)采用橡胶沥青，就可节约建设投资约 2 600 万元以上，这还不包括由于使用橡胶粉改性沥青后，延长路面使用寿命与减少后期养护维修的费用。为解决当前路面存在的一些问题找到合理解决的技术途径，为使用者提供一条耐久、平整、舒适、安静的环保型路面。无论从发展循环经济、资源再生利用的国策出发，还是从路面使用性能的改善上考虑，大力发展废旧轮胎橡胶粉应用技术都是十分必要的。

101. 寒冷地区水泥混凝土路面修补新材料的研究

成果所属专题编号：黑科交鉴字 2007 第 001 号

成果主要完成单位：黑龙江省公路局、哈尔滨工业大学

联系人:王佳梅　王荣国
联系电话:0451-53641560
通信地址:黑龙江省哈尔滨市南岗区一曼街169号
E-mail:cal8237@126.com
邮政编码:150001

一、主要技术内容

项目主要针对水泥混凝土路面常见的破损形式——混凝土坑槽、掉角、龟裂等破损,在充分了解其破损原因及机理的基础上,通过高性能水泥混凝土修补剂及界面增强剂与路面修补混凝土施工工艺方法的研究,研制出一种新型高性能的水泥混凝土快速修补材料。该修补材料(图1和图2)颜色与旧混凝土颜色相近,技术性能符合修补材料要求,施工温度为－10～35℃,4h修补混凝土抗压强度可达30MPa,封闭交通时间短,工艺简单,造价合理,可显著改善修补后水泥混凝土路面的使用效果,提高修补路面的耐久性,延长路面使用寿命,节省大量养护及维修费用,为黑龙江省水泥混凝土路面破损修复提供一种新的养护材料及施工工艺,并制定《寒区水泥混凝土路面修补新材料施工技术规程》。修补前后路面状况见图3和图4。

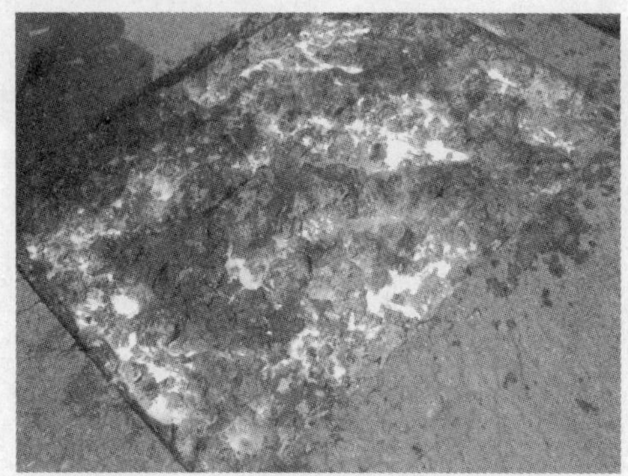

图1　喷涂界面黏结剂

图2　水泥混凝土修补剂

图3　修补前的路面状况

图4　修补后的路面状况

二、适用范围

寒冷地区水泥混凝土路面坑槽、掉角及伸缩缝两侧路面破坏,破坏深度范围在2～15cm之间。

三、已应用情况

课题组会同七台河市公路处于2004年7月初至8月末,在七勃路代表路段和小五站桥上进行了中试阶段的实际工程应用研究。其修补施工长度达20多公里,施工面积为1 600m²,破损形式涉及坑槽、掉角及伸缩缝两侧破坏等,破坏深度范围在2～15cm之间。这次修补工程的应用研究,动用了20余名

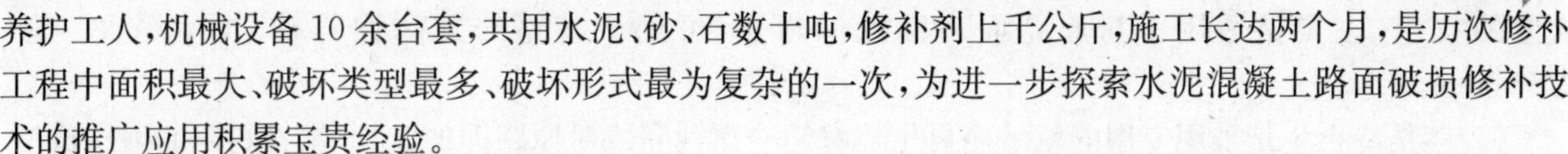

养护工人，机械设备10余台套，共用水泥、砂、石数十吨，修补剂上千公斤，施工长达两个月，是历次修补工程中面积最大、破坏类型最多、破坏形式最为复杂的一次，为进一步探索水泥混凝土路面破损修补技术的推广应用积累宝贵经验。

四、应用效益

界面黏结剂：

界面黏结剂的材料成本约为5元/kg，与水泥配制成界面增强净浆后成本约为2.5～3.5元/kg，每公斤界面增强净浆可涂刷3.5～4.0m^2的表面。所以，每平方米表面的涂刷费用约1元。与前期课题每平方米2元费用相比，可节约1倍的资金。

高耐久性修补混凝土：

目前，养护工程中多数采用整块板重新浇筑维修方法，如果采用本项目研究的新材料进行局部修补，假设欲修补的路面板破坏面积约为整块板面积的40%，且破损处的混凝土需全部凿除(240mm厚)，即需要1.92m^3的修补混凝土，则修补一块路面板需要材料成本约为772.6元，少于将整块板凿除后重新浇筑新混凝土所需的材料费用。

102. 废旧沥青面层材料再生利用综合技术研究

成果所属专题编号：鄂科鉴字[2007]第71143059号

成果主要完成单位：湖北省高速公路实业开发有限公司、湖北省京珠高速公路管理处、长安大学

联系人：刘松

联系电话：027-83468090，13607142028

通信地址：湖北省武汉市汉阳区龙阳大道九号

E-mail：liu68@sohu.com

邮政编码：430051

一、主要技术内容

我国公路建设广泛使用了沥青路面，每年约有12%～15%的沥青路面需要进行养护翻修，产生了大量的铣刨废料。据有关部门不完全统计，目前我国沥青路面养护已产生的废弃材料有400万t之多。沥青路面再生技术就是将需要翻修和废弃的沥青路面经过翻挖、回收、就地或集中破碎和筛分，再和新集料、新沥青适当配比，重新拌和，成为具有良好路用性能的再生沥青混合料，用于铺筑路面的面层或基层技术。沥青路面再生利用能够节约大量的沥青和砂石材料，节省工程投资，符合我国构建节约型、环保型社会的要求。

沥青路面再生利用技术按施工温度分为热拌再生法和冷拌再生法；按废RAP拌和场地不同可分为厂拌再生法和就地再生法。各类再生技术基本原理如下。

(1)厂拌冷再是生乳化沥青或泡沫沥青与常温的废弃RAP、新集料拌和成再生混合料，经冷施工，进行拌和、摊铺、压实而成路面或基层的施工方法。可100%利用RAP，用于高速公路基层或低等级公路下面层。其技术指标可达相应规范的技术标准。

(2)厂拌热再生技术是将需要翻修和废弃的沥青路面，经过翻挖、回收(或集中破碎和筛分)，再和新集料、新沥青适当配比，重新拌和，成为具有良好路用性能的再生沥青混合料，用于铺筑路面的面层或基层的技术。旧料最大掺配比例可达到50%以上，再生混合料的性能接近于新料的技术指标要求，可达规范的技术标准。

(3)就地热再生技术是采用专用的就地热再生机械组一次性完成对原路面的铣刨、翻挖、拌和、碾压

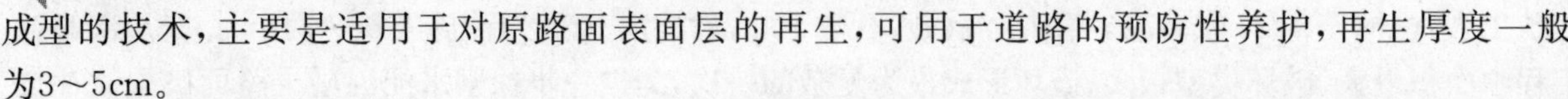

成型的技术，主要是适用于对原路面表面层的再生，可用于道路的预防性养护，再生厚度一般为3～5cm。

(4)就是冷再生是采用专用的就地冷再生机械组一次性完成对原路面的铣刨、翻挖、拌和、碾压成型的技术，再生混合料主要用于筑路面的上基层和下基层。

二、适用范围

沥青面层材料再生技术是一种十分全面、完善的道路养护方法，适用于各个等级公路的各个层次，可根据实际情况和需求采用不同的再生方式加以完善解决。

(1)厂拌冷再生可用于高速公路、一级公路上、下基层、甚至下面层或低等级公路的下面层。

(2)厂拌热再生技术可用于各个等级公路的各个层位，主要可用于高速、一级公路的中、下面层及基层，以及二级以下公路的表面层，另外由于热再生混合料具有较好的高温抗车辙性能和抗疲劳性能，首选适用于高温环境下的重载交通路面的中、下面层。

(3)就地热再生只能对表面具(5cm 以内)进行再生，可将旧沥青层全部利用，使用时间不长(一般 5 年左右)，多用于基层承载能力良好、面层因疲劳而龟裂的路段。

(4)就地冷再生适用范围可以全部利用旧沥青层，施工方便，经济合理，但不如厂拌冷再生质量稳定，其质量也不能达到沥青路面面层的质量标准，只能用于高速、一级公路下基层或低等级公路。

三、已应用情况

沥青路面的厂拌冷再生技术和厂拌热再生技术，分别于在湖北孝襄高速公路 K49＋000～K51＋100 和湖北京珠高速公路 K107＋000～K108＋000 得到应用，在孝感 107 国道复线和湖北京珠高速公路 K165＋500～K167＋300 和附属区道路得到推广应用。就地热再生技术则在汉十高速公路 K318～K319 得到应用。

1.湖北孝襄高速公路厂拌冷再生应用

该试验路施工冷再生柔性基层 2.1km，生产 33 800t 冷再生混合料。采用泡沫沥青与改性乳化沥青两种材料作为再生混合料的主要稳定剂，铺筑高速公路的上基层及下面层，旧料的利用率为 100%。再生混合料的平均劈裂强度达到 0.4MPa，各项技术指标达到设计要求。

2.湖北京珠高速公路厂拌热再生应用

根据交通量水平和气候特点，采用改性沥青对湖北京珠高速公路 K107＋000～K108＋000 段养护产生的 RAP 进行了再生，施工长度为 1km。铺筑行车道的中、下面层确定 RAP 掺量为 25%，油石比为 3.0%，目标空隙率为 4.5%。试验路效果良好，2 年来未出现中度以上车辙，正在进一步观察中。

3.孝感 107 国道复线和湖北京珠厂拌热再生应用

孝感 107 国道复线和湖北京珠 K165＋500～K167＋300 段试验路中厂拌热再生混合料分别采用了 43%和 8%的京珠铣刨旧料，2.5%的油石比，再生混合料铺筑了全幅道路的中、下面层，2 年来未出现车辙、裂缝等相关病害，路面状况良好。

4.汉十高速公路 K318～K319 就地热再生应用

该项目采用 80%RAP＋20%新 AM-13，新 AM-13 沥青碎石混合料的油石比为 5.2%，并掺入 RAP 重量的 2.21%再生剂，施工中同时采用复拌和整型方式进行就地热再生的实施。试验段目前已运行 3 年，目前试验段无明显纵、横向裂缝等相关病害，路面状况良好。

四、应用效益

1.直接经济效益

再生技术的成功应用，取得了明显的直接经济效益和节能减排的社会效益。其中在孝襄高速公路上应用中，节约工程投资 495.9 万元；在京珠高速公路施工热再生沥青路面共计 8.8km，生产 11 627t 热

再生混合料，累计节约工程投资96.2万元，直接经济效益十分明显。

2.社会、环境效益

沥青面层废旧材料再生利用，可以有效利用废弃沥青和碎石，大大缓解沥青和砂石供应的压力，达到了节约资源的目的；同时又有效地防止了对环境的污染或占用土地，减少了对矿产资源的开采，有效地保护了林地，维护自然景观和生态环境，因此也具有较好的节能减排和社会效益，符合我国构建资源节约型、环境友好型社会和可持续发展战略的要求。

103.岩溶地区筑路材料研究

成果所属专题编号：交科鉴字[2007]第122号

成果主要完成单位：贵州省交通科学研究院、贵州大学、武汉理工大学、贵州高速公路开发总公司

联系人：吴大鸿

联系电话：0851-4706786，13985524903

通信地址：贵阳市白云大道南段301号

E-mail：dahongw@163.com

邮政编码：550008

一、主要技术内容

本项目分3个专题开展研究。

专题一：贵州省筑路集料分布图研究

(1)基于贵州已建和在建各类各级公路的数百个大型料场石料和集料物理力学性能指标等数据，初步建立起贵州省公路筑路石料及集料物理力学性能基础数据库。

(2)结合贵州岩溶地区公路工程实际情况，针对分布于岩溶地区最主要的碳酸盐岩类和物理力学性质较好因而也较重要的部分岩浆岩类岩石进行了野外地质调查和相关试验研究，筛选出了符合技术要求的石料，并根据不同用途集料(水泥混凝土路面、沥青路面)的技术要求，分别进行了岩石集料主要物理力学性能实验研究，进行了岩石集料类型划分，并在此基础上绘制出了贵州省岩石集料分布图。

专题二：岩溶地区沥青路面抗磨耗材料的选择

针对岩溶地区广泛分布的碳酸盐岩抗滑性能普遍较差的现状，基于石料微观摩擦原理，通过大量试验，遴选出硅质碳酸盐岩、锰铁合金渣和玄武岩3种地方性抗磨耗材料，其物理力学性能如表1所示，有效解决了沥青路面抗滑表层集料料源缺乏问题。

抗磨耗集料的物理力学性能　　表1

岩　性	磨光值(BPN)	压碎值(%)	冲击值(%)	抗压强度(MPa)	磨耗值(%)	视密度(g/cm^3)	吸水率(%)	黏附性(级)
玄武岩	40.7～57.7	9.0～22.1	3.0～18.0	116.0～193.7	9.4～29.1	2.832～2.968	0.81～3.72	4～5
硅质灰岩	36.8～47.7	12.8～19.9	6.8～16.0	85.0～302.0	13.4～24.4	2.696～2.858	0.4～0.9	4～5
锰铁合金渣	40.7～52.0	12.8～14.2	—	194.0～259.0	11.2～14.4	3.02～3.05	0.75～1.35	3～5

针对上述3种地方性抗滑耐磨集料，通过理论分析和室内试验，提出了基于中心质结构模型的沥青混合料体积构成新原则和抗滑表层沥青混合料设计新方法，丰富了现有沥青混合料配合比设计方法。

(1)通过理论分析，提出了基于中心质模型的沥青混合料体积构成新原则，以发挥中心质效应为原则，通过试验考察了粗集料的嵌挤和填充效应、细集料的填充及嵌挤效应和矿粉沥青胶浆的次中心质效应。

(2)通过大量室内试验，建立了沥青混合料体积指标和路用性能与组成材料和集料级配之间的回归关系，在此基础上，以路用性能的稳定性为原则，提出了岩溶地区抗滑表层沥青混合料的技术指标体系

和设计方法。

专题三:岩溶地区高性能机制砂混凝土应用研究

针对部分岩溶地区河砂资源匮乏、机制砂石粉含量高的现状，通过大量室内试验，总结了高石粉含量机制砂高性能混凝土的性能规律和配制技术，突破了机制砂高性能混凝土石粉含量界限，扩大了机制砂在高性能混凝土中的应用范围，节约了工程造价。

提出了机制砂中石粉含量对C50～C80高性能混凝土的工作性、强度、掺和料掺量、变形性能和耐久性等的影响规律和机理。表明配制高性能混凝土的机制砂中石粉含量可以适当放宽:C50～C60可放宽至10.5%,C80可放宽至5%,且石粉的存在基本不影响掺和料的作用效果，而且可以作为掺和料使用，其取代数量大致为水泥用量的10%。

二、适用范围

专题一:应用于岩溶地区公路工程料场规划和选择。

专题二:应用于沥青路面抗滑表层及沥青面层。

专题三:应用于公路工程混凝土结构。

三、已应用情况

应用"岩溶地区沥青路面抗滑表层选择与应用技术"选择"硅质碳酸盐岩抗滑集料"用于崇溪河至遵义高速公路路面工程，应用里程118km。将"抗滑表层沥青混合料设计新方法"应用于贵州省清镇至镇宁高速公路抗滑表层沥青混合料设计，应用里程89km。

"高性能机制砂混凝土技术"应用于玉屏至三穗、三穗至凯里、镇宁至胜境关、扎佐至南北等高速公路多座桥梁工程，应用混凝土140万m^3。

四、应用效益

成果应用于崇溪河至遵义高速公路路面工程，比应用玄武岩节约工程投资5 233.9万元。成果应用于玉屏至三穗、三穗至凯里、镇宁至胜境关、扎佐至南北等高速公路，节约工程投资12 484万元。项目成果对提高岩溶地区交通建设的技术水平和交通设施服务水平，延长岩溶地区公路工程的使用寿命等方面都有重要现实意义，社会经济效益显著。

五、养 护 加 固

104.严寒干旱地区路堑边坡稳定性评价与处治技术研究

成果所属专题编号:交科鉴字[2008]第10号

成果主要完成单位:内蒙古自治区省际通道建设管理办公室、上海朗琦土木工程有限公司、天津大学、武汉广益工程咨询有限公司

联系人:张广

联系电话:13847124999

通信地址:内蒙古呼和浩特市赛罕区地质局南街68号,交通厅省际通道管理办公室

E-mail:zqp3984@126.com

邮政编码:010020

一、主要技术内容

内蒙古东北部属于严寒地区，路堑边坡的主要特点表现为：边坡稳定性受冻融影响严重，岩体节理发育，土壤覆盖层薄，土质松散且遇水极易崩塌。

内蒙古西部属于干旱寒冷地区，区域地质和气候环境较为恶劣，路堑边坡的主要特点表现为：土壤沙化现象严重，岩石风化且节理发育现象严重，边坡土黏聚力较差，边坡土壤沙化等。

目前有关公路设计施工规范中尚没有涉及严寒地区路堑边坡的设计施工方法，也缺乏此类地区路堑边坡的稳定性评价标准。而在高寒地区按现行规范规定的坡率设计的边坡，出现了较多的破坏事例。近年来，随着公路工程的发展，本着安全、经济和与周围环境相协调的原则，不少单位开展对山体路堑边坡的研究并已取得了较多的成果。但内蒙地区高等级公路建设起步较晚，高寒、干旱地区的边坡岩性有其特殊性，内地山体路堑边坡的设计施工方法往往对其不适用。通过对此类条件下的路堑边坡进行专门研究，提出其稳定性的评价方法和相应的工程治理措施，一方面可以指导省际通道公路路堑边坡工程施工，另一方面可以达到丰富设计施工理论的目的。

本项目主要是通过调研分析、室内试验、计算机仿真、理论研究和依托工程的实践相结合的方法进行系统研究，解决了内蒙古省际通道公路边坡设计施工的技术难题，并总结得出严寒干旱地区公路路堑边坡山体的稳定性评价方法及边坡设计原则和治理措施。主要研究内容包括：

1.开展严寒干旱地区边坡破坏工程及治理方法的调研工作

调查了解严寒干旱地区的地形地貌及气候特征；对边坡工程的稳定性进行调研，对在春季化雪期或降雨量集中期出现滑坡现象的已建边坡，收集地质资料和设计资料，总结规律性；收集国内外有关高速公路建设的设计规范和施工规程，总结严寒干旱地区已建高速公路边坡工程的成功实例。汇总公路边坡的常用加固方法和治理措施，提出了与严寒干旱地区自然环境相协调的公路边坡治理方法。

2.严寒干旱地区路堑边坡破坏失稳模式及机理分析研究

根据以往的工程经验，严寒地区边坡发生滑坡的工程事故经常发生于春季化雪期，可知滑坡的发生与冰雪的融化有着密切的联系。本项研究一方面结合岩石与土体的强度形成机理，研究融雪作用对构成边坡岩土体强度的影响；另一方面结合区域性岩石节理发育的特点，研究冻融循环导致的冰劈作用，引起岩石物理风化现象严重，导致在冻深下一定范围内岩体结构的弱化现象。

干旱地区的边坡失稳经常发生在降雨相对集中的七、八月份，可知雨水的渗入是导致边坡失稳的主要原因。本项目通过土性指标的室内实验，研究含水率发生变化时岩土体强度的降低实验成果，从而提出了降雨对边坡稳定性的影响和评价方法。

3.严寒干旱地区路堑边坡稳定性评价方法研究

通过研究植物防护方法对边坡的加固作用，模拟降雨过程雨水对研究边坡稳定性的影响及对发生滑坡的不稳定边坡进行有限元及极限平衡分析，提出了保证边坡稳定的最佳设计坡化，为严寒干旱地区岩质边坡和土质边坡的设计提供了设计依据。

4.开展化学生物固沙研究

风沙对公路边坡以及公路的危害是非常严重的，而且是多方面的，因此对处于干旱、沙漠地区的公路来说，风沙的治理是一项非常重要的工程。本项目研究通过在大量化学固沙材料和固沙研究成果的基础上，提出了改变传统化学固沙的方法，将化学固沙与生物防沙相结合，以化学固沙为辅助手段最终达到生物固沙的效果和目的的沙漠治理方案。该项技术已获得知识产权局颁发的专利证书（证书号：第392616号，专利号：ZL2006 1 0018333.2）。

5.严寒干旱地区路堑边坡的处治技术研究

根据以上的研究成果，结合严寒、干旱地区的气候特点和自然环境，本项目主要通过调查分析、室内模型试验、岩土工程建模计算、计算机仿真分析和实体工程试验段相结合的方法进行系统分析研究，系统全面地解决了依托工程内蒙古省际通道一级公路边坡设计施工技术难题，并总结出了严寒干旱地区公路路堑边坡山体的失稳评价及边坡设计施工技术方法，提出了切实可行，因地制宜的治理措施，便于在严寒干旱地区边坡工程中推广使用。

二、适用范围

研究成果适用于严寒干旱地区新建和改建各级公路的路堑边坡设计、施工和治理。对于软土、湿陷性黄土、冻土、膨胀土、其他特殊性岩土和侵蚀性环境的边坡，尚应符合现行有关标准的规定。

三、已应用情况

研究成果成功应用于内蒙古省际通道阿荣旗至苏家河畔公路，取得了显著社会经济效益和环境效益。

四、效益分析

1.社会效益分析

本科研项目针对内蒙古地区严寒干旱的特点，通过调查分析、室内模型试验、岩土工程建模计算、计算机仿真分析和实体工程试验段相结合的方法进行系统分析研究，系统全面地解决了依托工程内蒙古省际通道一级公路边坡设计中的施工技术难题，并总结出了严寒干旱地区公路路堑边坡山体的失稳评价及边坡设计施工技术方法。这些成果已经成功应用于依托工程省际通道 S216 线及新林北至扎兰屯段的工程之中，确保了道路的正常运营与车辆的安全行驶，具有良好的社会效益和环境效益。

(1)体现了"因地制宜"、"与自然环境和谐"的设计新理念。

原设计对于岩质边坡基本采用锚杆喷射混凝土 、浆砌块石或浆砌混凝土预制块全封闭防护，这样即浪费工程费用又不能使防护与周围环境相协调。采用自然坡率和植物相结合的防护方法，充分体现了"因地制宜"、"与自然环境和谐"的设计新理念。

(2)提出了严寒干旱地区山体边坡的稳定性评价及设计施工技术方法。

严寒和干旱地区的路堑边坡有其固有的设计施工特点。在严寒地区边坡主要受循环冻胀破坏，在干旱地区边坡破坏的主要方式是边坡的风蚀破坏与雨季的雨水浸润造成的边坡滑塌。通过课题的研究，系统总结了严寒干旱地区山体边坡的稳定性评价及设计施工技术方法。

(3)丰富了严寒干旱地区路堑边坡设计施工理论。

关于边坡设计施工，在交通部设计施工规范中，针对严寒干旱地区路堑边坡设计的特殊性，没有明确的规定。通过课题的研究提出了严寒干旱地区路堑边坡的设计施工理论。

2.经济效益分析

本项目的研究可以为严寒干旱地区路堑边坡的设计、施工提供可靠依据，在内蒙古省际通道工程建设中，从根本上解决了路堑边坡病害的疑难问题。该项目是本着"因地制宜、就地取材、经济实用、照顾景观"的原则进行研究开发的，故此，对很多路段原设计中的圬工体全护面防护进行设计变更改为植物防护的方法，同时对原设计坡率设计不合理的现象进行调整，这样有力地保证了营运使用中边坡的安全稳定。

依托工程内蒙古省际通道新林北至扎兰屯段一级公路位于兴安盟境内，总体走向为北北东向，起点位于新林北，终点位于扎兰屯，是省际通道的一部分。该段路线全长 81.662km，设计速度采用 100km/h，该段于 2004 年 3 月正式开工，2005 年 11 月建成通车。

该段公路在建设过程中，根据"严寒干旱地区路堑边坡稳定性评价方法与处治技术研究"的成果，对边坡原设计方案：岩质边坡坡率 1：0.7，并采取喷锚混凝土(锚杆长度 3m、喷设混凝土厚度 10cm)支护；土质边坡坡率 1：1，并采取喷锚混凝土(锚杆长度 3m、间距 120cm 梅花布置，喷设混凝土厚度 10cm)支护。优化设计为将岩质边坡坡率放缓至 1：0.8，取消喷锚混凝土，根据具体情况直接裸露坡面或采用 SNS 柔性防护植物防护；对待土质边坡，将其放缓至 1：1.2，在坡面上直接播撒种草或采用

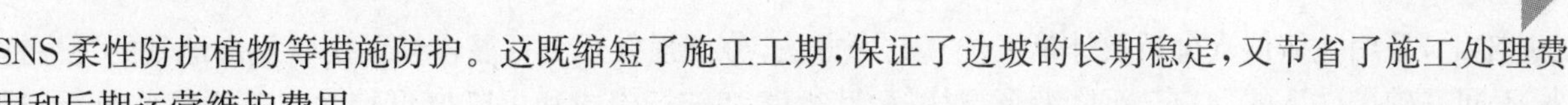

SNS柔性防护植物等措施防护。这既缩短了施工工期,保证了边坡的长期稳定,又节省了施工处理费用和后期运营维护费用。

该工程原设计边坡72 000m²,原设计边坡工程防护造价2 592万元人民币。根据研究成果取消喷锚防护,放坡增加土石方量54 000m³,土石方单价25/m³;采取SNS柔性防护植物防护6 800m²,单价165/m²,播撒草籽43 000m²,单价4元/m²;边坡治理合计费用264.4万元。该工程边坡防护工程节约费用2 327.6万元人民币。

依托工程内蒙古省道S216线位于阿拉善盟境内,总体走向为北北东向,起点位于乌达区,终点位于巴彦浩特镇,是内蒙古省际通道一部分。该段路线全长219km,2005年11月建成通车。

该段公路在建设过程中,路堑边坡的原设计方案是对沿途12 000m²岩质边坡采取锚杆喷射混凝土防护或全护面砌石防护,对沿途37 000m²沙质边坡采取坡面铺放砾石进行封层处理。根据"严寒干旱地区路堑边坡稳定性评价方法与处治技术研究"的成果,对沿途路堑边坡进行处治,相应的沙质边坡采取植物沙障防护等措施;岩质边坡结合具体情况,采取清坡处理、打锚杆或挂网防护,很好地加固了岩石边坡,而且阻止了岩石边坡的进一步风化和雨水侵蚀。通过成果应用,既缩短了施工工期,又保证了边坡的长期稳定,通过经济核算节省施工处理费用939万元。

依托工程合计节约投资约3 266.6万元人民币。

省际通道阿荣旗至苏家河畔段,路线全长2 515km,据初步统计,路堑边坡面积超过76万m²,如果采用项目研究成果与原设计相比平均节约工程费用约158元/m²,估计可节约工程费用;76万m²×158元/m²=1.200 8亿元人民币。由于该项目研究的边坡稳定性评价和处治技术措施,能够彻底治理边坡病害,保证工程质量,减少了交通事故,为道路的正常、安全运营提供保障,同时也会大大减少道路运营期的养护费用,在内蒙古类似的工程地质地区采用项目研究成果,将产生更大的经济效益和环境效益。

105. 高寒湿地公路软基处治技术研究

成果所属专题编号:呼科鉴字[2008]第0701号

成果主要完成单位:内蒙古自治区海满公路建设管理办公室、上海朗琦土木工程有限公司、天津大学岩土工程研究所、武汉广益工程咨询有限公司

联系人:张玉强

联系电话:0470-8222316,15304708905

通信地址:内蒙古自治区呼伦贝尔市海拉尔区阿里河路22号

E-mail:zhangyq.hm@163.com

邮政编码:021008

一、主要技术内容

本课题主要是通过调研、室内外试验、现场监测、数值分析及理论分析和依托工程的实践相结合的方法进行系统研究,解决公路穿越湿地软弱地基的处理技术难题,主要研究内容如下。

1.强夯开山石混合料置换墩作用机理研究

强夯开山石混合料置换墩的形成方式与碎石桩存在显著区别,由此导致其密度、承载能力、排水条件与碎石桩不同,所构成的墩也将不规则。因此,应当首先对其作用机理进行研究,掌握其基本特性,分析受力特性和有关规律,得出适用条件。

对强夯开山石混合料置换墩作用机理的研究,拟采用试验监测和数值仿真分析结合的手段进行研究。通过现场试验监测,得到强夯开山石混合料置换墩的密度、强夯墩形成的深度与扩展范围、不同时墩间土强度的变化等;通过室内试验,获得强夯开山石混合料置换墩的强度参数;在获得这些基本特性

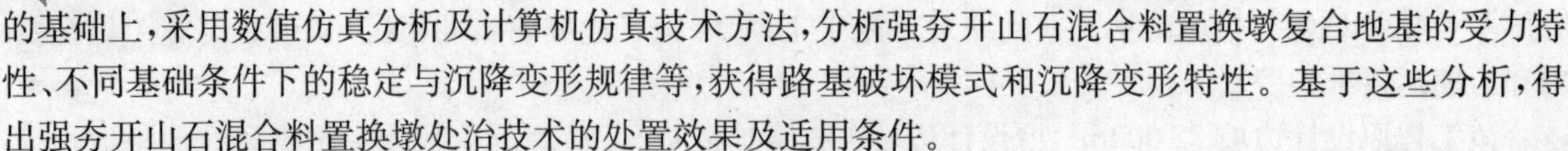

的基础上，采用数值仿真分析及计算机仿真技术方法，分析强夯开山石混合料置换墩复合地基的受力特性、不同基础条件下的稳定与沉降变形规律等，获得路基破坏模式和沉降变形特性。基于这些分析，得出强夯开山石混合料置换墩处治技术的处置效果及适用条件。

2.强夯开山石混合料置换墩处治湿地软基的设计方法研究

主要包括以下内容：

(1)建议合理的结构形式；

(2)建立复合地基的稳定性分析方法；

(3)提出承载力和沉降预估方法。

针对不同的地基和场地条件、路堤高度，强夯开山石混合料置换墩复合地基可以有垫层、也可以没有垫层；可以先形成墩，再设置垫层，也可以设置垫层后再形成墩。不同的结构形式及不同的垫层构筑方式，其效果将有所区别。因此，需要对合理的结构形式进行研究。对合理结构形式，拟主要采用数值仿真分析和计算机仿真技术结合的手段展开研究，通过分析不同结构形式及不同垫层构筑方式下的复合地基受力特性，以及对路基稳定和沉降的影响，得出不同结构形式及不同垫层构筑方式的适用条件，便于实际工程应用。

要建立工程适用的稳定分析方法和沉降预估方法，必须首先分析强夯开山石混合料置换墩处治软弱地基后的路基破坏模式和沉降变形特性。为此，对稳定性分析方法和沉降预估方法的研究，拟首先采用数值仿真分析手段，获得强夯开山石混合料置换墩处治软弱地基后的路基破坏模式和沉降变形特性，在此基础上，结合现有研究成果和前述工作获得的成果，采用理论解析方法，建立可供工程应用的稳定性分析方法和沉降预估方法。所建立的方法将考虑到参数易于获取、计算便捷简单，并可以得到工程的验证。

3.开山石混合料置换墩处治湿地软基的施工工艺与质量控制技术研究

主要包括以下内容：

(1)施工工艺；

(2)质量检测手段与方法；

(3)控制指标。

强夯开山石混合料置换墩处治湿地软弱地基的施工工艺与质量控制，主要涉及施工工艺、质量检测手段与方法、质量控制指标。对施工工艺，主要需研究合理的强夯墩形成次序，夯击能量、夯击遍数，垫层的形成方式等；对质量检测手段与方法，主要需研究强夯墩的密度及承载力、垫层密度的质量检测手段与方法、复合地基承载力的综合评价等；对质量控制指标，主要需研究强夯墩的密度及承载力要求、垫层密度的要求等。针对这些问题，本项目拟主要采取现场试验检测的手段进行研究。通过项目依托的二卡湿地软弱地基，划分出垫层振动碾压、小能量普夯、冲击碾压三种段落，进行垫层的密度测试和压实变形测试、强夯开山石混合料渣墩密度测试和承载力试验、墩间垫层的承载力试验、路堤填筑完成后的沉降观测等。根据现场试验监测结果，总结归纳出强夯开山石混合料置换墩处治湿地软弱地基的施工工艺与质量控制技术。

4.高寒湿地软弱地基路基冻胀防治技术研究

项目依托的二卡湿地软弱地基段地处高寒地区，冻深达到2～3m，路基的冻胀问题比较突出。为避免由于强夯开山石混合料置换墩处治湿地软弱地基可能带来的路基冻胀问题，需要对冻胀的影响范围、大小等进行研究，并提出防治措施。

根据对该段情况的初步分析，冻胀对路基的影响将主要出现在路基边坡坡脚部位，为防止冻胀对路基主要部位的影响，本项目提出利用该湿地段1km长桥梁施工便道弃土放缓路基边坡形成保护层的方案，防治路基冻胀。在本项目依托的二卡湿地软弱地基处治段，进行现场位移观测，获得冻胀的影响范围和大小，一方面对提出的方案进行验证，另一方面便于对方案的进一步完善。通过方案的实施和检测，归纳总结出高寒湿地软弱地基路基冻胀防治技术。

二、适用范围

强夯碎石置换墩法适用于高饱和度的粉土与软塑—流塑的黏性土等路基上对变形控制要求不严的工程，也适宜于加固厚度在7～8m以内的极软土或泥炭，且设计高程高于自然地面并需填土的路基工程或建筑场地，也适合用于厚而松(或液化)的粉土路基工程或建筑场地。

三、已应用情况

该项研究成果已成功应用于依托工程内蒙古自治区海满一级公路穿越二卡湿地软基的地基处理工程之中，取得了显著的社会经济效益和环境效益。

四、效益分析

1. 社会效益分析

本科研项目针对二卡湿地的自然地理环境及地层岩性特点，通过调查分析、室内外试验、现场检测、数据分析与理论解析相结合的方法，对强夯置换墩处理软弱地基的方法展开了系统分析研究，系统全面地解决了依托工程海满公路穿越湿地的施工技术难题，达到了保障施工工期，节省工程造价，提高工程质量，指导工程实践，丰富设计、施工理论的目的。这项技术已应用于依托工程海满一级公路穿越湿地软基的地基处理工程之中，对于利用世界银行货款建设的公路项目的按期完成具有良好的社会效益。

(1)对稳定公路两侧湿地生态系统的完整性起到了保护作用。

在《中国21世纪议程》中，湿地的保护和合理利用被列为议程的优先项目。湿地在抵御洪水、调节径流、控制污染、改善气候、美化环境等方面起着重要作用，它既是天然蓄水库，又是众多野生动物，特别是珍稀水禽的繁殖和越冬地，它还可以给人类提供水和食物，与人类生存息息相关，被称为“生命的摇篮”、“地球之肾”和“鸟的乐园”。强夯置换墩的处理方法使公路两侧的湿地还保护水利联系，对稳定公路两侧湿地生态系统的完整性起到了保护作用。

(2)体现了“因地制宜”、“就地取材”、“与自然环境协调”的设计理念。

按原施工图设计，对该段湿地软弱地基采取清淤换填片石进行地基处理，这样既浪费工程费用，又破坏了湿地的生态系统。采用对湿地不进行任何挖除，直接抛填开山石，然后强夯形成置换墩的湿地软基处理方法，充分体现了“因地制宜”、“与自然环境协调”的设计新理念。

(3)向世界银行展示了我们国家在设计、施工方面的能力和合同履约能力。

海满一级公路是利用世界银行货款建设的公路，二卡湿地的软基处理能否顺利完成，将成为整个海满公路能否按期完成的瓶颈。该方法的实施，既保证了施工工期，又节约了工程造价，向世界银行充分展示了我们国家的实力和合同履约能力。

2. 经济效益分析

本项目是本着“因地制宜、就地取材、经济实用、照顾景观”的原则进行研究开发的，根据该工程原设计方案对该段湿地软弱地基采取清淤换填片石进行地基处理，原处理费用为4 201万元人民币，再加上施工时由于沿线降雨量大，海拉尔河、新开河水位上涨，造成湿地普遍积水，平均积水深达1.5m，如果实施原设计方案，必须采取围堰、抽水的方法进行处理，将增加造价3 202万元人民币。采用抛填开山石混合料并强夯形成置换墩的软弱地基处治方案，工程费用为5 998万元人民币，节省工程费用约1 405万元人民币。

106. 山区公路防排水评定方法与抗水灾评估指标研究

成果所属专题编号：2001-318-812-34

成果主要完成单位：长安大学、陕西省交通厅、四川省交通厅

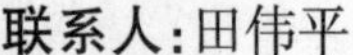

联系人:田伟平
联系电话:029-82334443,13991975693
通信地址:西安市南二环中段长安大学公路学院
E-mail:fz02@gl. chd. edu. cn
邮政编码:710064

一、主要技术内容

我国山区公路里程长,等级较低,抵御自然灾害的能力偏低,公路水毁灾害发生频繁,经济损失巨大,严重制约了当地公路建设和经济发展。随着山区高等级公路的大规模建设,公路防排水与水毁防治问题更为突出。

本项目针对山区公路防排水评价与水灾害防治问题,综合运用多个学科的理论和研究方法,通过历史资料分析、理论分析、模型试验、依托工程的现场调研与观测等手段,结合公路工程的特点,从孕灾环境、致灾因子、承灾体特征、破坏损失特点、防治对策五个方面出发,运用四类评价指标(暴雨洪水条件下山区公路的危险性评价、公路承灾体易损性评价、公路水灾害破坏损失评价、防护工程防护效果评价),对沿河公路水毁防治与评价、山区公路防排水系统评价、边坡降雨灾害评价三个方面进行了系统的研究,建立了由山区公路水灾害"点"、"线"、"面"三个层次构成的评价系统,并有针对性地提出了防治对策与工程措施。

二、适用范围

项目成果主要应用于公路交通领域的减灾防灾事业。

在公路的养护管理工作中,特别是洪水灾害管理与治理方面,运用项目提出的山区公路防排水评定方法和抗水灾评估指标,分析山区公路防排水设施的完善性和合理性,以及公路的抗水灾能力,可以较为准确地评估公路网中发生水毁灾害可能性较大的点和路段,并进行危险性分级;同时对已建公路和新建公路抵御洪水灾害的能力(承灾体的易损性)进行评价,指出易发生水毁灾害的位置和灾害类型,为主管部门在规划、设计、建设和养护管理等各个阶段,提供水灾害评估和水毁防治的决策依据;为管理部门合理安排灾害防治资金的投入和措施的实施,提供科学的指导;能够有效减少洪水灾害对山区公路交通设施以及社会经济、生态环境带来的破坏。

三、已应用情况

本项目依托工程包括已建工程与新建工程,具体有:陕西省的宝鸡至汉中二级公路、商州至山阳二级公路、镇安至旬阳三级公路、G210 线宁陕段、G108 线佛坪段、S102 线柞水段、西安至汉中高速公路;四川省的绵阳至广元高速公路、成都至雅安高速公路;云南省元江至磨黑高速公路、大理至保山高速公路等。

项目对依托工程的水毁资料进行了搜集和分析,并进行了全面的现场调查与测试;尤其是对陕西省秦岭山区的 G108、G210 和 S102 等公路进行了详细的分析研究,并对 2002 年、2003 年的水毁修复工程进行了技术支持。主要应用了山区沿河公路水毁的危险性点评价与线评价,确定主要灾害点和对应的危险等级,对防治工程设计和施工技术进行了分析,并对防治效果进行了评估。水毁修复工程完成后经过近 3 年汛期洪水的考验,基本保持完好,确保了通行安全,避免了水毁修复工程的重复投资。

四、应用效益

对项目的依托工程,通过公路防排水与抗水灾能力的全面评价,为公路水毁的防灾减灾决策提供服务。对危险等级较高的灾害点和典型路段,通过事先采用预防措施,大大减少了水毁损失,具有显著的社会效益、经济效益和减灾防灾效益。

位于陕西秦巴山区的 G108 线、G210 线及 S102 线，是当地公路交通的重要线路。水毁工程采取了一次性根治修复的方法，减少了日常养护工作量。仅根据这些依托工程路段的水毁修复路段长度计算，2002 年、2003 年以前，每年公路水毁修复资金和养护投资都达到数千万元。水毁工程修复后，这些路段平均每年投入的资金大幅度减少，平均在 1 000 万元以下，每年的直接经济效益上千万元。项目成果在四川绵广高速上应用，减少直接损失约 1 000 万元以上。

间接经济效益主要表现为保证交通畅通和行车安全，减少了运输成本，对当地经济发展和人民群众生活水平的提高具有重要意义。

此外，本项目是公路水灾害的应用基础研究，在此基础上可进一步研究公路灾害的预测预警与灾害管理。

107. 连续长大下坡路段安全保障技术研究

成果所属专题编号：2004-318-223-33-03

成果主要完成单位：长安大学、交通部公路科学研究院

联系人：刘浩学

联系电话：029-82334457，13201656581

通信地址：西安市南二环路中段长安大学汽车学院

E-mail：liuhx@chd. edu. cn

邮政编码：710064

一、主要技术内容

主要技术成果如下：

(1)系统总结分析了连续长大下坡事故多发路段车辆交通肇事的原因和规律。

(2)首次提出用 2km 或 3km 平均坡度作为纵断面参数指标，研究连续长大下坡路段事故率与纵断面参数关系，获得了纵坡坡度与交通事故发生的规律。

(3)建立了重型车辆制动器温升数学模型。

(4)首次建立了长大下坡路段载货汽车制动效能热衰退预测模型。

(5)提出了我国长大下坡路段载货汽车制动效能严重下降的温度控制点(290～300℃)，开发出载货汽车制动器温升计算软件系统。

(6)提出了适合山区公路的设计车型，对爬坡车道设置原则和最大纵坡值进行了修订。

(7)首次提出公路长大纵坡路段量化标准，丰富完善了公路设计标准规范中纵断参数取值。

(8)系统进行了公路避险车道设置及设计参数的研究。

(9)确定了保障避险车道安全运营的措施和附属设施，制定了《避险车道设计指南》。

(10)依据长大下坡路段实际车辆运行状况，系统提出了长大下坡路段安全设施设置技术及要求。

(11)制定了《连续长大下坡路段安全设施设计指南》。

本课题研究内容在广度和深度方面均达到了较高水平，多项研究成果在行业中具有重要影响，其中车辆持续制动系统与主制动器联合作用时，车辆下坡过程中制动效能热衰退分析模型达到了国际领先水平。

二、适用范围

本项目为西部交通建设科技项目，课题编号 2004-318-223-33-03。本项目在大量实际道路交通事故调查的基础上，对公路长大下坡路段交通事故特征、机理和规律进行了深入分析；通过室内实验和实

际道路试验，建立了载货汽车制动器温升模型以及持续制动系统与主制动器联合作用时，车辆下坡过程中制动效能热衰退分析模型；并应用相关成果对现行公路设计规范和标准进行分析，提出公路长大下坡路段交通安全保障技术；最后在依托工程实际中对相关成果进行了实践。本成果可广泛应用于公路设计、事故多发路段改造以及公路安全评价，对国家和行业相关标准的制、修订也有重要参考作用。

三、已应用情况

(1)交通部公路科学研究院在云南罗富(罗村口—富宁)高速公路(全长79.37km)安全性评价中，应用长大下坡路段载货汽车制动效能严重下降的温度控制点(290～300℃)，以及开发出的《载货汽车制动器温升计算软件系统》，对长大下坡路段进行安全性评价，提出在危险路段设置避险车道的必要性。

(2)新疆高等级公路管理局对312国道四台段的安全改善工程应用。工程位于博尔塔拉蒙古自治州博乐市境内，路线起点在博乐岔路口附近，终点在塞里木湖边，全线长63.28km。

(3)陕西省公路局在108国道棋盘关段的安全改善工程中应用，道路桩号从K1780～K1784＋650进行运营安全状况改善。

(4)长安大学在云南罗富(罗村口—富宁)高速公路整治工程实施方案中进行了相关成果的应用。

四、应用效益

(1)本项目研究成果首先可为《公路工程技术标准》和《公路线型设计规范》相关条款修订提供重要技术支撑。

(2)成果中的《载货汽车制动器温升计算机软件系统》，可为公路设计人员对连续长大下坡路段的安全性设计提供良好的校核工具，已在公路设计部门发挥了重要作用。

(3)《避险车道设计指南》和《连续长大下坡路段安全设施设计指南》将对事故多发路段改造和全国范围内“安保工程”实施提供技术支持，具有广泛的推广应用价值。

108.垦区公路盐胀和冻胀病害防治技术应用研究

成果所属专题编号：交科鉴字[2007]第24号

成果主要完成单位：新疆生产建设兵团勘测规划设计研究院

联系人：李世芳

联系电话：0991-2318584

通信地址：新疆乌鲁木齐市建设西路16号

邮编：830002

一、主要技术内容

垦区地处冰冻盐渍土地区的公路病害其特征差异较大，病害机理复杂，而现有研究均是针对单纯的盐胀或冻胀病害进行机理或防治研究，研究成果对于垦区特殊的环境适用性不足，特别是对冰冻盐渍土地区盐胀和冻胀综合病害的研究很少，致使该地区公路病害一直成为困扰公路建设的“顽症”。为了解决垦区公路盐胀和冻胀病害，保证公路的使用品质，本项目以分布于新疆的兵团垦区为研究区域，针对垦区特殊的地理环境和气候条件，对垦区公路盐胀和冻胀病害进行分类、评价，在对垦区六个师20余条、近1 000km公路跟踪调查和分析的基础上，结合南北疆两条总计50多公里的试验路试验，提出垦区公路冻胀及盐胀病害的类型、地域分布状况和地域防治。并结合垦区地理环境及气候条件，针对垦区公路盐胀和冻胀破坏的特征，分析研究了垦区公路盐胀和冻胀病害的影响因素和发病机理，并提出了防范深度建议值；针对不同冰冻盐渍土地区公路病害类型，在室内室外试验及参考有关资料的基础上，对其

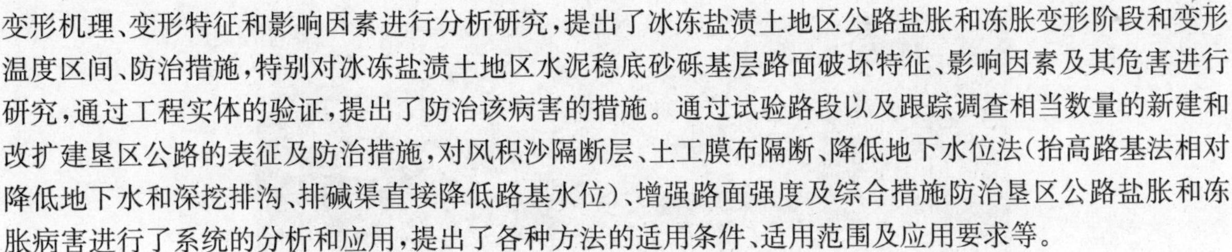

变形机理、变形特征和影响因素进行分析研究，提出了冰冻盐渍土地区公路盐胀和冻胀变形阶段和变形温度区间、防治措施，特别对冰冻盐渍土地区水泥稳底砂砾基层路面破坏特征、影响因素及其危害进行研究，通过工程实体的验证，提出了防治该病害的措施。通过试验路段以及跟踪调查相当数量的新建和改扩建垦区公路的表征及防治措施，对风积沙隔断层、土工膜布隔断、降低地下水位法(抬高路基法相对降低地下水和深挖排沟、排碱渠直接降低路基水位)、增强路面强度及综合措施防治垦区公路盐胀和冻胀病害进行了系统的分析和应用，提出了各种方法的适用条件、适用范围及应用要求等。

二、适用范围

该课题的研究成果适用于冻胀、盐胀及其综合病害的路段，尤其是冰冻盐渍土地区公路病害的防治。

三、已应用情况

在农八师新西线公路和农一师阿塔公路试验段实施，根治了该路段盐胀和冻胀病害，取得了很好的工程实践效果和可观的经济效益；该课题的研究成果在兵团多条公路上进行了应用。

四、效益分析

本项目的研究成果之一——风积沙防治公路盐胀和冻胀病害对砂砾石料远距离运输及风积沙储量丰富地区公路修筑所起的作用是巨大的，直接经济效益也是比较明显的，以新西线公路为例，取得经济效益 278.66 万元，平均每公里降低处理病害造价达 42.28 万元；并且在农一师阿塔公路进行了应用，采用综合处治措施，根治了困扰该公路多年的盐胀、冻胀问题，取得了很好的效果。

109. 沥青路面快速检测与养护技术研究

成果所属专题编号：交科鉴字[2007]第 133 号

成果主要完成单位：交通部公路科学研究院、宁夏回族自治区公路管理局、四川省交通厅公路局

联系人：潘玉利

联系电话：010-62388353，13601163886

通信地址：北京市海淀区西土城路 8 号

E-mail：panyuli@cpms.com.cn

邮政编码：100088

一、主要技术内容

本项目针对沥青路面快速检测及养护技术，开展了多年的研究攻关工作，系统地研究了相关领域的关键技术及装备。

(1)研究开发了具有我国完全自主知识产权的多功能路况快速检测系统(CiCS)(图 1)高科技装备。CiCS 能以车流速度(0～100km/h)同时检测路面损坏(裂缝)、道路平整度、路面车辙、构造深度和前方图像数据，检测路面裂缝分辨率达到 1mm。与传统检测方法(人工检测)比较，路况快速检测系统(CiCS)装备能提高路面损坏检测速度 18 倍以上。CiCS 具有稳定、可靠、实用的特点，能适合高速公路繁忙交通，也能用于一般公路差路况的检测(稳定性)；既能用于大规模、长时间的网级路况检测，也能用于项目级系统的精确检测(可靠性)。CiCS 与我国早期开发的路面自动弯沉仪(ABB)和横向力系数检测车(RiCS)共同构成了我国路况快速检测的三大快速检测装备体系(图 2)。

(2)研究开发了具有我国完全自主知识产权的路面损坏自动识别系统软件(CiAS)(图 3、图 4)。路

图 1　多功能路况快速检测系统(CiCS)

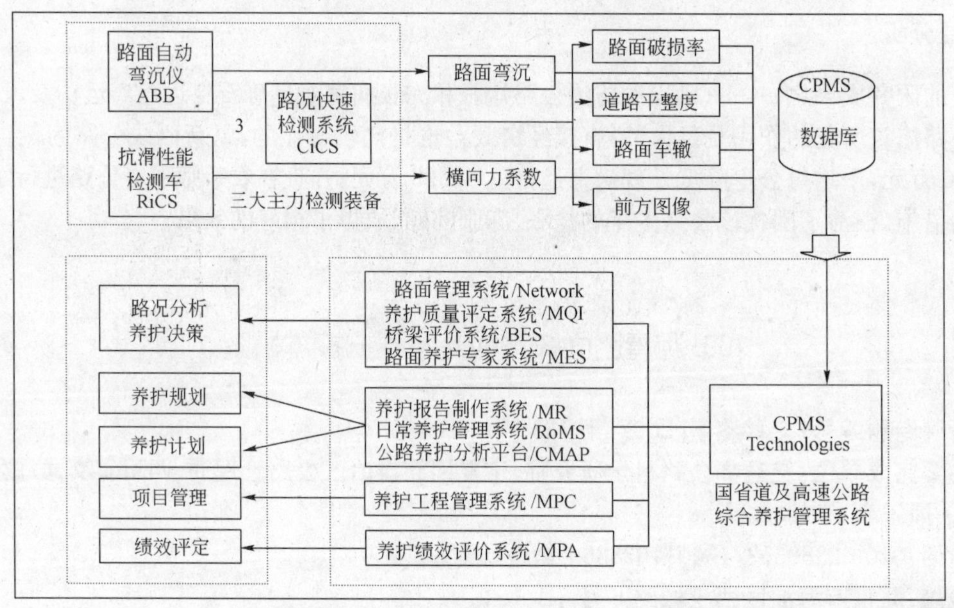

图 2　路面管理系统(CPMS)与三大快速检测装备体系

面损坏识别准确率由传统人工检测的 60％～75％提高到 95％以上。CiAS 的研究成功显著地提高了路面损坏检测的效率和检测结果的准确性。

(3)研究提出了路面结构强度足够概率的预测方法，突破了传统的检测模式，大大降低了长期以来的路面弯沉检测工作强度。基于此项技术，可减少路面弯沉检测里程 75％，全国约 17 万 km(22.6 万 km×75％)，减少的检测里程相当于提高弯沉检测工作效率(检测与数据处理)3 倍以上。

(4)深入地研究了我国路面车辙的特点和发展规律，提出了用于公路养护管理的路面车辙评价技术、预测模型和评价标准，其成果已纳入正在编制的《公路技术状况评定标准》。

(5)系统地研究了我国公路管理中常用的路面快速检测装备与传统检测方法的关系，建立了我国公路快速检测装备配置方案和技术指南，为我国公路养护管理部门合理配置快速检测装备提供了技术支撑。

(6)提出了路面养护工程模糊分类模型，开发了首个具有人工智能特征、可用于路面损坏原因诊断与损坏修复分析的项目级沥青路面养护专家系统。

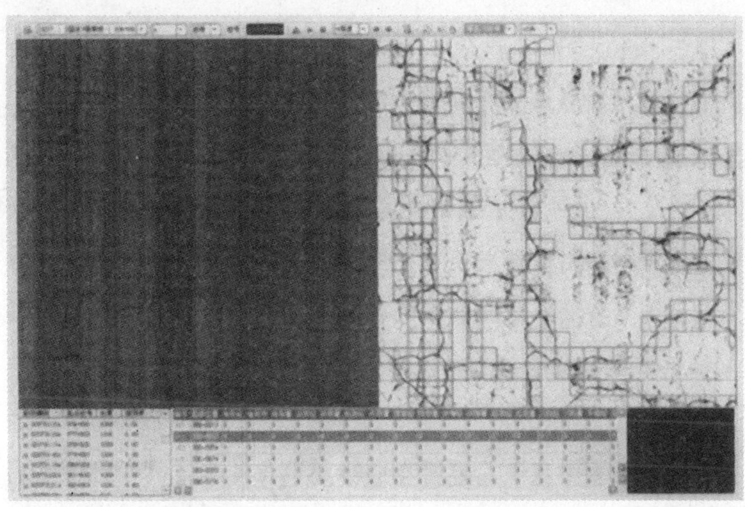

图3　路面损坏识别系统(CiAS)软件(相对比例:100%)

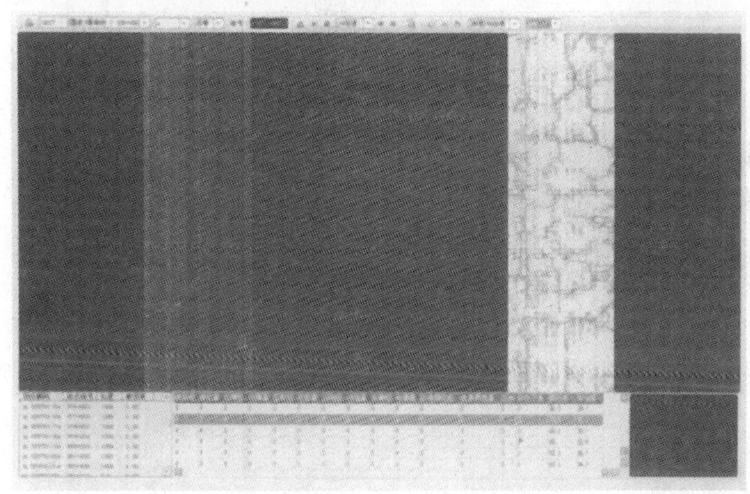

图4　路面损坏识别系统(CiAS)软件(相对比例:50%)

二、适用范围

沥青路面快速检测与养护技术研究改变了长期以来路况检测依靠人工目测和手工丈量的传统方式,减少封闭交通对公路运营的影响,提高了路况指标检测的效率和准确性,为我国国省道及高速公路路面管理提供准确、可靠和具有可比性的动态路况数据及科学的养护分析方法。项目研究的技术成果可广泛应用于各级有铺装公路的路况检测、路况评价和养护决策等公路养护管理领域。

三、已应用情况

目前已有7套CiCS系统投入浙江、山东、四川、广东、安徽、吉林等地用于大规模路网检测,至2008年年底已完成路网快速检测7万余公里。CiCS系统还被交通部列为2010年全国公路大检查工具,并与英国HWDO公路就CiCS系统国际市场开发和国外推广事宜签署了合作协议,在获得英国TRL认证的基础上,将率先在英国、然后逐步在欧盟共同体国家推广应用。在未来5年,预计每年将生产6～10套CiCS系统投入全国各地及世界主要国家的养护工作中。

路面快速检测技术、损坏识别技术、车辙评价技术、车辙评价标准、路面结构强度足够概率预测技术等新技术、新方法、新成果,已经被纳入交通部2007年颁布的《公路技术状况评定标准》(JTG H20—2007)。

目前,浙江、山东、安徽、河北、吉林、广东、深圳等10多个省市已建立了基于路况快速检测系统(CiCS)装备和路面养护专家系统的公路科学养护决策体系。

四、应用效益

本项目研究成果推广应用的直接经济效益到目前为止超过了2亿元，包括项目成果的直接出售效益约2 000万元、依托该项目成果的长期合作的路况检测效益约7 000万元、成果应用给公路管理部门带来的经济效益约1.1亿元(含养护决策准确率提高带来的养护资金利用率的提高、免除弯沉检测带来的检测费用节省、由于快速检测技术应用带来的用户费用及交通控制成本、交通事故的降低等)。

路况快速检测技术及装备成果的应用，降低了道路检测的危险性，减少了检测工作对正常交通的干扰，提高了检测效率，具有明显的社会效益。

路面快速检测及养护技术研究成果的大规模推广应用，带动了公路自动检测、技术状况评价和养护分析技术的发展，提高了我国特别是西部地区公路管理的现代化水平，促进了我国公路行业的科学技术进步。

110. 复合式路面反射裂缝处治措施研究

成果所属专题编号：2003-353-341-330

成果主要完成单位：河南省交通科学技术研究院有限公司

联系人：田莉

联系电话：0371-68970175，13733696566

通信地址：河南省郑州市航海中路219号

E-mail：tianli22@gmail.com

邮政编码：450006

一、主要技术内容

该成果主要研究了复合式路面反射裂缝处治技术，从旧水泥混凝土路面修补、夹层和加铺层设置等方面研究防治反射裂缝的措施，运用三维有限元方法分析反射裂缝产生的机理，对选定的复合式路面结构进行计算分析，提出了复合式路面结构组合设计方法及排水系统设计方法。分别从旧水泥混凝土路面修补、夹层和加铺层设置等方面研究了不同路面状况的旧水泥混凝土路面防治反射裂缝的措施及施工工艺，对改性沥青胶砂夹层、大粒径沥青混合料和纤维沥青混合料加铺层进行了配合比优化设计，提出了相应的施工工艺与质量控制方法。

二、适用范围

复合式路面反射裂缝处治技术适用于旧水泥混凝土路面加铺沥青面层的复合式路面。

三、已应用情况

S220线许尉至小南海段原路面为水泥混凝土，由于运营多年，已经出现较多病害，经过对水泥混凝土路面现状的调查和研究，决定对其进行改建。经过研究确定了改建方案，先对损坏的水泥混凝土板进行修补，然后在其上加铺沥青混凝土层。

试验段路面采用3种加铺层结构，分别为15cm级配碎石＋4cm AC20＋3cm AC16、10cm开级配大粒径沥青混合料＋5cm AC16、10cm密级配大粒径沥青混合料＋5cm AC16，每种结构加铺层铺筑长度均为200cm。从将近两年运营情况来看，3种结构的试验段路面均未产生反射裂缝，也未产生其他病害，使用效果良好。

四、应用效益

从 S220 线许尉至小南海段将近两年运营情况来看，3 种结构的试验段路面均未产生反射裂缝，也未产生其他病害。效果显著，社会效益良好，表明该研究成果适用性强，具有较强的可操作性。

111. 福泉高速公路沥青路面病害机理分析与治理技术研究

成果所属专题编号：闽交科鉴字[2008]第 08 号
成果主要完成单位：福建省福泉高速公路有限公司、福建省交通科学技术研究所
联系人：卜力平
联系电话：0591-83370406，13950401793
通信地址：福州市五一中路 104 号
E-mail：bulpsl@sina. com
邮政编码：350004

一、主要技术内容

福泉高速公路是沈海高速福建段的重要部分，交通量大，起点位于福州长乐市营前，终点位于泉州市西福，全长 165. 913km，于 1999 年 9 月正式通车运营。近几年来，路面出现大面积不同程度、不同类型的破坏，裂缝、坑槽、沉陷、车辙比比皆是，大体上究其原因，一是日益增长的远超出设计预期的交通量，二是恶劣复杂的气候条件，三是当初设计施工水平的限制，四是维修养护水平欠佳及由此带来的渠化交通。

本课题研究正是基于此，采用全套自动检测设备，结合对福泉高速公路近年的使用状况进行了调查，对使用性能进行了全面检测，对其主要病害的产生机理进行深入分析，并提出了针对相关病害的治理方案，尤其是沥青混凝土热再生技术，为后期的维修养护提供充足的依据，使之更有针对性，让有限的养护资源得到充分利用。本成果一可以保护环境，二可以节约资金，三可以提高路养性能，一举三得。

为此，本课题进行研究并完成的内容主要有：

(1)搜集福泉高速公路设计、施工、验收、养护及交通量等资料。

(2)国内外类似高速公路的使用情况和研究现状调查。

(3)对福泉高速公路使用质量进行全面的检测与评价，包括破损、弯沉、横向力系数、基层缺陷等。

(4)有针对性地进行补充检测，如路面取芯、级配分析及挖坑探槽。

(5)依据检测结果，从福泉的地理气候、交通量、原材料、路面结构、建设养护水平等方面对路面病害进行机理分析。

(6)提出各类病害相应的预防和治理方案，尤其是现场就地热再生沥青混凝土施工技术。

(7)已采纳治理方案的工程效果跟踪。

二、适用范围

本课题对病害治理采用了先进的沥青路面就地热再生新技术，该技术是将需要翻修或废弃的旧沥青路面，经过翻挖回收、破碎、筛分，再添加适量新集料、新沥青或再生剂等，重新拌和，形成符合路用性能要求的再生沥青混合料，再用于铺筑路面的整套工艺技术。该技术节能环保，特别适用于像福建等南方沿海地域特征和高温多雨气候条件，同时废物利用，降低了高速公路沥青路面建设和养护成本，符合

我国资源节约型、环境友好型的基本国策，对保护环境以及对我国公路建设的可持续发展都具有深远的意义。

三、已应用情况

福泉高速公路是沈海高速的重要部分，也是交通部规划的沿海大通道的重要组成部分，担当着省会福州与闽南金三角主动脉的角色，是福建沿海黄金地带和各港口城市的政治、经济、文化中心和水陆交通运输的枢纽，同时承担着进出口外贸物资和港澳台同胞及华侨归国探亲、观光、投资的运输任务，对海西建设发展及我国的经济、政治、国防具有十分重要的意义。

通车8年多，福泉高速公路全线从路基到路面均出现大面积病害，如车辙、裂缝、坑槽等，不少路段出现基层水毁的现象。路面破损导致路用性能下降，行车的舒适性、安全性受到极大的影响。2004年业主开始路面中修，但路面质量并未得到根本性的改善，病害往往在修复不久后复现。如何有针对性地开展路面养护工作，将有限的养护资金用到实处、收到实效，是高速公路养护工作的根本出发点。

课题组利用先进的自动检测设备对全线路面的破损、弯沉、抗滑、面层厚度和基层缺陷等进行了检测，结合路面现场取芯、旧沥青混合料级配分析及挖坑探槽等方法，对路面的使用性能进行了系统全面的评价，并给出了翔实的检测数据；同时对病害的成因进行了细致全面的分析，找到了各类病害的根源所在，为路面的养护维修提供了有力的依据。在此基础上，课题组结合各种病害及其成因，提出了相应的治理方案，并给出了需要处置基层的路段桩号，作为日后路面维修的指导依据。

业主2007年的中修按照课题组的维修养护建议进行，取得了良好的效果，维修后的路面具有良好的使用性能，使用寿命得到延长，并且为业主节约了养护资金，经济效益可观。

四、应用效益

福建省福泉高速公路有限公司近两年每年投入的高速公路维修养护费用在5 000万元左右，假定全部检测费用500万元，占维修总费用的10%。如果按照本课题的研究成果，对病害路面进行针对性的治疗，减少盲目性，一则可以减少因错医过医造成的资金浪费；二则可以最大限度地保证路面病害得到有效医治，改善路面质量，延长使用寿命；三则可以降低日后养护维修的投入，按照目前的情况，若维修后的路面性能多维持一年，则可以减少5 000万元的维修投入，效益相当显著。

同时，沥青混合料的再生利用，有利于处治废料，节约能源，保护环境。就地热再生由于旧沥青混合料得以全部利用，减少了新材料的开采，也不存在旧沥青混合料的运输和废料随意弃放的问题，且施工过程没有粉尘和废气的污染。因而沥青混合料的再生利用，具有显著的经济效益、社会效益和环境效益，被人们称之为“绿色”施工技术。

112. 安徽江淮膨胀土工程特性及路基处治关键技术研究

成果所属专题编号：安徽省交通科技进步计划[2005]第15号

成果主要完成单位：安徽省交通投资集团有限责任公司、安徽省公路勘测设计院、中国科学院武汉岩土力学研究所

联系人：段海澎

联系电话：0551-4299622，13965007887

通信地址：合肥市长江东路1157号

E-mail：hfdhp@163.com

邮政编码：230011

一、主要技术内容

膨胀土工程问题是安徽省江淮地区高速公路建设中遇到的主要技术难题之一。本项目针对膨胀土用作路基与地基填料的适用性、膨胀土路基处治方法、边坡防护处理方法与技术等公路建设中亟待解决的问题，开展了系统的研究，建立了直接用于路基与地基回填的膨胀土填筑标准；探索了膨胀土的改性方法，弄清了改性土的力学性能及其相关影响因素，给出了改性土最佳掺和比及压实标准；深入研究了膨胀土边坡稳定性问题及控制因素，提出了边坡稳定性分析方法及工程加固措施，为膨胀土回填、膨胀土改性及挖、填方边坡的合理设计提供科学依据，直接指导工程实践，同时为进一步推动膨胀土及非饱和土力学学科的发展作出了学术上的贡献。

研究成果获得 2008 年度安徽省科技奖三等奖。

项目的主要创新点为：

(1)针对安徽江淮膨胀土建立了一种新的含液限、塑性指数、自由膨胀率、黏粒含量、标准吸湿含水率等 5 个指标的膨胀土判别与分类的模糊综合评判法和一种新的膨胀土判别分类的 Fisher 判别分析方法。

(2)首次开展了控制相对湿度的裂土裂隙演化过程试验，导出了裂隙演化的状态方程，揭示了裂土裂隙的演化过程，为裂隙黏土的工程行为分析奠定了基础。

(3)建立了裂土运动波—两域优势流模型，获得了一种分析土体裂隙入渗的有效方法，并首次尝试将土壤优势流理论应用于裂土边坡雨水入渗及其对边坡稳定性的影响分析，获得了一种分析降雨诱发膨胀土滑坡的新方法。

(4)对膨胀土的工程特性进行了系统的试验研究，全面阐述了膨胀土的压实、胀缩和强度与变形特性的变化规律及其影响因素，提出了对弱或中膨胀土压实的施工原则、填筑控制标准，既保证了填筑质量，又降低了施工难度，标准更趋合理。

(5)针对膨胀土路基的特点，建议了膨胀土路基的合理结构形式，并首次在安徽省膨胀土地区全面推广膨胀土包边方案，取得了显著的经济效益。

(6)首次开展了降雨对路基填筑影响的研究，提出了雨后膨胀土填料的处治方法。

经专家委员会鉴定，认为该项目总体上达到国际先进水平。

二、适用范围

该成果的适用领域为膨胀土分布地区公路勘察、设计、施工、监测、科研领域以及地质灾害防治领域。

三、已应用情况

项目已在沪陕高速公路合肥至叶集段工程中成功应用，解决了工程建设中所面临的重大工程问题，取得很好的效果。本项目的研究方法与相关技术已推广应用到了安徽省合肥至阜阳高速公路、合肥北环高速公路、济南至广州高速公路周集至六安段等工程的勘测、设计及施工中，应用效果良好。

四、效益分析

研究成果先后在安徽省江淮地区多条等高速公路建设中得到应用，累计创造经济效益超过 1.27 亿元。

本项目提出的中膨胀土路堤包边方案和弱膨胀土直填技术的运用，既明显节约了工程投资，又大大减少了石灰对公路沿线的环境污染；骨格防护与植物防护相结合的综合方式的推广应用，保证了路堑和路堤边坡的长期稳定性，同时达到了与周围环境协调一致和自然美观的效果，具有重大的社会效益和环境效益。

研究还推进了膨胀土地区公路工程勘察设计施工的技术水平，促进了行业的技术进步。

技术可以推广到铁路路基、水利渠道等工程领域。

技术转让方式：可以合作开展研究，针对具体工程的地形地质条件，应用本研究成果，进行系统研究，以解决工程实际问题，促进共同进步。在中膨胀土路堤包边方案和弱膨胀土直填技术方面，可以提供有偿培训。

113. 寒区高等级公路路基边坡稳定性及对应技术措施研究

成果所属专题编号：黑科交鉴字[2007]第012号

成果主要完成单位：黑龙江省交通科学研究所、黑龙江工程学院

联系人：曾明鸣

联系电话：0451-86671680

通信地址：哈尔滨市南岗区清滨路92号

E-mail：hih666666@163.com

邮政编码：150080

一、主要技术内容

由于气候等因素影响，黑龙江省已建高等级公路路基边坡经常出现坡面冲蚀、浅层滑塌、防护工程损坏、滑落等病害，不仅直接影响公路的整体使用功能和环境协调，而且大大增加后期养护、维修的难度与费用。因地域和经济发展条件的局限，同国内其他地区一样，相关研究总体上比较匮乏，防护技术依据不足，缺乏地区性的典型防护模式，植物品种选择和路堑边坡坡度的确定有随意性等问题依然存在。课题调查总结了黑龙江省高等级公路土质路基边坡主要防护形式、使用现状，分析了边坡病害的主要表现形式及其影响因素，在系统观测和室内外试验的基础上，对土质路基边坡冻融滑塌损坏、冲刷临界坡度等进行了深入分析。明确了冻融滑塌各影响因素的作用方式，确认了在常用路基坡度范围内（1∶1～1∶2），边坡冻融滑塌的关键影响因素不是坡度而是抗剪强度。与减缓坡度相比，在可能的路基坡度范围内，减缓坡度不能避免冻融滑塌的发生，同时分析结果表明，坡面圬工附加荷载对边坡滑塌稳定性有明显的影响。提出了冻融滑塌稳定性验算公式，所提出的验算公式可用于各因素的定量分析评价。课题对黑龙江省不同自然区划的降雨强度进行了划分，利用力学法对边坡冲刷临界坡度进行了分析，由于1∶1的坡度处于临界坡度范围内，受雨水冲刷的影响严重，应予避开或加强冲刷防护设计，并通过试验提出了推荐的防护形式和相关施工工艺。

二、适用范围

本项研究可以在很大程度上解决目前季冻区公路路基边坡在竣工通车后仍需要投入大量资金进行维修的问题，从而延长公路的使用寿命。课题成果提供了有关的理论依据和适用的分析验算模型，指出了应予避开的临界坡度，能够有效解决季节性冻土地区公路路基边坡冻融滑塌稳定性设计技术依据不足的问题。研究推荐的边坡防护植物“马蔺”不仅弥补了强烈日照边坡上人工草本植物难以存活的不足，而且立足于国内广泛分布的本土植物，可避免外来植物品种对道路周边环境的影响，有助于摆脱公路边坡植物防护沿用城市园林绿化的常见做法。该项目属于公路建设的基础性应用成果，主要体现在设计参数、方法和理念的改变上，可作为有关规范修订或补充的参考。

三、已应用情况

黑龙江省由于气候条件特殊，春融期部分路段边坡易出现浅层滑塌等病害，对行车和公路环境都有

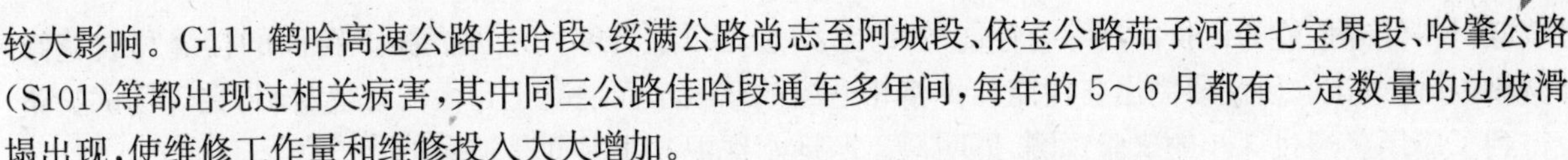

较大影响。G111鹤哈高速公路佳哈段、绥满公路尚志至阿城段、依宝公路茄子河至七宝界段、哈肇公路(S101)等都出现过相关病害,其中同三公路佳哈段通车多年间,每年的5～6月都有一定数量的边坡滑塌出现,使维修工作量和维修投入大大增加。

同三公路佳哈段应用本课题成果对路基边坡进行防护处理,采用土工格室配合土工滤排水材料、马蔺草等边坡防护技术,实施边坡防护约300m长。

齐齐哈尔地区利用本课题成果进行边坡防护绿化,施工路段共22处,累计4 000多延长米。克东县也利用本课题成果进行边坡防护施工,实施边坡坡长约200m(平均坡高10m)。

以上路段在采用本课题成果进行边坡防护处治后,有效解决了春融期公路边坡浅层失稳、冻融滑塌问题,并提高了边坡的绿化覆盖率,改善了公路运营环境。

四、应用效益

同三公路佳哈段有关路段应用课题成果进行边坡防护绿化,有效避免了公路边坡的冻融滑塌,节省了维修养护费用,按每平方米节省40元恢复费用计算,实施坡长300延长米(平均坡高14m),共节约17万元。克东县实施坡长约200延长米(平均坡高10m),共节约8万元。

齐齐哈尔地区参考课题成果,防护边坡累计4 400m,减少使用种植土5 184m^3,按坡面长7.2m计算,减少后期病害维修等费用约210万元;坡面绿化防护生态环境效益8.6万元/年,以公路使用15年计,累计产生生态效益约238万元,应用效益合计473万元。另外,有效的坡面防护减少了水土流失,提供了良好的沿线自然景观,社会效益十分显著。

114.寒区高等级白色路面损坏维修成套技术研究

成果所属专题编号:交科鉴字[2007]第17号

成果主要完成单位:黑龙江省交通科学研究所、黑龙江省公路局

联系人:孙巍

联系电话:0451-86670265,13394500515

通信地址:哈尔滨市南岗区清滨路92号

E-mail:hljsunwei126.com

邮政编码:150080

一、主要技术内容

通过对黑龙江省水泥混凝土路面损坏情况的调查,认真分析了黑龙江省水泥混凝土路面损坏的原因,找出了解决病害的方法,筛选出适合于寒区水泥混凝土路面的裂缝和接缝修补材料,并研制出适合寒区水泥混凝土路面的填缝材料。同时研制出新型表面破损修补材料及板下封堵的灌浆材料,用改性乳化沥青稀浆封层处理板面磨损。从修补材料到修补工艺上,形成寒区水泥混凝土路面维修成套技术,这对于提高寒区修补路面的耐久性,延长寒区水泥混凝土路面的使用寿命具有重要的意义。

项目组为补充现有规范评价方法的不足,自行设计了填缝料与水泥砂浆黏结强度试验,考察了填缝料与水泥混凝土之间的抗弯强度、抗拉强度及伸长量,模拟了填缝料实际受力状态,结果表明此方法简便、有效、实用。

项目组在大量的跟踪调查和室内外试验的基础上,首次提出建立填缝材料低温性能的综合评价方法和评价体系,提出了相应的指标要求和评定等级,方法简单而且能够准确、全面、定量的评定填缝材料的低温性能,并通过与实际工程的使用效果比较,验证了评价方法和评价体系的合理性和正确性。通过

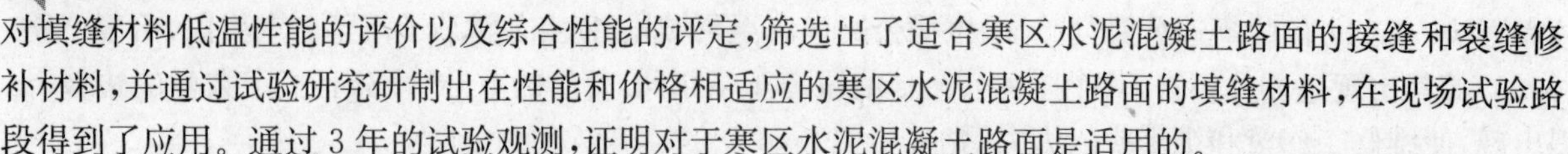

对填缝材料低温性能的评价以及综合性能的评定，筛选出了适合寒区水泥混凝土路面的接缝和裂缝修补材料，并通过试验研究研制出在性能和价格相适应的寒区水泥混凝土路面的填缝材料，在现场试验路段得到了应用。通过3年的试验观测，证明对于寒区水泥混凝土路面是适用的。

首次提出采用半刚半柔性材料水泥乳化沥青作为板下封堵的灌浆材料，更新了灌浆材料的理念，并通过现场灌注，弯沉检测，达到了使用要求。

二、适用范围

适用于寒冷地区水泥混凝土路面的裂缝、接缝损坏维修；板下脱空的处治；表面破损、麻面、磨光修补技术。

三、已应用情况

该项目在哈大公路和绥北路进行了灌缝和板下封堵，累计灌缝2km。3年来经过观察，填缝料与混凝土壁黏结良好，没有出现挤出、剥离，低温性能良好。同时对板下封堵水泥混凝土板通过弯沉检测，封堵效果良好。

四、效益分析

1.经济效益方面

课题组研制的灌缝料价格为6 000元/t，每延米灌注费用为2.16元，哈大高速公路曾用过的“科来福”灌缝料价格17 000～18 000元/t，每延米灌注费用为10.12～10.48元，用课题组研制的灌缝料进行灌注，每延米灌注费用可节省8.32～8.96元。粗略计算，哈大公路双幅行车道和超车道需灌注里程最少也需40km，绥北路灌注里程约为20km，节约成本8元×60km＝48万元，因此1年可节省48万元。3年没有进行再灌缝，相当于节约144万元。同时，板下封堵采用新型灌浆材料1年可节省40万元，3年来没有进行再维修，相当于节省120万元。3年共节省264万元。

2.社会效益方面

研究成果对于提高寒区水泥混凝土路面的服务水平，延长水泥混凝土路面的使用寿命，降低维修造价，减少水泥混凝土路面的维修养护成本起到了重要的作用。同时研究对于水泥路面养护方面相关标准规范的完善与补充具有重要的推动及指导意义。其社会效益和经济效益显著。

115.重庆市国省道公路桥梁防护加强工程关键技术研究

成果所属专题编号：

成果主要完成单位：重庆市公路局、重庆交通大学

联系人：王庆珍

联系电话：023-89186733，13983195217

通信地址：重庆市渝北区新牌坊二路148号

E-mail：Wang-qz2002@163.com

邮政编码：401147

一、主要技术内容

项目在重庆国省道公路桥梁防护系统现状调查及安全隐患分析工作的基础上，通过开展桥梁防护体高度与车辆安全行车速度之间的关系、防护体抗碰撞能力要求等方面的研究，以量化参数的方式，为重庆国省道公路桥梁防护系统的加强提供依据与原则；依托丰富的实践工程，从加强设计构造形式、根

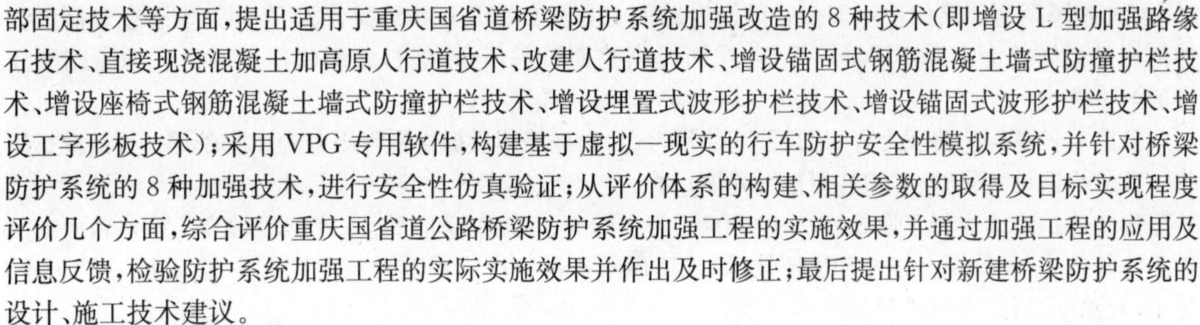

部固定技术等方面，提出适用于重庆国省道桥梁防护系统加强改造的 8 种技术(即增设 L 型加强路缘石技术、直接现浇混凝土加高原人行道技术、改建人行道技术、增设锚固式钢筋混凝土墙式防撞护栏技术、增设座椅式钢筋混凝土墙式防撞护栏技术、增设埋置式波形护栏技术、增设锚固式波形护栏技术、增设工字形板技术)；采用 VPG 专用软件，构建基于虚拟—现实的行车防护安全性模拟系统，并针对桥梁防护系统的 8 种加强技术，进行安全性仿真验证；从评价体系的构建、相关参数的取得及目标实现程度评价几个方面，综合评价重庆国省道公路桥梁防护系统加强工程的实施效果，并通过加强工程的应用及信息反馈，检验防护系统加强工程的实际实施效果并作出及时修正；最后提出针对新建桥梁防护系统的设计、施工技术建议。

二、适用范围

本项目属交通运输科学技术领域，属桥梁加固增强改造研究课题，适用于全国特别是西南山区都给予关注的防止车辆坠桥造成群死群伤事件的研究领域。

三、已应用情况

本课题研究成果已在重庆市国省道 275 座桥梁中得到了应用，覆盖重庆全部 23 条国省道。随着工程的全部完工，重庆市国省道公路桥梁防护系统的防护能力大大加强，汽车坠桥事故的发生概率也大大减小。在已完成的桥梁防护系统中，已经有很多桥梁的防护系统已经发挥了重要的作用，很好地保护了人民生命财产的安全。

四、效益分析

本项目实施后，因大幅度减少车辆发生侧翻坠桥、造成群死群伤事故而挽救了广大乘客的生命，挽回了诸多不良政治影响，极大地改善了区域投资环境，促进了交通运输业的良性发展，解除了桥梁管理部门和百姓的隐忧，由此带来了巨大的社会效益。仅以 G319 线为例，该路线桥梁的防护系统加强后，已挽救了 28 起车辆坠桥交通事故，挽回的直接经济效益达 7 020 万元。可见，本项目研究成果具有广阔的应用前景和巨大的经济和社会价值。

116. 沥青路面表层再生修复技术

成果所属专题编号：

成果主要完成单位：重庆交通物资(集团)有限责任公司、重庆交通大学、重庆诚邦(集团)科技发展有限公司

联系人：陈海翔

联系电话：023-89187900

通信地址：重庆市渝北区新南路 52 号 C 区 3 栋 3 楼

E-mail：chx219@163.com

邮政编码：401147

一、主要技术内容

随着高速公路的迅猛发展，我国道路交通量也不断增大，高速公路上车辆重载化、大型化、渠道化，超载超限现象不断增多，使高速公路在使用过程中受到了严峻的考验，许多高速公路在远未达到设计使用年限，甚至有些高速公路在使用 2～3 年就产生了裂缝、变形、松散等形式的路面早期损坏，严重影响了路面的行驶质量和使用寿命。早期损坏如若处理不当，将进一步破坏路面的基层及路

基，大大缩短高速公路的使用寿命。而沥青路面是我国公路及城市道路路面的主要结构形式，因此，如何有效地防止沥青路面的早期损坏，从而提高路面行驶质量，延长路面的使用寿命成为道路工作者的当务之急。

公路养护是保持路况完好，延长公路使用寿命，为经济建设提供良好服务的根本条件。公路养护工作一般分为两种：预防性养护与纠正性养护。

传统养护策略为纠正性养护，是以“治病”为主的养护方式，费时费力、成本也较高。沥青路面表层再生修复技术（简称沥青路面 SPRR 技术）是路面预防性养护体系多种技术措施中的一种。以“防病”为主，对路面进行“养”与“护”。

沥青路面 SPRR 技术采用复合改性乳化沥青或专门的养护再生剂作为路面表层再生修复材料，按一定的工艺要求与顺序，喷洒在需要进行预防性养护的沥青路面上。其目的是更新和还原表面已氧化的沥青膏体，填封微小裂缝和空隙，路面防水及抑制松散，提高路面耐久性，延长公路使用寿命及提高道路运营效率，发挥道路本身的经济、社会效益。

本项目由重庆市交通委员会立项并展开系列研究、试验、应用工作。经过 3 年的研究、实践，在原雾封层技术的基础上，总结在重庆、上海、新疆、浙江、广东、北京等十多个省市的 200km 高速公路和市政道路上的实施经验，形成集新材料、新设备、新工艺的沥青路面表层渗透再生修复成套技术。在此基础上，参考国内外相关技术标准和指南，编写了《沥青路面表层渗透再生修复技术指南》。该指南对我市沥青路面预防性养护工作具有一定指导意义，可供沥青路面设计、施工、监理和质量监督等单位参考应用，作为实施过程的质量控制和验收依据。

二、适用范围

本技术可以用于：

(1)高速公路，一、二级公路和市政道路的沥青路面预防性养护，对沥青路面表层老化组织进行再生修复。

(2)新建或改扩建高速公路，一、二级公路和市政道路的沥青路面表层封水。

主要用于解决沥青路面老化、麻面、松散等病害，有效改善沥青表层组织，提高路面性能，延缓道路损坏速度，降低养护费用。

三、已应用情况

重庆渝武高速公路是 2002 年建成通车，渝武高速 K15＋000～K16＋000 段在实施沥青路面表层渗透再生修复技术（简称沥青路面 SPRR 技术）前，路面已出现裂缝、松散、麻面、坑槽等病害，并有恶化趋势(图 1)。该路段在实施该技术后，路面得到密闭(图 2)，通过国家法定机构的检测，各项性能指标达到国家相应标准要求，满足了业主需求，有效改善沥青表层组织，其断面及内部效果见图 3～图 5。

图 1　施工前路面状况图

图 2　施工后路面状况图

图 3 施工后 3d 渗透效果图

图 4 施工后 30d 渗透效果图

实施沥青路面 SPRR 技术前、后的道路表面状况情况分别是：施工前路面呈现出发白现象，粗集料明显，呈现粗麻，阳光下路表标线不明显，阴雨天、黄昏及晚上光线较昏暗，路标线更不清晰，表层沥青膜剥落，很大一部分细集料已缺失，路面出现许多的小洼坑，路表部分集料松散；施工后，封闭了路面微裂缝和表面空隙，更新和保护了原沥青路面，加深了沥青路面的颜色，防止路面的松散，沥青路面与标线的对比度加大，改善了路面行驶质量。

图 5 路表内部结构对比图

由于沥青路面养护剂能渗透到路表 5mm 左右深度，这样将在路面表层 0～5mm 范围内，形成一层严密的保护层。交通恢复后，渗透路表层 0～5mm 范围的养护剂，在车辆荷载的作用下，随后在路面表层内形成了一种不规则的空间网状结构，这种网状结构能有效预防或遏止集料的进一步松散脱落和微小裂缝的蔓延，有效阻止雨水或其他燃油对路面的侵蚀，起到密封、降低面层沥青混凝土的空隙率、阻碍水的渗透破坏的作用；同时这种网状结构增强了路面表层的温度稳定性，从而预防或延缓沥青路面的早期破坏。

四、效益分析

采用沥青路面养护剂，利用沥青路面 SPRR 技术对路面进行预防性养护，养护后的路面 3 年内维持较好状况 ，是传统的罩面或翻修费用的 1/5～1/4，同时，该技术相对于传统养护技术，无需对路面进行铣刨，可缩短道路封闭时间，无需因传统养护摊铺路面所需的新石料和新沥青，每公里道路节省费用达百万元，所带来的社会经济效益显著。

117. 基于 GIS 的高速公路养护管理决策支持系统

成果所属专题编号：赣交科鉴字[2007]第 06 号

成果主要完成单位：江西赣粤高速公路股份有限公司、江西方兴科技公司

联系人：邹国平

联系电话：0791-6139611，13870990228

通信地址：江西省南昌市朝阳中路 367 号赣粤大厦 611 室

E-mail：zgping@jxjt.gov.cn

邮政编码：330025

一、主要技术内容

本项目涵盖了高速公路的路面、路基、桥涵构造物、沿线设施和绿化等养护管理内容。系统通过高速公路路况资料和专家知识，建立路面使用性能评价模型和预测模型；通过专家咨询，建立基于专家知识的高速公路养护决策模型。系统采用多层混合软件体系结构、先进的系统平台和软件开发技术，实现了养护业务网络化的实时管理。

系统以高速公路养护由损坏维修转为养护预防为目标，解决养护评价决策的科学性和日常养护管理工作的高效性为重点，实现养护管理的数据采集、分析、处理、查询、统计、养护评价和决策，以及年度养护计划、养护报告的计算机处理。系统的实施将为高速公路的养护业务管理建立起协同工作平台和环境，实现养护业务的规范管理以及数据信息的有效管理和完全共享，提高企业管理的信息化和智能化水平。

二、适用范围

系统采用企业级的开发工具和架构，实现了模块化安装和配置，可根据用户需求进行配置。因此，该系统只要稍作修改，就能适应任何一条高速公路的养护管理。

三、已应用情况

目前系统已经在公司管辖范围内的几条高速公路上投入使用，并取得了一定的效果。利用系统检测了各路段四车道的专业数据(路面平整度、路面摩擦系数、路面弯沉、路面车辙)，并根据这些数据对路面性能进行了分析、评价和预测；基于PDA的数据采集系统进行了日常养护数据(沥青路面损害数据、路基数据、桥涵构造物信息、沿线设施信息)的采集；同时，系统还采集了各路段的静态信息、相关的技术资料等，实现了养护管理的规范化、信息化和养护决策的科学化。

四、应用效益

本项目的实施，将为高速公路的养护业务管理建立起协同工作平台，实现养护业务的规范管理以及数据信息的有效管理和完全共享，全面提升高速公路科学养护和决策的水平，具体表现为：

(1)系统的实施将会全面提高高速公路的养护业务管理水平。信息化的管理将彻底改变原有的管理模式和管理手段，体现出管理的创新。

(2)信息化的管理可以优化企业养护管理的流程，使业务管理的程序更加合理和规范，更加符合质量管理体系的要求，同时能够满足养护业务中各方之间协同工作、信息共享的需求，规范养护业务，提高路况养护质量和工作效率，降低管理成本，使企业资源得以合理化、最大化的利用。

(3)系统引入现代企业管理理念和质量管理体系标准到企业的管理业务中，通过标准化和规范化的流程管理，增强管理力度，规范工作程序，强化管理手段，实现企业科学、规范、有效的信息化管理。

(4)可以实现养护单位间信息共享，提高管养部门协同办公能力，全面管理路况信息，及时准确评定路面质量，提供道路评定、评价分析数据信息，为管养部门决策层提供规划性、战略性的统计数据和决策支持信息。

(5)建立智能化养护管理体系，支持养护分析决策，有效控制养护成本，合理有效安排养护计划，全面提高管养水平。

(6)提供支持PDA等移动设备对业务数据的实时采集和处理，使业务做到实时现场采集，减轻劳动强度，提高工作效率。

(7)系统的实施可以为高速公路培养一批既懂计算机信息技术，又有专业知识的人才，有助于整个企业信息化水平的提高。

118. 空心板铰缝破坏机理及防治措施研究

成果所属专题编号:NJ-2006-19
成果主要完成单位:内蒙古自治区省际通道建设管理办公室、长安大学
联系人:张广
联系电话:0471-6269121,13847124999
通信地址:内蒙古呼和浩特市赛罕区地质局南街68号
E-mail:Zg4999@163.com
邮政编码:010010

一、主要技术内容

本次研究成果有如下创新点:

(1)通过空心板铰缝破坏特征分析,总结了与设计、施工、运营等有关的原因,揭示了铰缝混凝土破坏机理为顶板混凝土压碎、底部混凝土拉裂及剪力、拉力复合作用。

(2)首次建立了铰缝混凝土力学分析模型,提出了铰缝混凝土与空心板间黏结失效的计算方法。

(3)在充分的试验研究基础上,首次系统地提出四种铰缝结构构造及技术要求,解决了实际工程中存在的问题,填补了规范中铰缝设计的空白。

(4)对于空心板铰接缝中的配筋量、钢筋间距以及相应的钢筋规格也有明确的要求。

二、适用范围

现阶段一些小桥和涵洞的建设使空心板梁的应用增多,空心板的单板受力现象也越来越严重,这一现象对交通运输和安全造成了很大的影响,但是在这方面的研究和探索却少之又少,因此很有必要对空心板梁铰接缝的破坏机理及其影响因素进行一次比较系统的研究和探索,为以后空心板梁的设计和施工提供一个很有价值的参考,从而避免单板受力等桥梁病害的出现,减少其对交通运输和安全运营的影响,该项目在现已服役需进不同跨的加固或换梁中有很大的应用前景。

三、已应用情况

该项目的部分技术研究成果已在内蒙古乌石高速公路上部分空心板梁铰缝施工中得到应用,运营过程中,经过一年的连续观察,空心板梁整体性得到明显的改善,缝的横向连接得到较大的提高,横向荷载传递的能力得到了明显的改善,各个板梁的挠度变形基本符合理论分析的变化规律。

四、效益分析

该项目的部分技术成果已在内蒙古乌石高速公路上部分空心板桥梁铰缝加固中得到应用,经过一年运营,空心板桥梁整体性得到提高,耐久性得到增强,基本解决了空心板铰缝破坏问题,效果十分显著。该项目研究成果避免了空心板病害桥梁换板、换梁治理,对于单跨结构可直接节约资金2万元,共节约资金50多万元,产生直接经济效益30万元。

119. 稀土换能器及系统集成的桥梁无损检测技术开发研究

成果所属专题编号:2004-318-812-22
成果主要完成单位:长安大学、陕西省公路局、陕西省高速公路建设集团公司、南京水利科学研究院、上海交通大学、北京万方博益交通科技发展有限公司

联系人:赵祥模

联系电话:029-82334356,13309181389

通信地址:西安市南二环中段长安大学

E-mail:xmzhao@chd.edu.cn

邮政编码:710064

一、主要技术内容

(1)提出了基于电荷源激励的超磁致伸缩换能器设计方法,并开发出了基于该方法的优化设计软件包,为高性能超磁致伸缩换能器的设计提供了有效手段。

(2)研制了适合于桥梁大体积混凝土无损检测的大功率(16kW)、高频(43kHz)和短余震(小于1个周期)的超磁致伸缩换能器,并开发了配套的输出激励脉冲宽度数字可调的驱动电源,有效地提高了混凝土超声无损检测技术的应用效果和应用范围。

(3)研究开发出了具有层析成像功能的混凝土超声无损检测系统,该系统具有24道高速并行数据采集功能,层析成像软件采用首次提出的概率ART和波速分级ART算法,实现了大体积混凝土的实时快速成像。

(4)系统研究了混凝土结构中各类缺陷和损伤对超声传播特性的影响机理,建立了超声波接收信号与混凝土结构内部特性的定量关系,为混凝土的超声无损检测和寿命预测提供了重要的理论依据。

该系统的技术指标为:

(1)可对混凝土内部结构进行现场图像显示和报表打印,24×24网格成像时间小于1min。

(2)检测范围大,可以检测超过6m的混凝土结构。

(3)数据采集为并行24通道,采样率不小于30Mb。

(4)整机质量不超过5kg,尺寸小于30cm×30cm×20cm。混凝土层析成像检测系统及换能器见图1～图4。

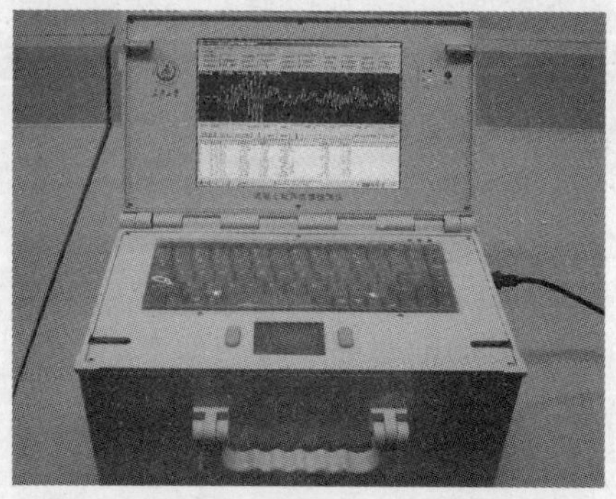

图1　一体化的混凝土层析成像检测系统

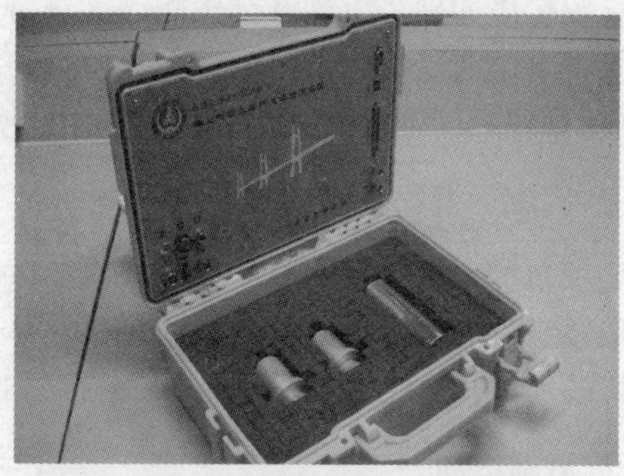

图2　网络化的混凝土层析成像检测系统

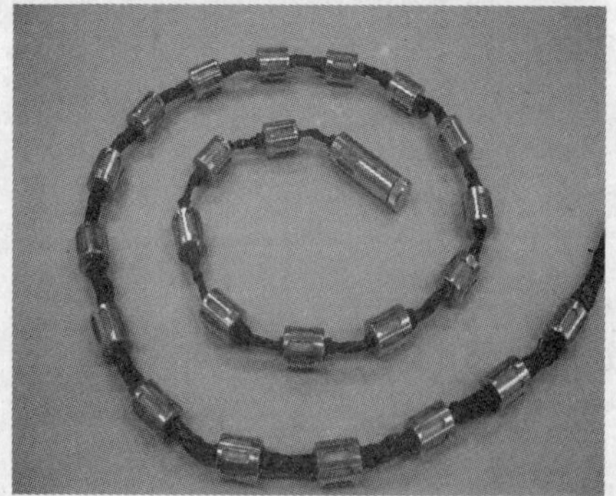

图3　24通道换能器

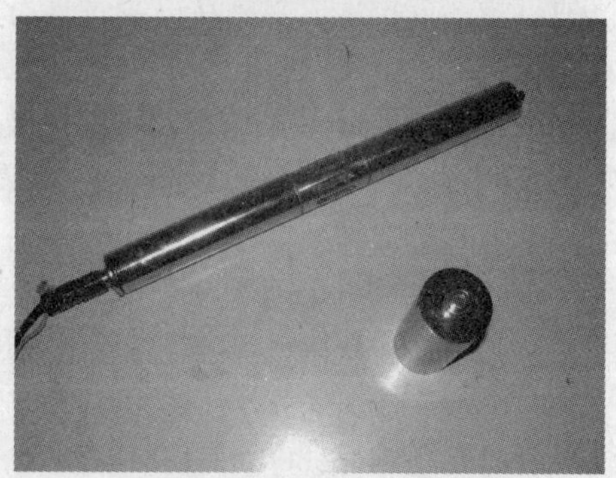

图4　径向和平面稀土超磁致换能器

二、适用范围

可用于桥梁、隧道、公路路面和水利大坝等工程的检测。

三、已应用情况

本项目开发的基于稀土换能器的混凝土超声检测仪已成功完成了50多座桥梁的检测，其中有“西宝”高速公路的“千河大桥”、“西宝”高速公路桩号为K191＋300处的小桥、“西宝”高速公路“渭惠渠退水渠桥”、“黄延”高速公路的“阳泉沟大桥”、陕西安康市的“汉江关庙大桥”、西安市梁村“渭河预应力特大桥”和山东东明“黄河大桥”，内蒙古“赤通”高速公路43座预应力公路桥涵，这些桥梁中包括了新建桥、在用桥、加固桥和存在隐患的桥梁，并代表了目前常用桥梁的不同规模和结构类型。

检测内容包括桥梁关键构件的强度检测、内部缺陷检测、内部裂缝检测和内部强度分布的层析成像等。

在上述依托工程的桥检中，直观地呈现了大桥关键结构的内部强度分布和潜在的缺陷情况，对桥梁安全性评价发挥了重要作用，并为存在隐患的桥梁制定加固方案提供了重要依据。

四、应用效益

本项目的研究，是国内首次开展的基于稀土超磁致伸缩换能器在桥梁无损检测中的应用研究，项目成果填补了我国在桥梁大体积混凝土构件(10m以上)内部缺陷无损检测及其层析成像技术的空白，对于促进桥梁及混凝土构件无损检测技术的发展具有重要意义。

项目成果产业化后可望形成年产300套的生产能力，按每套产品销售价格15万元计算，年产值可达到4 500万元。形成批量后，每套产品的生产、制造及销售环节的总成本可控制在8万元以下，按这样计算，年利润可达到2 100万元。

120. 在用预应力连续箱梁、连续刚构桥箱梁开裂成因及处治技术研究

成果所属专题编号：2003-318-223-15

成果主要完成单位：交通部公路科学研究院、长沙理工大学、东南大学、长安大学、江苏淮安市高速公路建设指挥部、重庆市公路局

联系人：王国亮

联系电话：010-62055307，13910589132

通信地址：北京市海淀区西土城路8号

E-mail：gl. wang@rioh. cn

邮政编码：100088

从20世纪70年代开始，我国公路上开始修建大跨度预应力混凝土箱梁桥，进入80年代后，预应力连续箱梁桥和预应力箱梁连续刚构桥得到了迅猛发展，现已成为我国大跨度桥梁的主要桥型之一。但是，近年来我国公路预应力混凝土箱梁桥的开裂问题尤为突出，预应力连续梁、连续刚构桥箱梁各部位均出现了不同性质的裂缝，迫切需要探明箱梁结构裂缝产生的机理和形成规律，改进和完善设计、施工措施，了解箱梁开裂后的使用性能，以及研究相应的加固处治方法，为此类桥梁的设计、施工、养护提供技术支持。

本项目针对在用预应力混凝土连续梁、连续刚构桥箱梁桥开裂问题从箱梁裂缝调查及检测技术、开裂成因分析、开裂预应力混凝土箱梁性能评价和开裂箱梁加固补强技术等4个相互关联的层次进行了系统研究，取得了以下基础性和创新性成果。

(1)通过对全国范围在用预应力混凝土连续箱梁、连续刚构桥箱梁开裂情况的调查(图1),获得了大样本条件下的预应力混凝土连续箱梁裂缝多角度统计量化特征、典型裂缝的分布规律和形态特征,了解了公路预应力混凝土箱梁开裂总体状况,为箱梁开裂相关研究提供了充分依据和重要支撑。

(2)开发了预应力钢筋的雷达精确定位技术及竖向有效预应力检测成套技术,提出了开裂区混凝土强度的检测评价技术指南,为桥梁工程验收、病害分析、加固维修提供了高效、实用的检测方法,填补了开裂区混凝土强度评价和预应力钢束无损定位检测技术(图2)的空白。

图1　全国大跨度预应力混凝土箱梁调查

图2　开裂预应力混凝土箱梁检测技术

(3)通过多层面(整体与局部)、多因素(设计、施工与运营)的系统研究,摸清了导致箱梁开裂的主要原因,提出了设计、施工改进措施,为解决预应力混凝土连续箱梁、连续刚构桥箱梁典型裂缝的问题提供了科学依据。

(4)提出了存在正裂缝和斜裂缝预应力混凝土箱梁有限元计算模型及其截面有效刚度和承载力折减系数计算方法,实现了对开裂预应力混凝土箱梁桥的结构安全和使用性能的量化评价(见图3和图4)。

图3　裂后箱梁刚度及承载力评价方法的模型试验

图4　混凝土箱梁温度场的长期观测

(5)通过研究预应力混凝土箱梁桥施工阶段及运营阶段的空间效应,提出了预应力箱梁平面修正算法,弥补了平面计算的不足(图5)。

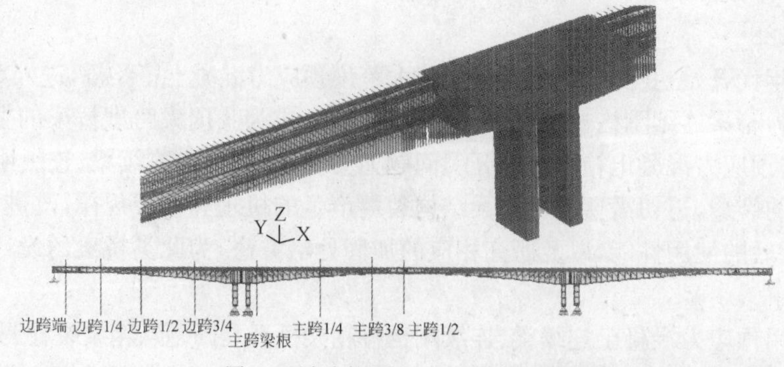

图5　预应力箱梁桥空间效应研究模型

(6)提出了根据长期观测数据来计算获得混凝土温度作用代表值的方法和温度模式的参数计算方法。

(7)建立了裂缝处钢筋截面积及开裂区混凝土强度的时变概率模型,基于模糊失效准则,提出了开裂预应力混凝土箱梁桥可靠度评价方法。

本项目的成果不但对在用箱梁桥提供了从开裂调查、开裂成因分析、裂后性能评价到开裂处治方法的较为全面的技术支撑,而且为新建预应力混凝土箱梁桥避免和减少结构开裂从设计、施工和运营等多个方面提出了具体、量化措施,对我国公路预应力箱梁桥设计、施工和维修养护技术的提高将起积极的推动作用。在湖北钟祥汉江大桥等多座大跨径预应力混凝土箱梁桥开裂成因调查、结构分析及加固改造工程中的成功应用,表明其成果应用前景广阔,经济效益显著。

一、主要技术内容

本项目针对在用预应力混凝土连续梁、连续刚构桥箱梁桥开裂问题进行系统研究。在广泛调查的基础上,确定了结构开裂的主要形式,通过模型与实桥试验、理论研究,从设计、施工、养护等方面对开裂成因进行了分析,明确了导致开裂的主要原因,并提出了相应的检测技术、裂后性能评价方法及处治措施。

(1)开展了在用预应力混凝土连续箱梁、连续刚构桥箱梁开裂状况的全国调查,收集了 180 余座桥梁资料,了解了全国公路预应力混凝土箱梁开裂总体状况,获得了大样本条件下,预应力混凝土箱梁裂缝多角度统计量化特征、典型裂缝的分布规律和形态特征,为箱梁开裂研究提供了充分依据和重要支撑。

(2)通过理论分析、模型和现场试验、实桥应用,研究了开裂区混凝土强度、竖向预应力筋有效预应力、预应力筋定位及管道压浆状况检测技术,进行了多种方法、多工况的试验对比,提出了开裂区混凝土强度的检测与评价技术指南、用雷达进行预应力钢筋定位的检测方法和判断准则、管道压浆状况实用检测方法、竖向有效预应力检测成套技术,为分析裂缝产生原因及对结构加固处治,了解结构实际状况提供了新的检测手段,解决了竖向预应力的施工质量如何检测的问题。

(3)全面总结分析了预应力混凝土箱梁产生裂缝的施工因素,明确了混凝土收缩、水化热引起的温差、纵横竖三向预应力施工、保护层厚度、梁段接缝处理、混凝土配合比、浇筑工艺和顺序、养护、超方等对箱梁裂缝产生的影响,对试验桥的收缩徐变、竖向预应力筋有效预应力进行了测试,提出了相关计算公式及合理参数取值方法。

(4)对箱梁结构参数、设计计算、材料时效特性、预应力布置形式、混凝土应力限值、温度模式、结构构造等设计因素进行了研究。指出了相关规范规定的应力限值偏高、缺乏针对箱梁的具体构造要求,明确了在用预应力混凝土箱梁桥设计中存在的不足。

(5)采用实体三维有限元对三向预应力条件下预应力混凝土连续刚构箱梁桥进行了施工阶段与使用阶段的全过程计算分析,比较了不同荷载下和平面计算的差别,明确了箱梁的空间效应与典型开裂的重要关系,提出了基于空间效应分析的预应力箱梁平面修正算法,为提高平面计算分析的准确性提供了可行实用的解决手段。

(6)通过长期观测,获得了大量典型混凝土箱梁桥在自然环境条件下温度场的温度实测数据,了解了箱梁温度场的分布及变化规律,提出了根据长期观测数据来计算获得混凝土温度作用代表值的方法、设计大跨径预应力混凝土箱梁时合理考虑温度作用的建议。

(7)根据预应力混凝土箱梁的裂缝成因分析,研究总结成功经验,提出了预防典型裂缝的设计和施工改进措施,形成了对相关设计、施工规范的有益补充。

(8)依据外观调查统计、按照统计学观点,建立开裂预应力混凝土箱梁桥裂缝统计特征参数,提出了存在正裂缝和斜裂缝预应力混凝土箱梁有限元计算模型及其截面有效刚度和承载力折减系数计算方法,并通过模型试验加以验证,为开裂箱梁的量化评价提供了简单实用方法,为维修加固决策提供了评判依据。

(9)采用可靠度作为评价结构安全的评定指标，研究提出了用分维数表示箱梁表面开裂程度的方法，建立了裂缝处钢筋面积的锈蚀时变模型和开裂区混凝土强度的概率模型，基于模糊失效准则，建立了开裂预应力混凝土箱梁桥可靠度计算模型。

(10)提出了开裂预应力混凝土箱梁的加固原则、工作程序和方案比选要求，形成了包括设计计算、构造布置、施工工艺、材料性能和质量检验等开裂预应力混凝土箱梁加固补强的成套技术，为制定预应力箱梁桥加固设计、施工、质量检验评定的标准、规范奠定了基础。

综合与国外同类技术比较，本项目在预应力箱梁检测技术、计算方法、温度场分布规律、开裂成因分析、裂后性能评价等方面取得了创新性的研究成果，在技术的深度、广度及系统性上有进一步的发展。

二、适用范围

公路预应力混凝土箱梁桥的防裂设计和施工，预应力箱梁桥的检测与评价，开裂箱梁桥的加固处治，相关规范的制定和修订。

三、已应用情况

本项目成果在广东虎门大桥辅航道桥、杭州钱塘江三桥、浙江兰溪大桥、东明黄河大桥、广州丫髻沙副航道桥、湖南湘阴临资口大桥、襄樊东外环公路大桥、浙江怀鲁立交桥、广西铁山港跨海特大桥、湖北钟祥汉江大桥、黑龙江三股线高架桥、青海青根河桥、江西贡水桥、北京永乐河跨河桥等桥梁的设计、施工、检测及评价、加固维护中应用，对防止箱梁开裂，降低工程费用，提高工作效率取得了较好的效果。《大跨径预应力混凝土梁桥设计施工技术指南》(编制中)的抗裂设计中也采用了本项目的成果。

四、效益分析

本项目为防治预应力箱梁开裂研究提出的技术对策，改进和完善了箱梁桥的设计计算、构造布置、施工工艺，可以消除裂缝产生的内因，从根本上避免裂缝带来的危害；如何评价开裂桥梁的安全性和对开裂桥梁如何处治的研究成果，为养护、管理提供了更科学的技术手段，为预应力混凝土箱梁桥加固提供了成套技术；预应力检测技术不仅使桥梁结构病害成因分析获得了新的测试措施，也为此类结构的质量控制提供了实用检测方法，对保障工程质量、促进管理水平提高可起到推动作用。同时，上述成果为相关技术规范制定、修改，推动此类桥梁的向前发展提供了理论、实践基础。

我国在用和待建预应力混凝土箱梁桥数量众多，箱梁开裂现象普遍，本项目的研究成果对保障桥梁结构安全、降低养护费用、延长结构寿命和推动此类桥梁的向前发展具有实用意义，应用前景广阔，具有显著的社会、经济效益。

121. 钢筋混凝土简支梁桥转换成连续梁桥加固技术与施工工艺研究

成果所属专题编号：辽科鉴字[2007] 第 287 号

成果主要完成单位：辽宁大通公路工程有限公司、东南大学、大连理工大学、辽宁省交通勘测设计院、辽宁省交通厅公路管理局

联系人：于健

联系电话：024-83783658，13804901870

通信地址：辽宁省沈阳市浑南新区高歌路 5 号

E-mail：lndt@lndt. cn

邮政编码：110179

一、主要技术内容

(1)"旧桥"(有损伤桥梁)采用预应力和非预应力两种方法将简支梁体系桥梁转换成连续梁体系桥梁加固技术研究突出了旧桥体系转换的特点,在设计中考虑了旧桥混凝土强度衰减、构件存在裂缝、刚度减小、挠度加大、固有频率下降等特点。经体系转换后,旧桥提高了桥梁通行荷载、安全性和耐久性,改善行车舒适度。

(2)该成果中新老混凝土界面黏结性能与抗疲劳连接构造,高性能混凝土应用、支座设置、最佳连续长度等技术突出了新材料的应用。通过对多种加固新材料的拌和物性能、基本力学性能和耐久性能的研究,确定桥梁加固的最佳材料。

(3)该成果中的体系转换最佳施工工艺研究突出了旧桥体系转换后新老混凝土黏结的抗疲劳性能研究,完善了两个简支端间的连接构造措施。

二、适用范围

该成果适用于钢筋混凝土简支梁桥转换成连续梁桥的加固。

三、已应用情况

近几年来我省国省干线公路上的特大桥、大桥采用简支变连续体系转换加固的桥梁越来越多,采用体系转换方式加固桥梁方法的优势越来越明显。

据统计,截至2007年年底辽宁省已采用体系转换方法加固桥梁12座,5 213延长米,其中采用预应力体系转换方法加固的桥梁10座,4 599延长米;采用非预应力体系转换方法加固的桥梁2座,614延长米。

旧桥经体系转换后,技术性能有较大提高:荷载效应提高116.7%、挠度减小35.6%、固有频率提高43.5%。

四、效益分析

(1)经测算,仅2007年采用体系转换方法加固的桥梁,共节约投资221万元,降低了桥梁养护费用,保证了桥梁构造物的安全运营。

(2)目前辽宁省需要提载改造的简支梁桥尚有127座,37 000延长米,若采用体系转换方法进行加固,可节约投资1 570万元。

(3)经体系转换加固后桥梁不但可以节约投资,同时加固后的桥梁在自振频率和刚度上比采用其他方法加固的桥梁明显提高,桥梁伸缩缝数量减少,降低过往车辆的损伤和噪声,提高了车辆运行安全性、舒适性;减少了施工封闭交通时间,避免车辆绕行,具有良好的社会经济效益。

122.基于动力的石拱桥套拱加固力学性能分析

成果所属专题编号:闽交科鉴字[2008]第05号

成果主要完成单位:福建省公路管理局

联系人:方德铭

联系电话:0591-87078125,13706953031

通信地址:福建省福州市交通路19号

E-mail:fjjlkjk@126.com

邮政编码:350004

一、主要技术内容

石拱桥是一种古老的桥型，目前国内外仍有大量的石拱桥在运营使用中，主要存在着主拱圈纵横向开裂、桥台沉降与倾斜、桥面破损、使用功能退化等问题，需要对其状态和极限承载力作出科学评估，为维修加固决策提供依据。同时大量的石拱桥需要进行加固改造，适应新的交通荷载标准，需要进行合理优化的加固设计、加固过程的施工监测以及加固效果的评价等。经研究，提出了石拱桥套拱加固的设计参数，见表1，并提出了利用环境振动测试和线形规划的一整套加固评估方法。

基于动力的石拱桥套拱加固力学性能分析方式，首先通过环境振动测试得到桥梁的基本动力特性，然后建立考虑石拱桥特点的有限元模型，利用实测动力特性对有限元模型进行修正，最后利用修正的有限元模型对加固后的桥梁进行力学性能分析，并同时利用线形规划法进行极限承载力评估，评价加固效果。

石拱桥套拱加固设计参数建议 表1

石拱桥净跨（m）	建议设计参数			
	套拱形式	套拱厚度（cm）	混凝土强度等级	拱圈和套拱之间黏结强度
0～10	变截面，适当扩大拱脚厚度	25～30	C30	越强越好
10～20	变截面，适当扩大拱脚厚度	30～40	C40	越强越好
＞30	变截面，适当扩大拱脚厚度	＞40	C40～C50	越强越好

二、适用范围

石拱桥套拱加固改造工程。

三、已应用情况

对福建省G319线苏家坡石拱桥套拱加固后的力学性能进行分析主要包括：

(1)30m净跨苏家坡石拱桥竖向基频为9.327Hz，扭转基频为31.233Hz，横向基频为9.785Hz。

(2)联合频率、MAC和模态柔度的目标函数对石拱桥的有限元模型进行修正，修正后模型动力特性与实测动力特性较为吻合。

(3)在自重和公路—I荷载作用下，基于修正的有限元模型进行参数分析，在下列4种情况下，跨中下缘将沿横向开裂，石拱桥将超出正常使用状态：①桥台竖向位移达到7～8mm；②桥台水平位移达到1.0～1.2mm；③砂浆强度大约降为原来的0.6倍；④石料强度大约降为原来的0.4倍。

(4)套拱加固后的参数分析表明：①苏家坡桥的经济套拱厚度宜取为45cm；②套拱混凝土等级用C30～C40比较合适；③应采取各种措施保证套拱和原拱圈之间有足够的黏结强度；④加大拱脚套拱厚度，变截面套拱有利于提高石拱桥的整体受力性能。

(5)根据极限平衡理论建立的线性规划数学模型对套拱加固后的石拱桥极限承载进行分析。挂车—120荷载下，加固前苏家坡最低安全系数为3.9，随着加固厚度增大，安全系数S增幅越来越大，套拱厚度40cm时达到11.25，套拱厚度60cm时达到17.05。

四、效益分析

本课题的研究成果在苏家坡石拱桥套拱加固改造中的实践表明：单座石拱桥可节约费用5～8万元，目前福建省公路管理局正组织制定相关技术指导意见，推进福建省石拱桥套拱加固技术的应用。

123. 桥梁抗震性能评价及抗震加固技术研究

成果所属专题编号：交科鉴字[2007]第144号

成果主要完成单位：重庆交通科研设计院、交通部公路科学研究院、云南省公路科学技术研究所

联系人:唐光武
联系电话:023-62653430,13527553852
通信地址:重庆市南岸区学府大道33号
E-mail:tangguangwu@cmhk.com
邮政编码:400067

一、主要技术内容

项目针对桥梁抗震性能评价及抗震加固技术的关键问题,通过现场调研、理论分析和试验研究,结合依托工程实施,取得了系列研究成果,主要包括:

(1)分析研究了国内外近40年来成熟的、经济实用的桥梁抗震性能评价和抗震加固技术,对60余座简支梁桥、刚构桥、连续梁桥、连续—刚构组合梁桥进行了抗震性能评价;在此基础上,编制了《公路桥梁抗震性能评价及抗震加固技术指南》。给出了抗震性能评价的流程,提供了分析、评价方法,以及可采用的抗震加固方法。

(2)对我国公路桥梁抗震设防目标和设防标准开展了系统研究,提出了抗震设计、评价的设防目标和设防标准,已被《公路桥梁抗震设计细则》采用。

(3)应用了两级评价体系,采用取消综合影响系数的分析、评价体系,实现了和国际先进设计标准的接轨。

(4) 针对既有梁式桥的抗震性能评估体系,建立了一套桥梁抗震评估外观检查、诊断检测和性能鉴定的规范规程。

(5)形成了较系统的钢筋混凝土桥墩的检查评定、检算评定、检测评定方法,对我国现有桥梁钢筋混凝土桥墩在抗震设计方面可能存在的问题进行了研究和归纳总结,提出了实用的处治措施。

(6)对云南省石羊江桥、魏山河桥和南涧河桥开展了系统的抗震性能评价和抗震加固工作,积累了一套完整的应用实例研究资料。针对西部山区桥梁特点,对规则梁式桥的抗震加固措施进行了详细探讨,总结了主筋增强、箍筋增强、碳纤维材料和玻璃纤维材料加固等多种加固方法的原理、材料选择、设计和施工工艺,给出了防落梁和柱式桥墩的加固方法、加固材料选择和施工工艺。

二、适用范围

该成果的适用领域为既有桥梁抗震性能评价及抗震加固设计,也可供新建桥梁抗震设计提供参考。

三、已应用情况

对云南省玉溪石羊江桥、楚雄魏山河桥和南涧河桥开展了系统的抗震性能评价和抗震加固工作,积累了一套完整的应用实例研究资料。对云南保山—龙陵高速公路登高段怒江大桥、陕西西禹高速公路徐水沟大桥等60余座大桥进行了抗震性能检算评定。此外,研究成果还在福建厦漳跨海大桥、广州南沙凤凰一桥、凤凰三桥、重庆菜园坝大桥、朝天门大桥等20多座桥梁的抗震设计中得到成功应用,取得了良好的效果。

四、效益分析

该项目关于桥梁抗震设防目标和设防标准、延性抗震设计等研究成果已被《公路桥梁抗震设计细则》(JTG/T B02-01—2008)所采用,为推动我国桥梁抗震技术的进步起到了重要作用。在云南省玉溪石羊江桥等桥梁的抗震加固工程中,成功实现了抗震加固和常规加固的统筹考虑,首次采用了半整体式桥台加固,解决了桥头跳车问题,节约投资100余万元。此外,该成果还可为汶川地震震后桥梁的抗震性能评估和抗震加固提供技术支撑。

124. 膨胀土路基设计、加固与施工技术研究

成果所属专题编号:交科鉴字[2007]第134号

成果主要完成单位:长沙理工大学、广西壮族自治区交通基建管理局、广西壮族自治区交通科学研究所、湖南省交通规划勘察设计院

联系人:郑健龙

联系电话:0731-5258080

通信地址:长沙市雨花区万家丽南路二段960号

E-mail:zjl@csust.edu.cn

邮政编码:410004

一、主要技术内容

膨胀土是一种富含蒙脱石混层矿物的黏性土,在环境干湿交替作用下,具有显著的体积胀缩和强度衰减特性。在膨胀土地区筑路几乎是"逢堑必滑"且屡治屡滑,严重影响道路交通安全和通行能力,加之膨胀土不能直接用作路基填料,弃借方占用大量土地,造成严重的水土流失和生态环境破坏,建养成本大大增加,故被称之为"工程中的癌症"。

本技术是在系统现场调研、大规模室内外试验、理论分析计算、实体工程修筑、检测和长期跟踪监测基础上建立起来的,集理论、方法以及勘察、设计、施工技术于一体,主要包括以下内容:

(1)创建了膨胀土路堑边坡滑塌治理的柔性支护综合处治技术。柔性支护结构由4部分组成:膨胀土加筋体产生支挡力,并通过变形吸收坡体的膨胀能;内部排水通道疏排坡体的裂隙水;防水土工膜阻止地表水下渗;阔叶植被根系稳定表土层,防止水土流失;实现了以柔治胀、以膨胀土治理膨胀土的新理念。实践表明:每100m长、10m高的路堑边坡可减少弃土和削坡占地9.4亩,缩短工期75%,降低造价66%。

(2)开发了膨胀土填筑路堤的物理处治技术。其技术特点是将膨胀土填于下路堤,并采取非膨胀性黏土包边等封闭包盖措施控制其湿度变化范围,使之成为可用的填料。工程应用证明:每100m长、8m高的路堤可利用膨胀土2万m^3以上,使膨胀土的利用率提高50%,工期缩短60%,造价降低70%,减少了借弃土占地和土方运输燃油消耗。

(3)研究路基破坏的特点和原因,分析干湿循环作用对边坡的影响,通过585组原位勘察测试,对比多种勘测手段,提出膨胀土干湿循环显著影响区概念并建立以贯入阻力变异性为依据的测定方法,提供了准确、快速确定路基处治范围的新途径。

(4)通过水损害模型试验、渗流耦合分析,按保湿防渗原则及干湿循环显著区的特征,提出膨胀土路基综合防排水设计方法,填补了该项研究空白。

(5)由有限元瞬态渗流分析,研究了降雨条件下路基湿度变化及不均匀变形对路面的影响,首次提出变形协调的路基路面结构设计方法,即提出路面结构层和上路提材料类型和厚度以及路基顶面的封排水措施,避免路表水和地下水渗入路基引起膨胀土湿胀干缩。

二、适用范围

该技术可靠、经济、环保且实用性强,可广泛用于膨胀土地区铁路、水利、房屋、机场、管道建设。

三、已应用情况

1996年至今,膨胀土地区公路建设成套技术分别在广西、湖南等6省区的21条高速公路膨胀土路

段和南水北调渠坡工程中得到应用(表1),有力支撑了重大工程项目建设,被交通运输部列为2008年重点推广技术。该技术的相关内容已分别纳入交通部行业标准《公路土工合成材料应用技术规范》(JTJ/T 019—98)和《公路土工合成材料试验规程》(JTJ/T 060—98)。

膨胀土路基设计、加固与施工技术推广应用情况　表1

应用单位名称	应用技术	应用的起止时间	经济效益(万元)
广西: 1.南友高速公路 2.南百高速公路 3.百罗高速公路 4.水南高速公路 5.隆百高速公路	膨胀土地区公路建设成套技术	2003年4月至 2009年2月	34 727.71
湖南: 1.常张高速公路 2.醴潭高速公路 3.邵怀高速公路 4.常吉高速公路	膨胀土地区公路建设成套技术	2004年6月至 2006年10月	27 537.62
河南: 南邓高速公路	膨胀土地区公路建设成套技术	2004年2月至 2006年10月	9 143.18
内蒙古: 呼集高速公路	膨胀土地区公路建设成套技术	2001年4月至 2003年8月	6 825.37
湖北: 1.荆宜高速公路 2.武荆高速公路 3.孝襄高速公路	膨胀土地区公路建设成套技术	2003年4月至 2007年11月	6 127.36
云南: 1.楚大高速公路 2.安楚高速公路 3.砚平高速公路 4.平锁高速公路 5.保龙高速公路 6.鸡石高速公路 7.昭通机场高速	膨胀土地区公路建设成套技术	1996年2月至2008年10月	20 147.95
南水北调工程	膨胀土边坡柔性支护技术	2007年4月至今	
合计			104 509.19

四、效益分析

该技术已在6省区21条高速公路和南水北调工程中应用,产生直接经济效益10.45亿元,节约建设用地16 202.5亩,减少油耗3 640.6万L,降低废气排放1.66万t,对加快中西部地区经济发展、提高人民生活质量、保护自然资源与生态环境做出了重大贡献,应用前景广阔,潜在的社会、经济效益巨大。

第二部分
水运类科研项目

一、港口与航道

125.长江航道整治建筑物稳定关键技术研究

成果所属专题编号：交科鉴字[2007]第115号

成果主要完成单位：长江航道局、长江航道规划设计研究院、武汉大学、南京水利科学研究院、重庆交通大学

联系人：刘洁

联系电话：027-82767889，13007161812

通信地址：湖北省武汉市解放公园路16号

E-mail：cjhdjkjc@yahoo.com.cn

邮政编码：430011

一、主要技术内容

本项目依托长江航道系统整治工程，通过调研与实测资料分析、理论研究、数学模型计算、概化模型试验、现场试验等多途径、多技术手段，对长江航道整治建筑物稳定性关键技术进行了研究，共分三个专题。

专题一：长江中游航道整治建筑物稳定性关键技术研究

(1)对以往护滩带宽度和间距的经验性确定方法进行了改进和创新；提出将护滩带分为预期稳定区和预留变形区，并给出了增强预留变形区抗冲能力和稳定性的几种措施，为护滩带设计提供了新的思路和方法。

(2)较全面地揭示了丁坝附近水流紊动及压力脉动频率、能量、流速与冲刷的关系，丁坝周围紊动旋涡规律与冲刷的关系，进一步丰富了丁坝水力学的学科理论；建立了丁坝安全稳定性的模糊数学评定模型，为丁坝稳定性的判定提供了一种新方法。

(3)较全面地研究了鱼嘴形式之一的鱼骨坝在不同边界条件下的水位、流速等水力因素以及河床冲淤的变化特性，深化了对鱼嘴工程稳定性问题的认识；提出了鱼骨坝结构设计优化方法及防冲措施，对鱼骨坝设计具有较好的指导作用。

专题二：长江航道整治建筑物稳定性的二、三维数学模型研究

(1)研制了国内外通航枢纽泥沙问题最复杂的三峡工程下游三维紊流泥沙数学模型，并应用该模型成功计算了三峡工程下游马家咀、界牌河段航道整治工程作用下的复杂流态及泥沙冲淤过程。

(2)根据窦国仁紊流随机理论，导出了各向异性紊流的Reynolds应力的数值格式；将传统的悬沙运动及床沙级配的控制方程和床面附近含沙量的表达式推广到三维模型。

(3)采用Semi-Lagrangrian法和垂向直接分层，开发出航道整治工程作用下三维水沙非结构网格模型。

专题三：长江中下游长河段一维水沙数值模拟及其关键技术研究

(1)建立了一维河网非恒定流水沙数学模型，并首次在长江中下游长河段使用。

(2)模型建立过程中对模型的关键技术问题进行了处理，如糙率的自动调整模式等。

(3)模型验证中考虑了输沙量法和地形法的统一，较目前研究单纯采用地形法更加符合实际情况。

二、适用范围

研究成果适用于长江航道整治建筑物的设计和施工当中。

三、已应用情况

(1)护滩带边缘防护措施，在长江嘉鱼—燕子窝河段、东流水道和罗湖洲水道航道整治工程中得到应用。

(2)护滩带、丁坝和鱼骨坝的研究成果已应用到长江中下游系统航道整治工程的方案比选、优化和结构设计中。

(3)三维紊流泥沙模型在长江三峡工程航运泥沙研究和黄河刘家峡水库航道泥沙研究中得到应用。

(4)长河段一维数学模型的计算成果在《长江中游宜昌至城陵矶段、城陵矶至武汉段、长江下游武汉至铜陵段航道演变及治理对策研究》及长江中游马家咀水道、周天河段航道整治控导工程设计中得到应用。

四、效益分析

1.经济效益

(1)项目研究成果已推广应用到长江航道系统治理工程中，对于增强整治建筑物稳定性，延长整治建筑物寿命起到了重要作用，减少了日常维修量和大洪水水毁维修量，减少维修费用约20%。

(2)为长江中下游航道治理提供基础资料和技术支持，加快前期工作进度，提高设计工作效率和质量，缩短了约15%的设计周期。

2.社会效益

(1)本项目在长江航道整治建筑物稳定性技术以及与之相关的数值模拟和水槽概化模拟技术方面取得了多项创新性的成果，专家鉴定总体上达到国际先进水平。填补了国内外多项航道整治工程技术的空白。

(2)避免出现阻碍航行的局面，确保工农业生产的正常顺利进行，为经济发展提供可靠的物质保证。

(3)能够更好地发挥长江“黄金水道”的航运效益以及满足日益发展的干支直达运输、江海运输和海轮进江的需要。

(4)改善航道条件的同时，也改善了港口航行条件，可以扩大航道通过能力和港口吞吐能力，还可以带动相关产业发展，有助于沿江地区人民，特别是中、西部人民的生活水平和经济发展水平的提高。

(5)长江中游航道整治工程是综合治理长江的关键性工程，有利于防治洪涝灾害，并为国民经济发展提供有利的航运条件。此外它还是一项巨大的生态工程，其改善生态与环境的效益是明显的。

126.长江宜宾至重庆段航道治理关键技术研究

成果所属专题编号：交科鉴字[2008]第114号

成果主要完成单位：长江航道局、长江重庆航运工程勘察设计院、重庆交通大学、四川大学

联系人：刘洁

联系电话：027-82767889，13007161812

通信地址：湖北省武汉市解放公园路16号

E-mail：cjhdjkjc@yahoo.com.cn

邮政编码：430011

一、主要技术内容

长江宜宾至重庆段航道治理关键技术研究通过调研分析、数学模型计算、物理模型试验、船模试验

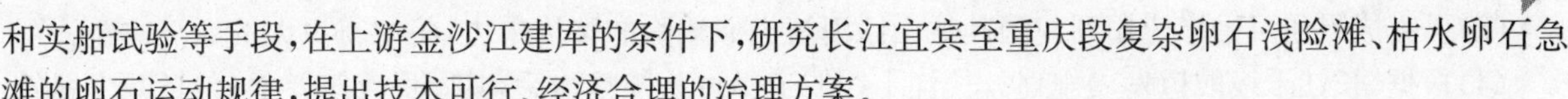

和实船试验等手段，在上游金沙江建库的条件下，研究长江宜宾至重庆段复杂卵石浅险滩、枯水卵石急滩的卵石运动规律，提出技术可行、经济合理的治理方案。

专题一：以铜鼓滩为典型滩险，通过数学模型和物理模型相结合的方法研究叙渝段卵石浅险滩整治技术

(1)根据弯曲分汊卵石浅滩的滩势(浅、险)及碍航性质，分清主次抓住病根，有针对性地按制定整治措施。

(2)长江叙渝段弯曲汊道浅滩枯水航槽弯浅、通航水流条件较差，在航行条件难以彻底改善时，可开辟顺直碛槽通航。

(3)新开顺直碛槽宜采取窄深型航槽疏浚与筑坝相结合的枯水整治方法，以维护挖槽稳定。

专题二：以斗笠子滩为典型滩险，通过物理模型试验、船模研究相结合的方法研究叙渝段卵石急滩整治技术

(1)卵石急滩以调节急滩比降为主，在方案布置时，主要以减小比降为主，最大局部比降能调整到2.0‰左右。从整治效果来看，降低了卵石急滩的比降，流速并未降低多少，船舶自航上滩的能力大大提高。

(2)布置整治方案时既要考虑标准船队自航上滩，又要考虑航槽稳定。

专题三：研究金沙江建库对叙渝段航道水流、泥沙运动的影响

(1)电站日调节流量对叙渝段下泄非恒定流存在洪峰坦化现象，相应沿程流量、水深、流速逐渐减小，但宜宾至太安长140km的河段，水位日变幅都在0.7m以上。越靠近坝址，水位日变幅越大，李庄以上水位变幅近2m。这将对船舶的靠泊和航行安全带来一定影响。

(2)长时段清水冲刷对河道变形影响：因河床组成和边界条件的差异而不同，在多数地方由于河床冲刷下切引起水位下降，而在由紧密的大粒径沙卵石或礁石组成的滩脊，由于抗冲性强，水位下降后将引起水深减小。

二、适用范围

研究成果适用于卵石浅险滩、卵石急滩整治。

三、已应用情况

斗笠子和神背嘴滩为川江著名的卵石急滩和卵石浅险滩，曾经进行过多次整治，本西部研究项目与泸渝段航道建设工程相结合，一方面将研究成果应用到整治方案中，另一方面在应用实践的基础上进一步总结提高。

通过对该两滩的治理实践，对山区河流卵石急滩和卵石浅险滩的成滩原因、碍航机理、卵石运动规律有了初步的认识，在确定治理方案、施工措施等方面也积累了经验。实践证明，斗笠子卵石急流滩险整治，采用上游疏炸与下游建坝壅水制造缓流的整治措施，使原滩段的大流速、大比降得到了有效降低，整治效果明显；而对于卵石浅险滩——神背嘴的治理，在合理的整治建筑物布置与开槽断面形式下，使新开碛槽得以稳定，滩险得到有效稳定。

四、效益分析

1.经济效益

(1)研究成果为叙渝段卵石浅险滩、卵石急滩整治提供了技术可行、经济合理的治理方案，为决策提供了科学依据，这对实现交通部提出的长江航道“深下游，畅中游，延上游”的建设目标，充分发挥长江“黄金水道”航运效益具有十分重要的作用。

(2)研究成果已成功应用于泸渝段、叙泸段航道建设工程中，工程治理效果已初步显现，维护成本、使用费用降低，取得了显著的经济效益。

(3)研究成果还可推广应用到我国其他山区河流类似滩险的整治中去,将取得更大的经济效益。

(4)根据《长江干线航道发展规划》,长江干线航道经过系统整治后,其国民经济效益(包括减少船舶减载的效益、减少船队中转、候槽的效益、节省航道维护费用的效益)十分显著。

2.社会效益

本项目的研究主要是为长江航道系统整治工程提供技术支持和服务,而我国的长江航道整治工程属国民经济公用性的基础设施项目,整治工程实施后将产生广泛的社会效益:

(1)叙渝段航道作为西部的重要水上通道,随着长江上游经济的发展和国家西部大开发战略的实施,该地区今后的水上运输量将有较大提高。通过本项目的研究,可以有效解决叙渝段航道整治中存在的问题,从而提高航道整治效果,确保西部水上主通道畅通,避免出现阻碍航行的局面,保证川江沿线工农业生产的正常顺利进行,为沿江各省市的经济发展提供可靠的交通保证。

(2)本项目的研究成果可以直接应用于叙渝段航道整治施工和日常维护工作中,能够提高叙渝段航道整治的技术水平,加快航道治理进度,从而有效改善西部水路运输条件,提高港口吞吐能力,有助于沿江地区人民,特别是西部人民的生活水平和经济发展水平的提高。

(3)本项目取得的研究成果除了可以直接应用于长江叙渝段航道治理外,还可以应用于类似条件的山区河流中去,社会效益显著。

(4)本项目的研究成果获得应用后,可以加快叙渝段航道整治的进程,可以提高西部水运主通道的运输效率,提高西部水上物流运输水平,还可规范航运秩序、提高水运行业管理水平,从而创造良好的社会效益。

127.高坝通航中间渠道和渡槽的尺度及通航条件研究

成果所属专题编号:交科鉴字[2007]第111号

成果主要完成单位:交通部天津水运工程科学研究所

联系人:郑宝友

联系电话:022-59812345-231,13502156088

通信地址:天津市塘沽区新港二号路2618号

E-mail:zhengbaoyou@vip.sina.com

邮政编码:300456

一、主要技术内容

高坝通航建筑物有升船机(多级升船机)和多级船闸两种形式,在多级升船机和多级船闸之间,往往需设置中间渠道和渡槽连接,如龙滩、百色和构皮滩水利枢纽通航建筑物。中间渠道和渡槽是一种特殊的限制性航道,其特点表现为:渠道两端多为封闭,断面多为规则的人工构筑物,船舶(队)在其中的航速较低,渠道中流速小;船闸灌泄水时在中间渠道内产生复杂的非恒定波流,对通航构成影响,因此中间渠道和渡槽内的航行条件和尺度确定不同于运河等限制性航道。在工程设计中,其尺度国内还没有规范或标准可遵循,使得设计缺乏科学依据。本项目以龙滩通航建筑物两级垂直升船机带中间渠道和渡槽方案为依托工程,采用物理模型和数学模型相结合的方法,系统研究了Ⅳ、Ⅴ级航道高坝通航中间渠道和渡槽的尺度与波流运动规律和航行水力参数的关系,根据不同的航速要求,将中间渠道和渡槽分类,提出了相应的最小断面系数要求和尺度的确定原则,该成果具有创新性和较高的参考应用价值。采用物理模型和遥控自航船模研究了船闸灌泄水中间渠道内通航水流条件的变化规律,以及中间渠道尺度和水力要素之间的关系,提出改善通航条件的措施。通过对中间渠道和渡槽内波流运动规律和水力特性及消波措施的系统研究,提出中间渠道内产生的非恒定流可分成推进波、反射波及振荡波,其中振荡

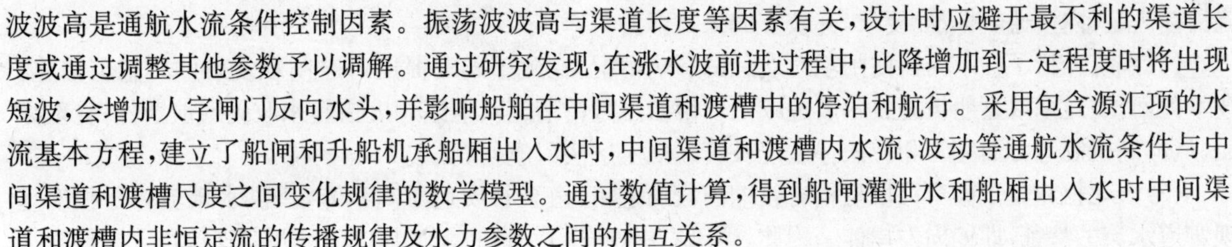

波波高是通航水流条件控制因素。振荡波波高与渠道长度等因素有关，设计时应避开最不利的渠道长度或通过调整其他参数予以调解。通过研究发现，在涨水波前进过程中，比降增加到一定程度时将出现短波，会增加人字闸门反向水头，并影响船舶在中间渠道和渡槽中的停泊和航行。采用包含源汇项的水流基本方程，建立了船闸和升船机承船厢出入水时，中间渠道和渡槽内水流、波动等通航水流条件与中间渠道和渡槽尺度之间变化规律的数学模型。通过数值计算，得到船闸灌泄水和船厢出入水时中间渠道和渡槽内非恒定流的传播规律及水力参数之间的相互关系。

二、适用范围

研究提出的升船机中间渠道与通航渡槽合理尺度确定原则、船舶进出船厢航速和船厢尺度、水深及水力特性关系、船闸灌泄水和般厢出入水时中间渠道内水力将性及对通航条件影响和改善措施等成果主要适用于高坝通航建筑物设中间渠道和渡槽的多级升船机和多级航闸工程，也可供有关相近通航条件的通航干渠工程设计参考。

三、已应用情况

龙滩水利枢纽位于红水河上游，工程以发电为主，具有防洪、通航及养鱼等综合效益。龙滩水电枢纽建成后，水库回水形成的深水航道约280km，与红水河综合利用规划的其他梯级枢纽渠化后，将形成超过1 000km的4级深水航道，对降低运输成本和促进沿河两岸经济发展具有重大意义。

龙滩中间渠道和渡槽直线段宽32m，水深2.5m，断面系数为4.7，尺度较小，同时渠道和渡槽内须双向错船。通过对龙滩枢纽中间渠道船舶航行航线选择及安全会让方式的试验研究，提出了船舶在渠道和渡槽中安全航行的限制条件，确保了船舶航行安全和通过能力，成果已被设计采用。

四、效益分析

本研究成果可为其他高坝枢纽通航建筑物的设计提供参考、借鉴，并为制定相关标准积累技术资料和经验，具有广阔的推广应用前景和较大的经济社会效益。本项目的实施，使中青年科技人员的业务水平和素质得到了锻炼提高，科研能力得到加强，为西部开发和国家建设培养了人才。本项目有关成果被龙滩水利枢纽通航建筑物工程设计采用，确保了船舶航行安全和通航能力，为工程带来了较大的经济效益。

128. 红水河碍航闸坝复航关键技术研究

成果所属专题编号：交科鉴字[2008]第134号

成果主要完成单位：交通部天津水运工程科学研究所、广西壮族自治区港航管理局

联系人：李伯海　马殿光

联系电话：022-59812345-251，13821943208

通信地址：天津塘沽新港2号路2618号

E-mail：dianguangma@163.com

邮政编码：300456

一、主要技术内容

本项目依托西南水运出海通道起步工程、大化船闸建设工程，针对红水河复航碍航闸坝对航运的影响及对策、未进行系统论证的已建枢纽预留位置新建船闸口门区、连接段航道整治、紧邻枢纽的已建桥区航道整治等关键技术问题，通过研究为红水河复航提供技术支撑，使船舶能顺利进出引航道，主要水

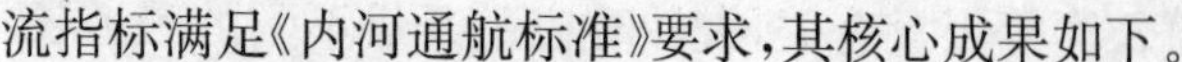

流指标满足《内河通航标准》要求，其核心成果如下。

(1)系统分析了红水河碍航闸坝对航运的影响情况，在此基础上提出碍航闸坝复航的对策与措施。技术方面，通过采取过船设施技术改造或上下游航道整治措施及枢纽调度措施来改善通航条件；管理方面，从体制机制等方面完善相应法律法规及管理规定解决碍航问题。

(2)大化枢纽位于微弯河段且稍有收缩河段的进口，由于石质边滩高水淹没，洪水水流一定程度呈现弯道水流的特征，即偏向左岸侧。因此，位于右岸(凸岸)一侧的船闸其口门区及其连接段水流较为平缓，口门区航行水流条件较好。中枯水条件下，部分切割位于口门区上游弯顶附近的左岸石盘，这个石盘控制着口门区的入流条件，适当切除可扩散较为集中的中枯水水流，使较为湍急的水流变缓，从而可以达到减弱口门区回流和斜流的目的。本技术核心为：创新性地采用改变入流条件方法，并利用口门区下游深潭地形解决不良流态问题，即通过切除口门区上游凸嘴，扩散主流、调整流向、削弱动量，较好地解决了大化船闸下引航道口门区的回流和斜流碍航问题。

(3)针对龙滩桥区中水条件下，上下游边滩交错对峙处，航道尺度不足，流速超标，大桥主通航孔前主流与桥轴线法线方向交角远大于标准要求，回流强劲、流态差，通过研究提出采用大桥上游边滩新开航槽降低弯道来流流速，在新开航槽出口形成挤压弯道主流的一股水流，治理不良流态，改善通航条件，有效保证船舶正常进出口门区。技术核心在于提出了开槽分流，调直航线，减小坐弯水流流速，调顺弯曲水流流向等措施，解决了桥区流速过大、流态不良问题。

(4)针对山区河流特点，提出了两坝间变动回水区设计流量，采用分时段统计确定保证率的新方法，为类似航道工程提供理论依据。

二、适用范围

由于研究解决的技术问题在国内许多山区河流的通航设施建设，尤其碍航闸坝复航建设中都普遍存在，因此，通过本项目的研究，取得创新性的研究成果，一方面可在通航河流碍航闸坝复航工程中应用；另一方面可在山区河流枢纽通航设施建设下游口门区、电站附近桥区航道整治中应用；尤其两坝间变动回水区实际情况的“时段保证率”设计水位确定方法，可广泛应用于枢纽间航道整治工程。

三、已应用情况

项目的研究成果已成功应用到“西南水运出海通道中线(广西段)起步工程和大化船闸建设工程”，为依托工程提供了重要的技术支持，也为红水河复航工程做出积极的贡献；碍航闸坝复航的对策与措施，大化枢纽口门区航道整治方案，大化桥区航道整治方案已应用到红水河大化下游航道整治建设工程，有效改善了枢纽下游航道条件，保证了船舶安全进出大化船闸；由于龙滩枢纽升船机建设工程延后，龙滩整治尚未实施，但该研究方案已被设计部门采纳，待该工程实施时，也将应用到工程建设中。本项目的实施，直接解决了红水河复航建设的关键技术问题，为国家规划中红水河及上游南、北盘江高等级航道的建成提供帮助，促进了红水河流域航运发展。

四、应用效益

红水河流域腹地矿产资源丰富，但交通条件很差，已成为制约经济发展的“瓶颈”。红水河复航工程的实施和广西天峨县境内龙滩水电枢纽的开工建设，为提升“两江一河”航道等级和发展航运创造了重要的条件。本项目依托工程(红水河复航建设工程)的实施，实现了红水河及其上游复航，并建成高等级航道，不但带动红水河流域资源开发、经济发展，而且对上游南北盘江、下游西江流域都会带来巨大的经济效益。

由于红水河及其上游为我国少数民族贫困地区，且地处山区，交通落后，本项目的开展，不仅能够直接发展本地区的水运事业，根本扭转“两江一河”流域货物运输的紧张局面，节约运输成本，而且能够利用航道的优势，改善投资环境，促进红水河沿岸及其上游贵州少数民族贫困地区经济的发展，很大程度

促进当地少数民族致富，实现社会主义新农村建设的政治目标，具有重大社会效益。

由于研究河段腹地地处西南山区，道路建设难度很大，需在山体进行大量土方开挖，造成山体大量植被破坏，利用河流通航大量减少山地道路建设对环境破坏，不对植被等生态环境造成大的影响，因此，本项目的实施具有良好的生态环境效益。

129. 西江航运建设桂平至梧州航道整治续建工程关键技术研究

成果所属专题编号：交科鉴字[2007]第 156 号

成果主要完成单位：交通部天津水运工程科学研究所、广西壮族自治区航务管理局、南京水利科学研究院、河海大学

联系人：李伯海

联系电话：022-59812345-634，13902195420

通信地址：天津塘沽新港二号路 2618 号

E-mail：libohai777@sina.com

邮政编码：300456

一、主要技术内容

长洲水利枢纽位于西江干流浔江段下游，距梧州市区 12km，是西江下游河段广西境内的最后一个规划梯级电站，设计布置双线千吨级船闸。结合长洲水利枢纽的建设，西江航运建设桂平至梧州航道整治续建工程组织实施。针对该工程建设急需解决的重大技术问题开展专题研究，解决了工程中存在的三大关键技术问题。

1. 长洲枢纽坝下近坝段河床演变对航道的影响及其整治措施

通过河床演变分析、坝下长河段一维动床数学模型和近坝河段二维动床数学模型等相结合的研究手段，研究由于长洲水利枢纽坝下来水来沙条件改变，研究坝下河段河床变化规律和演变趋势，提出长洲枢纽坝下河段航道整治的对策措施，解决长洲枢纽建设对下游河段带来的航道问题。

2. 长洲水利枢纽施工期通航技术措施应急预案问题

通过调查研究和资料分析及数模计算相结合的研究手段，研究水利枢纽施工通航期明渠通航水流条件及其优化措施等关键技术。

3. 长洲枢纽回水变动区末端东门沙滩、羊栏滩整治技术

通过河床演变分析和实体物理模型试验相结合的研究手段，研究长洲枢纽回水变动区和两江汇流口不同汇流比条件下水沙运动基本规律及航道整治的一般原则等难点技术，解决长洲枢纽回水变动区末端东门沙滩、羊栏滩的碍航问题，并提出优化的整治方案。

通过上述各专题研究，项目组取得了以下创新成果：

(1)首次采用模糊数学的方法进行数学模型典型水沙时间系列的选取，并应用于枢纽建成后的河床变形预报计算，做了有益的尝试。

(2)采用预报的河床变形进行坝下航道整治工程措施研究，使航道整治工程能够适应建库后不断变化的水沙条件和不断调整的河床变形，较好地解决了坝下航道整治工程设计中整治参数的适应性问题。

(3)采用数学模型计算提供的施工期临时航道通航水流条件，结合施工期的通航运输需求、过船密度、船舶吨位、船舶上滩能力等情况，分析了长洲枢纽施工期明渠通航可能出现的问题，并据此提出了改善施工期通航水流条件、扩大施工期临时航道通过能力、保障施工期通航安全的工程方案和应急预案，较好地解决了施工期通航问题。

(4)针对位于两江汇合段、长洲枢纽回水末端羊栏滩段的严重碍航问题，采用流量比降图和两河汇

流遭遇几率统计分析，得到了滩段最汹流量以及不利流量组合；根据羊栏滩各级单宽流量沿断面的横向分布特点，优选得到合理的开槽分流线路，解决了汇流口河段弯、浅、急、险的复杂碍航问题。

项目研究成果经专家鉴定总体上达到国际先进水平。

二、适用范围

项目研究成果对“十一五”水运重点建设项目——西江航运干线贵港至梧州航道工程建设提供了重要的技术支持。其研究成果和工程经验对于西江航道建设具有较好的推广应用价值和指导作用，对于其他类似河流及枢纽上下游航道整治研究和解决施工期通航问题具有借鉴作用和参考价值。

本项目研究成果，对于研究解决低水头枢纽坝下河段河床演变与航道整治问题、汇流口河段急浅险滩整治技术问题、枢纽施工期通航问题等，具有较好的借鉴作用和推广应用价值。

三、已应用情况

该研究成果已被西江航运干线贵港至梧州航道工程设计所采用。

(1)东门沙滩、羊栏滩整治研究提出的方案已被工程设计采用，且工程建设已经完工。

(2)长洲枢纽施工期明渠通航技术措施应急预案作为一项技术手段为长洲枢纽 2005 年和 2006 年施工期通航管理所采纳，为汛期通航安全提供了必要的支撑。

(3)设计单位在龙圩水道、洗马滩、鸡笼洲和界首滩四处滩险航道整治工程设计中，也借鉴了本项目的研究成果。

从已经完工的东门沙滩、羊栏滩航道整治工程和长洲枢纽施工期明渠通航的情况看，本项目研究成果的应用效果良好，达到了项目研究的目的。

四、效益分析

项目研究依托“西江航运建设桂平至梧州航道整治续建工程”，既从根本上解决了依托工程的关键技术难题，又优化了工程方案，从技术上确保了整治工程目标的实现。工程实施后，西江航道的通过能力大大提高，对沿江和腹地区域的经济发展起到较大的推动作用。此外，项目研究为长洲枢纽施工期明渠通航安全提供了应急技术预案，确保了长洲枢纽施工期明渠通航安全，可减少断航造成的经济损失数千万元。

项目研究对“十一五”水运重点建设项目——西江航运干线贵港至梧州航道工程建设提供了重要的技术支持。通过本项目研究，从根本上解决了羊栏滩河段枯水浅、中洪水险、船舶航行困难的问题，使得西江航运干线的船舶航行安全得到了进一步的保障。通过依托工程的实施，为西江航运事业的发展做出积极贡献，同时，西江水运事业的大发展将对西江全流域带来巨大的经济、社会效益。

130. 石质急流滩航道整治关键技术研究

成果所属专题编号：交科鉴字[2005]第 109 号

成果主要完成单位：广西壮族自治区航务管理局、南京水利科学研究院、交通部天津水运工程科学研究所

联系人：韦巨球

联系电话：0771-2115325，13878858068

通信地址：广西南宁市新民路 67 号

E-mail：wjq.gxhw@163.com

邮政编码：530012

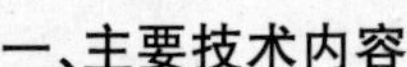

一、主要技术内容

本项目由3个专题构成，分别为红水河航道整治技术研究、石质汊流滩航道整治关键技术研究和石质急流滩航道整治关键技术研究。针对所要解决的若干方面的关键技术，采用多种先进的研究手段，获得了丰富的、系统的研究成果，主要结论如下：

(1)根据滩段特点分析了泡水形成机理并提出了治理途径和最佳过水断面。

(2)提出了保持分流比和汊道阻力相协调的整治原则。

(3)较深入的研究了石质汊道急流滩整治工程中的顺直型分汊河段和弯道型分汊河段的水力学问题。

(4)对石质急流滩的表面流场、滩段水位等值线特征、沿程流速和比降变化等水力特性，以及石质急流滩的主要流态及碍航特征，做了有益探索。

(5)较为深入的研究了船舶上滩航行对周围水流的水位、流速影响的动水特性。

(6)研究中提出的兹万科夫修正法能较好地计算受浅水和狭水道影响的船舶阻力，并解决了滩口下游倒比降滩段的阻力计算问题。

二、适用范围

本项目提出的石质急汊流滩航道整治成套化技术适用于山区河流石质急流滩、石质汊流急滩的航道整治。

三、已应用情况

(1)研究成果首先应用于红水河的十五滩、蓬莱滩的工程设计和工程建设，竣工检测表明整治效果显著，使西南水运出海中线通道红水河乐滩至石龙三江口175km航道达到Ⅴ级航道标准，枯水期通航300吨级船舶，水位稍高时常有500～800吨级运输船舶航行。

(2)长江重庆航运工程勘察设计所和长江航道规划设计研究院在川江与乌江上的急流滩整治设计中采用了本项目的整治技术，也收到了良好的整治效果。

四、效益分析

本项目提出的石质急汊流滩航道整治成套化技术应用于红水河航道整治工程，提高了航道等级，保障了船舶的航行安全，产生了巨大的社会效益和经济效益。

(1)增加了运输船舶运费收入。红水河来宾港、合山港2004年至2006年新增产值合计10 003万元。

(2)减少了海损事故的发生。整治后，十五滩和蓬莱滩自2003年至今，没有发生过海损事故，近3年减少经济损失48.84万元。

(3)由于航道通航条件改善，船舶在合山至石龙航段实际航行时间缩短2h，运每吨货物节约燃油费0.38元，则近3年节约燃油费总计71.72万元。

131. 大连湾近岸工程建设关键技术问题研究

成果所属专题编号：交科鉴字[2007]第137号

成果主要完成单位：大连理工大学、大连港集团有限公司、辽宁省交通厅港航管理局、大连市港口与口岸局

联系人：王永学
联系电话：0411-84708252
通信地址：大连市凌水路2号　大连理工大学海岸和近海工程国家重点实验室
E-mail：wangyx@dlut.edu.cn
邮政编码：116024

一、主要技术内容

随着港口建设的发展，当前大型深水码头工程建设正逐步进入远离岸边的深水开敞海域，并多为开敞式。深水开敞海域的海洋动力环境条件更加复杂，传统水工结构因工程造价高昂、技术复杂、施工困难等已不能适应深水港发展需要；波浪、潮流、风等动力要素对系靠泊位作业的效率影响甚大，导致泊位可作业天数减少；海洋动力要素的联合作用使得船舶运动量增大，导致断缆、船舶破损、水工结构物破坏等事故增多；航道和港池的开挖使得波浪在突变水深水域产生严重折射，导致了港口水域水动力条件的改变，严重地威胁着已建水工结构物安全。

本项目依托大连港30万吨级矿石码头、30万吨级进口原油码头、大窑湾港区等重点工程建设中的关键技术问题，系统研究了中间部分为矩形、两端为半圆形的准椭圆形沉箱新结构形式，以取代传统的2个小直径圆沉箱或1个大直径沉箱结构，有效地解决了降低码头面高程的关键技术。系统研究了开圆孔的圆筒沉箱新结构的水动力特性和圆筒沉箱开孔区域在不同条件下的应力分布情况，以解决传统开方孔的沉箱结构存在方孔角点处附近由于应力集中而容易产生裂缝、影响其使用寿命的技术难题。提出了由船舶运动量控制的15万吨级和10万吨级矿石船舶、45万吨级和15万吨级油轮的作业标准，开敞水域20万吨级以上船舶的防护断缆对策建议等成果，对解决开敞式码头面临的在恶劣天气情况下系泊船的安全以及与船舶运动有关的泊位运行效率的改善两个主要技术问题有重要指导作用。系统研究了大连大窑湾整体工程北航道口门附近采用不同挖泥消波方案对拟建北防波堤和已建岛堤与南防波堤的设计波要素的影响，提出了可有效减小人工航道建设引发波浪折射对周围结构物危害的挖泥消波技术方案。

二、适用范围

本项目取得的新型水工结构研究成果适用于重力沉箱墩式码头主体结构，对解决降低码头面高程、减小开孔沉箱裂缝、提高码头主体结构的耐久性等有重要的借鉴意义。大型船舶防护断缆对策建议研究成果，为制定开敞式大型专用码头泊位作业标准，在保证安全的条件下提高码头的作业天数提供了重要的基础数据。挖泥消波的工程措施，适用于港口水域挖泥作业较方便的开敞式深水码头工程建设，是一项可有效减小人工航道引发波浪折射对周围结构物危害的简单、实用技术。

三、已应用情况

大连港15万吨级矿石转水码头工程主体结构采用准椭圆形沉箱重力墩式结构，解决了采用两个圆沉箱容易产生前后不均匀沉降和码头面高程偏高的技术难题，码头面高程由原设计的＋15.0m降低到＋12.6m，并满足大跨度装卸设备布置。该码头工程2006年9月投产以来，已多次停靠兼顾船型向上20万吨级减载，向下兼顾到1万吨级的船，提高了码头的利用率。大连新30万吨级进口原油码头工程主体结构设计采用了开圆孔的圆筒沉箱新结构，解决了以往采用开方孔的沉箱结构存在方孔角点处附近由于应力集中而容易产生裂缝的问题，对提高码头主体结构的耐久性和减少维护费将起到显著的作用。由船舶运动量控制的15万吨级和10万吨级矿石船舶、45万吨级和15万吨级油轮的作业标准，开敞水域20万吨级以上船舶的防护断缆对策建议等成果已应用于优化大连新30万吨级进口原油码头泊位长度和靠、系缆墩布置方式。推荐的大窑湾北岸顺直岸线方案在岸线利用、船舶靠离、生产作业及陆域布置方面有突出优势；推荐近期实施的小挖泥消浪方案，有效地指导了大窑湾航道改扩建工程以及配

套工程中、西段围堰建设，对保证已建岛堤与南防波堤的安全起到了重要的作用。

四、效益分析

大连港矿石转运码头工程采用准椭圆沉箱重力墩式结构，其直接效益是节省钢筋和混凝土用量，以及基础处理费用约900万元。码头面高程降低后可方便船舶装卸船作业，降低发生断缆的概率，更多的船东愿意来港靠船，提高码头的利用率。大窑湾北岸建设采用了北防波堤工程建设阶段采取小挖泥消波，在北航道建设阶段采用大挖泥消波的方案。通过大挖泥方案和小挖泥方案的比选，推荐近期实施的小挖泥消浪方案可节约工程建设资金1 600万元。大窑湾港区规划方案调整后采用大窑湾北岸顺直岸线方案在岸线利用、船舶靠离、生产作业、特别是陆域布置方面有较大的优势，对提升大连集装箱干线港地位，促进东北老工业基地振兴，具有十分显著的经济社会效益。

132. 梯级水利枢纽上下游航道整治技术研究

成果所属专题编号：2003-28

成果主要完成单位：广东省航道勘测设计研究院有限公司、河海大学

联系人：柯有为

联系电话：020-83193522，13632435238

通信地址：广州市沿江中路195号沿江大厦4楼

E-mail：kyw180@163.com

邮政编码：510115

一、主要技术内容

1. 技术特点

(1)梯级水利枢纽库尾回水变动段与天然河流来水来沙规律不同。河流动力学本属半理论半经验的学科，由于人们对河流利用的无序调节，更增加这类航道整治工程的难度。目前交通部对于在天然河流或保证有航运基流的梯级水利枢纽航道整治的设计水位、整治流量等设计参数的确定有明确的规定，但对那些没有航运基流调节的水电枢纽下游航道的整治设计水位、整治流量等设计参数、计算方法如何确定尚属空白，还缺少枢纽上下游航道整治的设计原则，未形成系统全面的设计规程。本研究摸索出了适应电站运行，下泄非恒定流条件下的航道整治原则、设计方法和工程措施，解决了没有航运基流调节的水电枢纽上下游航道的整治理念和整治方法，填补了现行规范中的某些空白。

(2)本研究对山区河流上多座水电梯级，在水量充分利用上，摸索出了一套既保证发电效益，又兼顾航运用水的联合调度方案，最大限度地发挥水资源综合利用效益，以促进地方经济发展。

2. 性能指标

本研究摸索出了适应电站运行下泄非恒定流条件下的航道整治原则、设计方法，提出了通航保证率的计算方法及设计水位的计算方法；提出了相应的航道整治技术和工程措施。通过研究梯级枢纽联合运行调度情况，经数学模型计算，摸索出了一套既保证发电效益，又兼顾航运用水的调度方案。

二、适用范围

本项目适用于水电梯级开发河流上的航道整治工程。

水电梯级绝大多数是企业行为，各电站枢纽成为独立的体系；而航道开发是政府行为，以整条河道为一整体体系。在两者开发的结合上，存在着建设规模、水位衔接及电站运营调峰管理等影响。水电站的建设对航道有利有弊，虽然各梯级的库前都能形成深水航道，但是由于要获得发电效益的最大化，梯

级水位不衔接，库尾仍属天然状态下的浅滩航道；而且该处航道往往受上一级梯级调峰发电的不稳定流下泄的影响，使得航道条件更为恶劣，造成水运资源的破坏和浪费。小水电开发蓬勃发展，对航道的影响踏至纷来，对此形势，水运交通必须认真面对，研究对策，化弊为利。

三、已应用情况

本科研课题是因梅江、汀江航道整治工程可行性研究工作中遇到无规范可循的设计难题时提出的，该成果已经应用到广东梅江、汀江河段航道整治工程中，取得了一定效果。

四、效益分析

(1)一般山区都是欠发达地区，山区河流对当地物资运输所起的作用显得尤为重要。通过本研究，能解决好通航问题，水运货运量将提高 2～3 倍。不仅能促进水运经济的发展，而且还带动社会劳动就业、造船工业、建材工业的发展。

(2)如果结合本报告中所提到的东江 15 座梯级开发，北江 6 座梯级开发及韩江 12 座梯级开发，实现 1 000 吨级渠化航道目的，那么广东省的高等级航道不仅遍布于西江干线及珠江三角洲，而且可向上拓展延伸到韶关、清远、惠州、河源、梅州、汕头及潮州等市。新增 1 000 吨级航道共 764km，将对广东省粤北及粤东的经济发展提供一个强有力的交通设施的支撑。

(3)我国河流众多，水利水电枢纽随处可见。本研究提出解决这些问题的设计理念、设计方法和工程措施，不仅在本省，而且可推广至全国有同样问题的河流，所产生的作用是不言而喻的。

133. 汉江丹江口水库坝下径流调节河段航道整治关键技术研究

成果所属专题编号：交科鉴字[2007]第 34 号

成果主要完成单位：湖北省汉江二期航道整治工程领导小组办公室、湖北省交通规划设计院、武汉大学水利水电学院、湖北省港路勘测设计咨询有限公司

联系人：张雨耕

联系电话：027-83465255，15827066582

通信地址：武汉市汉口沿江大道 68 号

E-mail：zhyg12345@163.com

邮政编码：430021

一、主要技术内容

丹江口水库的兴建和运用，改变了下游河段的来水来沙条件，引起坝下河段尤其是近坝径流调节河段河床的剧烈调整和变形，丹江口、王甫洲两枢纽日调节不稳定流导致水位变化幅度较大，径流调节河段由于其本身特殊的河段边界条件，加上受到枢纽日调节不稳定流的影响，其河道演变、航道整治参数的确定方法等均与一般的枢纽下游河段不同。

本课题采取理论分析、原型观测以及实测资料分析相结合的方法，对丹江口水利枢纽蓄水运用以后下游径流调节河段的来水来沙条件的变化、河床冲淤变化规律与特点、影响枢纽下游河流再造床特征因子、径流调节河段悬移质、推移质泥沙输沙率公式、径流调节河段通航设计最低通航水位、造床流量、整治线宽度计算公式等进行了研究，取得了以下方面的成果。

(1)丹江口蓄水运用以后，下游径流调节河段的径流总量没有发生变化，但是径流过程发生了显著变化，蓄水以后径流过程的脉动程度显著降低；枢纽的拦蓄作用使得下泄沙量减少，径流调节河段的年输沙量急剧减少，悬移质输沙的造床作用基本消失，河床泥沙输移以推移质(卵石推移质和沙质推移质)

为主。

(2)径流调节河段河床冲刷由上游向下游逐步减弱；随着水库运用时间增长，河床冲刷强度逐渐减弱；冲刷首先发生在近坝段，随着时间推移而逐渐下移。边界条件较好的单一窄深河段，河床以冲刷下切为主，河床刷深航道条件相对较好；边界条件较差的河段，河床冲刷以展宽为主，河床中原有岸滩，边滩被冲刷切割，往往形成新的洲滩和新的汊道，使主泓摆动剧烈，主支汊交替，深泓横向摆动大，航道条件明显恶化。枢纽下游不同河型河段在冲淤演变过程中，一般都会出现不利于航行条件的变化。

(3)来沙量、径流过程和河道边界条件是影响枢纽下游河段河流再造床过程的最重要特征因子。

(4)坝下径流调节段太平店以上河段，河床粗化已经基本完成，已转化成为较为稳定的分汊河型与单一弯曲河型相间的河道，而太平店以下河段河床粗化仍在继续进行中。

(5)以现有研究成果为基础，结合坝下径流调节河段实际，建立了丹—襄河段悬移质挟沙力公式：

$$S = 0.0689\left(\frac{U^3}{ghw}\right)^{0.7047}$$

式中：S——挟沙力；

U——平均流速；

g——重力加速度；

h——平均水深；

w——泥沙沉速。

以及推移质输沙率公式：

$$g_b = 0.98\gamma_s d(u-u_0)\left(\frac{u}{u_0}\right)^3\left(\frac{d}{h}\right)^{\frac{1}{4}}$$

$$u_0 = 1.2\sqrt{\frac{\gamma_s-\gamma}{\gamma}gd}\left(\frac{h}{d}\right)^{\frac{1}{6}}$$

式中：g_b——推移质输沙率；

γ_s——泥沙密度；

d——推移质的平均粒径；

u——平均流速；

u_0——泥沙启动流速；

h——水深；

γ——水的密度。

(6)受枢纽影响冲刷下切的河段，水位流量关系逐渐下降。此时宜选取日均流量资料为样本，首先计算相应保证率设计最低通航流量，再根据近期的水位流量关系曲线推求设计最低通航水位。

(7)坝下径流调节段因电站日调节造成的非恒定流水位流量的波动，从上游至下游随着流程的增加逐渐坦化，其中近坝段受非恒定流波动的影响最为明显，日变幅较大，谷值流量沿程增大，峰值流量沿程减小，在襄阳站处谷峰值基本趋于一致，最终趋于日平均流量。

(8)受枢纽径流调节影响明显的坝下河段，应首先以日均流量资料为样本，计算相应保证率设计最低通航流量，然后选取枯水期日均流量接近或小于设计最低通航流量时的瞬时水位观测资料，采用波谷水位保证率法推求设计最低通航水位。

(9)在对不同整治线宽度计算方法对比分析的基础上，基于本文修正的推移质泥沙启动流速公式，建立了丹—襄近坝径流调节段整治线宽度理论计算公式。

$$B_2 = \frac{Q}{H_2^{7/6}} \times \frac{1}{1.2\sqrt{\frac{\gamma_s-\gamma}{\gamma}gd^{1/3}}}$$

式中：Q——整治流量；

H_2——整治后整治水位时平均水深；

γ_s——泥沙密度；

γ——水的密度；

g——重力加速度；

d——推移质的平均粒径。

采用实测资料建立了丹—襄河段卵石、砂质河床的整治线宽度经验公式，可适用于汉江坝下径流调节河段航道整治线宽度的计算。

$$B_2=1.27B_1\left(\frac{H_1}{H_2}\right)^{1.134} \quad (卵石浅滩)$$

$$B_2=0.95B_1\left(\frac{H_1}{H_2}\right)^{1.276} \quad (砂质浅滩)$$

式中：B_1——整治前整治水位时河宽；

H_1——整治前整治水位时平均水深；

H_2——整治后整治水位时平均水深。

(10)据优良河段模拟法及理论公式计算，并考虑近年来中水水量明显偏少的实际情况，丹—襄河段整治线宽度采用300～350m是可行的，表明整治参数的确定方法是符合坝下径流调节河段实际的。

(11)汉江丹—襄段航道整治工程坝体新结构选择沙枕（沙袋）充填卵石作坝芯、块石盖面组成混合结构坝或直接采用沙卵石弃渣抛填压实成坝芯、上铺聚丙烯编织布排、水下部分抛石护面、水上部分加盖0.4m浆砌块石或混凝土护面形成坝体进行试验，经过3年的原型实验，结果证明试验坝结构稳定，新型结构整体性较好，从技术上和稳定性上是可行的。不但可大大减少工程投资、减少块石开采量，还对缓解石料的供应和保护当地的生态环境，起到相应的积极作用。

(12)两种新型结构无论是利用沙卵石枕和块石盖面，还是用大体积卵石填芯、上部以土工织物包面后覆盖块石的结构物形式，基本均能在航道整治工程的丁坝、锁坝中替代传统的块石坝体。但是其卵石坝面上的覆盖厚度必须按水流顶冲强度进行设计，其覆盖的块石厚度或浆砌石厚度最小不宜少于40cm，第一道丁坝、顺坝前沿宜加抛块石棱体以镇脚，确保其坝身强度。在沙卵石枕与块石之间增设一层无纺布或相应强度的土工布排，将会大大减少沙卵石枕被扎破几率，从而更好地保护沙卵石枕的安全，减少今后的维护工程量。

(13)丹—襄河段航道整治工程实施后，中、枯水河势得到了较好控制。航槽基本稳定，航道尺度有了大幅度的提高，从整治前浅滩最小水深0.5m提高到1.8m，各滩群满足设计水深1.8m的航槽线基本贯通，航道得到了根本性改善；同时，浅滩段比降调平、流速减小，中枯水期间浅滩段流速由工程前大于3.0m/s下降到工程后2.8m/s以下，航运条件也得到了根本性的改善。

(14)整治工程效果观测分析表明，丹—襄河段航道整治所确定整治原则是可行的，整治工程设计参数确定、整治方案及工程布置是合理的，坝下径流调节河段通过整治可以达到控制和稳定河势、改善航道及航行条件的目的。

二、适用范围和建议

(1)径流调节河段水位一方面受到河床冲刷下切的影响，另一方面受到电站日调节造成的不稳定流影响。本文提出的设计最低通航水位确定方法——波谷水位保证率法，需要一定时间的坝下非恒定流观测资料，报告在对丹江口、王甫洲枢纽坝下非恒定流特性及涨落规律分析的基础上，提出观测时间以7～10d为宜，在应用到其他工程设计时，能否满足计算及设计精度需要，应结合工程进行具体分析。

(2)采用有效流量法（或者马卡维耶夫方法）确定的第二造床流量确定整治流量在自然条件下是合理的，有效流量法在物理本质上更加合理。但对于枢纽修建以后处于再造床过程中的河流，不宜采用有效流量法确定的造床流量作为整治流量，应进一步研究整治流量、整治水位的确定方法。此外，卵石、砂

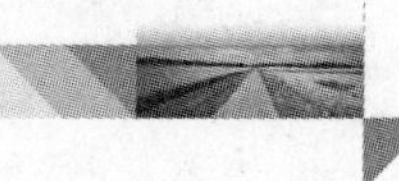

质河床的整治线宽度经验公式,应在继续加强原型观测的基础上,进行修正完善。

(3)受丹江口、王甫洲枢纽工程清水下泄的影响,河床冲刷变形会使近坝段沙卵石河床逐渐形成抗冲刷保护层。航道整治工程(挖槽疏浚与筑坝)的实施,将使浅滩段形成的沙卵石抗冲保护层受到扰动与破坏,使河床进一步冲刷下切,水位下降,这将对枢纽工程下游河段设计最低通航水位的确定产生影响,应加强整治工程实施以后河床冲淤变化规律的研究,为航道设计参数的确定提供依据。

(4)坝下径流调节河段在清水下泄所造成的河道转化过程中,尤其应加强对边界条件较差河段的观测分析研究,提前对岸滩、边滩的冲刷采取相应的工程保护措施,以防止河道向汊道型、宽浅型方向发展,危及航道的通航条件。

三、效益分析

1.社会效益

(1)丰富了航道整治的相关理论,可为同类河流航道治理提供借鉴。

枢纽工程修建后,下游冲积河流再造床过程中河床演变、河型变化是河流动力学重要研究课题之一,电站日调节下泄非恒定流对下游航道及船舶营运影响较为突出,近坝段航道整治设计最低通航水位确定方法及整治参数的率定,有关科研单位和院校在不同河流的航道整治工程中作过一些初步研究,但均处于探索性研究阶段,没有得到推广应用。

本课题通过对丹江口水库建库前后坝下水沙条件的变化、河段内洲滩、深泓及河道冲淤特性的演变分析,研究丹江口至襄樊河段不同河段再造床过程中河道演变与河型调整的规律,寻找影响坝下径流调节河段河床演变主要因子或特征因子,不仅可以获得对这一类河流再造床过程及规律的认识,丰富和发展了相关学科,同时对预测丹江口大坝加高后河道新一轮再造床过程发展趋势以及三峡下游近坝段河床演变发展趋势具有重要意义。

本课题以对丹江口下游近坝段河道演变与河型调整的认识为基础,结合航道整治工程实际,分析径流调节河段悬移质、推移质泥沙的输移规律,率定了悬移质挟沙力和推移质挟输沙率公式;在综合分析比较枢纽下游非恒定流条件下航道整治设计最低通航水位现有确定方法的基础上,推荐采用波谷水位保证率法,其所确定计算结果保证率更高,更适中;在对不同整治线宽度计算方法对比分析的基础上,基于卵石启动流速公式,建立的近坝径流调节段整治线宽度理论计算公式,可作为近坝段卵石河床航道整治线宽度计算方法的一种补充。采用实测资料,运用数理统计方法所率定的丹襄段卵石、砂质河床的整治线宽度经验公式,可适用于汉江坝下径流调节河段航道整治线宽度的计算。以上计算方法的确定和计算公式的率定,一方面与丹襄段航道整治工程相结合,相互借鉴,相互印证,丰富了航道整治工程相关理论,同时也为国内外同类河流及汉江下阶段航道治理提供了借鉴。

(2)研究成果具有较好的应用前景。

①径流调节河段河势演变分析。本课题把河流动力学理论与丹江口下游近坝段实测资料的分析相结合,研究不同河型、不同边界条件下河床的冲淤变化、河型的调整,提出水沙条件的改变是坝下河道河床演变和河型变化的根本原因,明确了泥沙总量、径流过程和河道断面形态是影响河流再造床过程的最重要特征因子。通过对这一类型河流再造床过程及规律性的认识,有助于对类似河型在来水来沙条件发生变化时的演变及河型变化进行预测,如三峡水库下游河段及南水北调中调水后丹江口下游河段的演变规律认识。

②径流调节河段设计最低通航水位的确定方法。在已经建成的众多的水利水电枢纽调度中,往往为了发电调峰需要而进行日调节,水位日变幅较大,在枢纽下游尤其是近坝段进行航道整治工程设计时,设计最低通航水位的合理确定直接决定了航道整治工程的成败、效益和安全。汉江湖北省境内规划水利枢纽有孤山、丹江口、王甫洲、新集、崔家营、雅口、碾盘山、华家湾、兴隆等共九级,其中只有丹江口、王甫洲枢纽已建,崔家营和兴降枢纽正在建设,其他几个枢纽正在进行前期研究工作,这些枢纽和王甫洲枢纽一样均为低水头径流式电站,且枢纽下游同样存在着日调节不稳定流的影响。

本课题在分析径流调节河段设计最低通航水位研究现状后，能过对赣江方法、岷江方法、日最小流量保证率法、低谷水位法、小低谷水位保证率法和波谷水位保证率法共6种方法的对比分析，推荐采用波谷水位保证率法。波谷水位保证率法概念清晰，方法简单，具有保证率概念，且水位观测资料容易收集，计算结果适中，其研究成果，对汉江下阶段及国内外同类河流的航道整治设计有着积极借鉴和指导意义，并有着广泛的应用前景。

③坝下径流调节段航道整治整治线宽度计算公式率定。本课题在重点分析率定丹江口水库坝下径流调节河段悬移质挟沙力、推移质输沙率公式的基础上，结合本课题研究修正后的推移质泥沙启动流速公式，建立了近坝径流调节段卵石河床航道整治线宽度计算公式；根据丹襄段坝下径流调节河段河床质的不同，分新集上、下河段，通过整治前后原型观测及效果分析，采用实测资料，运用数理统计方法率定了丹襄河段卵石、砂质河床的整治线宽度经验公式。

通过验证计算表明，采用数理统计方法率定两个经验公式和基于近坝段推移质启动流速公式的整治线宽度计算公式均可用于汉江径流调节段整治线宽度的计算，后者还可作为近坝段航道整治线宽度计算方法的一种补充，其研究手段和成果，具有较高的推广及应用前景。

(3)可为相关技术标准、规范的制定、修订提供依据。

在现行规范、标准中大多是针对天然河流情况下对设计通航水位的确定作出规定，对枢纽下游河段设计最低通航水位确定只是明确提出要考虑河床冲淤变化和电站日调节的影响推算确定，至于如何考虑并没有统一规定和方法。本课题通过对丹江口、王甫洲枢纽电站日调节下泄非恒定流分析，结合沿程非恒定观测，在综合分析各种计算方法基础上，推荐采用波谷水位保证率法确定受枢纽日调节影响明显的坝下河段设计最低通航水位，可以认为是一种有益探索，其确定方法可为相关技术标准、规范的制定、修订提供参考。

2.经济效益

(1)坝体新型结构试验研究产生较好了效益，其推广应用价值十分明显。从因地制宜利用疏浚工程中挖出的大量砂卵石这一天然材料出发，选择沙枕(沙袋)充填卵石作坝芯，用40cm块石盖面组成混合结构坝或直接采用沙卵石弃渣抛填压实成坝芯、上铺聚丙烯编织布排、水下部分抛石护面、水上部分加盖10cm混凝土护面形成坝体进行试验取得了成功，经过了特大洪水考验，目前试验坝结构稳定，说明这种新型结构整体性较好，从技术上和稳定性上是可行的，新结构试验是成功的，达到了因地制宜就地取材的预期目标。

丹襄段航道整治工程选取XRB3＃丁坝、HLB8＃锁坝和HLB4＃丁顺坝区3条坝进行坝体新结构试验，3座坝预算投资263.67万元，实际支付投资为169.89万元，为工程节约投资93.78万元，其产生的效益是明显的。

在我国众多的河流中，卵石河床较多，如何利用疏浚卵石弃料是各方十分关注的问题，采用经试验的卵石填芯的新型坝体，不但可大大减少工程投资、减少块石开采量，还对缓解石料的供应和保护当地的生态环境，起到相应的积极作用，其推广价值十分明显，以丹襄段航道整治工程为例，全河段设计丁(锁)坝44座，坝体总长度16 476m，需块石193 622m^3，经测算，本工程若采用沙卵石填芯试验坝，可节约工程投资约442万元，其经济效益将是十分显著的。

(2)采用波谷水位保证率法，可节约工程建设成本，提高船舶营运效益。水库下泄非恒定流，造成枢纽下游河段水位、流量变化十分频繁和剧烈，且无规律，尤其在枯水期，日内下泄的瞬时流量经常小于设计流量，使得航道水深无法保证，给船舶安全营运和港口作业带来不利影响。整治工程设计如果对日调节非恒定流的影响考虑不足，随着枢纽下游河段货运量的不断增长，非恒定流对航运影响的矛盾将会越来越突出，势必要进行第二次航道整治，保证航道通航水深，以提高现有航道的通航保证率。

由于一次整治后河势发生的变化，二次整治需要对整治建筑物进行适当调整，必将带来工程投资的增加。若采用以波谷水位保证率法所确定的设计水位进行航道整治工程设计，相比二次整治而言，则可

节约工程投资和航道维护费用，缩短建设工期，减少工程建设管理成本，其经济效益是明显的。同时，通航时间的延长，航道通过能力将得到提高，必然使船舶运输成本降低，节约能耗，提高船舶营运效益。

134. 防城港深水码头建设及航道治理关键技术研究

成果所属专题编号：交科鉴字[2008]第121号

成果主要完成单位：南京水利科学研究院、防城港务集团有限公司、广西壮族自治区交通规划勘察设计研究院、中交第四航务工程局有限公司

联系人：潘军宁

联系电话：025-85829340，13951983459

通信地址：江苏省南京市虎踞关34号河港所

E-mail：jnpan@nhri.cn

邮政编码：210024

一、主要技术内容

防城港深水码头及航道工程是一项通过深水码头建设与深水航道疏浚相结合，大幅度提高防城港吞吐能力的大型工程。在湾口开敞水域建设深水码头，进行航道和拦门沙水域波浪研究及深水航道泥沙回淤预报是防城港深水码头建设及航道治理研究中的技术难题，是实施该项工程的重要决策依据。项目研究内容属于大型复杂海湾港口航道工程建设的关键技术，主要成果有：

(1)通过波浪模型试验系统研究了大圆筒重力墩式码头系泊船舶荷载和动力特性，提出大圆筒重力墩式码头系泊船舶在波浪作用下撞击能量计算方法。

(2)在改进型缓坡方程的抛物形近似模型基础上，通过斜坡地形上波浪破碎试验分析研究波浪在浅滩上破碎及破后波传播变形规律，建立复杂快变地形非线性缓坡方程数学模型，模型中综合考虑了波浪折射、绕射、底摩擦损耗、风能输入、波浪破碎及破后再生波的传播变形，使深水航道和拦门沙水域波浪传播变形数值模拟的准确性得到显著提高。

(3)提出了大风浪期，风、浪、流共同作用下沙质海岸泥沙输移和航道淤积计算方法，经防城港及黄骅港、京塘港等港口航道大风浪泥沙骤淤实测资料验证，计算结果与实测资料符合较好，可用于砂质和粉砂质海域航道泥沙大风浪骤淤预报，具有较好的推广应用前景。

(4)进行了波浪作用下和波、流共同作用下泥沙运动特性试验研究，分析了泥沙启动规律和含沙量垂线分布，提出了波、流共同作用下底层含沙量计算公式。

(5)研究开发了在缺乏大型浮吊的情况下，大圆筒出运、拖浮、安装的设计及施工成套新技术，确保工程正常施工、按期投产，节约了工程费用。

二、适用范围

快变地形上的非线性缓坡方程数学模型考虑了风能输入、波浪破碎后的能量衰减等多种因素，适用于海岸、河口大范围复杂地形水域的波浪传播变形数值模拟，在港口、海岸和近海工程领域具有广阔的应用前景。

大风天航道回淤问题是长期困扰我国水运工程建设的难题之一，本项目提出的波流共同作用下含沙量计算公式和风、浪、流共同作用下泥沙输移和航道淤积计算方法，适用于砂质和粉砂质航道回淤预报，具有广泛推广应用价值。

大圆筒结构浮运安装设计方法和成套施工技术具备效率高、成本低、技术易掌握、易于推广的特点，适用于不具备大型浮吊条件下深水码头大型结构的浮运和安装施工。

针对大圆筒重力墩式结构码头提出的系泊船舶在波浪作用下撞击能量计算方法，可供同类码头结构系泊船舶荷载计算使用，为码头防撞设施设计提供依据。

三、已应用情况

项目研究成果已应用于防城港湾口 20 万吨级矿石码头和拦门沙深水航道工程，为依托工程建设提供了技术支撑。在缺少大型浮吊的情况下，通过应用大圆筒结构浮运安装设计方法和成套施工技术，确保了工程正常施工、按期投产。应用快变地形上的非线性缓坡方程数学模型，准确推算了深水码头结构设计波要素和拦门沙航道水域波浪分布，为工程结构设计和航道淤积分析提供了依据资料。

应用波流共同作用下含沙量计算公式和风、浪、流共同作用下泥沙输移和航道淤积计算方法，预报了拦门沙航道的大风浪骤淤情况，得出拦门沙航道泥沙回淤强度不大，具备建设深水航道条件，航道两侧不需建设拦沙堤的结论，为防城港建设提供了重要科学依据。

防城港湾口 20 万吨级矿石码头和底宽 160m、底高程－16m 的 15 万吨级深水航道工程均已建成投入使用，目前运行状况良好，深水航道未出现显著回淤，20 万吨级船舶可乘潮进港。

四、效益分析

通过大圆筒重力墩式码头建设技术的研究，解决了大型浮吊无法安排调遣，工期无法落实的问题，避免了码头结构的重大变更，节约工程费用约 300 万元。项目的实施加快了工程进度，提前发挥了港口工程效益。根据防城港的总体规划，防城港将来可建 10 000 吨级以上泊位 115 个，港口吞吐能力可达 16 000 万 t，发展前景十分广阔。而防城港深水码头和航道的建设将显著促进广西乃至我国西南地区经济的发展，综合经济效益巨大。因此，本项目的经济效益将随着防城港和西部经济的发展逐步体现出来。

本项目实施后有助于改善西部开发的交通基础设施条件，保障西南地区进出口物资运输畅通，对西南地区社会经济均衡发展和贫困地区人民脱贫致富有重要促进作用，社会效益十分显著。

135. 公路平交路口交通安全技术研究

成果所属专题编号：交科鉴字[2007]第 151 号

成果主要完成单位：东南大学、同济大学、北京工业大学

联系人：项乔君

联系电话：025-83792560，13851485968

通信地址：南京市四牌楼 2 号　东南大学交通学院

E-mail：xqj@seu. edu. cn

邮政编码：210096

一、主要技术内容

公路平面交叉口是传递路段交通流的节点和枢纽，是路网的关键部分，虽然在空间上占整个公路网的很小部分，但是平面交叉口事故却占整个公路网事故的很大比例。以我国公路交通事故高发、平面交叉口交通安全现状有待进一步改善为主要背景，针对公路平交路口的交通安全技术进行了系统深入的研究，取得了一整套技术成果。

主要技术内容包括如下 5 个方面：

(1)公路平交路口选位。以公路功能分类为基础，系统地建立了公路平交路口的选位技术，主要包括：公路平交路口(简称交叉口)功能等级划分方法和类型划分方法，交叉口最小间距设置标准以及无信

号接入间距和交叉口角净距标准，交通流导入方法，平交路口选位方法。

(2)公路平交路口几何安全设计。从安全角度系统地建立交叉口几何设计技术，主要包括：交叉口设计的控制因素和标准，平面交叉口的平、纵、横线形设计，交叉口功能区的界定和交叉口的视距设计，交叉口接入管理技术。

(3)公路平交路口交通控制。面向交通安全，建立公路平交路口的交通管理与控制的技术体系，主要内容有：交通控制方式的选择条件和依据，信号相位(左转相位、右转相位以及行人和非机动车相位)的设计，绿灯间隔时间的设计。

(4)公路平交路口交通标志标线。以公路平交路口的交通标志标线为主要对象，内容涵盖了以下方面：标志图形改善设计，基于视觉特征的标志的设置，标志信息量的选择，不同类型交叉口标志标线的设置。

(5)公路平交路口交通安全分析。系统地建立了公路平交路口交通安全分析技术，主要内容包括：公路平交路口安全服务水平评价方法，公路平交路口安全诊断与改善方法，公路平交路口安全养护评价方法。

所取得的技术成果对于相关规范和标准的制定与更新有着重要的参考价值，对于公路交通安全的提高与改善有着重要的指导意义。技术成果总体处于国际先进水平，部分成果达到国际领先水平。

二、适用范围

公路平交路口交通安全技术主要适用于处于城郊和农村地区、土地开发强度不大、行人和非机动车稀少的公路平面交叉路口。所适用的公路平面交叉路口几何特征是三路或者四路交叉的T字形和十字形平面交叉口。公路平交路口交通安全技术可应用于公路规划、设计与管理，也可应用于对事故多发地点的公路平面交叉口的改善与改造。

三、已应用情况

“新疆交叉口审计项目”应用“公路平交路口交通安全技术研究”所取得的研究成果对若干存在较大设计问题、事故多发的公路平交口进行重新设计，使其通行效率和安全性能大幅提升。重新设计的平交口包括大黄山交叉口、火车站交叉口、省道201～K27＋646交叉口和省道201～K94＋611交叉口。其中，大黄山交叉口和火车站交叉口位于郊区，周围用地为居民、工业和商业用地，路侧干扰较大；省道201～K27＋646交叉口和省道201～K94＋611交叉口位于乡村，周围土地尚未被利用，路侧无任何干扰。通过实施技术成果，公路的主干线功能得到了提升和保护，交叉口服务水平和交通安全状况有了非常明显的改善。

国道104是我国东部地区一条具有主干线功能的公路，具有非常重要的战略地位。国道104南京江宁区天元路段，全长8.3km，沿线有13个平交口和一个环交口。由于周边地带的开发和道路设计管理上的缺陷，该公路在南京江宁区天元路段的运行受到周边地方交通的严重干扰，导致其服务水平低下、交通安全问题突出。应用公路平交路口几何安全设计技术、接入管理技术、交通控制技术和安全服务水平评价技术等成果对该路段改建项目实施了规划和设计。实施之后，主干线功能得到了提升和保护，该路段的服务水平和交通安全状况有了非常明显的改善。

四、效益分析

公路平交路口交通安全技术成果从交叉口选位、交叉口几何安全设计和交叉口交通控制与管理等方面综合改善公路平交路口的安全性能，能够大幅度地提升公路平交路口和公路系统的交通安全。公路平交路口交通安全技术成果的应用可减少不必要的平面交叉口的设置，在改善交通安全的同时减少工程造价，避免不必要的经济损失。公路平交路口安全服务水平评价方法、公路平交路口安全诊断与改善方法为交通工程技术人员分析公路平交路口的交通安全状况，改善和提升平交路口的交通安全性能

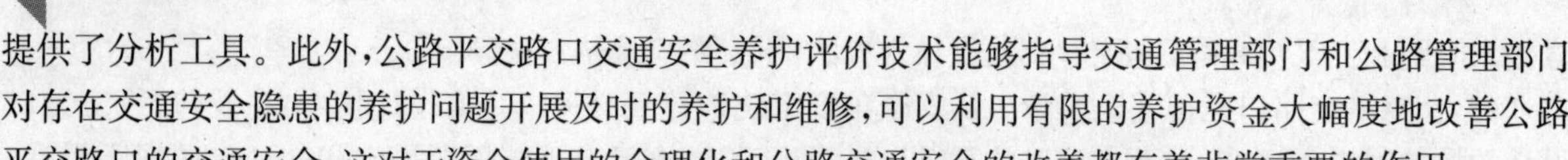

提供了分析工具。此外,公路平交路口交通安全养护评价技术能够指导交通管理部门和公路管理部门对存在交通安全隐患的养护问题开展及时的养护和维修,可以利用有限的养护资金大幅度地改善公路平交路口的交通安全,这对于资金使用的合理化和公路交通安全的改善都有着非常重要的作用。

136.航电枢纽下游水位降落预报及治理措施研究

成果所属专题编号:交科鉴字[2007]第110号

成果主要完成单位:交通部天津水运工程科学研究所

联系人:王义安

联系电话:022-59812345-409,13820103579

通信地址:天津市塘沽区新港二号路2618号

E-mail: wangyian@vip. sina. com

邮政编码:300456

一、主要技术内容

在平原丘陵地区河床为沙卵石的河流兴建枢纽后,坝下河床下切是必然的,而枢纽正常运行后水位降落多少是每个枢纽设计中非常关切的问题。经研究提出坝下水位变化是河床冲淤及其所引起的河宽、纵剖面及水流阻力等这些因素变化的综合反映。比降的调整受地形、地质条件影响较大,长河段比降变化不大,局部河段可能有较大的变化;河宽及断面形态调整主要影响因素是河型,河床、河岸的可动性及其对比;河床粗化既是冲刷的产物,反过来又制约冲刷,在河床调整中起支配性作用;河床纵向冲刷深度是影响水位降落的最主要因素,坝下河段水位下降是上述诸因素的综合效应,多数情况下小于河床的冲刷深度,特别是以下切为主的河段。并首次提出可以预估河段输沙量变化的估算、粗化层级配、冲刷深度估算、水位变化估算等公式,形成一套完整的坝下水位降落预估计算方法。

在泥沙基本理论方面进行了两点改进,首先将非均匀沙悬沙与床沙交换概化成单纯淤积、单纯冲刷和淤粗冲细三种状态,不同的交换形式悬移质的泥沙来源不同、粒径不同,由此获得三种状态下的分组挟沙力。其次在总结前人研究的基础上,提出了天然河道存在着推移质不平衡输沙现象,对其交换过程进行抽象、概化,得出推移质有效输沙率计算模式,利用该计算模式可以准确预报坝下河床冲刷及水位降落。

针对枢纽坝下水位降落幅度及河床地质条件,提出了不同的解决措施。若坝下水位降落幅度较小,且坝下河床冲刷已基本稳定,可采取潜坝或明渠及溢流坝方案治理。若坝下水位降落幅度较大,且坝下河床冲刷仍在继续,单纯解决通航问题可采取船闸改造或船闸加中间渠道方案治理;若考虑水资源综合利用,可采取反调节或橡胶坝枢纽方案治理。

经研究得出群坝壅水影响范围、壅水高度与坝高、坝间距、坝数量等的关系式,以及坝下集中比降、坝顶流速等参数。在考虑有效阻挡面积的前提下,可以将经验公式应用于天然河流计算。

二、适用范围

该项目研究成果适用于拟建航电枢纽下游河床下切及水位降落预报,以及已建枢纽坝下河床下切导致船闸下闸首门槛水深不足应采取的治理措施。同时还可用于解决下游河段因河床下切、水位下降所引起的沿岸城市供水、取水问题,解决因河床下切产生堤岸崩塌的问题;以及抬高河道枯水水位还有其他方面的多种应用前景,如减少或防止海水入侵等。同时在泥沙基础理论方面有所改进,具有较高推广应用价值。

三、已应用情况

利用本项目研究成果预报“松花江大顶子山航电枢纽工程”运行 5 年后，500m^3/s 时坝下水位下降 0.32m，枢纽运行 10 年后水位下降 0.57m。坝下游冲刷基本平衡后(即枢纽运行 30 年后)水位下降 0.68m；1 000m^3/s 时，水位下降 0.42m；2 000m^3/s 时，水位下降 0.23m。可见枢纽下游冲刷平衡后坝下水位降落值在 0.7m 以内，没有超过设计预留 1.0m 的范围，该项研究成果已在船闸施工图设计中得到应用。

闽江水口枢纽自兴建以来坝下河床持续下切，至 2004 年底设计流量下船闸门槛已出露水面 0.22m，水库下泄最小流量需由原设计的 308m^3/s 提高到现在的 1 800m^3/s 以上，致使枯水期处于间断性通航状况。闽江航道枯水期断航已引起福建省人民政府、各级新闻媒体及社会各界的高度重视，水口枢纽坝下水位下降治理已迫在眉睫。利用本项目提出的治理措施，将充分发挥水口枢纽航运效益，促进闽江流域经济发展，保证船舶安全航行，水口电站发电安全得到保证，为福州市城市防洪安全和正常供水创造条件。

四、效益分析

利用本项目研究成果，一方面解决拟建航电枢纽工程中水位降落预报问题，能够正确预估坝下形成的冲刷幅度；另一方面解决已建枢纽工程坝下游水位降落整治方法问题，将为枢纽坝下水位降落绝对值和相对值较大的航电枢纽提供依据，也可在山区河流水浅、流急等航道整治中应用；同时研究成果将为其他类似枢纽工程提供借鉴，其经济、社会效益显著。

137. 水富至宜宾航道治理关键技术研究

成果所属专题编号：111

成果主要完成单位：南京水利科学研究院、长江航道局、重庆西南水运工程科学研究所、四川省交通厅内河勘察规划设计院、长江航道规划设计研究院、长江重庆航运工程勘察设计院

联系人：曹民雄

联系电话：025-85829315，13851418435

通信地址：南京市虎踞关 34 号河港所

E-mail：mxcao@nhri.cn

邮政编码：210024

一、主要技术内容

长江上游干线航道——水富至宜宾将由Ⅴ级航道提高到Ⅲ级航道，同时水富港以上约 2.8km 的向家坝电站正在建设，坝下近坝河段将受向家坝电站泄流的影响。本项目通过一维与三维的数值计算、滩性分析、河工模型试验、船模试验、水槽概化试验，对坝下近坝河段的通航条件、水富港的泊稳条件、滩群的航道整治方案进行了试验研究，得到向家坝电站日调节与泄洪引起的坝下非恒定流传播规律、对近坝河段航行条件的影响，以及对水富港船舶停靠及装卸作业的影响，提出了滩群的整治方案。针对电站的泄流特点，进行了枢纽日调节非恒定流特性研究，以及非恒定流条件下系缆力试验研究。

主要创新点有：(1)采用先进的控制、测量集成系统，保证了非恒定流研究的深度与精度；(2)首次采用特征值亚矢通量控制体积算法模拟坝下非恒定三维水流现象；(3)提出了非恒定流条件下船舶系缆力计算公式；(4)揭示了恒定流与电站日调节水流对航道整治效果的影响；(5)首次全面系统地揭示了电站

日调节非恒定流特性。

本课题的主要性能指标有:(1)电站日调节水位变幅的最大限值认识;(2)电站日调节与泄洪引起的水位、流量特征及其传播规律;(3)电站日调节非恒定流特性。

二、适用范围

本项目成果主要应用于航道整治领域,特别是受电站泄流影响的航道整治,可推广应用于类似航运建设中。

三、已应用情况

本项目依托于长江干线(水富至宜宾)航道建设工程。项目研究成果中一维数学模型计算成果,以及马皮包滩、和尚岩滩、二郎滩、栈桥滩的整治方案试验成果,已应用于"长江干线(水富至宜宾)航道建设工程——工程可行性研究报告"中。根据向家坝枢纽下游近坝河段通航条件变化,提出日调节过程的调整建议已被设计单位采纳,水富港泊稳条件的研究成果已应用于水富港二期扩建工程。本项目的研究成果成功地解决了水富至宜宾航道整治的关键技术。

四、效益分析

本项目主要研究长江干线水富至宜宾河段航道整治问题。项目成果一方面将解决重点碍航滩段航道整治的关键技术问题,使得水富至宜宾航道达到国家标准Ⅲ级航道,适应长江水运货运量快速增长的需要。促进西部经济的快速增长,带来一定的经济效益与广泛的社会效益。

随着西部大开发的进一步深入,我国水电建设步伐加快,成果具有推广应用价值。

二、航　　运

138.川江上游干支直达运输船舶船型研究

成果所属专题编号:交科鉴字[2007]第138号

成果主要完成单位:交通部水运科学研究院、四川省交通厅航务管理局、四川省交通厅交通勘察设计研究院

联系人:骆义

联系电话:010-62079611,13810461196

通信地址:北京市海淀区西土城路8号

E-mail:luoy@wti.ac.cn

邮政编码:100088

一、主要技术内容

针对川江上游四川省干支直达运输船舶吨位小,技术水平低,船型落后、多而杂,安全性能低,污染严重等问题,研究解决川江上游现有船型比选论证、川江上游航道干支直达运输标准船型主尺度系列和长江上游四川境内客渡船标准船型问题。

广泛收集川江上游现有船型资料,建立船型比选多目标综合评判方法及模型,对现有船型进行比选论证,将现有船型按照"推荐优化型"、"自然过渡型"和"限制淘汰型"进行分类,并编制了《川江上游四川

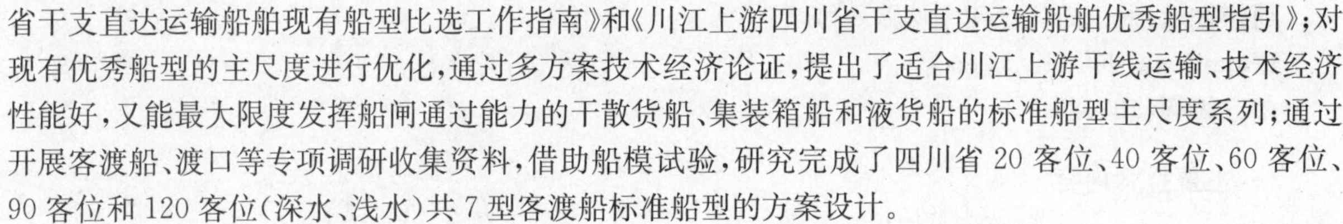

省干支直达运输船舶现有船型比选工作指南》和《川江上游四川省干支直达运输船舶优秀船型指引》；对现有优秀船型的主尺度进行优化，通过多方案技术经济论证，提出了适合川江上游干线运输、技术经济性能好，又能最大限度发挥船闸通过能力的干散货船、集装箱船和液货船的标准船型主尺度系列；通过开展客渡船、渡口等专项调研收集资料，借助船模试验，研究完成了四川省 20 客位、40 客位、60 客位、90 客位和 120 客位（深水、浅水）共 7 型客渡船标准船型的方案设计。

二、适用范围

现有船型比选论证成果适用于川江上游干支直达的各类货运船舶，包括干散货船、驳船、油船和集装箱船等；标准船型主尺度系列适用于川江上游干线从宜宾以下航经三峡船闸的干散货船、集装箱船和液货船；客渡船标准船型适用于四川省境内内河水域，对其他急流航段的内河航道具有一定的推广应用价值。

三、已应用情况

四川省洪雅县槽渔滩镇政府 2006 年 5 月建造了一艘 60 客位的客渡船“吉安号”（图 1 和图 2），是按照本项目研究成果设计建造的标准船型，专门用于槽渔滩库区接送学生上下学。该船稳性系数增加了 50％的富余度，采取填充发泡材料、增设水密空间、船舷配救生绳等有效措施，提高了船舶的抗沉性，有效解决了当地学生渡运的安全问题。

图 1　“吉安号”外形

图 2　“吉安号”舱内

四、应用效益

本项目研究提出的优秀船型指引和标准船型主尺度系列为四川省航运管理部门制定内河运力有关技术政策提供了依据，对船民、船厂新建和改造运输船舶具有指导作用，有利于促进川江上游干支直达运输船舶的运力结构调整，提高航道和船闸等基础设施的利用率，充分发挥长江黄金水道作用。客渡船标准船型具有安全环保的突出特点，与原有客渡船相比，其安全性能有了明显改善，从根本上解决了乘客渡运的安全问题，社会效益非常显著。

139. 提高三峡船闸综合通过能力关键技术研究

成果所属专题编号：交科鉴字［2008］第 115 号

成果主要完成单位：交通部水运科学研究院、长江三峡通航管理局、中交水运规划设计院有限公司、武汉理工大学、河海大学

联系人：费维军、解玉玲

联系电话：010-62079622，13601026165

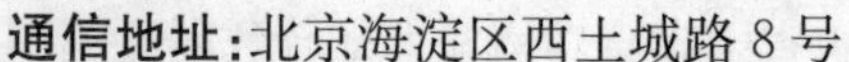

通信地址:北京海淀区西土城路8号
E-mail: xieyl@wti.ac.cn
邮政编码:100088

一、主要技术内容

针对三峡船闸综合通过能力相对不足和航运过坝需求快速发展之间的矛盾问题,结合三峡枢纽坝区通航调度及锚地配套建设依托工程的开展实施,经研究提出了提高三峡船闸综合通过能力的对策与建议,建立了两坝联合优化调度和船舶过闸排挡优化的数学模型,给出了两坝航运联合调度优化技术解决方案和两坝航运联合调度指挥中心建设方案,开发了两坝航运联合调度系统、船舶过闸计算机调度系统及三峡船闸设备运行管理系统,并制定了操作性强的应急预案联动体系与方法。

船舶优化调度信息集成技术、船舶过闸自动图形排档技术、两坝航运联合调度优化技术、网络信息工作流安全技术是该项目重点突破的四项关键技术。

二、适用范围

该项目研究成果不仅目前在三峡库区有着实质性的应用,今后还可以推广到京—杭大运河船闸、嘉陵江梯级船闸等国内其他河流船闸的航运联合调度领域。

三、已应用情况

该项目研究成果目前已应用于长江"黄金水道"的三峡库区,促进了两坝航运调度管理的业务流程的革新,使其从传统的基于手工作业、经验管理为主的调度管理模式过渡到两坝航运联合调度信息化、网络化、协同化管理。

通过研究,项目从宏观层面提出了操作性强的提高三峡船闸通过能力的对策、建议以及三峡船闸突发事件应急预案体系的构建策略。同时,还从技术保障层面大大提高了船舶过闸调度系统的智能化和排挡自动化程度,实现了过闸船舶申报调度一体化、船舶编组智能化、船舶过闸成组化,并通过船舶信息实时化,保障了船舶运输安全、畅通、便捷;改变了传统的船闸设备运行管理模式,实现了网络化、信息化、数字化管理;减轻了调度人员的工作强度,提高了工作效率。

四、效益分析

项目开展以来,特别是两坝通航联合调度系统软件的投入应用,进一步缩短了船舶过闸时间,使船闸日均运行效率有一定程度的提高,使三峡船闸年均船舶通过能力提高了8%～10%,减轻了三峡船闸通航压力,带来了显著的直接社会经济效益。

此外,通过项目研究成果的实施,不仅保障了三峡船闸的安全畅通,使三峡工程的航运效益得到充分发挥,而且也将三峡船闸调度管理水平提升上了一个新的台阶,成为全国航运建设的典范。随着推广力度的不断加大,项目研究成果将更大程度地促进西部乃至全国的经济发展,提高社会就业,创造巨大的间接社会经济效益。

140. 三峡库区航运安全监管系统建设关键技术研究

成果所属专题编号:交科鉴字[2007]第105号

成果主要完成单位:交通部长江航务管理局长航信息中心、大连海事大学、交通部水运科学研究院
联系人:朱业汉
联系电话:027-82763872

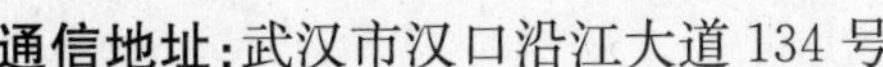

通信地址:武汉市汉口沿江大道134号
E-mail: zyh@cjhy. com. cn
邮政编码:430014

一、主要技术内容

本项目以改善库区水上交通安全为目的,以信息技术为手段,研究突破了12项三峡库区航运安全监管的关键技术,提供了一套有示范性质的航运安全监管系统,并提出了三峡库区航运安全监管系统建设的技术方案。系统按照"前方监控、后方支撑、传输有效"的功能模式,以VTS、CCTV、AIS、GPS等监控系统为基础,依托航运安全信息网络,通过数据交互平台进行数据整合,基于地理信息系统(GIS)提供船舶动态监控、航行信息服务、应急指挥辅助决策以及其他管理功能,并提供航标遥测遥控系统、水文信息采集系统、气象接收系统等水域环境信息系统的接口,如图1所示。

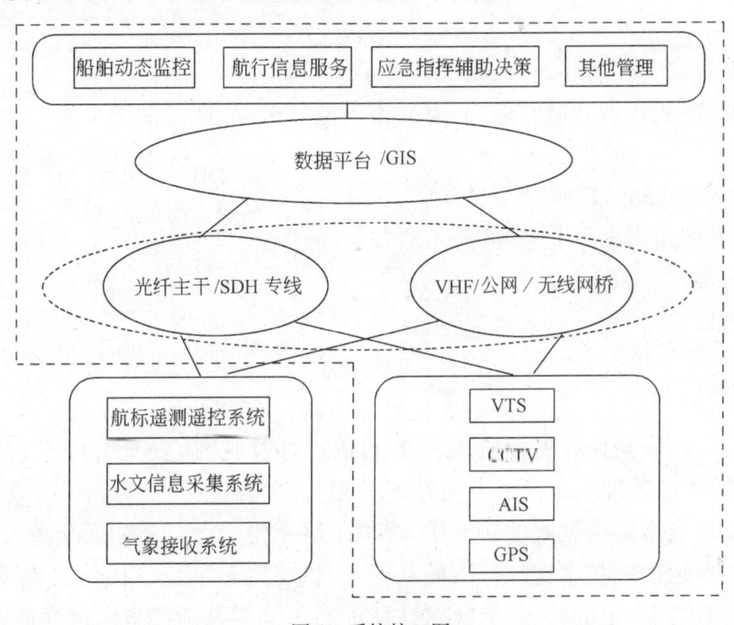

图1　系统接口图

电子航道图符合S-57标准,覆盖全库区水域,即插即用,分辨率不低于1 280×1 024像素,显示刷新周期小于3s;监控对象包括多类船舶,同时标绘受控船不少于400艘,可按多类方式显示船舶动态,对违章船舶自动报警并显示,保存监控船航迹数据并可回放;船载设备在经济、适用和精度上符合长江上游航运特点,传输距离覆盖全库区,速率大于4.8kb/s,误码率小于3×10^{3};基础数据库采集库区船数不少于4 000艘,电子航道图数据库符合S-57物标体系标准,能生成S-57电子图数据,数据满足系统运行要求。

二、适用范围

该成果适用于一定水域安全交通监督和管理,适用于船舶运输企业和港口对于船舶的监控和调度。

三、已应用情况

该系统建在长江三峡通航管理局辖区内,以6艘不同类型的船舶为监管对象,以三峡坝区59km河段为试验河段。示范系统实施后,2005年7月至2006年6月,示范河段内水上安全事故比上一年度同期下降25%。项目成果在"长江航运信息网络工程"的建设中得到应用,在"长江三峡水上GPS综合应用系统"等支撑工程中得到推广,为预防和遏制三峡库区水上交通事故发生,提高长江中上游航运安全管理水平作出了贡献。

四、效益分析

本项目以社会效益为主，项目研究有效地规范了航运市场和船舶管理，为三峡库区、西部地区乃至我国其他内河建设航运安全监管系统提供了示范和技术支持，并积累了经验。

项目突破了12项三峡库区航运安全监管的关键技术，实现了5项创新，提供了一套有示范性质的航运安全监管系统，为推动科技进步作出了贡献。

项目研究吸纳了近50位科技和管理人员参加，有近80人次进行了多方面的培训，促进了西部人才培养。

141. 内河安全监管关键技术研究

成果所属专题编号：浙交鉴字[2008]54号

成果主要完成单位：浙江省港航管理局、嘉兴市港航管理局、武汉理工大学、上海海事大学

联系人：唐伟明

联系电话：0571-88909388，13957122909

通信地址：浙江省杭州市湖墅北路86号　科技设备中心

E-mail：heqianyi@gmail.com

邮政编码：310011

一、主要技术内容

本项目针对浙江内河安全监管所面临的主要问题，从内河交通安全管理模式、无人驾驶水面艇技术、基于RFID技术的船舶管理系统三个方向开展了相关研究。

在浙江省内河交通安全监管模式的研究中，详细了解了当前浙江省内河交通安全监管的现状，在和国内外先进管理方式所运用的技术比较分析的基础上，指出当前浙江省内河交通安全监管存在的技术问题，并根据浙江内河水网运输的特点，有针对性地提出了能提升浙江省内河交通安全监管水平的关键支撑技术。

在内河多功能无人艇的研究中，主要基于无人驾驶水面艇技术现状，结合内河水面交通安全管理的特点，对无人艇在内河水上交通安全管理方面的应用展开研究。

RFID在船体识别中的应用研究针对杭嘉湖航道的特点，基于对嘉兴航段的业务管理现状和模式的分析，以完善区域综合交通运输体系，提高航务管理水平、加快航务信息化建设为目标，对基于RFID技术的船舶管理系统展开研究。

从国内相关研究来看，目前较少有专门针对浙江内河交通安全监管总体技术的研究。

该项目的研究成果有利于提升浙江内河交通安全监管水平，总体达到国内领先水平。

二、适用范围

本项目的成果可广泛应用于浙江内河海事安全监管领域。

三、已应用的情况

目前本项目已经在嘉兴、湖州、杭州等内河地区的地方海事系统推广应用。

四、效益分析

项目的研究成果通过整合已有的安全监管技术，明确了浙江内河海事今后监管技术发展的方向和

领域，对于全面提升浙江内河海事监管水平，促进浙江内河水上交通安全具有良好的前景。本项目的推广应用能避免重复投资、重复建设，提高应急反应速度，最大限度地减少应急事故时的人员伤亡和财产损失，实现监视监测能力现代化，减少水路交通的安全隐患，减少人员伤亡和财产损失。

142. 沅水航运开发技术研究

成果所属专题编号：交科鉴字[2007]第159号

成果主要完成单位：湖南省航务管理局、交通部天津水运工程科学研究院、长沙理工大学、交通部水运科学研究院、湖南省航务勘察设计研究院

联系人：陈益农

联系电话：0731-4883838，13507436909

通信地址：湖南省长沙市五一大道982号

E-mail：Thomas1963@163.com

邮政编码：410005

一、主要技术内容

1. 项目研究内容

项目研究分四个专题进行，重点研究了船闸下游引航道口门区及连接段弯道通航条件、梯级开发通航水位衔接技术、两坝间水位非衔接段（变动回水区）通航条件改善技术和船舶标准化等技术难题，详见表1。

各专题研究内容一览表　　表1

专题序号	专题名称	主要研究内容
专题一	沅水末级枢纽下游引航道口门区急流滩险治理研究	①不同流量级流速、流向和比降的观测和分析研究； ②凌津滩枢纽下游近坝段物理模型的建立和验证； ③船闸下游引航道口门区及连接段弯道通航条件研究； ④口门区及连接段整治方案研究
专题二	五强溪、凌津滩两坝间变动回水区通航条件改善措施研究	①五强溪枢纽下游引航道口门区通航水流条件观测及分析； ②五强溪枢纽下引航道通航水流物理模型试验研究； ③五强溪、凌津滩两坝间变动回水区通航条件改善措施研究
专题三	大洑潭枢纽通航水位衔接研究	①大洑潭枢纽坝址及运行水位对上下游通航条件的影响研究； ②大洑潭枢纽船闸引航道、口门区及连接段布置研究
专题四	沅水船舶标准化研究	①沅水流域经济调查与货源预测研究； ②沅水航道通航条件和港口设施调查； ③沅水运输船舶情况调查； ④沅水发展船型研究； ⑤沅水合理运输方式研究

2. 研究背景

沅水是长江水系七大支流之一，上游为贵州省的清水江，流经湘西，于常德注入洞庭湖，其中贵州省境内长473km，湖南省境内长745km。沅水全江共规划15个梯级，其中湖南省境内的洪江、五强溪、凌津滩枢纽是全江最末的两个连续梯级，贵州境内三板溪电站已经开工，其他11个梯级将于“十一五”至“十三五”期间由交通、水电两部门联合投资建设。

目前沅水中、上游渠化开发尚处于起步阶段，从已完成建设的最下游的五强溪和凌津滩两个连续梯级使用效果来看，存在诸多影响航运的技术问题，如五强溪枢纽船闸下游引航道口门区通航条件差，通航保证率低；凌津滩枢纽船闸下游引航道口门位于弯道凹岸弯顶段，且出口下方就是急、险礁石滩；五强

溪和凌津滩两个连续梯级之间，枯水通航水位不衔接等；同时，目前沅水现有运输船舶船型杂乱，船舶技术和经济状况也远远不能适应航运的发展，必须加快船型标准化工作。

上述问题不但沅水梯级渠化中存在，在西部其他河流中同样有类似情况。因此，交通部把“沅水航运开发技术研究”列为2004年西部交通建设科技项目，项目研究以“沅水航运建设工程”为依托工程。

3. 技术特点

本项目包括的四项关键技术“已建枢纽船闸下游引航道口门区和连接段复杂滩险通航条件改善措施”、“已建枢纽两坝间非衔接段(含引航道口门区)航道整治技术”、“梯级开发通航水位衔接技术”、“沅水船型发展的主尺度系列和主要技术参数”已经很好地解决，并有所创新。

关键技术之一：已建枢纽船闸下游引航道口门区和连接段复杂滩险通航条件改善措施

技术特色：碍航河段同时具备浅、弯、窄、急的碍航特征和地处船闸下游引航道口门区的咽喉要道。既要满足规范规定的航道几何尺度，又要特别注重结合本河段的水流、泥沙运动特点，保证船舶航行安全、航道稳定，使航道通航条件改善措施更具针对性和实用性，同时可推广应用到其他类似河流，具有先进性。

技术成果：通过本项目关键技术研究得到以下几点认识。①船闸下游引航道口门区不宜为弯道，口门区弯道对船舶进出引航道航行不利。②电站尾水不宜在下游引航道口门区连接段汇合共用一河槽，当共用一河槽时，其主流不应通过口门区连接段航道，对连接段航道的水流条件的要求与口门区等同。③连接段航道轴线宜为直线，引航道口门至主航道严禁用反曲线连接。④连接段航道宜位于河道稳定河段，应避开推移质泥沙的输沙带。上述四点对今后枢纽的平面布置具有借鉴意义。

关键技术之二：已建枢纽两坝间非衔接段(含引航道口门区)航道整治技术

技术特色：①从船闸引航道口门区斜向水流形成的机理出发，分析认为表面斜向水流流速的大小对船舶航行起到至关重要的作用，只要减小口门区船舶吃水深度范围内水流的“斜向水流效应”，就可以保证船舶安全进出船闸引航道。②首先根据实测资料分析恒定水流和非恒定水流条件下水流运动的特点和碍航特征，采用二维非恒定水流数学模型计算分析论证现状条件下的通航条件，然后针对其特点确定航道整治原则、整治参数和整治工程方案，为依托工程设计提供技术支持。

技术成果：①对类似于五强溪枢纽船闸下游引航道口门区以深槽急流为碍航特点的滩段，可以采用浮式导堤方案解决船舶吃水深度范围内水流的“斜向水流效应”，提高通航流量，其导流效果显著，节约工程造价；深槽回填不能调整主河道和引航道口门区内斜向水流流向，反而会使口门区通航水流条件恶化。②采用局部炸礁和疏浚相结合仍是改善受枢纽下泄非恒流影响的非衔段通航水流条件的主要工程措施，同时采用上行船舶近岸错峰航行和减小枢纽泄流量变化幅度、延长枢纽调度时间的调度方式，以及结合船型研究适当加大船舶或推轮的功率等非工程对策能够有效改善船舶自航上滩条件。

关键技术之三：梯级开发通航水位衔接技术

技术特色：总结沅水下游及类似河流的开发建设经验，分析枢纽间非恒定流通航水力指标。通过建立一维非恒定流数学模型，对拟建清水塘枢纽至大洑潭枢纽之间通航水流条件进行计算，分析不同的电站运行方式对下游河道通航的影响，研究各级水位下流量调节对应的水位衔接情况及其对通航的影响，探讨拟建枢纽坝址的合理性，对电站的日调节方案及流量调节方案提出基本要求和合理化建议。

技术成果：①经对沅水现行通航情况调查，并参照国内部分通航河流的实践经验，拟定了代表船型通航水力指标(流速、比降的组合)，提出由枢纽调节非恒定流所产生的每小时水位变幅应不大于1m；②大洑潭反调节枢纽选取正常蓄水位129m、死水位127.5m时，能够满足正常水位衔接，死水位尚需对个别水深不足的滩段进行整治；③在上述水位非恒定流条件下，沿程断面最大水面比降与最大平均流速的组合满足500t船舶上滩能力要求，大洑潭坝前水位越高，两坝间通航水流条件越好；④建大洑潭反调节枢纽后，两坝间每小时水位变幅大于1m的河段长度大大缩短；⑤从通航的角度，对位于分汊河道的水利枢纽的平面布置，提出了电站厂房与船闸宜分汊布置、船闸与同汊的经常泄洪闸与宜分岸布置的合理化建议。

关键技术之四:沅水船型发展的主尺度系列和主要技术参数

技术特色:针对沅水航线特点分析现有典型船舶的尺度特征,以母型船为基础建立数学模型,运用变吃水技术,采用网络法进行变值计算,按分层序列法进行分目标综合评价,推荐各吨级干散货船、各箱位级干支直达型、江海直达型集装箱船主尺度系列,为沅水货运船型发展实现标准化、系列化奠定技术基础。

技术成果:大力发展沅水干散货自航船及其船组运输,加快发展集装箱运输;积极推进沅水货运船型标准化、系列化,充分提高现有航道、通航建筑物的利用率。沅水中下游干散货运输以单船运输为主要运输方式。沅水中下游(通过五强溪、凌津滩枢纽)干散货运输首先发展500t级干散货船,并以300t级和200t级干散货船作辅助。沅水下游(不通过五强溪、凌津滩枢纽)干散货运输首先发展1 000t级干散货船,并以800t级干散货船作辅助。沅水集装箱运输以干支直达营运方式为主,在大力发展120TEU干支直达集装箱船的同时,为完成航线新增年分配运量,还需要辅以60TEU级等干支直达集装箱船。

4. 主要成果及创新点

(1)对凌津滩枢纽下游的碍航特征和通航条件的改善措施进行了研究,提出的工程措施与非工程对策相结合的方法先进,关于通航枢纽平面布置的建议具有推广价值。

(2)对五强溪枢纽下游引航道口门区通航条件的改善,采取在堤头下修建浮式导流堤的治理措施具有创新性。五强溪、凌津滩两枢纽间回水变动段航道治理措施是可行的。

(3)通过对清水塘、大洑潭两枢纽间河段的通航及水位衔接影响因素的计算分析,提出电站日调节方案的基本要求和合理建议。

(4)针对沅水内河航运的合理运输方式和船型发展趋势,并经过技术经济论证,提出了沅水推荐船型尺度,对推进沅水运输船舶标准化工作提供了重要的技术支持,具有比较重要的实用价值。

二、适用范围

内河航运、航道。

三、已应用情况

本项目对已建枢纽船闸下游引航道口门区和连接段航道为复杂滩险和急流碍航的整治技术的研究,国内外还基本处于空白;随着沅水梯级开发建设和航道通航条件的改善,以及沅水船型的标准化建设的推进,可以大幅度提高梯级开发后船闸等通航设施的利用效率和通过能力,促进沅水航运结构的调整,提高内河航运竞争力。

项目研究成果已应用于依托工程的设计。部分成果深化了河流渠化已建枢纽通航技术的研究,为全面建成沅水主通道提供了技术支撑,为西部山区和其他河流梯级渠化提供借鉴。

四、应用效益

1. 社会效益

(1)项目研究为全面建成沅水主通道提供了技术支撑,为西部山区和其他河流梯级渠化提供借鉴。部分成果深化了河流梯级渠化已建枢纽通航技术的研究,具有重要的学术价值。

(2)随着沅水通航条件的改善以及船型标准化建设的推进,有利于提高内河航运竞争力,养活能源消耗和环境污染,促进沅水航运的可持续发展。

(3)积极恢复和发展西部地区的内河航运,有利于促进流域资源的综合开发和国民经济发展,加快“老、少、边、库、穷”地区的脱贫致富。大量的物质可通过沅水和华中、华东地区联系起来,通过区域优势互补,发展沅水腹地内工农业生产,这对增强民族大团结和社会稳定有十分重要的意义。同时航运技术开发也有利于节约能源,减少环境污染。

2.经济效益

解决沅水通航的一些关键技术问题，提高现有航道通过能力，节约大量的航道维护费用，扭转沅水航运萎缩的状况，使沅水航运走上良性循环轨道，沅水内河船舶如实现标准化和系列化，船舶单位运输成本将明显降低，经济效益显著。

143.季节性冰冻河流航电枢纽工程防冻防冰问题的研究

成果所属专题编号：交科鉴字[2007]第160号

成果主要完成单位：黑龙江省航务管理局、黑龙江省航务勘察设计院、天津大学、交通部天津水运工程科学研究院、黑龙江省寒地建筑科学研究院

联系人：高迎旭

联系电话：办公室：0451-88912446，13101660149

通信地址：哈尔滨市道外区江畔路116号

E-mail：hwjkjc@163.com

邮政编码：150020

一、主要技术内容

松花江属平原季节性冰冻河流，开封江流冰与冬季冰冻会给枢纽金属结构、建筑物、枢纽通航等带来许多不利的影响，直接影响到枢纽建设和通航期，甚至可能造成水电工程事故、建筑物损坏等，冰冻冰害问题已成为影响枢纽安全运行的亟待解决的世界性重大技术课题之一。

项目依托我国季节性冰冻河流建设的首座航电枢纽工程——松花江大顶子山航电枢纽工程，国内首次针对船闸防冰防冻、水库蓄冰处理、枢纽导冰、冰对船闸荷载作用展开研究。

1.冰冻河流枢纽船闸防冰措施的研究

(1)试验验证提出采用气幕法、潜水泵射流方法以解决船闸闸门在开、封江运行及封冻期的防冰，以及循环导热油或防冻液加热的方式对检修门槽进行防冰等关键技术。

(2)提出闸室无水越冬和有水越冬两种船闸越冬方案。

(3)国内首次提出船闸有水越冬时，开江期闸室及引航道利用破冰船、人工或机械方法破冰，再利用船舶航行将浮冰带到下游或其他特殊设备进行排冰；采用蒸汽和热水射流或特殊机械设备清除闸室浮式系船柱、闸室墙或狭窄水域的浮冰。

2.冰冻河流枢纽水库蓄冰处理及导冰技术研究

(1)水库形成后，正常年份时较天然状态开江时间推迟10d左右。

(2)提出枢纽正常运行后，旨在减少库区蓄冰量、减少影响通航时间的水库调度方式。

(3)首次进行大顶子山航电枢纽库区开江破冰实验及对动、静浮冰块的观测，找到流冰和静冰体积随温度、融冰时间及距离的变化关系，提出了库区破冰的合理方式、破冰适宜范围、时机、冰块破碎尺寸等，即采用破冰船压碎破冰或爆破破冰，应提前7～10d，从坝址开始向上游破冰40～60km，冰排面积应控制在100m^2以下。

(4)提出正常年份时先破冰再开启舌瓣门向下游导冰，在特殊情况下先破冰再利用泄洪闸导冰的枢纽导冰方案。

3.冰对船闸荷载作用的研究

(1)首次实测了松花江开、封江期冰的弯曲强度、弹性模量、C轴和S轴单轴抗压强度等冰力学参数，并对试验检测数据进行数理统计分析。

(2)引航导堤堤头冰荷载模拟试验验证了直立结构物在不同的流冰径(结构物宽度或直径)厚(冰盖

厚度)比(D/H)值、冰的流速等限制条件下的受力情况和破坏形式,以及流动的冰排与斜坡结构物相互作用时冰的破坏基本状况和受力情况。

(3)分析评价国内外冰荷载计算公式及松花江所建桥梁冰压力的计算公式、方法,提出各自优缺点、适用范围。

(4)建立闸室冰盖数学模型,准确模拟了闸室冰温度膨胀力的作用情况,运用有限元方法,进行热力场与应力场的耦合计算,提出了极限位置第一主应力σ_1(MPa)沿冰厚H(m)分布及其计算公式,即$\sigma_1=0.284+0.612H-0.381H^2+0.056H^3$,对比验证了公式的合理性。

二、适用范围

项目研究成果可广泛应用于松花江干流及我国东北、西北部其他季节性冰冻河流和湖泊、水库航道枢纽、港口、水利、水电及桥梁等工程领域。

三、已应用情况

冰荷载试验成果已经应用到依托工程——松花江大顶子山航电枢纽工程的闸门和上游引航道隔流堤结构设计中、加热油循环加热防冰措施应用到检修闸门门槽防冰设计中、潜水泵射流防冰措施在检修门越冬中得到应用,引航道导堤试验成果、船闸闸室有限元数模计算成果、哈尔滨松花江公路大桥桥墩流冰动压力实测成果等,已经应用于船闸相关结构设计,优化了船闸结构设计。船闸引航道破冰及排冰措施、库区蓄冰处理等成果将在工程运行后逐步得到应用。

四、效益分析

科研成果应用后,通过测算,因减少了冰冻对枢纽通航天数的影响,在枢纽正常运营期30年内产生直接经济效益(包括减少船闸收入损失和减少船舶运输经济损失两部分)4 000余万元,取得显著的经济效益。此外,还可推动松干梯级建设和振兴东北老工业基地战略的实施,加快形成干支直达、江海联运水运交通网,充分发挥水运主通道作用,促进区域经济发展;为冰冻河流枢纽建设提供新技术、新经验,推动科技创新和技术进步;添补国内有关船闸防冻防冰领域研究的空白,为冰问题研究提供可靠基础,取得显著的社会效益和环境效益。

144. 内河海事巡逻船舶船型研究

成果所属专题编号:2006-328-200-124

成果主要完成单位:交通部海事局、交通部规划研究院、交通部水运科学研究院

联系人:马兆亮

联系电话:010-65292491

通信地址:北京市建国门内大街11号

E-mail:mazhaoliang@msa.gov.cn

邮政编码:100736

一、主要技术内容

内河海事巡逻船舶船型多年来存在着船型过多,机型多样,外形各异等情况,这既加大了船舶开发、设计和建造工作的成本和周期,也不利于船舶的管用养修和树立良好的海事形象。

本项目研究以满足海事履责为基础,通过分析内河海事业务对巡逻船的需求,将内河海事巡逻船舶分

为 5 个级别；根据我国内河水域的水文、气象特点、航道等级、航区类型和安全监管的要求，确定了 12 个内河巡逻船舶船型；根据各型海事巡逻船的功能定位，结合船舶建造检验规范，确定了各级别船舶船载专用设备配备的标准；根据船体材料、工艺、主要设备的寿命和船舶使用情况等因素，确定了 10m 以下玻璃钢艇为服役年限为 6 年，15m 级及以上玻璃钢船服役年限为 12 年，15m 级以下钢质船服役年限 12 年，20m 级钢质船服役年限为 20 年，30m 级钢质船服役年限为 25 年，40m 级钢质船服役年限为 25 年。

二、适用范围

内河海事巡逻船舶船型研究提出的 4 个级别 12 种船型考虑到了我国内河水域的特点和需求，因此不但适用于项目依托工程长江海事局和广西海事局辖区水域，也适用于全国其他内河水域。

三、已应用情况

目前，该项目研究成果确定的内河海事巡逻船船型系列及服役年限已被纳入交通部发布的《海事船舶配备管理规定(试行)》(交规划〔2007〕3 号)，研究确定的内河海事巡逻船专用设备的范围、种类及配置要求，已被纳入交通部海事局发布的《海事巡逻船专用设备配备规定(试行)》(海计建〔2008〕209 号)文件形式下发，成为编制、评估和审批海事巡逻建设规划、工可、设计、报废管理及专用设备配备的规范性文件。另外，以此项目研究成果为基础，长江海事局发布了《长江海事巡航救助船舶船型指导意见》，并且开发、设计、建造了典型 20m 级巡逻船“海巡 31319”、30m 级巡逻船“海巡 31513”和 40m 级巡逻船“海巡 31602”，这三条船都已投入使用，并且 20m 级和 30m 级巡逻船已通过交通部组织的后评估开始推广应用。

四、效益分析

该项目研究成果确定的船型经实施后，内河海事系统大量新建船舶实行统一设计、批量建造，根据测算，批量建造可节约成本 5%左右，以此计算，每年可节约费用超过 100 万元。

在社会效益方面，该研究成果的实施大大提高了海事船舶配备、管理的科学性和规范化，对提高新建船舶的性能和建造速度，统一船型，增强海事系统水上安全保障和人命搜救能力，树立良好海事形象有明显作用。

145. 船用污水处理装置运行在线监控仪及监控系统研究

成果所属专题编号：
成果主要完成单位：重庆市港航管理局、重庆长江海事局
联系人：王剑
联系电话：023-89183564，13983049599
通信地址：重庆市江北区红石路 2 号东和银都 B 栋 1605
E-mail：cqghj-wj@126. com
邮政编码：400020

一、主要技术内容

三峡库区蓄水后，水流显著变缓，污物扩散力下降，库区水质“富营养”情况日益严重，多处频发富营养“水华”现象。为根本改善库区水质环境，重庆市交委、重庆市环保局联合下发《关于加快三峡库区船舶流动污染源治理的通告》(渝交委[2007]346 号)，并筹措 2 000 万元专项费用对 400 艘客运船舶安装了“船舶生活污水处理装置”，改变船舶直排污水状况。但船舶在实际航行过程中，因污水处理装置能耗较大、环保意识不够等因素，未按规定正常启动运行，又缺乏行之有效的监管手段，致使船舶环保投资效

益未得充分发挥。为了加强运行监管,避免船舶直排生活污水,促进正常启动运行污水处理装置,经研究研制了船舶生活污水处理装置运行记录仪(以下简称:运行记录仪)及其运行监管系统。

运行记录仪依据内河船舶生活污水处理装置基本工作原理,实时在线监测其状态参数,从而达到运行监管目的。具体方法是:运行记录仪实时监测船舶生活污水处理装置的供电电压、负载电流、送风压力和处理水位等状态参数,并记录状态参数变化及发生变化的时间;用 IC 卡或 RS485 读出监测记录,监管系统采用知识向量机人工智能算法对时域状态参数进行数据融合及状态分类,从而得知实际运行状态,包括:停电、停机、供电、启动、进水、排水、无效运行、传感器故障及人为作弊行为等状态。

二、适用范围

适合于内河船舶生活污水处理装置的运行状态监管,可有效识别运行状态、设备故障及人为作弊行为;能有效促进船舶生活污水处理装置正常启动运行,杜绝直接排放行为;有助于诊断、排除设备故障。

三、已应用情况

2007 年 4～12 月,考察国内外类似应用与产品研究,并完成运行记录仪产品样机研制;2008 年 1～3 月,分别在重庆长江水运股份有限公司和重庆长江轮船公司的长江观光 2 号、长江观光 7 号、江山3 号安装了 5 台运行记录仪进行实船试验;2008 年 8 月 20 日,产品通过技术鉴定;2008 年 10 月推广应用,累计安装船舶 52 艘,运行记录仪 57 台。

通过对推广应用产品检测表明:运行记录仪运行可靠,监测记录参数准确,时钟偏差小于 1min/年,记录数据能够准确分类推断出船舶生活污水处理装置实际运行状态,并将船舶防污监管纳入了进出港监管,有效地促使了船舶正常启动运行船舶生活污水处理装置,对船舶防污治理投资起到了良好的保护作用。

四、应用效益

2007～2008 年,三峡库区船舶累计安装船舶生活污水处理装置约 400 台,船舶防污治理总投资经费 2 000 万元。通过前期对船舶实际航行启用污水处理装置情况检查,发现实际应用中大量船舶基本没有启动运行污水处理装置,致使防污治理投资经费未能充分发挥其防污治理经济效益和社会效益。2008 年 3 月,自运行记录仪安装使用后,彻底破灭了船舶逃避检查的幻想,杜绝了擅自停机和作弊运行等行为,促使船舶正常启动运行了生活污水处理装置。为此,从有效保护船舶防污治理投资角度上看,可直接保护 2 000 万元防污改造工程投资;从长远规划来看,将保护库区约 7 000 艘类船舶防污治理投资约 14 亿元;从内河航运管理机制创新角度看,将促进船舶防污尽快纳入签证管理制度;从综合社会效益来看,必将最终改善库区及长江水域水质环境,其社会效益十分显著。

146. 2 500t/h 桥式抓斗卸船机

成果所属专题编号:97-320-02-02
成果主要完成单位:上海振华重工(集团)股份有限公司
联系人:李安芳 秦澜
联系电话:021-58396666-47201(47611),13301986246
通信地址:浦东南路 3470 号
E-mail: lianfang@zpmc. net qinlan@zpmc. net
邮政编码:200125

一、主要技术内容

本项目的关键技术和主要开发研制内容如下。

1.整机结构选型、总体设计和主参数优化

根据接卸船的吨位、尺寸、作业条件、用户要求，通过对国内外抓斗卸船机的适应范围，新技术、新工艺的应用及使用效果等进行分析比较后，完成了卸船机的总体方案设计和主参数优化。

2.新型四卷筒牵引式小车研究

通过齿轮差动式结构形式，将抓斗起升、开闭机构和小车运行机构的传动装置合并在一起，保持两个起升卷筒和两个开闭卷筒同向转动实现抓斗的起升，两个起升卷筒和两个开闭卷筒反向转动实现小车的运行。

3.整机金属结构优化设计及大型结构件制造工艺

在满足整机强度、刚度、稳定性的前提下，进行结构优化设计；对门架、主梁、承轨梁焊接工艺进行技术研究；对前、后主梁接头支承、主梁拉杆制造工艺进行研究。

4.完成了小车整体构造采用CNC现代加工技术及供电装置的研究

完成了小车车架精加工技术及振动消除内应力技术研究、高精度硬齿面齿轮加工及综合测试技术研究，对供电装置进行了研究等。

5.完善湿式除尘装置

完善湿式除尘装置、喷雾抑尘系统总体优化及喷嘴性能及试验研究等。

6.对大于2 000t/h振动给料的研制

大型振动给料器无级调速的技术研究，保证在特定给料能力条件下具有合理的工作状态。

7.数字化控制研究

全数化交直流混合驱动装置控制及其操纵系统的分析与调试技术研究；驱动装置数字化的控制及其操纵系统研究。

8.人机工程学研究

建立操作模拟器实验室，开展人机工程学试验研究工作；为减轻驾驶疲劳、提高驾驶工作效率，降低驾驶室噪声振动进行研究。

9.故障自诊断系统研究

为保证卸船机安全可靠地工作，本机设有全面的故障自诊断。电气采用可编程序控制器（PLC）。PLC具有功能强大的软件包，对应用程序运行发生的故障进行在线测试、诊断。

10.大型结构件制造工艺机器人焊接技术研究

对钢板进行预处理整形，下料全部采用计算机放样数控切割，主要焊缝的焊接采用自动焊和半自动焊。对强受力焊缝采用专门研究；开展机器人焊接技术研究。

本项目还在消化吸收国外先进的电气控制技术方面进行了有益的尝试，使本机的国产化率得到了提高。

创新点：

该项目在研制过程中应用了大量的新技术，包括整机金属结构优化设计及大型结构件的新制造工艺、CNC的小车整体构件加工技术、大量的信息化技术等。形成了一系列具有自主知识产权的技术创新，包括一种用于桥式或门式起重机的起升装置、卷筒单动调整钢丝绳的新技术等。

二、适用范围

结合用户在该机设计任务中规定的性能和指标要求而研制的产品，适用于大型矿石码头等大宗散货装卸。通用性强，同一台机能接卸不同种类、不同粒度的大宗散货，为矿石等散货运输系统的协调合理发展奠定了基础。

三、已应用情况

该项目主要为营口港研制设计，上海港机重工有限公司共为其提供了3台2 500t/h桥式抓斗卸船

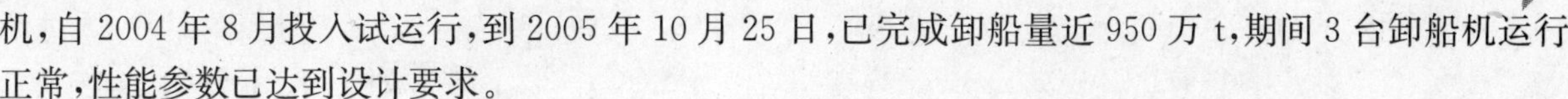

机，自 2004 年 8 月投入试运行，到 2005 年 10 月 25 日，已完成卸船量近 950 万 t，期间 3 台卸船机运行正常，性能参数已达到设计要求。

本项目总体技术性能达到当代国际先进水平，国产化率达 70%以上。该机的研制成功具有广阔的推广、应用前景。

四、应用效益

1. 经济效益

对于相同生产率的抓斗卸船机，若整机引进，每台约需 1 000 万美元，我国自行研制每台约需人民币 5 500 万元。每台可节省投资 45%，为国家节省大量外汇，并为我国机电产品出口奠定良好的技术基础，具有明显的经济效益。

2. 社会效益

该项目的研制成功，有效缩短了船舶在港停泊时间，提高了船舶周转速度，显著地提高了运输能力，使运输系统营运更趋经济合理，并且不受由于波浪引起的船舶颠簸对其造成的影响，具有连续卸船机无法替代的优势，作业循环时间明显缩短，具有较大社会效益。

第三部分
综合类科研项目

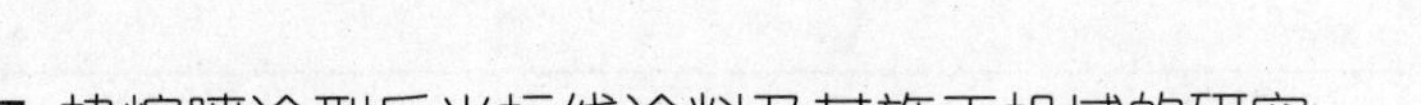

147. 热熔喷涂型反光标线涂料及其施工机械的研究

成果所属专题编号:黑科交鉴字(2008)第006号
成果主要完成单位:黑龙江省交通科学研究所
联系人:曾明鸣
联系电话:0451-86671680
通信地址:黑龙江省哈尔滨市南岗区清滨路92号
E-mail:hih666666@163.com
邮政编码:150080

一、主要技术内容

1. 技术特点

(1)标线厚度较薄(0.8~1.2mm)。

(2)施工速度快。

(3)喷涂形成的标线表面均匀,边缘整齐,线形美观。

(4)标线表面抗污染性能比普通热熔刮涂的好。

(5)裂纹相对刮涂标线要小:由于热熔喷涂型道路标线涂料在施工时采用低压气喷、离心式施工方式,标线成膜后没有内应力,同时标线的涂膜较薄,经受温度变化而引起的收缩应力也相对较小。

(6)防滑效果较好:由于热熔喷涂型道路标线是均匀的涂敷于路面,完工后的标线表面和原始路面基本一样,因而标线的防滑性能较好。国外实际施工经验证明:热熔喷涂是热熔道路标线体系中防滑值最为理想的一种标线品种。

(7)性价比最优。材料消耗量少,使用寿命长。由于热熔刮涂标线施工时涂料必须填满路面的空隙,因而涂料耗用量较大,而热熔喷涂在施工时施工刀具离地而行,在标线面上的各点的厚度一样,不用太多填补路面的空隙,因而可以节约涂料的使用量。

2. 性能指标(见表1)

热熔喷涂型反光标线涂料的性能 表1

项 目	指 标	试验结果
密度(g/cm³)	1.8~2.3	2.05
软化点(℃)	90~125	104
涂膜外观	干燥后,应无皱纹、斑点、起泡、裂纹、脱落、黏胎现象,涂膜的颜色和外观应与标准板差别不大	符合
不黏胎干燥时间(min)	≤3	3
色度性能(45/0)	应符合交通部行业标准规定	符合
抗压强度(MPa)	≥12	14.3
耐磨性(mg) (200r/1 000g后失重)	≤80(JM-100橡胶砂轮)	30.5
耐水性	在水中浸泡24h应无异常现象	符合
耐碱性	在氢氧化钙饱和溶液中浸24h无异常现象	符合

续上表

项　目	指　标	试验结果
玻璃珠含量(%)	18～25	23
流动性(s)	35±10	20
涂层低温抗裂性	－10℃保持4h,室温放置4h为一个循环,连续做三个循环后应无裂纹	符合
加热稳定性	200～220℃在搅拌状态下保持4h,应无明显泛黄、焦化、结块等现象	符合
加热残留份(%)	≥99	99.5
逆反射系数 Mcd/lx×m^2	≥200	396

3.技术配套

由于热熔喷涂标线涂料施工工艺的特殊性,原有的普通热熔标线施工设备已不能适用,根据课题组及交通科研所自身的机械科研实力,我们选择了与沈阳北方交通工程公司及康恩莎(上海)贸易有限公司进行合作研究热熔喷涂专用施工设备。

沈阳北方交通工程公司是专业制造交通工程施工设备的公司,具有一定的机械科研实力,同时具有交通工程施工经验,了解设备在工程实际应用中可能遇到的问题。经协商,北方公司负责研制配套施工机械,但所有权归北方公司,试验路施工时由北方公司提供样机。样机见图1。

图1　沈阳北方交通工程公司研制的热熔喷涂标线机

2006年9月试验路开始施工,使用的配套机械为沈阳北方交通工程公司研制的热熔喷涂标线机,但在施工中也遇到了一定的问题。如要满足大面积的工程施工及对虚线的施工要求,需要对机械进行重大改造,而北方公司不愿再对这类机械投入巨额经费,我方受课题经费限制也不能追加投资,所以我方为完成课题合同只能再找其他公司进行合作。

康恩莎(上海)贸易有限公司为瑞士独资企业,总部设在上海,主要代理瑞士、德国等国外先进的交通工程施工机械及产品。由于我课题组前期与其有其他方面的往来,将这种情况说明后,康恩莎公司表现了极大的兴趣,其股东决定与我所合作进行热熔喷涂设备的研制,由我方提供施工技术要求、涂料配方及试验工程,由康恩莎公司独立进行施工机械研制,设备研制完成后所有权及设计图纸归康恩莎公司所有,我所有5万m^2的免费使用权。2007年8月,完成了全部配套设备的研究,此设备为车载式全自动喷涂设备,各项性能指标优异,可同时解决虚线施画问题,详细说明及样机见图2～图5。

(1)500L热熔釜,使用导热油作为工作介质,煤气(天然气)加热,顶部采用双投料口(直径0.45m);

(2)特殊设计热熔喷涂涂料循环系统;

(3)垂直距离感应系统;

(4)23L液压箱;

(5)1.5kW三缸汽油发动机(主压力0.7MPa);

(6)喷涂系统:一个直喷式喷涂枪,喷射方向可调整;

(7)电子控制系统:可控制喷涂枪的开关,便于虚线施工;

(8)300L玻璃微珠容器,配合0.2MPa压力开关,直接喷撒面层玻璃珠;

(9)整体车载式,施工快捷。

图 2　上海康恩莎贸易有限公司研制的车载式热熔喷涂设备整体样机

图 3　玻璃微珠容器(300L)

图 4　动力系统及压力系统

图 5　喷涂系统及控制系统

二、适用范围

热喷涂型道路标线涂料可应用于以下场所：

(1)稀浆封层、碎石封层、微表处等粗糙路面，无法用热熔刮涂方式施工的路面；

(2)三年内准备大修的路面而又需要施画反光道路标线涂料的；

(3)原有刮涂型热熔旧标线的重涂施工，包括高速公路、一、二、三级公路的标线二次施工；

(4)城市道路中代替常温漆标线；

(5)新建高速公路、一、二级公路的边实线，中分线。

图 6 为热熔喷涂与普通刮涂施工效果对比图；图 7 为热熔刮涂旧标线，图 8 为在旧标线上喷涂一年后的效果。

图 6　热熔喷涂与普通刮涂施工效果对比

三、已应用情况

(1)工程简介。哈肇公路第十四标段(K185＋000～K202＋800)位于哈尔滨至肇兴公路巴木界至通河段，其中长青收费站桩号为 K196＋500，收费站区域标线面积 150m^2。公路设计标准为二级，路面为厚 22cm 的水泥混凝土，路基宽度 8.5m，行车道宽 7.0m，土路肩 2×0.75m，边线为宽 20cm 白色实线。施工单位：北京华纬交通工程公司。

图7 热熔刮涂旧标线

图8 在旧刮涂标线上喷涂一年后的效果

(2)试验路过程。黑龙江省交通科学研究所课题组于2006年10月7日在上述标段内的长青收费站区域进行了"热熔喷涂型道路标线涂料"的试验路施工。本区域路线为曲线段,边实线宽20cm,施工总长度750延长米(双侧),施工总时间2h,使用课题组自带的标线涂料及自走式标线车。

先进行施工路段的清理及喷涂下涂剂,同时进行涂料的融化,之后进行了标线施画。

(3)后期观测。试验路完工后,我们特别对此路段进行了观测并认真进行与同标段普通热熔涂料对比,观测结果表明,热熔喷涂型标线涂料实际使用性能及耐久性在观测期内等同于普通热熔型标线涂料。

(4)结论。通过这段试验路的修筑,我们认为热熔喷涂型标线涂料作为道路标线涂料的一种新形式,有其优越性:节省材料用量,降低工程造价,施工速度快,耐久性接近普通热熔型标线涂料,应该大面积推广应用。

四、效益分析

热熔喷涂型反光标线涂料由于涂层较薄、施工快速高效、耐久性接近普通热熔型等特点,使其在经济上较普通热熔型更加具有优势。

1.普通热熔型与热熔喷涂型标线涂料成本分析

普通热熔型涂料采购价一般在4 500元/t,施画厚度为1.8～2.5mm;而热熔喷涂型成本在5 500元/t,但其施画厚度仅为0.8～1.2mm,实际厚度取决于机械操作手的施工水平,最薄可达0.8mm。这在很大程度上节约了材料,也节约了成本。另一方面,随着厚度的减薄,标线的附着力也增强,在喷涂型涂料可靠耐久性的前提下,有效提高了标线的实际使用寿命。下面我们分别从施工方面和使用寿命方面进行分析。

二种标线涂料成本分析(元/m^2) 表2

项　目	原材料成本	面撒玻璃珠	施工成本	综合成本
普通热熔型	26	1	4	31
热熔喷涂型	20	1	6	27

从表2中我们可以看出,虽然喷涂型的施工成本比较高,但因其施画厚度较薄,在综合成本上降低了造价。

2.热熔喷涂型涂料与普通热熔涂料综合性能分析(表3)

热熔刮涂和热熔喷涂比较 表3

比较项目	普通热熔型	热熔喷涂型
施工速度(km/h)	1.5～2	3～4
反光亮度	一般	较好

续上表

比 较 项 目	普通热熔型	热熔喷涂型
防滑性能	一般	较好
涂料熔融黏度	高	低
涂层厚度(mm)	1.8～2.2	0.8～1.2
涂料用量(kg/m^2)	4.5～5	2.0～2.5

3.热熔型标线涂料使用寿命分析

通过室内试验分析结果我们可以看出，热熔喷涂型标线涂料在技术性能上基本能达到普通热熔型标线涂料的水平，且因其树脂含量较高，又使用了高强度、高耐磨性的石英砂，有效提高了涂层的耐磨性能，加之其具有优异的附着力，与路面之间的黏结力更高，在避免脱落及抗磨两方面有效提高了耐久性，与厚度达到其二倍的普通热熔型标线使用寿命接近或更高。由于使用寿命的延长，减少了后期养护费用，所以其长期使用，平均造价是降低的。

综上三个方面，我们可以认为，热熔喷涂型标线涂料在经济效益、社会效益是可行的。

148.交通基础设施对西部社会经济发展的影响评价

成果所属专题编号：2004-318-822-32

成果主要完成单位：同济大学、交通部科学研究院、交通部公路科学研究院、云南省交通厅、四川省交通厅、内蒙古自治区交通厅、黑龙江交通厅、贵州省交通厅

联系人：凌建明

联系电话：021-69583005，13901710625

通信地址：上海市曹安路4800号同济大学嘉定校区交通运输工程学院633室

E-mail：jmling01@yahoo.com.cn

邮政编码：201804

一、主要技术内容

交通基础设施的落后一直是制约西部地区社会经济发展的“瓶颈”。西部地区的交通基础设施建设在过去几年中取得了突破性进展，其对于交通科技的需求与依赖亦越来越强烈。本项目通过调查、分析、专家咨询和研究，通过评价指标选择、指标权重确定、指标隶属度推演、指标代表值论证，构建了交通科技项目评价指标体系，完成了西部交通建设科技项目的系统评价，从宏观和微观两个层面分析了“十五”西部交通建设科技项目的实施效果，拟定了交通科技项目评价实施办法，开发了“西部交通科技项目绩效考核评价系统”；基于科学的参数标定和广泛的数据分析，构建了交通基础设施影响大小的评价指标体系，评价了交通基础设施对西部社会经济影响的显著性，并根据评价结果对西部12省区市进行了区域划分，筛选出与交通基础设施有关联的指标，通过回归分析得到交通基础设施与筛选后指标的关系曲线，测算了交通基础设施价值量的影响，分析评价了交通基础设施对于国民经济的贡献，为西部交通科技的进步提供了有力支持，为西部交通行业的发展规划提供了决策参考。

二、适用范围

一方面，西部交通科技项目绩效考核评价系统不仅可用于各大项目计划部门的总体绩效横向比较；而且可以适用于单个项目计划中的项目绩效排序，并在此基础上形成各年度和各类别项目计划的综合

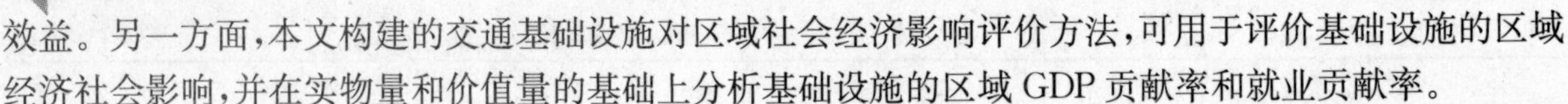

效益。另一方面，本文构建的交通基础设施对区域社会经济影响评价方法，可用于评价基础设施的区域经济社会影响，并在实物量和价值量的基础上分析基础设施的区域GDP贡献率和就业贡献率。

三、已运用情况

研究成果的运用情况主要体现在：

(1)通过本项目系统研究的西部地区社会经济发展与交通基础设施的关系理论，西部项目管理中心制定了较为完善的项目绩效评价实施办法。该办法再次强调了西部交通建设发展依靠科技进步的必然性，并首次构建了交通科技项目评价指标体系，对"十五"西部交通建设科技进行了系统的评价，评价结果充分肯定了该实施方法的实用性和可操作性，并计划进一步运用于"十一五"西部交通建设科技项目计划的评价。

(2)西部项目管理中心明确了"十五"西部交通建设科技项目已解决的工程关键技术问题和所取得的成就，评价结果表明：到2010年，公路水路运输紧张状况得到总体缓解，对国民经济的制约状况得到全面改善；到2020年，基本适应经济增长、社会进步、国家安全的需要。提出了"十一五"西部公路水路交通科技发展需求的对策与建议。

(3)基于科技项目实施效果评价方法，通过调研近百位业内专家群组专项咨询为依据确定的指标权重，西部项目管理中心运用本项目研发的"西部交通科技项目评分系统"软件，对"十五"西部交通建设科技项目进行了全面的评价，评价结果从微观层面肯定了西部交通建设科技项目对西部地区的社会和谐、经济发展和科技进步所作出的巨大贡献。

(4)采用实际数据测算了交通基础设施对国民经济的贡献，成果对于西部地区交通基础设施发展政策的制定具有重要参考价值；首次测算了西部地区交通行业的全员劳动生产率，并以贵州、广西两省区为例，测算了交通科技进步贡献率，从宏观层面评价了"十五"西部项目的实施效果，见表1和表2。

西部地区公路、水路交通行业对于地区GDP的贡献率 (单位：%) 表1

项目 \ 年份(年)	2001	2002	2003	2004	2005	平均
直接贡献	3.20	3.29	3.09	2.99	2.89	3.10
后向波及效果	8.41	8.71	8.22	7.99	7.76	8.22
消费波及效果	11.18	11.76	11.33	10.94	10.69	11.18
合计贡献率	22.80	23.76	22.65	21.92	21.34	22.50

西部地区公路、水路交通建筑业和交通运输业创造的就业机会汇总 (单位：万人) 表2

行业 \ 年份(年)	2001	2002	2003	2004	2005
交通建筑业	900.83	1 077.94	1 162.37	1 320.00	1 444.39
交通运输业	1 107.58	1 089.24	1 036.08	1 069.44	1 083.96
合计	2 008.41	2 167.19	2 198.45	2 389.44	2 528.35

(5)根据本项目提出的交通基础设施影响大小评价指标体系，西部项目管理中信采用定量的方法进行交通基础设施对西部地区影响的区域划分，并基于此分析了交通基础设施实物量对区域经济、社会环境及自然环境三方面的影响，研究了交通基础设施与西部地区社会经济的定量关系。

四、应用效益

本项目在较全面地考虑交通基础设施和交通科技的特点，并结合西部地区的具体情况的基础上，从评价指标体系、评价理论与方法、评价结果分析等各个角度，对交通科技项目评价和交通基础设施影响评价进行了深入系统的研究，为交通科技项目管理进一步完善提供参考依据，为西部交通基础设施的发展规划提供决策参考。各项研究成果的应用将产生巨大的社会效益。

149.沥青路面设计指标和参数研究

成果所属专题编号：2004-318-000-04

成果主要完成单位：中交公路规划设计院有限公司、同济大学、华南理工大学、长安大学、交通部公路科学研究院、哈尔滨工业大学、东南大学、江苏省交通科学研究院有限公司、山东省交通科学研究所、山西省交通科学研究院、中交桥梁技术有限公司

联系人：刘伯莹

联系电话：010-64789892，13901283218

通信地址：北京朝阳区惠新里甲 240 号通联大厦 8 层
中交桥梁技术有限公司

E-mail：boyingliu@vip. sina. com

邮政编码：100029

一、主要技术内容

近年来，我国公路沥青路面特别是承受重交通和大交通量的高速公路沥青路面早期损坏趋于严重，除施工质量和超载原因外，设计规范的不合理也是主要因素之一，主要表现在设计指标、设计参数以及结构组合的不合理。

为此，在总结和吸收国内外沥青路面力学—经验法设计指标和参数的研究成果和使用经验的基础上，本研究构建了一个设计指标和参数体系(图 1)：

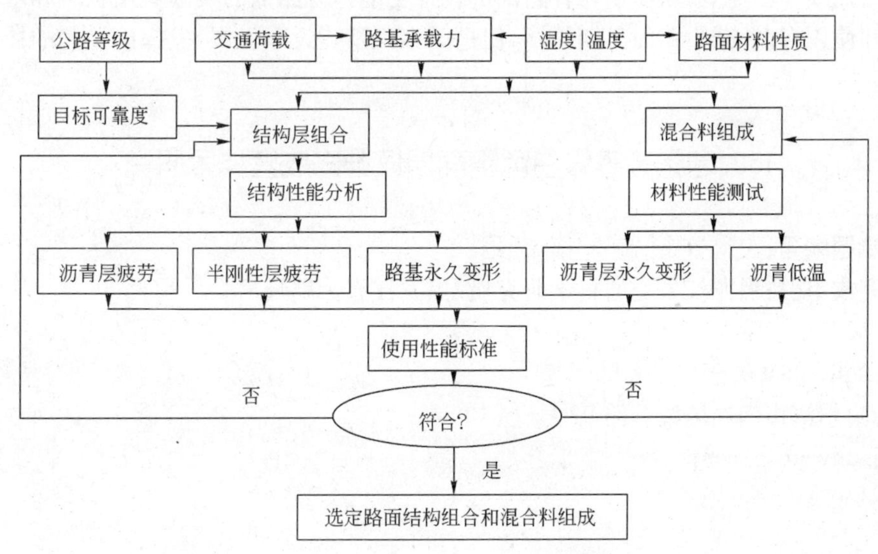

图 1　新沥青路面设计方法体系

(1)建立的包括沥青混合料动态压缩模量、考虑衰变阶段的无机结合料弹性模量、路基和粒料层回弹模量及湿度调整系数和综合调整系数等沥青路面动态设计参数体系，能够如实反映路面结构、材料的力学性状，体现温度、湿度等环境因素的影响；提出的参数的标准试验方法、参数值与材料性能、设计指标都有相关性，适应我国室内试验条件。

(2)建立的包括沥青层的疲劳寿命、无机结合料稳定层的疲劳寿命、路基顶面的容许压应变、沥青混合料的蠕变率以及沥青的蠕变劲度、劲度曲线斜率 m 和断裂应变等沥青路面设计多指标体系，能更好地反映沥青路面损坏的现象和机理，较全面地考虑沥青路面的主要损坏类型，分别从结构和材料两方面进行控制；通过对常用沥青路面结构组合的分析和与国外沥青路面设计方法的比较，初步实现了沥青路面设计多指标的协调与平衡。

二、适用范围

本研究的大部分成果可直接纳入沥青路面设计规范，所编制的沥青路面设计指南，基本具备了新规范的雏形，可在增补后逐步推广，指导和改进新建沥青混凝土路面的设计工作，提高沥青路面的使用性能和寿命。

三、已应用情况

本研究在山西、江苏、山东三省修建或确定了 6 条长期观测试验路段，包括山西省太长、离军两条高速公路长期观测段，江苏省沪宁高速柔性基层试验段、汾灌高速公路观测段，山东省津汕高速公路滨州至大高段和济青高速公路济南至莱芜段。试验段从气候环境、水文地质资料，到交通资料、路面材料参数都比较完备，路面使用性能数据从路面竣工开始每隔一定时间都会详细调查、记录。这些调研数据的积累，为本研究的设计指标、参数和方法的修正、补充提供了准确而坚实的基础。

四、应用效益

我国幅员辽阔，各地气候水文条件相差很大，而由经济发展不平衡所导致的道路等级、交通状况差异也很大。正因为目前沥青路面设计规范对这些影响路面设计的各种因素考虑不足，导致近年来我国新建的沥青路面有一定程度的早期损坏，这与我国交通运输业的快速发展是很不相称的。而本研究所建立的沥青路面设计指标和参数新体系，不仅考虑了各种因素对设计参数的影响，更能把这种影响反映到不同的沥青路面损坏性能上，从而使沥青路面的设计更能体现路面的实际使用状态和水平，提高沥青路面使用性能和使用寿命，减少路面早期损坏，促进国家经济建设和发展，发挥出显著的社会经济效益。

150.寒区高等级白色路面损坏维修成套技术研究

成果所属专题编号:交科鉴字[2007]第 17 号

成果主要完成单位:黑龙江省交通科学研究所、黑龙江省公路局

联系人:孙巍

联系电话:0451-86670265,13394500515

通信地址:哈尔滨市南岗区清滨路 92 号

E-mail:hljsunwei126. com

邮政编码:150080

一、主要技术内容

通过对黑龙江省水泥混凝土路面损坏情况的调查，认真分析了黑龙江省水泥混凝土路面损坏的原

因，找出了解决病害的方法，筛选出适合于寒区水泥混凝土路面的裂缝和接缝修补材料，并研制出适合寒区水泥混凝土路面的填缝材料，同时研制出新型表面破损修补材料及板下封堵的灌浆材料，用改性乳化沥青稀浆封层处理板面磨损。从修补材料到修补工艺上，形成寒区水泥混凝土路面维修成套技术，这对于提高寒区修补路面的耐久性，延长寒区水泥混凝土路面的使用寿命具有重要的意义。

项目组为补充现有规范评价方法的不足，自行设计了填缝料与水泥砂浆黏结强度试验，考察了填缝料与水泥混凝土之间的抗弯强度、抗拉强度及伸长量，模拟了填缝料实际受力状态，结果表明此方法简便、有效、实用。

项目组在大量的跟踪调查和室内外试验的基础上，首次提出建立填缝材料低温性能的综合评价方法和评价体系，提出了相应的指标要求和评定等级，方法简单而且能够准确、全面、定量地评定填缝材料的低温性能，并通过与实际工程的使用效果比较，验证了评价方法和评价体系的合理性和正确性。通过对填缝材料低温性能的评价以及综合性能的评定，筛选出了适合寒区水泥混凝土路面的接缝和裂缝修补材料，并通过试验研究研制出性能和价格相适应的寒区水泥混凝土路面的填缝材料，在现场试验路段得到了应用。通过3年的试验观测，证明对于寒区水泥混凝土路面是适用的。

首次提出采用半刚半柔性材料水泥乳化沥青作为板下封堵的灌浆材料，更新了灌浆材料的理念，并通过现场灌注，弯沉检测，达到了使用要求。

二、适用范围

适用于寒冷地区水泥混凝土路面的裂缝、接缝损坏维修，板下脱空的处治，表面破损、麻面、磨光的修补。

三、已应用情况

该项目在哈大公路和绥北路进行了灌缝和板下封堵，累计灌缝2km。3年来经过观察，填缝料与混凝土壁黏结良好，没有出现挤出、剥离，低温性能良好；同时对板下封堵水泥混凝土板通过弯沉检测，封堵效果良好。

四、效益分析

1.经济效益方面

课题组研制的灌缝料价格为6 000元/t，每延米灌注费用为2.16元，哈大高速公路曾用过的“科来福”灌缝料价格17 000～18 000元/t，每延米灌注费用为10.12～10.48元，用课题组研制的灌缝料进行灌注，每延米灌注费用可节省8.96～8.32元。粗略计算，哈大公路双幅行车道和超车道需灌注里程最少也需40km，绥北路灌注里程约为20km，8元×60km=48万元，因此1年可节省48万元。3年没有进行再灌缝，相当于节约144万元；同时，板下封堵采用新型灌浆材料1年可节省40万元，3年来没有进行再维修，相当于节省120万元。3年共节省264万元。

2.社会效益方面

研究成果对于提高寒区水泥混凝土路面的服务水平，延长水泥混凝土路面的使用寿命，降低维修造价，减少水泥混凝土路面的维修养护成本起到了重要的作用；同时研究对于水泥路面养护方面相关标准规范的完善与补充具有重要的推动及指导意义。其社会效益和经济效益显著。

151.超限超载运输监控系统研制与开发研究

成果所属专题编号：2008-101

成果主要完成单位：东北林业大学、吉林大学、四川省交通厅

联系人:孙凤英
联系电话:82191833,13946083574
通信地址:哈尔滨市香坊区和兴路26号
E-mail:sfy7811@163.com
邮政编码:150040

一、主要技术内容

《超限超载运输监控系统研制与开发研究》是交通部西部交通建设科技项目(2004 318 000 48),由东北林业大学、吉林大学、四川省交通厅等单位联合攻关研究完成。

本项目针对超限超载屡禁不止的具体情况,分三个子课题分别研究了公路超限超载货物运输问题,研制和开发了门式高速公路超限运输车辆检测监控系统和车用超载监控系统。其中高速公路超限运输检测监控系统集成了车牌照识别系统和车辆动态称重系统,开发了车辆装载外廓几何尺寸动态检测系统。可以自动、迅速、准确地检测和判别通过车辆的车牌照号码、车辆装载的高、宽、长参数,总重和轴荷载重及是否超限,记录存储检测状况、车辆通过的日期及时间,大屏幕显示结果。车用超载监控系统是安装在车身与悬架之间的装置,使用车上蓄电池供电,当车钥匙接通全车供电挡时,系统开始工作,检测车辆的装载质量信号和速度信号,超载时给予声光提示,直至停止供油,使车辆发动机无法正常起动。

公路超限超载货物运输问题从不同层面上研究超限超载运输与公路路面和货车车型之间的关系,货运成本、运价与超限超载之间的关系,计重收费政策对治超工作的影响,治超的运输政策与策略;按理论联系实际、宏观与微观相结合的原则,分析超限超载运输的经济根源,提出治超的长效机制,并通过实证分析推证理论研究的合理性与可行性。

子课题中两个系统的主要性能指标见表1,均已达到合同要求。

子课题中两个系统的主要性能指标

表1

高速公路超限运输车辆门式监控系统		车用超载监控系统	
①汽车在通过门禁系统时车速	5km/h左右	①车载载质量示值误差	5%
②轴荷动态测量误差	±2%	②车载载质量检测响应时间	3s
车辆装载几何参数判定误差	±2%	③环境温度	－30～＋40℃
③单轴最大称重	20t	④环境湿度	10%～90%
最大超负荷能力	150%		
④系统工作温度	－40～＋40℃		
工作湿度	≤80%		

本项目技术创新性与先进性主要体现在如下几个方面:

(1)思想和方法创新:本项目从"人、车、路、环境"系统研究出发,采取技术、经济和管理相结合的方法,从源头做起,研制监控设备和建立长效机制相结合。

(2)技术集成和功能创新:应用先进技术,非接触、自动监测和记录车辆牌照号码、装载状况,自动记录并判定是否超载,显示检测结果,具有集成创新和功能创新性。

(3)量化了超限运输的危害及各主要因素的影响程度和相关关系,从运输经济、生产组织方式的角度论证了超限超载运输的本质和根源,构建了长效治理机制框架。

(4)研究成果有新的突破:定量分析路面损坏费用和公路因超限运输带来的费用损失;确定不同货物不同运距条件下,货车的最佳尺寸及载质量;提出计重收费治超措施,并通过实证分析和推证理论研究其合理性与可行性,在长效治超理论应用方面体现创新性。

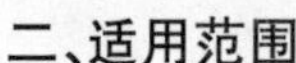

二、适用范围

高速公路超限运输车辆门式监控系统可用于公路固定治超点(站),对通过的运输车辆及其装载状况自动实时监测,可昼夜工作。对操作系统的要求,Windows2000 或 XP;数据库系统 Access2000;工控机 Intel PIII1.0 以上。车用超载监控系统可用于在用车和新车,适用于柴油发动机汽车。公路超限超载货物运输问题所提出的对策及措施可直接用于我国公路治理超限超载货物运输,特别是对于建立长效治理机制发挥重要的决策辅助作用。

三、已应用情况

同三公路哈尔滨瓦盆窑收费站自 2005 年 8 月安装了高速公路超限运输车辆门式监控系统,日检车 1 000 余辆,工作稳定,识别率较高,减轻了工作人员的工作强度,提高了治超的公正性。从监测记录看,超限车辆在此收费站通过数量呈现递减趋势,系统的运行对超限车辆有一定的威慑力。

车用超载监控系统在吉运集团、长春公路主枢纽有限公司总共 60 台物流运输车上装用,系统有效率高,工作可靠。

四、效益分析

2005 年暑期以来,通过应用超限超载运输监控系统,完善了治超技术手段,健全了长效治超机制,减轻了治超工作人员的劳动强度,降低了治超成本,提高了治超的公平性和威慑力。

计重收费等方面的研究成果已在多省市试用,受到用户和专家的好评。

152. 公路货运车辆超限超载运输治理关键技术研究

成果所属专题编号:2005-318-220-36(西部交通建设科技项目)

成果主要完成单位:交通部规划研究院、交通部公路科学研究院、交通部科学研究院、西南交通大学

联系人:谭小平

联系电话:010 59629228,13701387412

通信地址:北京市朝阳区曙光西里甲 6 号 2 号楼 1203 号

E-mail: tanxp@tpri.gov.cn

邮政编码:100028

一、主要技术内容

2004 年 6 月起,全国开展了声势浩大的公路超限超载运输集中治理行动,虽然取得了一定成效,但长效治理仍然举步维艰。本项目旨在结合当时的治超形势,从行政组织、法律规范、经济调节、工程技术、市场监管和网络监控六个方面,提出了构建治超长效机制的基本框架。本项目研究过程中注重理论与实践相结合。综合运用了经济学、运输经济学、交通法学、道路工程、车辆工程、博弈论等相关学科的理论和方法,对超限超载运输的产生机理、治理对策、长效机制等问题进行理论分析,特别是充分利用经济学理论对超限超载的经济利益驱动本质进行了深入的剖析。

项目围绕超限超载运输“是什么、为什么、怎么办”的分析思路,从三个层面展开。第一层面首先对超限超载运输现象进行分析,把握超限超载产生原因、发展态势以及治理工作状况和形势;第二层面是构建治超长效机制的基本框架体系研究,明确指导思想、基本原则和主要任务;第三层面是针对治超长效机制各个组成体系的专门研究,提出具体的治理对策和措施。总体研究思路见图 1。

项目从超限超载运输问题入手,分析了其产生的属性、成因,利用博弈论方法阐明了超限超载运输

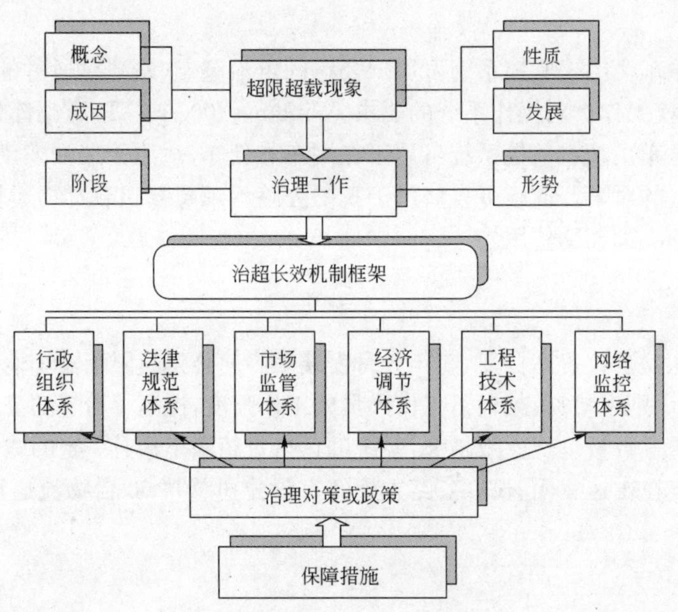

图1 总体研究思路

的本质，运用经济学方法说明了经济利益驱动的动机，使得超限超载运输成因清晰明了。项目首次提出了超限超载运输治理长效机制的框架体系，包括行政组织、法律规范、经济调节系、工程技术、市场监管和网络监控六个部分，全面系统地提出了治理超限超载运输的关键技术和不同时期的治理对策，包括构架原则、关键环节、对策建议等。

项目组委托交通部科技信息所对《公路货运车辆超限超载运输治理关键技术研究》进行了科技查新，《科技查新报告》认为：本项目在公路货运车辆超限超载治理长效机制系统研究和超限超载治理基础工作体系研究方面，具有显著的新颖性。

二、适用范围

本项目主要为各级政府构建治超长效机制的决策服务，对于提高各级政府及其治超工作机构对构建治超长效机制的认识，理清治理思路，明确治理重点，制定治理对策，构建长效机制体系具有重要参考价值。

三、已应用情况

项目研究的一些重要成果被全国治超办广泛借鉴并采纳，得到了不同程度的应用。治超长效机制框架体系被纳入了《全国车辆超限超载长效治理实施意见的通知》；网络监控体系的有关内容被纳入《全国治超检测站点管理办法》；经济调节体系提出的大型多轴车实施通行费减免、工程技术体系提出货车实施推荐车型等治理对策和建议，已在全国治超办的相关政策制定中得以运用；同时项目组参与起草了治超相关会议的领导讲话及报告。

四、效益分析

本项目的经济社会效益主要体现为间接经济效益和社会效益。公路货运车辆超限超载运输治理关键技术研究通过形成具有可操作性的政策建议，来支撑全国统一治超工作的顺利开展，并以此来长期、有效地降低超限超载的数量和严重程度，保护公路基础设施和人民生命财产安全，促进公路交通健康、有序和快速发展。

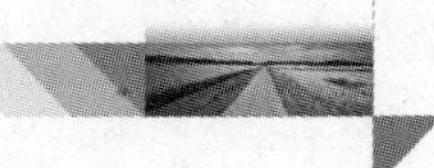

153. 公路安全防护设施实验验证及开发

成果所属专题编号:交科鉴字[2008]第126号

成果主要完成单位:北京深华达交通工程技术开发有限公司、交通部公路科学研究所、陕西省公路局、重庆市公路局

联系人:白书锋

联系电话:010-63771430,13911166761

通信地址:北京市丰台区科学城海鹰路1号院3号楼4层

E-mail: Dushu@vip. sina. com

邮政编码:100071

一、主要技术内容

目前我国山区一般等级公路的安全形势比较严峻,特别是山区二、三级公路的交通事故尤为严重。以往只有适用于高速公路的安全防护设施,缺少适用于一般等级公路(特别是山区等级公路危险路段)的安全防护设施;公路安全护栏技术标准偏低,一些在用的安全设施防护能力不明确。因此,迫切需要有合理的安全性评价方法对现有护栏的安全性能进行评价,需要有安全可靠的防护设施来改善山区一般等级公路的安全防护状况。

本项目主要技术特点如下:

(1)对我国现阶段在用的典型公路安全防护设施(组合式混凝土护栏、2m间距立柱波形梁护栏和缆索护栏等)的安全性能进行了实车碰撞试验验证和分析评价;提出了防护性能满足SB级要求的组合式混凝土护栏改造方案。

(2)研究了汽车碰撞条件下,波形梁护栏和缆索护栏所用圆形立柱与土壤基础之间的受力特性,为工程实际应用提出指导性建议。

(3)采用计算机模拟和实车碰撞试验相结合的手段,研究开发出锚杆式混凝土护栏、梁柱式混凝土护栏与石砌体护栏三种适用于山区一般等级公路危险路段的经济实用、安全可靠的新型护栏结构形式,防护能力达到A级(160kJ);提出增强现有警示墩防护性能的平墙式、城垛式两种加固技术,合理利用了现有资源。

(4)通过调查研究建立了护栏安全性的再评价方法,编写了《护栏维护指导手册》,提出行之有效的安全防护设施维护指导方法。

本项目填补了一般公路缺乏合适的安全防护设施的空白,明确了现有高速公路典型安全防护设施的防护性能,研究成果在空间使用范围上完善了我国各种道路条件的安全防护设施需求;在时间范围上,涵盖了新建、改建护栏形式的研究、维护技术的研究以及对旧有护栏安全性能的验证及评价。研究成果对减少公路交通坠崖事故,降低交通事故死亡率起到重要作用,大幅提高了我国山区公路的安全防护水平。

二、适用范围

本项目成果主要应用于公路交通安全领域。护栏评价方法与《护栏维护指导手册》适用于我国高速公路与一般等级公路;三种新型护栏形式与两种警示墩加固技术适用于我国山区一般等级公路。

三、已应用情况

三种新型护栏形式与两种警示墩加固技术应用于陕西省依托工程(图1、图2),位于陕西省境内108国道,里程40km,为山岭重丘区三级公路,自应用以来从未发生路侧坠车事故。护栏安全性评价方法及维修养护技术应用于重庆依托工程，位于 210 国道重庆段，里程 210.101km，其中养护总里程达 101.95km，养护费用总计 51 万元。

a)　　b)　　c)

图 1　三种新型护栏依托工程实施

a)锚杆式护栏；b)梁柱式护栏；c)石砌体护栏

a)

b)

图 2　警示墩加固技术依托工程实施

a)平墙式；b)城垛式

研究成果还在青海省安保工程平大公路、清结公路等 17 条省道公路的 151.4km 得到推广使用。其中锚杆式、梁柱式混凝土护栏，石砌体护栏与两种警示墩加固技术已被纳入交通部 2006 年印发的《公路安全保障工程实施技术指南》中，被选作安保工程中混凝土护栏的推荐形式；护栏维护技术成果也被纳入该《指南》。

四、应用效益

1. 经济效益

以依托工程 G108 国道为例，警示墩加固技术的试用与新建的相同防护等级护栏相比较，具有显著的经济效益。2005 年，西安公路局累计完成警示墩加固处理12.3km，节约工程投资约 112.53 万元，平均每公里节约投资 9 万元。目前我国一般等级公路里程约 300 万公里，若有 10%的路段防护设施形式为不具备防护能力的警示墩，需要进行加固处理，则照此计算，全国公路节约的投资额约为 126 亿元。

三种新型护栏由于其防护能力高、造价低廉，具有较好的经济性。新型护栏的应用还可减少交通事故引起的伤亡人数。人员的伤亡对社会造成的损失是多方面的，假设每伤亡一人，造成的直接和间接经济损失为 10 万元，则新型护栏的应用每年可挽回 5 亿元经济损失。

《护栏维护指导手册》的应用，大大提高一般等级公路护栏的使用效率，节省养护费用。

2. 社会效益

依托工程路段通过实施安保工程，交通安全状况得到极大改善。G108(周至段)实施安保工程后，与 2004 年同期相比，一般交通事故大幅降低，轻型车辆发生重大交通事故为零，重型车辆发生的重大交通事故由 2004 年的 20 起/年到 2006 年降为 12 起/年，死亡人数由 33 人/年降为 2 人/年。由此可见，若本项目成果在全国得到推广应用，将降低公路重大交通事故的发生率，大幅减少由此引起的生命与财产损失，具有显著的社会效益。图 3 为被新型护栏与警示墩拦截住而免于坠崖的车辆。

图3　新型护栏与警示墩加固形式拦截住的事故车辆

154. 一体化联运关键技术研究

成果所属专题编号：2004-398-000-63
成果主要完成单位：内蒙古自治区交通运输管理局、哈尔滨工业大学
联系人：邢占文
联系电话：0471-6916971，13500690088
通信地址：呼和浩特市地质局南街68号
E-mail：nmgygjjhk@126.com
邮政编码：010020

一、主要技术内容

(1)建立了适应于西部实际情况的货运量预测方法和模型。不仅能够对线路、区域、货物种类的货运量进行分析和预测，而且还能对多种运输方式的货运量进行分析和预测。

(2)构建了西部地区一体化联运的合理组织模式、运营机制，提出一体化联运运营中各方职权、责任和义务，给出了一体化联运的优化业务流程。

(3)在西部地区货运量预测基础上，以中心城市为依托，给出了西部地区一体化联运通道和货运站场优化方案。

(4)提出了一体化联运应具备的功能和管理与组织技术、基础设施和运输与装卸设备要求，以及联运单证的合理管理模式。

(5)设计了西部地区一体化联运信息平台的体系结构，给出了可操作性强的信息化解决方案和公共信息平台的运作模式。

(6)结合西部地区物流特点，设计了一体化联运体系中条形码(Bar-Coding)技术、电子数据交换(EDI)技术、射频识别(RFID)技术、地理信息系统(GIS)、全球定位系统(GPS)的应用方案。

二、适用范围

为西部地区不同运输方式间的最优整合提供一个框架，以便通过无缝衔接、面向用户和门到门的服务，向全社会提供高效和低成本的运输系统。

三、已应用情况

该项目的依托工程为通辽市物流园区。在项目研究期间，经积极协调、紧张筹备，2006 年，该物流园区开通了“通辽—大连”国际集装箱班列，实现了农牧和化工产品集装箱通过铁路专用车从通辽市蒙东物流园区直接到达出海口大连港；开通了“通辽—锦州港”的集装箱海铁联运业务，使锦州港为通辽地区提供了又一条方便、快捷、经济的集装箱陆运通道，打破了历史上从通辽地区至锦州港的集装箱货物只有公路运输的单一模式，实现了路港联动、海铁联运，提高了物流效率，降低了物流成本。在货运量预测上，本项目运用科学的预测方法对货物运输市场的需求量进行全方位的预测，使之更好地适应多种运输方式货运市场需求预测。在货运站场选址上，提出了通辽物流园区改扩建优化方案，通辽市以此研究结论为依据，加大了对物流园区的投入力度。在联运信息技术应用上，运用本项目中有关联运信息技术的相关研究成果，通辽市物流园区的两大信息平台项目：“通辽物流货运信息配载网”和“GPS 卫星定位应用系统”经过前期的设计开发，目前已经成功运行。

四、应用效益

通过应用该项目的研究成果，可以使通辽物流中心将成为东西部互动发展的桥梁与纽带；促进西部少数民族地区经济的对外交流与健康发展；提升西部道路运输业结构，拓展交通发展空间；降低西部地区社会物流成本，促进通辽及内蒙古自治区东部的经济发展；有利于提升当地知名企业的核心竞争能力，为区域经济发展服务；可以选取运距短、运力省、运费低、速度快的最佳运输路径和组织方式从事的货物运输，促进运输优化。

155. 林区旅游公路——内蒙古 S203 线交通安全研究

成果所属专题编号：2004-318-223-33-08

成果主要完成单位：内蒙古兴安盟公路管理局、吉林大学、同济大学、内蒙古大学

联系人：王富贵

联系电话：0482-8241872，13804792327

通信地址：内蒙古兴安盟乌兰浩特市陵园路 81 号

E-mail：wlhtwfg@tom.com

邮政编码：137400

一、主要技术内容

林区旅游公路由于受地形和自然条件的限制，往往是连续长大下坡与小半径急弯路段相随，悬崖峭壁与视线不良路段随处可见，车道宽度和横坡超高不足，路侧防护设施配套性、协调性差，使行车的安全危险性进一步加大，经常会发生一些车毁人亡的重大恶性交通事故。

为此，项目主要从驾驶员的心理生理反应角度出发，对公路的线形技术指标的安全性和有效性进行了检验，提出了连续长大下坡条件下的小半径平曲线横坡变截面设计的新理念和基于剩余横向力系数的平纵组合下极限半径确定方法；根据曲线段车辆的行车轨迹朝内侧偏移的规律，提出了综合运用加宽道路中心线和对曲线段外侧的车道适当加宽，保证外侧行车的驾驶员视觉效果的方法，使所确定的线形指标更具有“人性化”，并从驾驶员对路侧标志和路面标线的习惯性瞭望规律出发，提出了基于前视距离的林区环境条件下的标志设置方法和为了规范行车轨迹的曲线段道路中心线、边缘线设计与设置方法，

编制完成了实用性较好的《林区旅游公路交通安全综合改善方法与案例》，使内蒙古S203线的行车安全状况得到明显改善。

二、适用范围

上述研究成果适合二级及以下的等级公路新建或改建，能明显改善该类道路的行车安全性。特别是采用平曲线横坡变截面设计后，可将避险车道的设置位置，由通常的交通事故黑点前推移到交通事故黑点偏后位置，不但扩大了避险车道的设置位置的择优选择范围，也延长了驾驶员的反应时间，可大大缓减驾驶员的紧张程度和采取适当措施进行避险。

三、已应用情况

内蒙古S203线是连接兴安盟和呼伦贝尔盟的一条重要国省干线公路，也是全国著名旅游胜地阿尔山自然风景区通往外地的主要通道，过往车辆十分繁忙。但是由于一些客观原因，S203线K463～K475路段之间形成了几处有规律的交通事故黑点。S203线自2002年完成黑色沥青路面改造开通几年来，上述路段共计发生十多起重大交通事故，累计死亡12人，重伤4人，直接造成经济损失400多万元。

2006年兴安盟公路管理局根据该路段的实际情况，依托项目研究成果，结合安保工程的实施，对该路段进行了综合技术改造，如适当加大了四处小半径平曲线下坡一侧的横坡比；增设了两处避险车道（设置在交通事故黑地偏后的位置）；并自行设计研制了可自动控制发光的LED标志牌，增设了必要的路面标线和指示性标志牌以及停车场等。

事后，根据兴安盟交通警察支队阿尔山大队对过往车辆驾驶员的调查了解，这些技术措施的实施，对规范过往车辆的正确驾驶行为起到了积极作用，尤其是两处避险车道，已成功挽救了三起重大交通事故的发生。

四、应用效益

本项目的经济效益主要体现在以下几方面：

(1)项目依托工程实施后至今再未发生有人员伤亡的重大交通事故，并成功挽救了三起重大交通事故的发生。

(2)项目研究成果的推广应用将在建设、养护、管理等方面使公路交通与周边环境协调发展，大幅减少维护、恢复环境需要的费用。

(3)有机地运用环境和景观协调提高道路的安全性，在一定程度上减少设置安全设施的费用。

(4)通过实施公路安全评价及安全设计，在公路设计、建设过程中即考虑安全、环境因素，避免或减少行车中的安全隐患，降低日后的公路改造与维护成本。

(5)为促进相关地区的经济发展和旅游业的发展发挥其资源优势。

总之，项目所取得的经济效益十分显著，按照改造前该路段两年时间所发生的交通事故和所造成的直接经济损失计算，至少避免了10起以上的重大交通事故的发生和400万元以上的直接经济损失，而且每年还可节省路产设施修复费用20多万元；社会效益则更为显著，提高了道路的安全通行保证能力，对促进当地区的经济发展和创建和谐社会做出了积极的贡献。

156. 西部地区收费公路收费制式及方式的合理选择

成果所属专题编号：交科鉴字[2008]第122号

成果主要完成单位：北京中咨正达交通工程科技有限公司、长沙理工大学、内蒙古自治区公路局

联系人：程苏沙

联系电话：010-82252027，13801084251

通信地址：北京市西城区裕民路18号北环中心12层1205

E-mail：suzen-cheng@vip. sina. com

邮政编码：100029

一、主要技术内容

课题以西部地区高等级公路收费系统为重点研究对象，根据对西部地区区域经济发展状况、路网结构、道路交通运行以及已建成收费系统运营状况的调查，从经济和管理的角度对不同收费制式和收费方式的适应性条件进行分析，建立包括收费方式、收费标准与收费制式、收费系统建设的规模、人员配置在内的最佳收费方案。总结我国在联网收费实施过程中的经验和教训，确定西部地区高速公路联网收费的合理范围，其最终目标是尽量减少建设和运营成本，提高收费效益。

通过研究，项目提出了经济性、流畅性、公平性、漏收性、系统性能、规范标准、外部社会影响等七个方面的收费系统综合评价体系。为了使收费系统评估体系更具有操作性，本项目对经济性、流畅性、公平性、漏收性等四项指标进行了量化定义，并结合收费系统评价体系，提出了收费系统优化的多目标决策模型。在此基础上运用VisualC＋＋与Delphi技术开发了收费系统优化软件（Version1. 2），软件的优化结果可为收费系统的优化设置问题提供完备的决策信息，帮助决策者提高对所研究收费系统优化问题的认识程度。在理论研究的基础上，项目以实际高速公路为例，利用收费系统优化软件，进行收费系统最佳资源配置方案的分析计算。针对高、中、低三种交通量情况对收费制式的选择与收费站区位的设置以及收费系统收费方式的选择和不同收费方式收费车道的配置组合进行优化，并对结果进行比较分析，提出了不同区域（东中西部地区）或从发展的角度考虑一条道路在不同发展阶段的收费制式与方式的合理选择，最终结合以上研究提出了西部地区收费公路收费制式与收费方式的合理选择的指导意见。

二、适用范围

本项目成果可以作为西部地区收费公路收费系统规划、设计、建设的依据性文件。项目从整体和全局的观点出发，研究不同经济条件、交通量水平和路网条件下的公路收费系统的适应性及经济性，其成果不仅适用西部地区，而且对具有类似特征（经济条件、路网结构和交通量水平）的其他地区也具有重要的参考和推广应用价值，可以为国家制定收费公路发展战略提供依据。

三、已应用情况

项目成果在内蒙古高等级公路网收费系统规划和内蒙G210收费系统改造中得到应用。

1. 内蒙古高等级公路网收费系统规划

结合内蒙古区域经济发展和路网状况，以内蒙古自治区二级公路以上高等级公路为研究范围，从经济性和合理性的角度寻求适用于不同地区经济、不同道路等级和交通量分布特点的道路收费制式和方式，研究分析封闭式收费系统和其他制式收费系统的衔接方案，在此基础上确定内蒙古自治区高等级收费公路和联网收费公路范围和方案，并以此为依据，为内蒙收费公路的规划、设计和建设提供指导。

2. 内蒙G210收费营运效益评价及收费方案研究

通过对内蒙G210已运营的包头—东胜公路收费系统调查，了解道路区域范围内的经济、交通量发展状况对现有的收费系统进行评价，应用本项目研究成果，确定东胜—苏家河畔高速公路的收费系统方案、两段公路收费系统的衔接方案和包头—东胜收费系统升级改造方案。

四、应用效益

通过本项目的研究，对西部地区收费公路收费系统规划和建设起到指导作用，达到节约收费公路建设运营成本、提高运营效益的目的。

157. 西部地区公路交通安全评价

成果所属专题编号：2003-318-223-23

成果主要完成单位：交通部公路科学研究院、北京工业大学

联系人：唐琤琤

联系电话：010-62079505，13601375162

通信地址：北京市海淀区西土城路 8 号

E-mail：cc. tang@rioh. cn

邮政编码：100088

一、主要技术内容

交通事故是人、车、路和环境动态系统失调的结果。国外对四种因素影响道路交通事故的程度进行了大量的分析，得出：路的因素占 30% 左右。我国的公路尤其是西部地区公路其交通安全状况如何？其安全问题是什么？各等级公路如何评价其交通安全性？这都需要全社会认真思考和认真回答。因此，就交通部门而言，亟须根据我国的交通特点、地形特征和交通动态系统中人、车、路及环境的交通特性，着重从"路"方面，研究与我国交通特色相适应的公路交通安全评价指标体系和评价方法。

根据国外进行"交通安全评价"的经验，本项目的研究目标是探索适用于"规划、设计阶段，拟投入运营阶段"与"运营阶段"的安全评价方法，并推广应用。一方面通过"规划、设计阶段、拟投入运营阶段"的安全评价，将"安全"的理念和技术措施融入设计，事先预防可能产生的事故隐患；另一方面通过"运营阶段"进行安全评价，对实际公路的安全水平进行评价，可以根据评价结果排查存在的隐患，通过公路危险路段的综合治理措施，特别是有效的工程治理技术与措施来改善公路行车条件，提升公路安全水平。

本课题主要工作内容及提交的主要研究成果如下。

项目研究内容之一：国内外相关研究成果收集、分析

收集、整理了大量国内外关于交通安全评价的研究成果，包括研究报告、文献、评价指南、规范手册等，其中也包括对国内外现有公路规范有关交通安全内容的指标的整理。

项目研究内容之二：我国公路交通安全状况调查

课题组对国内高速公路、一级公路、二级公路、三、四级公路共计 5 350km 的运营公路进行了调研，分析了我国高速公路、一级公路、二级及以下等级公路的交通安全状况以及存在问题，为项目的后续研究提供了总体认识以及丰富的素材。

项目研究内容之三：事故相对多发路段判别方法

本项目事故相对多发路段判别方法采用了动态步长推进法，即把事故按里程从小到大的顺序排序，然后以动态变化的非零的、相邻事故里程桩号间的差值为推进步长的动态步长推进方法进行单位路段标准内事故的次数统计。该方法集中体现了样本的特性，不仅仅具有固定步长推进法的全部优点，而且提高了路段事故的统计精度。

项目研究内容之四：双车道公路路段交通安全性预测模型

仅双车道公路部分，课题组行程 5 000 多公里，采集了几十万条线形数据(包括路侧数据)，通过人

工拍摄事故档案并电子化事故数据近20万条，采集了北京郊区的双车道公路交通量数据。课题组对这些数据建库管理并运用统计分析手段，分析影响安全的因素，如交通量、平曲线、纵曲线、视距、路面宽度、路肩宽度、路面抗滑特性、排水、加减速车道等因素对交通安全的影响，建立了双车道公路安全性评价指标体系及安全性预测模型。

双车道公路安全性评价从安全性的直接指标事故着手，根据所评价的双车道公路是设计方案阶段还是运营阶段略有区别。如果所评价的双车道公路是设计方案阶段，可以通过评价指标、模型来进行方案的事故预测，从而可以比较不同方案的安全性差异；如果是运营阶段的双车道公路，可以根据评价指标、模型和已有历史事故资料，通过安全性预测模型（包括路段、交叉口）来评价其安全性。

项目研究内容之五：双车道公路交叉口交通安全性预测模型

以三路和四路交叉口为研究对象，在充足数据采集基础之上，以调查的交通事故指标（死亡人数、受伤人次、事故次数）和公路交通特性指标为依据，采用统计方法、主成分分析法，分别建立了以下安全性预测模型：平原区信号三路交叉口、非信号三路交叉口、信号四路交叉口、非信号四路交叉口；山区非信号交叉口，并对平原区信号四路交叉口与平原区非信号三路交叉口冲突率进行了初步的探索。

项目研究内容之六：高速公路交通安全性预测模型

按照设计车速将高速公路分成两类：一类是设计车速为120km/h，100km/h的高速公路，此类高速公路一般情况下线形良好，平纵配合较好，因此线形与事故之间无显著的对应关系，利用收集的数据对该结论进行适当的论证；另一类是设计车速为80km/h和60km/h的高速公路，建立了高速公路线形特征与事故的定量关系模型。

项目研究内容之七：公路交通安全评价技术指南

在借鉴国外安全评价实施的方法、程序以及经验基础上，对我国的公路安全评价情况进行了全面的调研，阐述了我国公路安全评价的现状并分析了原因，提出了促进我国公路安全评价的建议，结合专家经验和国内多条公路各阶段安全评价的成果，建立了适合我国的安全评价程序、清单等，编制了我国的《公路安全评价指南》，并在沈大高速公路运营阶段、云南思小高速公路拟运营阶段、茅台高速公路初步设计阶段、映日公路施工图设计阶段等多条公路上进行了实际的安全评价工作，促进了上述被评价公路的交通安全设计或现状改善。

项目研究内容之八：公路交通安全评价软件

公路交通安全性软件包含以下几个模块：数据存储管理模块、规范符合性模块、事故相对多发路段判别模块、安全性预测模块、运行速度模块等功能模块，基本上将本项目的突破性研究成果和国内已进行安全评价的其他成果综合为一体。

二、适用范围

适用于“规划、设计阶段，拟投入运营阶段”与“运营阶段”的安全评价。

三、已应用情况

运用项目成果共进行了18条公路的安全评价工作，评价里程达到2 626.336km，其中设计阶段的有：茅台高速公路初步设计、雅泸高速公路初步设计、映日公路施工图设计（三级公路）、嘉峪关至安西高速公路施工图设计、S201克拉玛依至榆树沟改建工程（一、二级公路）施工图设计、阿和沙漠公路施工图设计；思小高速公路为拟运营阶段；运营阶段的包括：京珠北高速公路、八达岭高速公路潭峪沟段（K45～K59）、三福高速公路福建段、沈大高速公路营口段、甘肃兰海高速公路、国道主干线连霍公路天水至馋口汽车二级专用公路、G108国道房山段（三级公路）、G105山东段（一级公路、二级公路）、G319武隆至彭水段“生命工程”（二级公路）、G109国道北京段。

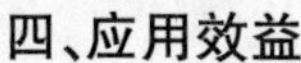

四、应用效益

本项目的研究成果，不仅可以补充和发展现行有关规范的相关技术内容，完善公路设计、施工、运营中的公路评价，改进技术设计和治理环节，而且可以为各种条件下公路交通安全评价提供技术指南，使之更加经济、合理、可行和可靠。

(1)规划、设计阶段通过进行安全评价，预先找出方案的不安全因素，修改设计，提高公路的安全水平，减少事故、降低事故严重度，减少消除隐患的工程改造投入。

(2)运营阶段通过安全评价，找出危险路段，进行安全治理，提高公路的安全水平，减少事故率，降低事故严重度。

(3)通过推广安全评价，树立公路行业及政府部门“关爱生命”、“以人为本”的良好社会形象，提升公路安全水平。

我国西部地区现有公路里程 53.2 万 km，其中高速公路 2 529km，一级公路 1 630km，二级公路 3.1 万 km，三级公路 10.37 万 km。在西部大开发的建设中，将完成 8 条公路大通道工程，完成乡村公路通达工程和区域路网改造、国边防公路以及枢纽场站建设，总长度约 16 万 km。如果能从各类公路的工程可行性研究、初步设计、施工图设计阶段开始就对公路的安全性进行评价，发现问题并及早提出工程措施加以解决，将比发生事故后再进行改造要容易简单得多，不但节约大量的宝贵资金，而且也将避免许多不良的社会反映。当然，对新建公路试通车期间及现有公路进行安全性评价，通过采取工程措施也会有效地改善公路的交通安全水平。因此对公路建设及营运阶段展开安全评价其社会效益与经济效益都将是巨大和持久的，因而开展本项目的研究是及时充分的，项目研究成果对我国公路界提供了较完善的方法和程序，其贡献是可想而知的。

交通事故一旦发生，将造成巨大的经济损失，给家庭以灾难性的打击，给受害者及其家庭造成极大的痛苦和不幸，危及社会生活各个层面，使医疗、保险、管理和事故处理等部门背负沉重的负担和压力，整个社会机制的正常运转受到严重制约，极大地影响国家和地方的社会经济发展。本项目的研究旨在通过建立我国公路交通安全评价方法，达到预防交通事故发生，降低交通事故的严重度和经济损失的目的。这是一项“得民心，顺民意”的开创性工作，是一项表明交通部门是负责任行业的民心工程，它顺应了中国经济的发展需求，符合当前和今后一段时期中国政府中心工作的要求，因此其社会效益将是巨大和持久的。

158. 公路交通安全手册研究

成果所属专题编号：交科鉴字[2008]第 124 号

成果主要完成单位：交通部公路科学研究院、北京工业大学

联系人：唐琤琤

联系电话：010-62079505，13601375162

通信地址：北京市西土城路 8 号

E-mail：cc.tang@rioh.cn

邮政编码：100088

一、主要技术内容

我国交通事故状况日益严重，给国家和个人都带来了巨大的损失。随着道路交通学科的发展，我国在交通安全方面也开展了一系列具有代表性的与道路条件有关的研究，取得了丰硕的成果。但是从国家的层面和角度上来看，已有的科研成果尚不能从整个交通行业的安全问题进行指导。鉴于当前严峻

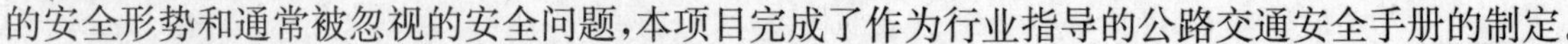

的安全形势和通常被忽视的安全问题，本项目完成了作为行业指导的公路交通安全手册的制定。

1.《公路交通安全手册》的内容框架

借鉴美国 HSM 阶段成果，分析、判定、提炼、归纳国内关于公路安全本质、度量、评价、预测、改进、后评价等方面的研究成果，并公开广泛征求意见，最终形成《公路交通安全手册》框架。

2.《公路交通安全手册》的理论研究

完善了我国公路交通安全基本理论研究，建立了我国《公路交通安全手册》的理论体系；建立了双车道公路、四车道公路、高速公路事故预测模型及相应的事故修正系数函数；基于双变量区间过滤法和基于 LOGIT 预测模型的山区双车道公路事故多发路段判别方法，建立了基于公路分级和交叉节点处理的路网事故多发段判别方法；提出了交通事故成本的综合计量方法，并得到平均伤亡成本和事故平均成本的具体数据。

3.《公路交通安全手册》的应用技术研究

完成了公路交通安全管理技术的构建；提出了集事故多发点判定、安全问题诊断、改善对策清单、改造项目成本效益分析和项目优先排序为一体的交通安全管理技术（安全诊断和对策清单包括平面交叉口、互通式立交、一般公路路段和高速公路路段）；建立了基于最大效益原则的对策选择方法；在道路交通安全成本效益分析的基础上，解决了资金约束下路网安全效益最大化为目标的安全改造点和改造方案排序选择问题；提出结合安全效益和经济评估的改造项目后评估方法。

4.完成《公路交通安全手册》（第一版）编写

编制了《公路交通安全手册》（第一版），主要对公路安全进行定义，分析公路交通安全的影响因素和影响程度，对公路规划、设计、运营、养护及交通控制与管理等方面存在的安全问题进行分析，帮助使用者在安全性和公路的其他指标之间找到平衡点，并做出相应的决策。

二、适用范围

项目成果普遍适用于各等级公路设计、施工、管理的各个过程，对城市道路也具有极高的指导意义。

三、已应用情况

项目已应用于多项研究项目，具体应用项目见表1。

项目成果应用一览表　　表1

序号	项目名称	公路等级	里程(km)
1	山东省国省道干线路网安全性分析及评价	一级、二级、部分三级	1 253.7
2	北京市公路安保工程实施效果评价	一级、二级、三级	3 048.8
3	深汕东高速公路安全评价	高速公路	140.2
4	夏蓉高速公路湖南段安全评价	高速公路	310
5	雅泸高速公路安全评价	高速公路	241
6	四川九环线（映秀）至四姑娘山旅游公路施工图设计安全评价	二级、三级	147
7	龙丽温（泰）高速公路云和至景宁段施工图设计安全评价	高速公路	11.3
8	忻阜高速忻州至长城岭段初步设计安全评价	高速公路	124

本项目成果的应用，提高了安全隐患问题的分析效率和准确性，更有针对性地提出安全改进措施建议，使安全性大大提高，以山东 G105 德州南段安全改善效果为例，安全改善前后事故情况对比见表2。

105 国道德州南段安全改善前后 8 个月事故情况对比分析　　表 2

事故情况	实施前	实施后	下降(%)
事故次数(起)	58	16	72.41
死亡人数(人)	14	2	85.71
受伤人数(人)	52	6	88.46
经济损失(万元)	71.06	14.39	79.75

四、效益分析

本项目成果能够系统全面地提高应用路网的交通安全和管理水平，有效避免交通事故的发生和减轻事故的严重程度。以项目的依托工程——山东省聊城市平原县 G105 事故多发点的改造项目为例，改造后各类事故的减少都在 50%以上，大大降低了事故造成的经济损失和不良社会影响；测算改造项目的安全经济效益，得到项目寿命期内总安全经济效益的现值约为 3 千万元，假设本项目提供技术指导的贡献率是 5%，则其减损的经济效益是 150 万元。

同时本项目多项成果达到了国际领先水平，建立了我国《公路交通安全手册》的理论体系，对全面推动我国交通安全研究具有重大意义。

159. 公路路侧安全评估及防护方法研究

成果所属专题编号：交科鉴字[2007]第 149 号

成果主要完成单位：交通部公路科学研究院、贵州省公路局、河南省公路局、北京市路政局门头沟分局

联系人：李长城

联系电话：010-62358207，13466528225

通信地址：北京市海淀区西土城路 8 号　交通部公路科学研究院交通工程部

E-mail：cc. li@rioh. cn

邮政编码：100088

一、主要技术内容

“公路路侧安全等级评估及防护方法研究”属 2004 年度西部交通建设科技项目“公路交通安全应用技术研究”的一个子项目(项目编号：2004-318-223-33-06)。项目分析了我国路侧安全状况，研究了路侧事故特征与规律，建立了定性与定量公路路侧安全评估方法，提出了路侧安全防护的系统化对策，为路侧安全评价与安全改善提供了工具与方法，对于提升我国公路路侧设计理念与水平、改善路侧安全状况、减少路侧事故并降低其严重性，尤其是山区双车道等级公路，具有十分重要的意义。

本项目开发了适应我国公路特点的路侧安全水平评估与防护方法，其关键技术成果填补了国内相关领域的空白，研究成果在路侧安全分析、路侧安全评价、路侧安全设计与改善、新型路侧安全设施应用等方面具有广阔的应用前景。在公路设计和/或施工阶段就融入路侧宽容设计理念，对潜在路侧安全问题进行检查，预先采取系统化的路侧安全对策，将比发生事故后再进行改造要容易得多，且节约大量资金。利用本项目研究成果，全面系统地实施路侧安全评估与改善项目，将大幅提高公路的路侧安全性水平，尤其是山区公路双车道等级公路的路侧安全水平。具体如下：

(1)路侧安全等级评估方法可用于定量地评估路侧安全状况，为路侧安全隐患识别和路侧改善项目优先级的安排提供技术手段。

(2)路侧安全评价清单(检查表)针对我国路侧特征编制,可用于快速查找路侧安全存在的问题,对路侧安全情况做出一般性的判断。

(3)路侧安全系统防护方法为路侧安全设计与改善提供了具体的工程技术措施,可广泛应用于各级公路。

(4)路侧设计指南的编制,集成本课题和国内外相关最新研究成果与成熟经验,将成为管理者和公路安全从业人员的重要参考资料。指南的推广应用,必将起到知识经验传播、提高相关人员路侧理念与安全设计水平的作用。

(5)可解体路侧安全设施可用于路侧横向容错空间较好、路侧事故频发等特定区域,在平原区、丘陵区等级公路具有很好的应用前景。

二、适用范围

路侧安全评估及防护方法,适合对新设计或已运行的高速公路以及其他等级公路,尤其是山区低等级公路,针对路侧事故相对多发或严重、路侧险要且防护设施不完善的路段或路线,进行路侧安全性分析与评价,在此基础上,实施针对路侧事故隐患的路侧安全改善计划,体现宽容路侧设计理念,实现"路侧事故不应以牺牲驾驶员性命为代价"的目标,从而提升路侧安全水平,改善公路交通安全的整体状况。

三、已应用情况

路侧安全等级评估技术、"三阶段"路侧安全防护方法、路侧安全检查表等具体项目成果已经在109国道北京门头沟段、321国道贵州大方段、河南洛栾路、105国道山东德州和聊城段、广西202省道等得到了应用与验证,大幅度降低了路侧事故率和严重度,显著地改善了道路的整体安全水平,为民造福,广受好评,真正做到了"以人为本",提升了公路行业的形象。

四、应用效益

据估算,在本项目研究期间,阶段成果在示范工程中的应用就至少减少了交通事故死亡人数20人,取得了良好的实施效果,并逐渐体现出潜在的社会与经济效益。更为重要的是,通过成果的应用示范和技术宣讲与培训,越来越多的管理者和工程技术人员越发的注意到路侧问题的重要性,越发的关注路侧安全现状的评估与宽恕型路侧安全理念的应用。路侧事故造成的死亡人数占全部交通事故死亡人数的1/3,试想,通过5年的努力,路侧事故能够降低30%的话,那将是一件多么了不起的成就(每年少死亡2 000人),对于全面改善和提升我国日益严峻的道路安全形势意义重大。新型具有解体消能特征的路侧安全设施的研发和示范,必将加快我国路侧新型安全设施的研发和应用进程,这对于路侧事故的严重性,减少路侧事故造成伤亡人数也具有重要的意义。

160. 干线公路通行能力计算机模拟研究

成果所属专题编号:皖交科鉴字[2006]第02号

成果主要完成单位:安徽省公路管理局、东南大学

联系人:胡晓泉

联系电话:0551-3623589

通信地址:合肥市屯溪路528号

E-mail:hxq@ahglj. com

邮政编码:230022

一、主要技术内容

针对安徽省干线公路实际，通过大量的实地调查，系统分析了干线公路的道路、交通特性和交通行为，构建了交通生成模型、车辆跟驰模型、超车模型，跟驰模型与超车模型采用行为阈值模型，可以很好地模拟再现驾驶员的交通行为。此外，还构建了干线公路在不同路面宽度、平曲线、纵坡、路面状况、视距、路侧干扰、交通组成等影响因素综合作用下的路段模拟模型和集镇段、养护施工区、交叉道口及收费站区域的特殊路段模拟模型，并结合安徽省干线公路实测数据标定了相关参数。

在理论研究的基础上，应用计算机仿真技术，运用 BorlandDelphi7.0 自主研发了可视化强、操作方便、拓展性好的计算机模拟软件，软件系统采用典型的两层体系结构进行系统设计，采用数据库软件实现对模拟路段的管理。在设计方法上使用面向对象的程序设计方法。实现了模拟路段管理功能，模拟参数设置功能，对不同道路、交通条件下的干线公路通行能力模拟与服务水平评价模拟及模拟结果分析功能。应用计算机模拟技术建立了基于跟车时间百分比的双车道干线公路服务水平评价体系。运用软件可评定安徽省 7m、9m、12m、15m 等典型干线公路在不同道路交通影响因素下的通行能力及相应服务水平，为公路管理部门制定相关管制策略提供了有力的技术支撑。

采用计算机模拟方法来研究速度、流量、密度三参数之间的关系及通行能力，与传统通行能力研究靠大量实地观测、统计分析相比，不仅节省了大量的人力、物力、财力和时间，而且由于计算机模拟具有随机性、可重复性等特点，使得其应用范围更广泛、研究精度更高。

研究过程中，主要采用交通流计算机模拟的办法，辅以实地观测数据的统计分析，研究技术路线如图 1 所示。

二、适用范围

从使用的职能部门划分，公路主管部门、规划、设计单位及建设单位在公路的规划、设计及建设阶段均可使用。

从公路类型分，平原和山区公路均可应用该成果。

三、已应用情况

(1)2005 年 10 月，系统开始在安徽省公路管理部门投入运行，并逐步在全省推广应用。

(2)在规划、设计阶段使用。在我省开展的多条干线公路的改扩建工程可行性研究中，运用该成果对公路使用年限内的远景交通量和通行能力进行分析预测，避免了确定公路建设规模时的不当和失误，调整和确定了公路技术标准和工程规模。在改建项目中，使公路规模符合交通量和通行能力的要求，并在巢湖、滁州、黄山等市的改建工程及施工中使用。

(3)建设部门在平原和山区路段分别应用该成果，分别考虑了平纵线形指标、路基路面宽度、交叉口数量等指标的差异性，其结果与实际情况能很好地吻合。使用该成果以来，建设部门能够科学合理地确定公路等级、技术标准、建设规模和建设时机，避免了项目的标准过高、规模过大、资金浪费等现象，使用有限的建设资金有针对性地对公路进行了改建。

四、效益分析

(1)本研究从开始至结束，共投入成本(外业调查和数据分析、系统开发、选取试验段标定参数、综合数据比较)469.3 万元。2006 年，全省共有 324.59km 的公路建设项目采用本研究成果，原计划的项目设计费和工程投资共计 31.02 亿元，扣除其他因素后，使用本项目成果实际发生的两项费用共计 25.178 亿元，节约 5.842 亿元，平均每公里节约 179.98 万元，两项费用降低率达 18.8%。2006 年投入产出比为 1∶1 460，经济效益非常明显。

(2)研究成果直接服务于我省干线公路的规划、设计、养护和管理，对于我省充分利用有限的资金加

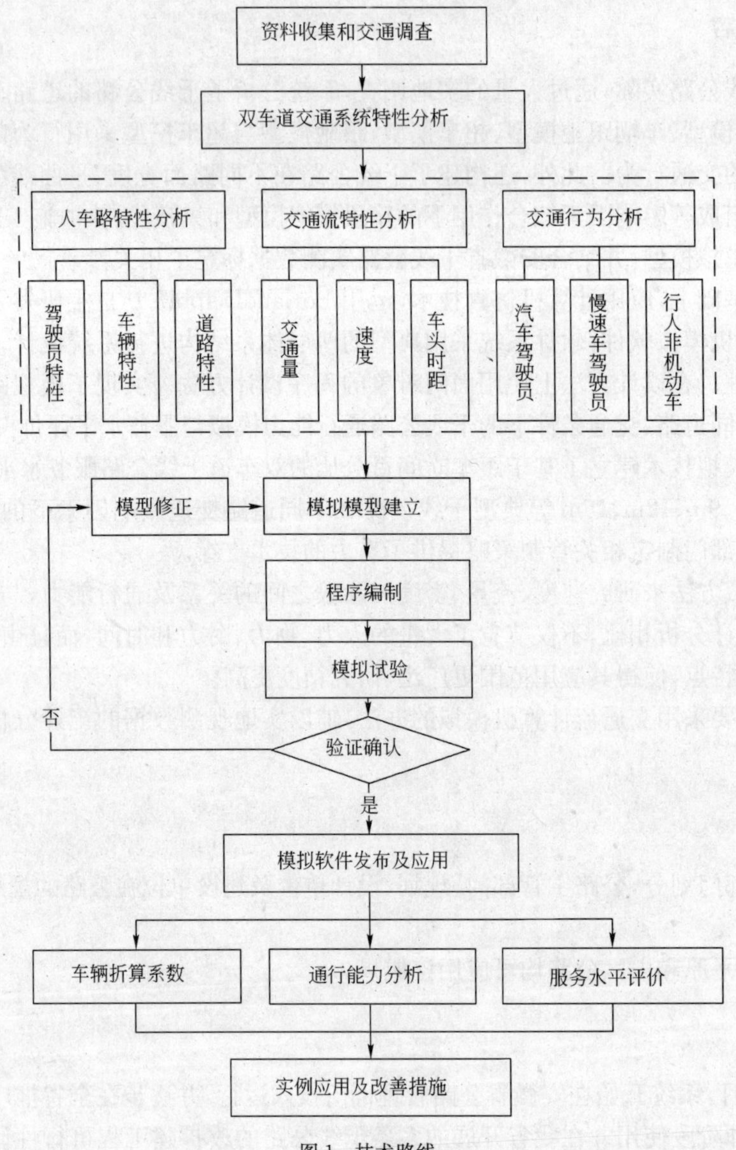

图1　技术路线

快干线公路建设、改善交通管理、挖掘现有公路设施潜力以及提高公路运输效益等，都具有极其重要的作用。2006年，通过多个建设项目的实际应用，既满足了公路的使用需求，又节约了大量资金，社会各界反映良好，社会效益明显。

161. 发动机电喷系统故障模拟显示的研究

成果所属专题编号：交科鉴字［2007］第10号

成果主要完成单位：新疆交通科学研究院、山东省交通科学研究所、新疆交通职业技术学院

联系人：赵玉庆

联系电话：0991-5281157，13809948999

通信地址：新疆乌鲁木齐市

E-mail：zhaoyuqingxjjt@126.com

邮政编码：830000

一、主要技术内容

本系统由丰田佳美3.0轿车的原装3VZ-FE改装而成的发动机台架，集故障设置信号模拟控制台、故障诊断系统、传感器信号示波系统、油耗试验的称重系统和进气真空度监测系统为一体。通过控制发动机传感器信号线的通断，制造故障码；采用模拟电路向发动机输入传感器的模拟信号来模拟发动机的不同工况；利用示波器显示发动机传感器的波形；利用称重原理进行电喷发动机的油耗试验；利用故障诊断系统读取故障码，读取发动机运行的实时参数；利用故障显示系统分析找出故障原因，并详细地显示电控系统的结构、工作原理；利用进气真空度监测系统测量发动机进气歧管真空度来查找故障原因。通过这七大系统的有机结合，实现了电喷发动机故障诊断的研究。本系统的创新点是：

(1)确定了发动机与电脑CPU的连接针脚功能及位置，突破各针脚的技术保密资料。

(2)本项目做到了使用解体发动机与电脑CPU进行改装研究。

(3)电脑连接板的制作成功破解了无法将100个针脚详细区别开来的难题。

(4)该实验台可详细研究电喷发动机的燃油喷射、电脑点火、发动机状态检测等传感器对发动机工作的影响。

(5)该实验台将信号模拟、故障设置、传感器信号示波、真空度诊断故障、油耗试验、故障解码、数据流输出等功能有机结合，形成了综合“故障诊断中心”。

二、适用范围

本项目向人们展示：如何利用解码器系统进行故障诊断及分析，如何利用示波器、真空表等工具进行故障诊断，为电喷发动机的维修和教学提供了一种方便的教学工具，解决了教学中电喷发动机故障诊断与排除的难题。提高了在校学生及维修技术人员理论与实践技能相结合的能力。从而使新疆汽车维修行业的维修质量及水平、维修企业技术人员的素质得以提高，减少了维修质量纠纷。有助于从事电喷发动机电脑研究者提取电脑控制数据，可对电脑进行辅助深层研究，可对发动机万有特性进行验证理解，是一个很好学习与研究的平台。因此本系统适用于大中专院校、技工学校、职业学校的汽车专业及汽车维修行业培训。

三、已应用情况

本成果已在新疆农业大学机械交通学院、新疆金盾汽车技能专修学校、新疆鑫鹏达汽车职业培训学校、山东省交通技术学院、山东交通职业技能培训中心等单位进行了应用，用户反应效果良好，并取得了很好的使用效果。

四、效益分析

目前国内尚未有类似的产品。国外同类设备价格比较昂贵，均在几十万元人民币，它的开发将大量节约进口该设备的外汇费用，对电喷发动机的技术培训工作将起到积极的推动作用。随着电喷轿车保有量的增加，该系统具有广阔的市场前景和较好的社会效益及经济效益。

国内绝大部分汽车维修企业及一些大中专院校没有该设备，但随着化油器车的淘汰，电喷车猛增，企业为了提高修理质量扩大市场范围，学校为了不断补充新知识、新技术来扩大学生知识面以提高学生竞争力，因此必须配备相应的设备。由于发动机电喷系统是一项较新的技术，一般技术学校的教师和生产一线的技术人员，对该系统较陌生，虽然理论或实践上了解一些，但都不同程度地存在了解不深入、运用不熟练等问题，或者只知其理论，实践能力欠缺，或者能凭经验解决一些简单的实际问题，但理论知识欠缺、不能深入地解决实际问题。而使用电喷发动机故障模拟显示系统，可以使技术人员尽快地系统掌握该项技术的理论和实践。通过微机故障模拟显示部分，可以方便地读取不同工况下某些传感器的参数，因此可通过实测实验，诊断某些特殊故障。发挥该故障模拟显示系统另一方面的作用。从而使新疆汽车维修行业的修理水平上了一个台阶，提高了高档汽车的维修质量及水平，维修企业技术人员的素质得以提高，减少了维修质量纠纷。树立了良好的汽车企业形象。因此，具有较好的社会效益。

另外，从一些大中专、技工学校、职业学校的汽车专业或者是职业培训机构情况看，为适应人才市场的需求，围绕汽车电喷技术将有更多的培训班，一些汽车技术学校也将把该部分内容列为汽车维修、汽车驾驶及其相关的多个专业的必修课程。从教学及培训方面来看，电喷发动机故障模拟显示系统有较好的市场前景。

162. 高速公路雾天智能导航装置研究与开发

成果所属专题编号：交科鉴字[2007]第22号

成果主要完成单位：交通部科学研究院、南京辰顺交通科技有限责任公司、江苏宁沪高速公路股份有限公司

联系人：郭茂威

联系电话：010-58278620，13661195984

通信地址：北京市朝阳区惠新里240号

E-mail：gmw136@vip. sina. com

邮政编码：100029

一、主要技术内容

在高速公路营运中，受到来自恶劣天气条件下的各种损失影响，雾天已成为影响高速公路安全运行的头号公害。每当有雾天出现，大大削弱了高速公路的通行能力，而且交通事故频发，不少多雾地区只能关闭交通，不仅给公路管理部门或经营性公司带来经济损失，因雾天发生的交通事故也给人类生命财产带来了巨大损失。世界各发达国家为了解决雾天通行技术，都投入了大量的人力物力进行研究，迄今还没有推出成熟的既经济又实用的方案。

本研究开发的装置可分段独立构成“闭环”系统，在恶劣天气下能实现自动控制，对高速公路行车通行提供可变视觉信号的智能“导航”，见图1。

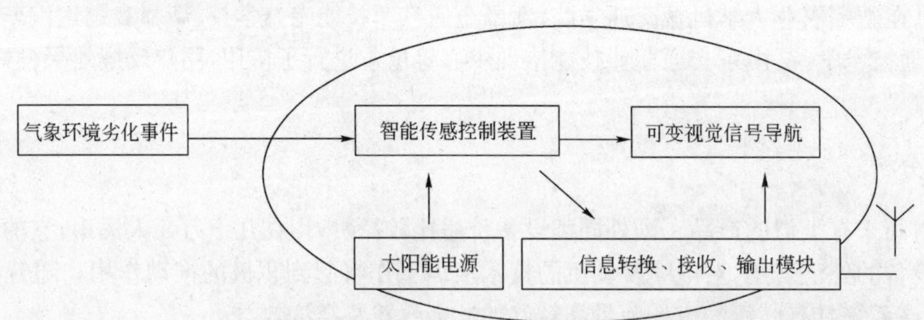

图1 自成“闭环体系”的道路行车可变视觉信号“导航”基本流程图

它将太阳能与储能装置和电子线路及传感技术相匹配，使之发出为人肉眼所敏感的频闪的光信号用以显示道路轮廓。其关键技术是应用气象、光学、无线电技术、人体生物学、交通工程及机械制造技术等综合学科知识，根据气象上的物理变量与光学中的光楔原理合理构成系统传感器后，使其在需要时能自动根据环境变化给出控制信号，开启系统于不同的工作状态；同时诱导灯还可按行车动态发出可变的视觉诱导信号。比之现有的视觉诱导标、光导管或电子导航设备与红外热成像技术，其实用性更强，成本更低。

二、适用范围

该装置能为雨、雾和雪及沙尘暴等恶劣天候条件下的高速公路行车提供有效导航，且可分区域自动投入工作状态，提高通行效率，增加社会效益与管理部门经济效益；本项目的成果可应用于雾多发区的高等级公路，城市高架桥、重要桥梁；多雨沿海区域高速公路及重要桥梁；偏远无人区域弯道，险坡地段；风雪、尘暴多发区的高速公路，重要桥梁；各收费站出入口路段；机场的辅助管理；汽车渡口的出入口路段；重要城市环线立交桥的出入匝道上；用户认为必要且适合的其他任何地方。

三、已应用情况

经科技部批准，2005 年将“高速公路雾天智能导航装置研究与开发”列入国家级科技开发研究计划，由交通部科学研究院和南京辰顺交通科技有限责任公司为主要承担单位。在江苏沪宁高速公路扩建工程中，开展相应的试验研究，对若干环节进行现场采样验证，后因扩建工程配套改造需要已拆除。

在沪宁高速镇江支线进行了实地评判验证，试验表明，该系统及其配套技术是较适合于在雾等灾害性天气下，为高速公路行车提供通行保障的、有效而实用的技术，由此通过了江苏沪宁高速公路扩建工程指挥部的验收；项目应用通过了江苏省科技成果鉴定：“该成果达到了国际先进水平，填补了同类研究的空白”(苏科鉴字[2005]第 712 号)；其中核心技术“雾天传感控制装置”的研究通过了南京市科技局的项目验收(宁科验字[2006]第 039 号)；2007 年 8 月通过国家科技部委托交通部科教司完成了新产品技术鉴定(交科鉴字[2007]第 22 号)。其中科技成果鉴定指出：“……该项目的研发成果总体上达到国际先进水平。建议尽快实现研发成果的产品化……”。

四、应用效益

近年来，沪宁路因雾封路每年一般多达 22～30 次，平均每次都达 4～5h，即平均中断有效通行日 5～7d。实验研究过程中，主要以 2003 年 1 月的全线平均交通量 34 000 辆/日和每年实现有效缓解 7 个不封路的完整通行日为依据，来分析计算 100km 区间相应的社会经济效益，其每百公里的综合社会经济效益(50%)期望值为 1 786.5 万元。

装备投资方的直接经济效益，100km 区间上通行费平均收取 60 元时，则每年可减少通行费损失 1 428 万元、服务费损失 238 万元，而该装置 100km 全额投入仅为 3 000 万左右，每年的维护成本约计 20 万元。

以 2003 年以来的社会贴现率作为折现系数，作 5 年有限条件下(仅按每年工作中断日 7d 计算)的投入产出分析，从而可以分别得出经济投资回收周期为 1.825 年(静态)、1.924 年(动态)。

按两年计算的经济内部收益率就可达到 21.56%，远大于社会贴现率(一般计算取值)12%。

163. 公路交通标志视认性及设置有效性研究

成果所属专题编号：2004-318-223-33-10

成果主要完成单位：交通部公路科学研究院、上海交通大学、北京市路政局门头沟公路分局、中科院心理所

联系人：韩文元

联系电话：010-62079718，13901394010

通信地址：北京市海淀区西土城路 8 号交通部公路科学研究院交通工程部

E-mail：wy.han@rioh.cn

邮政编码：100088

一、主要技术内容

项目主要技术内容包括:交通标志一般认知规律;交通标志视认性关键特征参数及模型;新型道路交通标志标线研究与开发;交通标志设置方式;交通标志视认性及设置有效性人机效率度量方法和交通标志标线的标准化。技术特点涉及人机工程学、认知心理学、交通工程学、光学和计算机仿真等学科领域,具有多学科协同攻关的特点。

二、适用范围

公路交通标志视认性及设置有效性研究成果能从理论和实用的角度指导公路交通标志的设计和设置,增强其视认效果和有效性,适用于公路交通安全设施的优化设计和改造方面。

三、已应用情况

项目的研究成果已经用于国家标准 GB 5768 的修订、行标《公路交通标志标线设置规范》制定以及交通部国家高速公路网指路标志改造工作中。项目创造的一些研究和试验方法用于北京市道路安全设施的评价项目、福建三福公路的安全评价项目、105 国道河北段的安全评价项目、贵州至遵义高速公路,均取得了良好的效益。

项目开发研制的交通标志专用字库已经在交通部国家高速公路网指路标志改造示范工程——京津塘高速公路上推广应用,并将指定为国家标准。

开发研制的非接触式五轮仪,操作简单、性能可靠、价格低廉,直接为本课题的试验提供了便利条件,也将为车速检测与试验提供一种简单实用的仪器。

专利产品路侧广播的道路交通标志系统,将交通标志服务信息以语音的方式传递给道路使用者,成为第二感觉通道,加大了信息的刺激量,具有非常广泛的应用前景。

交通标志人机效率评价软件和基于虚拟现实技术的交通标志设计及仿真评价软件,该软件的应用将大大提高设计单位的设计水平,将交通安全隐患消灭在工程建设的前期,避免二次改造导致的工程损失,可在道路管理单位、设计单位和研究教学单位推广应用。

四、效益分析

本项目为应用基础研究,研究的内容为软课题性质,其效益主要体现在社会效益和理论价值。主要表现在:

(1)本项目在研究过程中,紧紧围绕“提高交通标志有效性”这一主线开展研究,以大量的试验和数据分析为基础,无论是理论研究还是应用研究,无论是方法研究还是试验条件研究,都取得了丰硕的成果,为交通部国家高速公路网指路标志改造、国标 GB 5768《道路交通标志标线》修订及行标《公路交通标志标线设置规范》制定等重大专项工作提供了理论基础和技术支持。

(2)提出的基于人眼视觉刺激理论,依据逆反射原理,推导的表征人眼亮度感觉参数 E 与反光膜逆反射系数、逆反射面积、汽车前照灯、视认距离、标志高度、车灯高度、座高之间的数学模型科学地解释了交通标志的视认性与交通标志设置的高度、人体座高、汽车灯光离地高度、驾驶席的座椅高度等几何尺寸以及汽车灯光、反光膜逆反射系数之间的关系,为交通标志的设置和新型反光膜的研制提供了理论依据。

(3)在工程应用方面,项目组研究了振动标线、视错觉标线的原理,提出了理论计算公式,为科学设计提供了技术支持。

(4)在标准化方面重点研究了主动发光标志的亮度指标、汉字的笔画粗细与高度、反光膜的最佳逆反射系数,为产品标准的制定提供了试验数据。项目组提出的 60cm 的汉字高度足以满足设计速度为 120km/h 的高速公路的要求的研究结果,限制了实际应用中对交通标志无限求大的主张,这对于节约建设成本，提高安全设施自身的结构安全性具有指导意义。现在每年反光膜用量的金额6～10亿元，如果将汉字从80cm降到60cm，每个汉字将减少0.64－0.36＝0.28m^2 节约了40％，效果是明显的。对于主动发光标志提出按环境照度控制发光强度的建议，在夜间发光强度只需白天的1/10就可满足视认性要求，节约电能80％。

(5)对交通安全的贡献，按照示范工程效果和国际研究机构研究报告推算，由于交通标志标线的警告效果，在危险路段可降低交通事故40％。

(6)交通标志标线视认性和有效性的提高减少了误驶率，节约了行驶时间，按照示范工程效果推算，对于不熟悉道路的驾驶人员可节省12％的行驶时间。

164. 太阳能技术在低能耗交通安全设施中的应用研究

成果所属专题编号：2003-318-223-21

成果主要完成单位：交通部公路科学研究院、青海省公路局、北京市路政局门头沟分局、河南省高速公路发展有限责任公司、云南省公路规划勘查设计院、昆明天达阳光科技有限公司

联系人：韩文元

联系电话：010-62079718，13901394010

通信地址：北京市海淀区西土城路8号交通部公路科学研究院交通工程部

E-mil： wy. han@rioh. cn

邮政编码：100088

一、主要技术内容

该项目研究太阳能光伏发电在交通安全管理中的应用技术。主要是通过对特殊道路和环境条件下现有交通安全设施效能研究，提出利用太阳能和主动发光技术增强交通安全设施有效性和经济性的系统解决方案。主要研究内容有：现有交通安全设施效能研究与需求分析、太阳能交通安全设施低功耗技术、部分关键产品的研制开发及相关标准、工程施工关键技术及规范。

课题研究内容及产品相关技术经济指标见表1和表2。

发光类安全设施的技术经济指标 表1

序 号	项 目	技术指标		
		一般道路	特殊路段	高速公路
1	视认距离(m)	30～100	30～150	30～500
2	色品坐标	符合GB 5768、JT/T 279、JT/T 388、JT/T 390、JT 431、JT 432等标准的规定		
3	视认角(°)	15	30	15
4	闪烁频率(次/分)	70	150	0
5	形状尺寸	小于等于GB 5768、JT/T 279、JT/T 388、JT/T 390、JT431、JT432等标准的规定		
6	功率(W)	0.5～10	0.5～10	0.5～10
7	与一般设施的价格比	1.2	1.5	1.5
8	环境适应性	－40～＋55℃		
9	耐候性	优于一般交通安全设施		
10	使用寿命(年)	3～5	3～5	5～7

无线遥控类安全设施的技术经济指标　表2

序　号	项　目	技术指标		
		一般道路	特殊路段	高速公路
1	传输距离(km)	3～100	3～150	30～50
2	系统容量	扩充、组织方便		
3	功耗(W)	0.5～10	0.5～10	0.5～10
4	与一般设施的价格比	0.7	0.5	0.8
5	环境适应性	－40～＋55℃，在防雷方面明显优于有线设施		
6	耐候性	不低于一般交通安全设施		
7	使用寿命(年)	3～5	3～5	5～7

二、适用范围

该项目的研究成果不仅可应用于西部地区，也可以应用于全国的道路建设养护、运输管理组织、交通安全保障、客货运输及生产安全管理等领域，具有广泛的推广应用前景。其中，该项目提出的隧道动态视线诱导系统可选择常规供电和太阳能供电两种方式，可推广应用于全国公路隧道，从而在保障隧道行车安全的前提下，节约大量的隧道运营费用，具有明显的经济和社会效益。

三、已应用情况

该项目研究立足西部、面向全国，系统地进行了太阳能技术在交通安全设施中的应用技术研究，在项目研究过程中，项目组提出的太阳能交通安全设施的适用性评价方法已成功应用于西部地区太阳能交通设施适用性评价；研发的太阳能交通安全设施、隧道视线动态诱导系统和交通监控系统外场摄像机供电系统的优化技术已成功应用于国道G109安保工程、云南嵩待高速公路、国道G109东方红隧道、河南郑洛高速、青海214国道等依托工程，取得了丰富的推广应用经验和良好的应用效果，为该项目研究成果的推广应用起到了初步示范作用，为进一步推广奠定了必要的软、硬件基础。

四、效益分析

本课题的研究和成果涉及了公路基础设施建设中面临的建设养护、运输组织管理、交通安全保障和生态环境保护等4个技术难题中的全部，对解决这些难题运用了信息技术、生物技术、新能源技术、新材料技术和空间技术等5大高新技术中的3个。因此，在技术成果的先进性、前瞻性和实用性等方面对交通建设的影响也是巨大的，我们已经在利用高新技术为解决公路交通建设中遇到的部分难题提供了有效的技术方案。

经过课题示范工程的实践证明，道路全程视频监控和隧道动态安全诱导设施是道路交通安全有效的治理手段之一，然而，道路特别是公路的线性分布形态给供电和信号传输的经济性带来了非常不利的后果，仅供电投资一项每公里需要4～7万元，目前我国公路通车里程已达180多万公里，若全路供电，投资是巨大的，除此之外还有管理成本、维护运行成本等。太阳能和无线公网的结合技术可以不需要供电线路和信号传输线路，真正做到无线化，可以节省至少50%的投资，使得公路特别是事故黑点全程监控以及安装动态安全诱导设施成为可能，这就是利用高科技建设安全畅通交通的意义所在。

165. 公路交通工程检测标准及计量检定规程的研究

成果所属专题编号：交科鉴字[2007]第145号

成果主要完成单位：交通部公路科学研究院、交通部科学研究院

联系人：苏文英

联系电话:010-82028944,13910567457
通信地址:北京市海淀区西土城路 8 号 交通部公路科学研究院交通工程部
E-mail:wy. su@rioh. con
邮政编码:100088

一、主要技术内容

项目通过调研和试验分析研究,结合我国公路交通工程现状,引进国外先进检测技术和计量检定技术,转化吸收交通工程检测技术方面的国外先进标准,编制交通工程检测设备计量检定规程及其体系表,完善现有的公路交通工程测试方法及其测试设备,研究进行交通工程计量检定所需的质量管理体系,为我国公路交通工程检测技术和计量检定技术的国际化提供依据。

1. 项目的主要技术内容

(1)分析研究相关的国际标准和国外先进标准。

(2)研究确定需转化的国外先进标准项目。

(3)分析确定转化标准的级别及采标程度。

(4)研究编制相关标准。

2. 交通工程计量检定规程体系表的编制

(1)调研分析交通工程检测项目及检测参数。

(2)分析研究交通工程现有的检测设备。

(3)统计分析交通工程计量检定规程。

(4)研究确定交通工程计量检定规程体系表格式及内容。

(5)编制体系表。

3. 交通工程计量检定规程及其产品标准的编制

(1)研究选择需编制的计量检定规程。

(2)研究确定计量检定规程及其产品标准的编制内容。

(3)编制计量检定规程及其产品标准。

4. 计量检定测量不确定度的分析研究

(1)分析研究测量不确定度的性质及使用。

(2)确定测量不确定度的评定步骤。

(3)分析研究不确定度。

5. 交通工程计量检定质量管理体系的研究

(1)跟踪分析国家各项最新标准要求。

(2)分析研究行业及政策要求。

(3)确定质量手册编写依据。

(4)编写质量手册范本。

二、适用范围

项目技术内容适用于我国公路交通工程的设计、施工、监理、检测及计量检定/校准活动。

三、已应用情况

项目研究成果具有显著的实用性,已在全国交通工程设施(公路)标准化技术委员会、国家交通安全设施质量监督检验中心、交通部公路工程检测仪器计量检定站、上海市公路工程质量检测中心、广东省公路工程质量监测站、山东省交通科学研究所、北京中交华安科技有限公司、北京惠世安通科贸有限公司等得到初步应用,效果如下:

(1)逆反射检测技术研究成果直接应用于交通标志标线等逆反射相关产品和工程,形成的标准已被正在修订的国家标准大量引用。

(2)交通工程计量检定/校准技术研究成果直接服务于交通行业检测仪器的实验室校准或计量检定,并指导形成交通行业第一家公路交通工程校准实验室,并正在推动“国家道路与桥梁工程检测设备计量站”的筹建。

(3)通过项目研究和标准/规程的制订,提高了检测仪器的测量方便性和准确度,已通过技术转站得到推广应用,预期市场前景广阔。

四、效益分析

项目研究具有经济、社会等综合效益,对于提高交通工程计量管理水平贡献显著。

(1)逆反射检测技术标准的实施,完善了相关的逆反射测试方法和技术要求,指导交通标志标线及其逆反射原材料的生产,调节其生产种类和规模,减少不合理的生产、使用而造成的资源浪费。据粗略估算,仅公路交通标志反光膜,每年节约资金达1亿以上。

(2)交通工程计量技术研究,促进检测工作和计量检定/校准工作走向科学化、规范化、系统化,为建立相应的质量管理体系奠定了基础,直接推动了公路交通工程计量检定/校准机构的计量授权、计量认证以及实验室认可等工作进程。

166. 公路智能交通系统信息标准化研究

成果所属专题编号:2004-318-223-33-12

成果主要完成单位:交通部公路科学研究院、凯迈(洛阳)测控有限公司

联系人:杨琪

联系电话:010-62079526-217,13301236774

通信地址:北京市海淀区西土城路8号国家ITS中心

E-mail:yangqi@itsc.com.cn

邮政编码:100088

一、主要技术内容

本项目研究主要从公路收费、公路信息采集与通信系统、公路紧急事件服务三个方面来进行研究。在公路收费方面,研究设定了公路均一制、开放式、混合式和封闭式半自动收费系统收费车道的通行能力、服务水平以及服务时间参数,并且确定了我国联网电子收费系统的标准体系——两个基本层次,提出了国内当前亟须制定的ETC&DSRC相关标准规范。

在公路信息采集与通信系统方面,对交通参数采集设备——微波交通流检测器的物理层参数做了详细说明,对道路交通气象环境信息采集设备、公路智能交通系统信息及外场设备通用技术要求和检测方法做了详细规定。建立了微波交通流检测器物理层测试平台,确定了道路交通标志编码的原则、方法、结构以及信息分类与各级代码等内容,详细说明了车载信息导航系统所需的信息内容和信息格式。

在公路紧急事件服务方面,将公路交通紧急事件进行分类分级,同时界定公路交通紧急事件救援资源的范围,对救援资源进行定义和分类,最后研究公路交通紧急事件管理预案的体系结构及主要内容。

二、适用范围

主要适用于电子收费系统建设、智能化交通信息采集及公路紧急事件管理方面。

三、已应用情况

本项目研究制定了两项行业标准《道路交通气象环境能见度检测器》、《道路交通气象环境埋入式路面状况检测器》。该研究成果在实际工作中得到了应用。

本项目研究建立的国内联网电子收费系统的标准需求体系，更好地规划了标准的范围和层次，使联网电子收费系统领域内相关标准组成达到科学合理化，促进了联网电子收费系统的建设。以广东省为例，截至2005年底，全省通车的54条高速公路中有51条纳入六个区域联网收费，撤并主线收费站12处，减少拟建主线收费站22处，在联网收费实施的第二阶段，即2005～2010年，还将继续撤并已有主线收费站17处，减少拟建收费站88处。

四、效益分析

1.经济效益

以广东省为例，按静态投资匡算，至2005年底由少建主线站和建设ETC车道给道路投资者带来节约建设费用约9.0亿元，节约运营费用约1.3亿元，扣除道路投资主体联网收费改造投入和支付的结算服务费，为道路投资和运营者带来节约效益约7.4亿元；预计至2010年，节约建设费用约43.2亿元，节约运营费用约18.3亿元，扣除联网改造支出和支付的结算服务费，将为道路投资和运营者带来综合效益约48.9亿元；预计至2020年广东省实施联网收费将累计可节约建设费用约57.1亿元，节约运营费用约90.0亿元，扣除联网改造支出和支付的结算服务费累计将为道路投资和运营者带来综合效益约114.5亿元。

2.社会效益

(1)《运输信息及控制系统车载导航系统通信信息集要求》标准等同采用ISO 15075:2003，标准实施后将规范车载导航系统的信息集，采用国际标准促进了车载导航产品的技术进步，使设备之间能够互联互通，具有良好的社会效益。

(2)在规范公路交通紧急事件管理之后，使发生事件后能够根据事件的性质及时找到相应的救援资源和管理预案，缩短了处理事件的时间，有利于提高公路交通管理的效率，提高公路管理机构和公路运营单位应对各种紧急事件的能力，提高公路的运营效率和服务水平，减少公路运输延误，节省燃油，降低运输成本；将有利于降低财产、路产损坏所造成的经济损失，同时减少路政及道路维护工作投入，合理地分配资源，提高出行者对公路服务水平的评价，取得良好的社会效益。

(3)制定《公路智能交通系统信息及外场设备的通用技术要求》将在交通行业内部对该重要指标及其试验方法进行统一规定，制定统一的行业标准，为保证工程建设质量服务，为系统互联、节约成本、提高经济效益提供技术支持。

167. 应急物资运输组织保障技术及示范工程研究

成果所属专题编号：交科鉴字[2007]第155号

成果主要完成单位：交通部公路科学研究院、新疆生产建设兵团交通局

联系人：虞明远

联系电话：010-62079228

通信地址：北京市海淀区西土城路8号

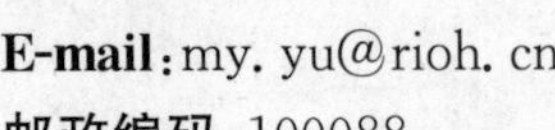

E-mail:my.yu@rioh.cn
邮政编码:100088

一、主要技术内容

该课题为西部交通建设科技项目。课题研究跨越了道路运输管理、交通应急管理与交通信息化三个领域。项目研究以“一案三制”为核心和主线,全面、系统地研究了应急物资运输保障的基本理论,阐述了应急物资运输的基本内涵、属性特征以及政府在应急物资运输保障中的作用与职能;首次构建了应急物资运输保障体系及其预警、响应和运输资源征用与补偿机制,提出了应急物资运输保障机制和措施与政策建议,开发了应急物资运输信息与指挥系统。

项目研究成果中的应急物资运输组织保障体系架构清晰,预案具有可操作性;应急运输安全监控体系具有先进性和实用性;应急运力调配、运输组织和补偿机制等方案科学、合理;支持政策和措施具有可操作性。研究成果全部达到项目任务书的要求,并在应急运输保障理论、保障机制、信息与指挥系统平台、预案的策划与编制、国外应急保障经验借鉴和应急运输演练实践等方面超过了项目任务书的技术要求。研究成果具有创新性和较高的理论及实用价值。

二、适用范围

本项目研究成果适用于地方及全国应急物资运输保障体系建设,对于完善应急物资运输保障体制与机制,加快应急平台体系建设具有科学的指导意义和较强的示范效果及推广应用价值。

三、已应用情况

通过本项目研究,推动新疆生产建设兵团交通局构建了应急物资运输保障体系,建立并逐步完善了预警、响应和运输资源征用机制,形成了较为完整的应急运输管理与指挥组织体系,依托大型运输企业组建了一支成建制、专业化的应急物资运输保障队伍,充分利用原有物流仓储设施,规划布局了不同规模与功能的应急物资运输仓储基地与集散中心。

在对相关人员进行了全面培训的基础上,成功组织实施了应急物资运输保障演练活动,锻炼了队伍,总结了经验,理顺了应急处置流程,完善了相关运行机制,同时也是对项目研究成果的一次实践检验。

四、效益分析

本项目结合新疆生产建设兵团雪灾事件多发的实际情况,制定了具有可操作性“雪灾应急物资运输保障预案”,依托由此成立的兵团交通应急运输指挥中心,开发建设了“应急物资运输信息与指挥系统”,并在示范演练中得到了全面应用,增强了兵团交通部门应对冰雪灾害的处置与应急运输保障能力,在应对2008年新疆部分地区的雪灾中发挥了重要作用,保障了灾区的应急物资运输,稳定了灾区生产生活秩序,社会效益显著。

除此之外,本项目研究成果被成功应用于交通部“国家公路交通运输突发事件应急预案”的修订工作,也被应用于国家公路网管理与应急处置中心相关信息系统的建设工作中,同时也广泛应用于地方交通应急体系建设中。本项目研究成果为公路交通应急保障预案的制定、体系建设和运行机制与保障机制的建立以及相关政策措施的出台等提供理论依据和参考价值。

168.高速公路路面现场自动化检测设备应用技术及评价研究

成果所属专题编号:交科鉴字[2007]第7号

成果主要完成单位:交通部公路科学研究院

联系人:和松
联系电话:010-62027235,13601189592
通信地址:北京市海淀区西土城路8号
E-mail:s. he@rioh. cn
邮政编码:100088

一、主要技术内容

随着科技的进步,工程检测技术发生了质的飞跃,传统手工测量方法逐渐被自动化检测技术所取代。本项目属于公路工程领域中工程检测技术范畴,以国内正在推广应用的路面自动化检测技术为对象,研究弯沉、平整度、摩擦、几何数据等设备的技术条件、使用条件,量化了测试数据的影响因素(如温度、测试速度、路面条件等),构建了同类设备之间测试指标相关性的方法。

本课题的主要研究内容包括:制定编写路面自动化检测设备的现场操作规程;基准技术指标与各类型设备实际测试指标的相关关系;测试条件的影响因素;各测试指标的采样方法;测试数据结果的合理统计评价方法。

本课题在国内首次提出了测试速度、路面横坡对自动弯沉仪测值影响的量化技术,温度、速度对横向力系数测值影响的量化技术,部分同类设备不同测试指标间相关性的整套建立方法,部分设备的测试数据分析和数理统计方法。

本课题的研究对指导和规范自动化检测技术在公路行业工程检测领域中的应用,通过编写测试规程的方式对长期困扰技术人员的设备使用问题进行了解答,以相关的研究成果为基础,提出了检测数据修正方法,保证了检测数据的准确性和可靠性。因此本课题研究成果不仅提高了相关自动化检测设备工作效率及检测数据的可信度,而且促进了自动化检测技术在行业内的普及与推广使用。

二、适用范围

研究成果可作为制定公路交通行业有关标准规范的技术依据,同时也适合各类从事质检、试验、检测、监理、施工等工作的工程技术人员参考使用,能够保证检测数据的准确性和客观性,提高工程质量水平,促进先进技术和设备的推广应用。

三、已应用情况

本项目的研究成果中"路面横向力系数评定方法"已纳入《公路工程质量检验评定标准》(JTG F80/1—2004)中,测试规程及数据统计分析方法纳入《路基路面现场测试规程》(JTG E60—2008)中,有关设备使用参数和对比试验方法纳入《车载式路面激光平整度仪交通行业标准》(JT/T 676—2007)和《车载式路面激光平整度仪部门计量检定规程》(JJG(交通)075—2007)。另外,不同类型设备测值相关性建立方法和数据处理技术,在北京、上海及其他省市的多家单位得到应用。

四、效益分析

依托该课题的研究成果和内容,研究人员已在《公路交通科技》、《公路》、《22nd ARRB CONFERENCE》等有关学术杂志和国际会议上发表了相关论文10篇,推动了道路检测技术的理论研究。

本课题针对国内道路工程检测工作的现状,对各类技术培训、研讨、交流会议多次派出主要技术人员发表演讲和开展技术宣传与交流活动,回答与解决了大量实际工作人员提出的问题和疑惑。目前本课题研究成果已被纳入多种行业技术规范和标准,并已在大量工程施工控制、质量验收和养护评价项目的检测工作中得到实际应用,取得了巨大的社会和经济效益。

169. 公众出行交通信息服务系统关键技术研究

成果所属专题编号:鲁科成鉴字[2007]第212号
成果主要完成单位:山东省交通厅、山东省交通通信信息中心、山东大成软件有限公司
联系人:史晓光
联系电话:0531-85693937,13506400266
通信地址:山东省济南市舜耕路19号
E-mail:shixguang@sdjt.gov.cn
邮政编码:250002

一、主要技术内容

根据目前现状,有针对性地对公众出行交通信息服务系统中存在的问题进行分析研究,在充分考虑现有资源的基础上,提出公众出行交通信息服务系统的建设方案,整合交通出行信息资源,建立统一的信息平台,并且在平台的基础上,提供多种信息发布手段向公众进行服务。同时,公众出行交通信息服务系统管理运营的研究,提出系统的管理引用的管理制度和相关规范,建立一套运行机制来解决运营问题。

(1)根据目前山东省交通出行信息资源现状,研究如何在整合现有的山东省交通出行信息资源的基础上,建立统一的公众交通出行信息服务平台,以解决信息源分散及信息孤岛问题。

(2)研究如何通过交通出行咨询中心、门户网站、短信平台等多种信息发布手段,更好地为公众提供出行信息服务。

(3)对为公众提供交通出行信息服务的管理运营机制进行研究。

二、适用范围

公路公众交通出行信息服务。

三、已应用情况

该项目完成后,我省交通厅根据其研究成果完成了公路公众出行交通信息服务系统建设。系统投入使用后,弥补了我省公众出行信息综合服务的空白,服务量逐年递增,取得了良好的社会效果。

四、效益分析

系统建成后,随着服务的拓展,系统社会影响力逐渐加大。截至2008年底,系统共受理出行来电26 000余件,其中:高速公路路况信息22 606件,占总话务量的86.63%;出行导航1 833件,占7.02%;客运班次529件,占2.03%。网站累计发布出行信息21 445条,较好地满足了公众出行信息需求,取得了良好的社会效果。

170. 新型波形梁护栏端头开发研究

成果所属专题编号:鲁交科鉴字[2008]第27号
成果主要完成单位:山东省高速公路集团有限公司、北京中路安交通科技有限公司
联系人:吕国仁
联系电话:0631-5960090,13396305090

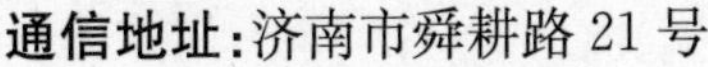

通信地址：济南市舜耕路21号
E-mail：wrlgck@126.com
邮政编码：250002

一、主要技术内容

目前，我国没有波形梁护栏端头的安全评价标准，车辆正面碰撞现有波形梁护栏端头易发生端头插穿车体和翻车的事故。

通过参考国内外相关标准、依据我国的道路交通情况和经济情况、事故调查和有限元仿真结果，给出了符合我国高速公路发展现状的波形梁护栏端头碰撞实验条件和评价标准，填补了国内对波形梁护栏端头研究的空白，为规范的制定和修改提供一定的依据。

提出一种新型波形梁护栏端头的结构形式(图1)，该结构形式主要由卷板器、缓冲段可倒伏立柱、缓冲段脱钩约束装置和加强段组成。卷板器由导向框架、挤压喉孔、弧线板和前端挡板组成，碰撞时，导向框架使卷板器沿波形梁长度方向移动；挤压喉孔通过变颈将波形梁板展开吸能；弧线板通过卷曲展开的波形梁来吸能，同时控制展开的波形梁的运动轨迹；前端挡板可增加碰撞接触面积，防止端头和波形梁板插入车体。可倒伏立柱由上部立柱、连接螺栓和底部立柱组成。底部立柱埋于混凝土中，通过大小螺栓和上部立柱相连。车辆正碰端头时，立柱的小螺栓先被剪断，上部立柱以大螺栓为轴旋转倒地，实现可倒伏功能，防止车辆绊阻。脱钩约束装置的主要特征为与波形梁板连接的钩子为半封闭型，正面碰撞时，半封闭型钩子可顺利与波形梁板脱开，释放约束力，防止车辆绊阻；侧面碰撞时，钩子与波形梁板可靠连接，起到约束作用(图2)。加强段的约束装置与波形梁板连接的钩子为封闭型，保证约束能力。加强段由约束装置、不可倒伏立柱和波形梁板组成，主要作用是为缓冲段和正常段之间提供从低防护等级向高防护等级的刚度过渡，同时为标准段护栏提供足够的约束力。

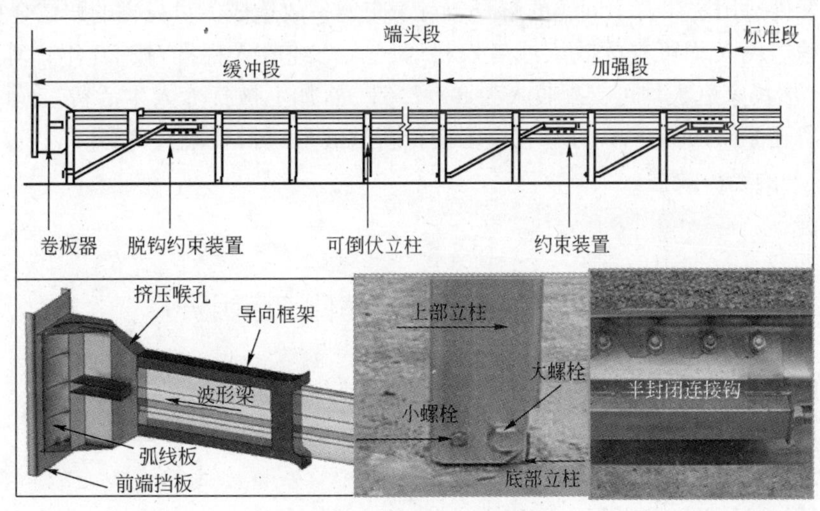

图1　新型波形梁护栏端头

二、适用范围

新型波形梁护栏端头适合在路侧波形梁护栏端部使用，安全位置满足《公路交通安全设施设计规范》(JTG D81—2006)和《公路交通安全设施设计细则》(JTG/T D81—2006)的要求。

三、已应用情况

山东省威海至乳山高速公路下行K38+485～K38+500、K39+125～K39+140，上行K38+352～K38+367、K38+754～K38+769处为波形梁护栏的端部，同时该处曲率半径小，是车辆碰撞端头事故的易发地带，因此必须进行安全处理，决定使用4套新型波形梁护栏端头。

图2　小车正面碰撞和大车侧面碰撞试验结果

使用结果表明，新型波形梁护栏端头起到了良好的防护作用。

四、应用效益

本科研项目具有显著的经济效益。车辆碰撞端头的事故屡见不鲜，据公路安全研究者的调查，平均每个端头每年至少要被碰撞1次，在严重的地方甚至达到一年3.7次。参照公路研究者的调查，按波形梁护栏的端部结构每年被碰撞1次，假设我国每10km高速公路有两个端头（两侧），则每年每万公里高速公路即可减少2 000次恶性事故，以每起事故减少1人伤亡计，在全国推广后，每年可减少近万人的伤亡。根据《道路交通安全法》、《交通事故处理程序规定》（公安部70号令）以及《最高人民法院关于审理人身损害赔偿案件适用法律若干问题的解释》，对于交通事故造成人员死亡的赔偿金按照受诉法院所在地上一年度城镇居民人均可支配收入或者农村居民人均纯收入标准，按20年计算。据调查，全国35个城市2004年居民家庭人均可支配收入为8 392.61元，加上被抚养人生活费、丧葬费等，交通事故死亡一人的赔偿费在20万元左右。如果在全国设置新型波形梁护栏端头，每年可以减少20亿的经济损失，因此具有显著的经济效益。

171. 高速公路联网收费储值卡应用研究

成果所属专题编号：桂科鉴字[2008]130

成果主要完成单位：广西交通科学研究院

联系人：王淑英

联系电话：0771-2311639，13877179593

通信地址：南宁市高新区高新二路六号

E-mail：shuying.wang@163.com

邮政编码：530007

一、主要技术内容

本项目主要研究如何在高速公路联网收费中使用储值卡交纳通行费。随着广西高速公路建设的飞速发展和通车里程的不断增加，以及国内汽车产业的极速发展，汽车产量和保有量的不断增加，高速公路收费站出口在汽车出行高峰期成为了道路瓶颈。据研究，高速公路出口车道车辆等待时间大部分花费在现金点钞、验钞、找补和打印票据上。储值卡应用项目的实施，将为车主提供更方便快捷的通行费付款方式，减少高速公路出口等待时间，提高通过速度。

该项目实现了在高速公路联网收费中使用储值卡交纳通行费的功能。项目研发的应用软件包含出口车道储值卡交费、储值卡汇总报表、储值卡数据传输、储值卡充值管理、储值卡发卡中心、储值卡收费数据清分和储值卡外网查询等 7 个子系统，实现了从收费车道前台储值卡交费到收费站、收费管理处、储值卡充值发卡网点、直至局发卡中心和结算中心的储值卡管理、储值卡收费数据统计、储值卡清分和储值卡查询等业务处理，达到了在全自治区高速公路联网收费中使用储值卡交纳通行费的研究目标。

该系统功能齐全，结构完整，可用于对高速公路不同投资主体的路段进行储值卡联网收费管理，实现储值卡收费额清分。

该系统采用非接触式 IC 卡作为储值卡介质，提高了其安全性和稳定性，并具兼容原有通行卡的 IC 卡格式，节省了额外的硬件开支，方便了用户管理。

储值卡管理系统采用 B/S 结构，系统稳健，管理维护集中方便，大大降低了维护成本和推广成本。

该系统 2007 年 10 月在桂林至南宁路段针对客运公司投入使用，稳定可靠，取得了良好的社会效益和经济效益，得到了高速公路管理方和广大车主的好评。通过使用储值卡缴费，车辆在车道的等待时间缩短了一倍以上，同时也减少了现金流通量，降低现金流通的管理成本和资源损耗，降低收费员工作压力和工作强度，体现了国家倡导的以人为本的科技精神。

二、适应范围

该项目成果适应于高速公路的收费管理。

三、已应用情况

该系统于 2007 年 10 月份在广西高速公路桂林至南宁段针对客运班线车进行小规模试用，已经发出 100 张储值卡，充值 200 万元金额，储值卡使用车次已达 9 000 多辆次。

2008 年 4 月 10 日该系统在全区高速公路进行推广使用，涉及 1 800km 高速公路 90 多个收费站，6 个管理处（管理公司）以及 500 多个车道的软件升级。

四、效益分析

高速公路收费储值卡的实施与应用，实现了非现金的收费，所有收费以及和银行之间的费用结算都在计算机管理的储值卡和账号之间划拨完成，给驾乘朋友带来极大的方便，不需要挟带大量的现金即可四通八达，特别是对长途货运汽车和客运车辆带来很大的方便和安全性。用户还可以从储值卡交易中得到一定比例的折扣优惠，减轻了一些通行费负担。

根据现场测试得到的数据表明，使用储值卡将每一辆车的收费速度提高了至少 1 倍以上（6s 以上），在车流量大的出口站，这将极大节省总的排队时间，减少车辆油耗以及废气排放。储值卡的使用提高了我区高速公路服务质量，提升了我区交通管理形象，也符合我区泛北部湾经济圈的建设要求。

172. 公路网络视频监控系统

成果所属专题编号：桂科鉴字[2008]129

成果主要完成单位：广西交通科学研究院

联系人：王淑英

联系电话：0771-2311639，13877179593

通信地址：南宁市高新区高新二路六号

E-mail：shuying. wang@163. com
邮政编码：530007

一、主要技术内容

(1)本项目构建一个管理网络化、智能化数字集中监控系统。包含 3 个模块：
①视频管理中心服务器系统模块。
②数字大屏幕系统模块。
③桌面图形监控管理终端模块。

(2)监控中心采用 TCP/IP 网络集中监控管理模式，不设收费站级监控。收费车道、广场、外场的视音频和数据媒体流经过 H. 264 数字压缩以后，统一遵循 TCP/IP 协议在以太网上进行包通信和传输，通过通信系统提供的 100Mb/s 数字链路传输到集中监控中心。监控中心通过与收费系统一致的 IP 网络实现对收费图像录制、传输、预览、语音对讲及云台镜头控制等功能。实时监控画面图像、视频文件回放图像、视频画面截图等多种类型。

(3)公路网络视频监控系统采用集中监控的模式，省去站级的收费监控系统设备、运营和维护等环节，大大减少公路建设和运营成本。同时，收费站不再设置监控室、监控员岗位，因此，也减少人员的投入和成本。通过实时车道、收费亭和收费广场全天 24h 图像、语音的保存和传输，可以很方便的作为进行事后争端处理的证据，大大提高了收费站的车辆通行效率，同时，也避免了在争端处理中发生过激事件，具有很好的社会效益。

二、适应范围

公路网络视频监控系统适应于对高速公路收费站图像录制、传输、预览、语音对讲和云台镜头控制等功能。实时监控画面图像、视频文件回放图像、视频画面截图等多种类型。省去站级的收费监控系统设备、运营和维护等环节，大大减少了高速公路建设和运营成本。

三、已应用情况

(1)柳州环城高速公路：广西柳州北环高速公路网络视频监控系统从 2006 年 10 月至今，运行良好。
(2)百色—罗村口高速公路。
(3)岑溪—梧州高速公路：在苍梧设置的收费监控中心采用公路网络视频监控系统。设 1 个中心，下辖 5 个收费站。

四、应用效益

通过在 3 条高速公路上应用，产生经济效益 1 340 万元，同时使用该系统，还具有以下几个方面的社会效益：

(1)通过实时车道、收费亭和收费广场全天 24h 图像、语音的保存和传输，可以很方便的作为进行事后争端处理的证据，避免了在争端处理中发生过激事件。

(2)集中的收费车道图像实时监控为管理人员了解车流量、路面状况提供了确实依据。因此，大大提高了收费站的车辆通行效率、公路车道的紧急排障、车流疏导等，具有很好的社会效益。

(3)通过网络管理人员可以实时、事后进行现场图像、语音浏览，大大提高了管理人员的管理能力和决策水平。

(4)其他非交通、公路系统部门(如政府、旅游、客运和社会公众等)可以通过互联网实时访问路段车流量、拥堵情况等信息，从而提高分析、决策能力。

173. 河南省高速公路招投标项目研究

成果所属专题编号：

成果主要完成单位：河南省交通厅工程管理处、河南高速公路发展有限责任公司

联系人：常琳

联系电话：0371-67166659、13838190831

通信地址：郑州市中原路93号

E-mail：changlin@hncd.gov.cn

邮政编码：450052

一、主要技术内容

本课题的研究项目包括河南省公路工程施工招标资格预审范本、改进招标人标底确定办法、编制招投标辅助管理系统、高速公路工程监理费最低标准、网上招标系统等。

(1)编制的有限低价评标法的《河南省公路工程施工招标资格预审文件范本》，规范了公路工程资格预审文件编制的形式及内容，深化了资格预审工作。

(2)课题组建议河南省交通厅下发的《关于改进公路工程招标投标制度的通知》，改进了招标人标底确定办法，调整通过资格预审的单位数量。

(3)编制的《河南省公路工程招投标辅助管理系统》，使开标现场的计算有序、透明、快捷。

(4)制定了高速公路工程监理费的最低标准，保证了工程监理人员合理收入，减少了监理的无序流动，提高了监理人员素质。

(5)规范了在外省受处罚的投标单位在河南省公路建设市场招标投标活动中的行为，完善了信用评价体系。

(6)加强了评标专家的管理。

(7)编制了网上招标系统。

本项目是以国家、部委及省交通厅的一系列文件为依据，密切联系河南省公路工程招投标市场的实际，解决了河南省高速公路招投标工作中存在的实际问题，减少招投标工作中人为因素的影响，预防了腐败事件的发生，保证了高速公路招投标工作的公开、公平、公正。

二、适用范围

国内公路工程施工及监理招投标项目。

三、已应用情况

该研究成果已在河南省所有的高速公路及干线公路的施工招标及监理招投标工作中应用，完成招标项目300多个。

四、应用效益

该研究成果由于评标办法随机性强、透明度高，各投标人对评标结果均无异议，在投标单位及社会各界均取得较好反映。尤其是标底确定办法及调整系数的开标现场随机抽取，现场确定中标候选人等办法，更是加大了招评标过程的透明度，剔除了滋生腐败的土壤，对各级领导干部手中的权力形成有效的、科学的监管，此后河南交通行业再没有发生处级以上领导干部因招投标环节被处分的现象，切实做到了用好的制度保护人，切实做到阳光作业，打造阳光工程。

174. 西部地区公路运输大通道集疏运应用技术研究

成果所属专题编号:2004-398-819-61
成果主要完成单位:吉林大学、甘肃省公路运输管理局、吉林省运输管理局、上海交通大学
联系人:隽志才　贾洪飞
联系电话:021-52301396,0431-85094779
通信地址:吉林省长春市人民大街5988号　吉林大学南岭校区交通学院
E-mail:zcjuan@sjtu.edu.cn、jiahf@jlu.edu.cn
邮政编码:130025

一、主要技术内容

对集疏运资源优化配置、集疏中心作业流程设计与优化、集疏中心设备选型与功能区布局、运输线路选择及车辆调度优化模型、集疏中心管理信息系统(图1)开发和集疏运绩效评价等应用技术进行了研究,提出了"以共同配送为模式发展网络化运输,以信息交易平台为桥梁连接供需双方,以生产函数为模型配备新型运力资源"的集疏运资源优化配置的新思路;采用模块化设计方法对集疏中心作业流程进行标准化设计,提出"将集疏中心功能区间相互关系与物流动线设计结合,确定物流功能区各区块之间的相对位置"整体布局规划方法;建立了需求可分的行车路线模型和带时间窗的需求可分的行车路线模型,使传统的VRP模型可以进一步反映集疏运企业的真实要求,模型的实用性得到加强。

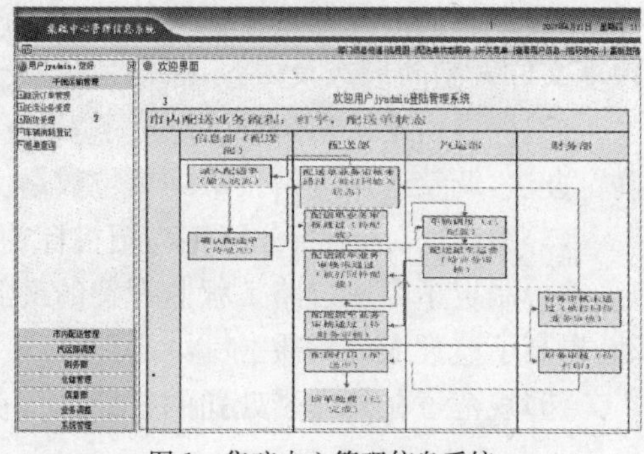
图1　集疏中心管理信息系统

基于J2EE平台,采用struts的框架和MVC设计模式,集成开发了适合西部地区处于转型的中小型集疏运企业的具有可扩展性和可移植性的物流信息管理系统,实现在不同集疏运企业之间共享相同的功能设计和代码,并可根据各自的特征进行扩充和完善,满足个性化需要。

二、适应范围

"应用技术"是以西部地区中等规模的集疏运企业为原型展开研究的,其目的是为西部大通道运输系统和集疏中心的建设提供理论和技术支持。有关研究成果不但可以应用于西部地区传统储运企业的改造,而且可以为西部地区乃至发达地区未来的集疏运企业的建设和发展提供借鉴。

三、已应用情况

以长春杨家店物流中心和兰州三和通物流有限公司的业务流程和管理模式为对象,进行了业务流程优化,开发了两套符合西部物流业务状况的且涵盖基本物流业务的管理信息系统,编写了系统使用手册。协助两家企业搭建了内部局域网络,并对相关业务人员进行了信息系统操作培训。

四、应用效益

(1)长春市公路主枢纽有限责任公司应用本项目成果后,经营及管理水平得到了很大的改善,综合绩效得到了全面的提高。表1给出了成果应用前后的部分指标的对比情况。

(2)三和通物流责任有限公司在应用本项目成果后,实现了业务资源的集中管理,公司管理体制进一步合理化,综合绩效得到了明显提高。2006年的实际应用证明,公司的配送运输效率得到了明显的提高,运输成本较以往至少降低了5%,人力成本也至少有20%的降低。物流管理仓储系统的

使用降低了货损货差，提高了库房管理的准确性和安全性，特别是条码技术和信息技术应用的有机结合，使得2007年以来库房没有发生一例货差事件，避免了仓储管理方面由此导致的经济损失风险。

成果应用前后的绩效对比 表1

考察目标	选用指标	优化前	优化后
信息传送时间的缩短	信息传递时间	7d	实时
员工工作效率的提高	员工数量(人)	60	52
工作环节的简化	物流作业速度(h/单次配送)	15.3	12.7
	运输准确率	95%	99%
	运输及时率	95%	99%
顾客满意度的提高	顾客满意度	90%	99.6%
运营成本的减少	运输和配送成本(元/百元收入)	31.6	30.8
管理水平的改进	—	—	—

175. 40t/h改性沥青成套设备研发

成果所属专题编号：05-06

要完成单位：山西省交通科学研究所

联系人：李永胜

联系电话：0351-7062906，13191089595

通信地址：太原市学府街79号

E-mail：sxjk@163.com

邮政编码：030006

一、主要技术内容

改性沥青主要用于公路的建设和养护，能够显著地提高道路的承载能力及使用寿命。它的技术优势及应用效果已为国际道路学术界所公认，已在全球广泛推广应用。它的应用可提高道路的承载能力，节约或推迟巨额养护投资，其经济效益非常巨大。因此改性沥青的生产和推广应用具有良好的前景。

目前，我国改性沥青或整套设备的技术水平比较落后，尤其是20t/h以上的大产量成套设备尚为空白，其结果已在制约我国高等级公路的快速正常发展。本项目研制的40t/h产量的沥青改性成套设备(项目由山西省交通厅立项，项目编号05-06)，能满足我国我省高等级公路修建工程日益提高的需要，同时填补了我国大产量沥青改性成套设备尚无成熟产品的空白。

鉴于上述，为适应公路建设的迫切需要，山西省交通科学研究院适时研发了型号为JKLG40具有40t/h高产量改性沥青的成套设备，是目前我国在用最大产量的同类设备之一，具有一次剪切完成的突出特点。实际工程应用表明，与传统工艺相比，可节约制作成本2～3倍，生产周期缩短4～5倍。目前，成果已转化为产品批量生产，投入公路施工及养护工程中。

二、适用范围

本成果适于生产以SBS、EMA、PE和橡胶粉等聚合物为改性剂的公路工程用改性沥青，且可使改

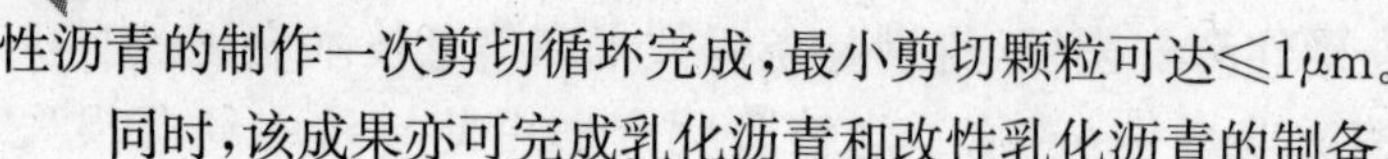

性沥青的制作一次剪切循环完成，最小剪切颗粒可达≤1μm。

同时，该成果亦可完成乳化沥青和改性乳化沥青的制备。

三、已应用情况

JKLG40是目前我国在用最大产量的同类设备之一，具有一次剪切完成的突出特点，填补了我国大产量改性沥青成套设备生产的空白。其各项技术性能及工艺设计具有国际先进水平，有力地促进了我国相关领域的技术进步。

本成果及样机于2005年下半年投入工程应用，为太长和太原东山过境高速提供合格的改性沥青25 000余吨，有力地促进了上述两条山西省重点工程的完成和通车，也创造了我省大型高技术设备项目当年立项、当年完成、当年投入工程应用的项目研发记录。至今该成套设备已投入山西、山东、辽宁、河北、北京、河南、湖南等省市公路工程应用。为太长、太原东山过境、长治绕城、怀新、暨平、京石、济青等高速公路及首都国际机场、郑州机场跑道和北京奥运赛场等提供高质量的SBS改性沥青和乳化沥青140 500余吨，为上述国家重点工程的完成作出了贡献，并取得了突出的经济及社会效益。2008年末，本成果生产的2台设备出口阿尔及利亚用于该国南北高速工程。

特别值得一提的是，本成果的成功研发，直接促进了我国首个改性沥青成套设备国家标准的申报和制订。

四、应用效益

改性沥青主要用于公路的建设和养护，能够显著地延长路面使用寿命，在欧美一般认为采用改性沥青可使路面寿命延长1/4～1/3，也有的国家认为可延长50%(如澳大利亚)。目前我国高速公路的投资一般是3 000～3 500万元/km。采用改性沥青后，每吨沥青增加成本约800元，每公里高速公路增加成本约20万元，增加的费用仅占总投资比例约6%。这同延长路面寿命、节约或推迟巨额养护投资相比非常小。因此本成果社会效益非常突出。

至今，本成果研发的设备直接效益已达2 000万元以上，若计使用后道路寿命的延长和能源等材料的节约，其间接效益(可计算)已达60亿元以上。

本成果已获山西省2008年度科技进步二等奖。

176. 山西路用材料地理信息系统研究

成果所属专题编号：

成果主要完成单位：山西省交通科学研究院

联系人：刘少文　牛玺荣

联系电话：0351-7072606

通信地址：山西省太原市许坦西街36号

E-mail：gonglusuo@sina.com

邮政编码：030006

一、任务来源及依据

本项目为山西省交通厅科技计划项目，合同号为05-14。该课题2005年4月通过专家评审立项，2008年4月结题，山西省交通科学研究院作为第一完成单位，交通部公路科学研究院作为第二完成单位。研究成果达到国际先进水平。

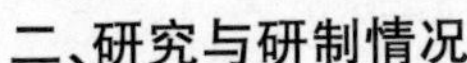

二、研究与研制情况

本项目重点研究内容由以下四点组成：

(1)山西省地方性材料的资源分布及路用特征研究。

(2)公路工程用岩石分类标准研究。

(3)山西省地方性材料路用性能和岩石特征相互关系研究。

(4)软件“山西省筑路材料地理信息应用与开发系统”的研制和开发。

三、技术原理

通过对山西省十一个地市的岩石分布进行详尽调查，从公路行业对集料的要求角度对岩石类别进行重新归类，并结合公路建设的需要，总结料场选择和开发的一般原则，对料场评价包含的内容进行阐述。根据调查和分析结果，全面描述山西省内包括集料、水泥、石灰、工业废渣等在内的筑路材料的资源分布，并绘制全省范围内和地市范围内地方性材料的电子地图，为建立地理信息系统基础数据库作准备。对现场取回的大量试样进行路用性能试验，并总结和分析试验结果，为建立地理信息系统属性数据库作基础，通过对试验数据进行全面分析，与现行公路试验标准和规范中的规定值作比较，挖掘地方性材料的使用潜质，以充分贯彻“因地制宜，就地取材”的原则，并对现行行业标准和规范提出合理化建议。在以上工作的基础上，利用GIS技术开发路用材料地理信息系统。

四、创新点

技术创新点可概括为：

(1)为了保证最佳运距，便于计算最短路径，把一条公路分为无数个小线段(近10万条)，并且赋予每条线段自己的属性。

(2)首次对山西省路用材料资源进行了全面普查，包括石料场、水泥厂、石灰厂和电厂，并对全省正在开采的料场进行了详查，包括料场位置(地理坐标)、储量、开发量、面积、开采深度等。

(3)参照1∶20万地质图，根据现场GPS定位修正，完善了1∶50万地图。

(4)在1∶50万地图基础上，对全省的路用材料进行了野外取样，行程2 000km，共取样104个。在室内对岩石岩性、化学成分和矿物组成进行了分析。

(5)对97个岩石样品的路用性能(压碎值、磨光值、磨耗值、表观密度、抗压强度、黏附性等)进行试验分析研究。

(6)在普查和详查的基础上，结合不同岩性岩石的路用性能，提出公路工程使用的岩石分类标准。

(7)研究开发了“山西省筑路材料地理信息开发与应用系统”，加入了最新的山西省公路网信息库和路用材料资源信息库，与其他软件相比，本系统界面更加简捷，模块化功能更加突出，更加方便公路人员使用。

(8)与其他地理信息系统相比，该系统开发了缓冲区分析、距离量测功能、预设禁区功能以及等值线功能。

五、社会效益、经济效益及推广应用前景

所开发的筑路材料地理信息系统经过反复试用和完善，证明此软件具有较强的人机交互功能，查询功能较强，并且具有地理信息决策功能。

研究成果可以为公路工程前期、设计、施工等方面提供信息决策支持，特别是开发的“山西省筑路材料地理信息开发与应用系统”，为新建公路方案必选提供了依据，为建设期选择合理料场提供了合理建议。本研究给出了山西筑路材料资源的分布特征，为新建公路的建设和已有公路的养护提供了翔实的筑路材料信息，可以充分体现“因地制宜，就地取材”的原则，并能起到节约资源、减少投资的作用。

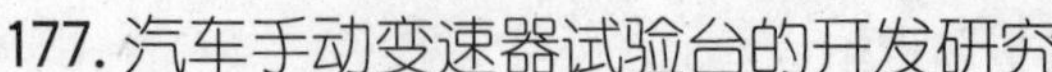

177. 汽车手动变速器试验台的开发研究

成果所属专题编号:081063

成果主要完成单位:山西省交通科学研究院

联系人:庞夺峰

联系电话:0351-7074347,13834502356

通信地址:山西省太原市许坦西街36号

E-mail:sxjkqj@163.com

邮政编码:030006

一、主要技术内容

国家相关标准《汽车变速器修理技术条件》(GB 5372—85)和《汽车机械式变速器台架试验方法》(QC/T 568—1999)都要求对新生产和维修后的变速器进行台架试验。目前,除大型变速器生产厂外,其他小型生产厂和大多数维修企业受到自身条件的制约,并未配备相应的试验设备。这种状况造成了手动变速器维修中的返修率高,工时、材料浪费严重等情况,并使得维修水平停滞不前。本项目从手动变速器维修检测实际需要出发,开发研制了操作简便、先进实用、价格适中的变速器试验台。试验台以变频电机作动力,电涡流机加载,电磁离合器作动力离合装置,综合运用传感器、单片机和工控机技术进行信号采集处理,实现了连续定量加载、输出转矩测试和检测指标的数字化,可模拟变速器实际运行状况,对手动变速器进行动态检测,解决了制约行业技术进步的定量分析和数据处理问题。

二、适用范围

汽车手动变速器试验台适用于微型车后驱手动变速器的检测,可应用于生产制造、维修检测和科研教学领域。

三、已应用情况

汽车手动变速器试验台研制完成后,在山西省交通科技服务公司汽修厂进行了实际应用。使用该试验台对汽修厂承修的变速器进行了20余台次的性能试验,测试合格的变速器均达到了实际装车使用要求。与以往直接装车测试的维修检测工艺相比,降低了重复拆装造成的材料和工时浪费,有效控制了返修率,提高了维修效率。

试验台定量测试和数据处理的特点,满足了维修企业的要求,2006年成功打入日本市场,在日本JRC株式会社得到应用。从该公司2006年5月到2007年5月的统计数据显示,在使用了该试验台进行进出厂检测后,手动变速器维修出厂合格率较上一年度提高了4%,维修质量有了数据保证,维修效率得到了提高,为公司带来了较大的效益。

四、效益分析

本项目研制的汽车手动变速器试验台可为维修企业和科研院所提供科学可靠的基础研究数据,提高试验和研究水平。尤其是在维修企业的应用,可为维修企业提高维修效率,降低维修成本,保证维修质量,提高维修水平。因此,本项目对于行业的技术进步、企业竞争力的提高和社会节约等方面都有积极的社会意义。

试验台单台生产成本8万元,若批量生产,可降至6万元,每台售价按10万元计算,可获利税4万元。截至目前,该试验台已出口创汇1.76万美元。对于使用企业来说,投资10万元设备费,可提高维修效率，降低返修率，节省大量的工时费和材料费，既确保了维修质量，又可在短期内收回投资，具有显著的经济效益。

178. 山西省城乡客运一体化研究

成果所属专题编号：075007

成果主要完成单位：山西省交通运输管理局、长沙理工大学

联系人：翟晓东

联系电话：0351-4127490，13754855567

通信地址：太原市新建路 42 号

E-mail：4031426@163.com

邮政编码：030002

一、主要技术内容

课题组在研究过程中，注重理论分析与实证分析、定性分析与定量分析相结合的原则，对课题内容进行了深入系统的研究。本项目把城乡道路客运一体化发展作为一个系统来加以研究，研究其在道路客运发展中所处的地位，研究如何促进城乡道路客运的协调发展，提出在处理城乡道路客运的关系时，应采用城乡道路客运一体化发展理论。项目运用经济学理论、管理学理论、运输规划理论与方法、运输组织学等，根据我国道路客运发展趋势，以及城乡道路客运一体化发展的现状、存在问题，对实施城乡道路客运一体化发展的必然性、理论体系的建立、相关政策措施，进行了比较具体的系统分析和研究，以期形成我国城乡道路客运一体化发展理论，并结合山西实际进行实证分析。课题总的研究思路是：在进行国内外调研和分析的基础上，提出城乡客运一体化的要素和山西省推进城乡客运一体化进程的可供借鉴之处；在此基础上，结合山西实际对城乡客运一体化的基本理论进行研究，包括城乡客运一体化的管理体制与制度保障机制、运营网络体系以及评价体系；最后在对山西省客运现状进行分析与评价的基础上，提出山西城乡客运一体化的发展目标以及政策措施与建议。

课题研究思路如图 1 所示。

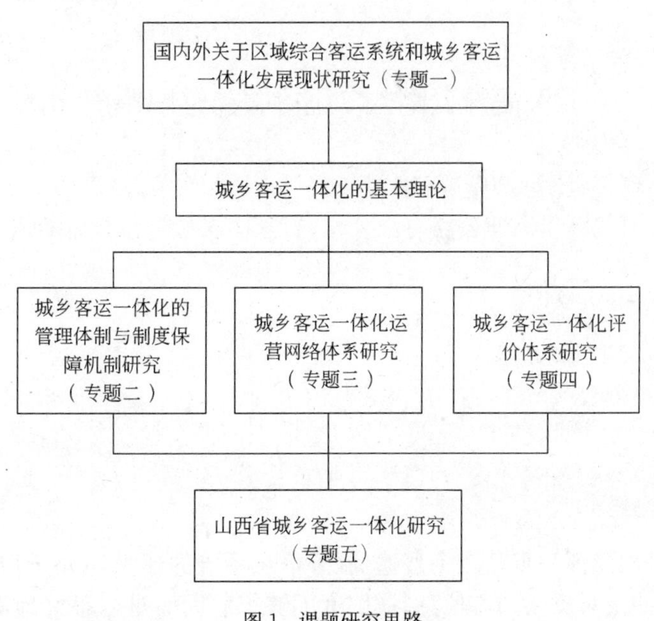

图 1　课题研究思路

主要技术创新：

(1)构建了城乡客运一体化的基本理论框架。包括分析和总结了城乡客运一体化的管理体制和制度保障机制；建立了城乡客运一体化运营网络的分析体系；构建了城乡客运一体化的评价系统。

(2)建立了科学的规划与评价模型。项目运用经济学理论、管理学理论、运输规划理论与方法、运输组织学等模型方法，建立了城乡客运一体化规划模型、城乡客运一体化的 SVM 评价模型、城乡客运一体化实施方案的多目标模糊规划模型等。

(3)提出了可行的发展目标与政策措施。该项目在对山西省客运发展现状进行全面分析的基础上，对山西省城乡客运一体化的发展目标进行了深入探讨，并提出了促进山西城乡客运一体化常用的政策措施，对政府政策的制定具有重要的参考价值。

二、适用范围

该项目从城乡客运发展现状评价、城乡客运一体化运营评价、城乡客运一体化实施方案等方面进行了全面的分析，从宏观政策及运营方案等不同层面进行了探讨，为各级交通部门科学地组织城乡道路客运一体化运营体系，合理、全面地进行行业管理和政策规划提供科学的理论与方法，为运输类企业制定战略方针、转变经营思想、提高运营效率提供参考，对山西省乃至全国推进城乡客运一体化具有重要的指导意义和决策参考价值。

三、已应用情况

该项目在全省 70 多个县得到了广泛的推广和应用。全省 2/3 以上的县实现了城乡客运一体化，大大方便了农民出行，对活跃城乡经济，促进城乡统筹发展起到了积极的促进作用。

四、效益分析

本项目从构建社会主义和谐社会的角度出发，以系统的观点对城乡客运进行了分析，其成果将为各级交通部门科学地组织城乡客运一体化运营体系，合理、全面地进行行业管理和政策规划提供科学的理论与方法，对提高决策科学化水平具有重要的理论意义和实用价值。研究成果已被政府有关部门广泛采用，为政府决策提供参考，对加快社会主义新农村建设，促进城乡统筹发展，构建社会主义和谐社会将起到积极的促进作用。

179. 高速公路公众出行服务信息系统

成果所属专题编号：冀交鉴字[2008]第 40 号

成果主要完成单位：河北冀星高速公路有限公司、石家庄汉佳信息技术有限公司

联系人：苏敏江

联系电话：0311-88607320

通信地址：石家庄市友谊南大街 359 号

E-mail：suminjiang@sina. com

邮政编码：050031

一、主要技术内容

目前，国内交通服务信息孤岛现象较为普遍，服务信息系统的建设还处于初级阶段，且大多因信息资源分散、数据单一、不能及时反映动态信息、详细度不够等原因而难以很好地满足社会公众对于出行信息的迫切需求。

高速公路公众出行服务信息系统采用因特网技术、移动通信技术、计算机技术、地理信息系统、远程数字视频传输、CTI技术等先进技术手段，充分利用交通主管单位的交通信息资源优势，有效整合高速公路管理、道路路况、沿路设施、通行费费额查询、绕行线路、监控调度、养护、路政、服务区、交警、气象、旅游、客运等高速公路相关出行服务信息，并通过互联网网站、热线服务电话、手机短信、路边信息显示屏等形式将系统信息方便快捷、形象直观地发布给社会公众，有效解决了"信息孤岛"问题，为出行人员提供及时、准确、翔实的动态出行参考信息。

二、适用范围

高速公路公众出行信息服务系统在开发过程中考虑了应用范围和数据接口的扩展等，设计层面达到省级平台标准，适用于河北省范围内的高速公路、服务区、路政管理的出行信息服务，并可在全国范围内高速公路推广应用。

三、已应用情况

高速公路公众出行服务信息系统在京石高速公路投入运营以来，各种路况信息均在第一时间对外发布，社会公众可以随时随地以最快的速度、最短的时间、最低的成本、最简便的操作，获取最为及时、最为周全、最为权威、最为翔实、最为直观的24h动态道路信息。受益公众数量巨大。

由于高速公路管理部门与社会公众的信息交流更为便捷，有效诱导了车流，提高了道路通行能力，避免了道路拥挤和站口封路堵车，公众的出行更为顺畅，降低了交通事故和时间延误损失，交通运输效率进一步提高。周边的运输企业、客运公司和经常使用高速路的单位及公众把该系统作为最权威的信息来源，有的单位安排专人关注该系统，随时对车辆运输班次等进行调整，在车辆运输及时率、提高客户满意度、降低企业能耗等指标上取得明显成效。社会公众在京石高速行车切实感受到了"一路畅通、一路关爱、一路温馨、一路无忧"，大幅提高了京石高速的品牌形象，顾客满意度进一步提升，投诉率几乎下降为零，使开通18年的老路依然保持了"河北第一路"的窗口形象。

高速公路管理部门也可以通过该系统提供的信息进行及时有效的决策，并可通过实时的视频图像清楚了解道路现场的情况，随时对各项工作进行调控。

四、应用效益

(1)提高高速公路运营管理水平。通过应用本系统，能够及时为社会公众提供及时、准确的路况、天气以及各类便民服务等全方位信息，诱导使用高速公路的车流，提高高速公路的通行能力；同时也给高速公路相关管理部门提供管理和决策的信息依据，进一步提高高速公路营运管理水平。

(2)为社会公众提供更优质的服务。系统可以提供使用高速公路所需的各种信息和基于网络拓展方式的最优路径、最短路径等出行分析，使社会公众可以合理安排出行时间和路线，提高了高速公路服务质量。

(3)加快"智能交通、现代交通"的建设进程。该服务系统的应用，突破了传统服务方式的范围，提升了高速公路的信息化水平，为智能交通和现代交通建设进行了积极的探讨。

(4)显著的社会经济效益。高速公路交通出行服务信息系统，可有效提高公众出行效率和诱导交通流量，提高交通运输效益，降低交通拥挤，降低车祸，减少延误损失、油料损耗及废气排放。其潜在的社会经济效益是难以估量的。

180. 江西省交通运输安全GPS监控系统

成果所属专题编号：赣交科鉴字[2007]第04号

成果主要完成单位：江西省交通厅信息中心、北京灵图软件技术有限公司

联系人:余力克
联系电话:0791-6243227
通信地址:江西省南昌市八一大道275号
E-mail:yulike@jxjt.gov.cn
邮政编码:330003

一、主要技术内容

1.主要研究内容

(1)调研道路及水上交通运输安全的监控需求,研究如何对运营车辆、船舶进行实时监控调度、信息服务、安防救援、行车历史记录和统一管理的功能。

(2)研究通过监控平台,为车辆、船舶及其管理者之间建立一种准确、迅速、有效、安全的信息沟通方式。

(3)研究平台关键技术。

(4)研究监控终端软件关键技术。

(5)研究系统支持与GPS终端设备相关的技术。

2.主要研究成果

(1)系统作为省级统一的交通运输GPS监控平台,以大型数据库为依托,集中式与分布式相结合,较好地实现了省级规模的全省交通运输安全GPS监控。

(2)系统采用先进的消息派发引擎技术和定时定长相结合的双轨制回传模式等技术,实现了大容量高效率监控数据的传输和数千台车辆内部抓拍图像无线传输的规模化管理。

(3)系统采用多终端驱动容器技术,实现了多品种硬件终端入网;通过多种大型系统的集成接口,实现了信息化中异构系统的互联互通;采用先进的GIS渲染引擎,实现了大规模车辆监控时电子地图的高速刷新。

(4)省级规模统一监控信息平台的建设,降低了使用单位的进入门槛,避免了重复建设,提升了交通运输安全管理效能,取得了显著的社会和经济效益;在全国同类系统中处于国内领先水平。

二、适用范围

该系统为车辆、船舶及其管理者之间建立一个准确、迅速、有效、安全的信息沟通方式,可应用于交通运输的多个行业,一是客运车辆GPS管理系统;二是危险品车辆GPS管理系统;三是船舶GPS管理系统;四是路政、交警巡逻执法车辆GPS管理系统;五是其他商用系统,如物流、出租、120、119、运钞车、汽车租赁、保险勘查、电力电信维护、邮政、公务车管理以及私车防盗等各行业的实时监控。

三、已应用情况

截至2007年3月底,全省入网车辆3 400辆,遍布全省11个地市区,其中营运客车2 740辆,危货521辆,其他社会车辆139辆;安装了GPS车辆终端的运输企业134家,其中客运企业112家,危货企业20家。

四、效益分析

1.经济效益

(1)统一平台的建设,可防止类似项目盲目、低水平重复投资。

(2)事前监督与事后核查并举,降低了安全事故发生率。

(3)限制开超速车,大幅度降低了油耗,节约开支;选择最佳路线,科学安排客流/物流调度。

据江西长运股份有限公司统计分析并计算,2006年全公司安装了GPS的车辆因限速降低的油耗,

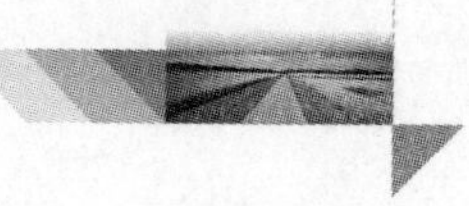

加上政府补助的资金，已经抵消了一台终端的全部费用。

2.社会效益

(1)统一平台为各级管理部门提供了有效的监控手段，加强安全运输生产过程中的实时监管力度，防止运输事故发生，为宏观决策提供了科学依据。

(2)由预防为主、降低安全事故发生率所带来的社会安定，其社会效益不可估量。

181.高速公路建设项目信息化管理系统

成果所属专题编号：赣交科鉴字[2007]第03号

成果主要完成单位：江西省交通厅景鹰高速公路建设项目办公室、广东东方思维科技有限公司

联系人：卢勇

联系电话：0798-2816366

通信地址：江西省景德镇浮梁县洪源镇高新开发区

E-mail：

邮政编码：333426

一、主要技术内容

系统涵盖了从项目招投标开始到工程建设过程中的合同管理、计量支付、工程变更、工程质量、计划进度、竣工文件、竣工决算、办公自动化、综合查询等业务。

系统具有很强的综合性，它有典型的关系数据库应用、电子文档管理、工作流管理、Internet、数据通信等，宜采用多种方法相结合的方法。在Internet应用开发过程中采用三层体系结构。另外在系统的开发过程中将采用软件重用方法，缩短开发周期，提高软件质量，降低开发费用，使软件维护更容易。

通过大量认真的比较和分析，我们选择了微软的.net框架作为系统应用开发平台，数据库采用MS sql Server。大部分开发使用现在主流开发工具C#.net，服务器操用系统采用Windows Server 2003，小部分数据库开发工具选择业界流行的PB。

系统在高速公路建设项目的应用，改变了高速公路项目建设中传统的管理方式和管理思路，运用先进的信息化管理工具实现了对高速公路项目建设全面、全过程、实时、动态的管理，提高了各级管理者的管理水平和工作效率，降低了管理成本，取得了良好的社会效益和经济效益，必将促进高速公路建设项目整体管理水平的提升。同时，开放过程中，采用了很多计算机新技术，如利用微软最新OWC技术，采用“表格模板标签”实现表格与数据库数据的交换和存储；采用Web服务实现分布式结构，分布式事务则采用.Net Enterprise Service实现，极大地推动了高速公路建设项目管理和计算机科学技术行业的科技进步。

二、适用范围

高速公路建设项目信息化管理系统是一套专业化、系统化、网络化、集成化的应用平台，主要应用于公路工程项目建设，可扩展应用到铁路、港口、水利等工程项目建设领域。

三、已应用情况

该系统已成功应用于景鹰高速公路建设中。

该系统设计理念符合高速公路建设项目管理信息化的要求，系统运行稳定，扩展性强，界面友好，操作简易，适用性强。目前是我国高速公路项目建设的高峰期，应用的各种技术条件已具备，系统可推广应用到铁路、港口、水利、房建等行业工程建设项目，具有广阔的推广应用前景。

四、效益分析

1.经济效益

2006年1～3月第一季度正式投入使用，共投入428万元，已收回。

2.社会效益

(1)规范了各业务的处理流程，减少了各种人为因素的干扰，提高了业务的透明度，可以预防不良现象的产生，为打造“阳光工程”、“廉政工程”创造了条件。

(2)提高了工作效率，降低了管理成本。系统极大地减轻了用户的汇总、统计、计算等工作量，将各级管理者从简单而繁杂的内业资料中解脱出来，从而将主要精力投入到现场管理和质量控制过程中。通过管理系统的应用，降低了各参建单位的管理成本，提高了工作效率。

(3)提高了企业管理水平和核心竞争力。信息化管理是时代发展的潮流和企业管理的需要。通过管理系统的使用，创新了管理者的管理思路，提高了管理者的管理水平，从而提高了企业的核心竞争力。

(4)实时监控、网络化管理，业主真正参与管理。

各参建单位通过局域网实现快速、全时空的联系，对工程进展情况进行全程动态管理和实时监控，为造价、质量、计划进度“三大控制”中各阶段及时制定和实施提供了强有力的辅助手段。

182.广东省道路运政管理信息系统

成果所属专题编号：

成果主要完成单位：广东省交通厅公路运输管理处、广东省交通厅档案信息中心、深圳丛文科技有限公司

联系人：郑晓峰

联系电话：020-83730685

通信地址：广东省广州市越秀区白云路27号交通大厦2504房

E-mail：zhengxiaofeng@gdcd. gov. cn

邮政编码：510101

一、主要技术内容

广东省道路运政管理信息系统是广东省交通厅组织建设的省域道路运输行政管理的业务处理系统，系统于2003年4月开始建设，2004年8月开始试运行，2006年6月竣工验收。系统建设期间，于2005年6月及11月份分别通过了中国赛宝软件评测中心作的第三方压力测试及验收测试，并顺利通过了2004年及2005年的我省业户、车辆年度查验的业务高峰期考验，在性能及功能等方面均能满足实际的业务使用要求。因此系统在安全性、稳定性、可靠性、先进性等方面均具有较高的压力极限，能充分满足广东省道路运政业务多、数量大、处理流程复杂等省域运政信息系统建设要求。

系统的业务处理内容基本涵括《中华人民共和国道路运行条例》规定的除机动车维修经营外的四大管理范畴：客运经营、货运经营、站(场)经营和机动车驾驶员培训管理，共包括十个子系统，即班车客运管理子系统，即包车客运管理子系统、普通货运管理子系统、危险货运管理子系统、省内跨市客运线路管理子系统、省际客运线路管理子系统、市内客运线路管理子系统、客运站场管理子系统、营运客车类型划分及装备等级评定管理子系统、运政执法管理子系统等。

广东省道路运政管理信息系统的应用，不但极大地提高了广东省各级运管部门的行政效能，同时，本系统实现实时与互联网的专用网站交换数据，公布许可申请及办理等信息，更好地保证了广东省道路运输行政管理工作的公开、透明，取得了良好的管理效益和社会效益。

二、适用范围

广东省道路运政管理信息系统是适用于道路运输行业管理和经营管理的电子政务平台，已在我省成功推广应用5年多，其数据和业务规模均是全国之最，实践证明，系统能充分满足道路运输管理部门的业务需求，能为道路运输行业提供及时有效的市场信息，大大促进了我省道路运输行业的发展。因此，系统可以在国内同行业内推广应用。

本系统创建的业务应用开发平台，建立了管理信息系统通用的复用构件库。其采用的三层结构、工作流引擎、负载平衡、B/S工作模式等先进技术，为一般管理信息系统开发、运行、维护过程中各个环节提供了所需要的基本功能。因此，本平台推广到其他行业的管理系统时，可以充分提高开发效率，拓展业务功能，并保障系统的性能和可靠性，为使用单位带来立竿见影的效果。

三、已应用情况

系统试运行至今，目前已覆盖我省21个地级市249个县(区)和镇，系统共有注册单位277个，已注册用户量4 000多个。其中，已颁发使用的单位电子证书258个，个人电子证书1 868个。

系统内数据为：业户共80多万户，其中班车客运业户2 565户，包车客运业户383户，普通货运业户784 966户(其中个体户484 166户)，危险货运1 103户，其他12 113户；车辆112万多台，其中班车客运车辆40 036辆，包车客运6 105辆，普通货车1 026 882辆，危险货运车辆13 209辆，其他35 222辆；省际客运线路指标17 212，市际客运线路指标14 545，市内运线路指标14 398；汽车客运站台账630个，其中一级37个，二级94个，三级159个，四级、五级及简易站321个；教练员3.5万多人，其他从业人员75万多人。

至2009年初，系统业务办理情况为：共发起业务流程19万宗，其中2008年度办结了39 673宗；台账业务800多万宗。

四、应用效益

2006年度，系统内共办结流程化业务39 673宗。这种流程化业务，在现行法规下，如不应用本系统而通过传统的业务处理模式时，经营者就必须安排专人到多个地区部门出差，花上半个多月的时间，才能办结一宗业务。以最常用的线路牌变更调整业务为例，经营者必须从属地县级运管部门开始申请，再送属地市级运管部门，然后送对方县级运管部门，送对方市级运管部门，最后报省厅审核办理。这一宗三级五地的业务流程办理完，经营者至少要花费1 000多元的差旅费用。每年4万宗业务，差旅费用就是4千多万元。

另外，过去由于不能全面掌握车辆和客运标志牌信息，导致经常发生一车多牌的资源占用现象，误导了相关企业的发展计划和相关部门的正确决策，导致经常发生线路经营纠纷，企业投资无法得到回报。现在通过本系统的应用，我省对一车多牌现象进行了有效清理，目前已清理出2 000多块无效客运标志牌(含外省进入广东的指标)。以一台营运客车价格60～100万元为计算，估计这次清理为我省及周边省道路运输业户避免了10多亿元的盲目投入。

183. 新型集装箱汽车衡称重识别系统

成果所属专题编号：交科鉴字(2008)第4号

成果主要完成单位：天津港(集团)有限公司、梅特勒—托利多(常州)称重设备系统有限公司
联系人：余知
联系电话：022-25705090

通信地址：天津市塘沽区津港路 99 号
E-mail：xiaoy@126.com
邮政编码：300461

一、主要技术内容

1. 技术特点

该系统通过采用三个独立的称重平台设计，配合多秤接口的称重仪表，集装箱运输车辆的各轴（轴组）只要停在不同秤台上，就可以实现通过一次静态称量车辆的总重及各轴重的称重计量，计量精度达到 OIML(III)级。配套选用的工业型称重仪表 JagXTREME 配置两块双秤接口板，可直接显示汽车总重及汽车各轴（或轴组）重量，仪表采集的重量信息可上传至计算机。通过在计算机上编制车型数据库及双箱重量计算软件，可实现运载两个集装箱的车辆一次过衡称量出两集装箱的各自总重。

2. 性能指标

满足集装箱称重计量和起重设备安全作业的要求，达到国内同行业领先水平，单箱称重综合误差优于 6%。

3. 技术配套条件

需要预知集装箱运输车辆车型尺寸。

二、适用范围

该成果适用于港口及集装箱物流称重领域。

三、已应用情况

2007 年，新型集装箱汽车衡进行了为期一年的工业性试验，将其正式投入到港口的集装箱装卸生产中。实际情况表明，新型汽车衡运行平稳，称重数据与实物重量均在设计的误差范围之中，从未出现故障。与此同时，我们申报国家发明专利已受理，专利受理号为 200810023461.5。目前，已有 15 台新型集装箱汽车衡称重识别系统安装在天津港集装箱码头有限公司等三个单位的集装箱闸口处投入使用。

四、效益分析

经济效益主要体现在三个方面。

1. 港口方面

(1)避免了集装箱起重设备因超负荷作业带来的使用寿命降低。

(2)减少了因称重过程中辅助设备和人员方面的投入。

(3)提升了港口服务功能，拓展了货源渠道。

(4)称重环节少，节约了能源消耗。

2. 生产厂商方面

解决了单箱称量问题，市场需求量大，应用前景广阔。

3. 船公司方面

(1)给船舶配载提供了数据依据，提高了舱容利用效率。

(2)避免因超重箱带来的经济处罚。

(3)得到了准确的货物重量，便于船公司准确控制船期，确定经济航速，节约了时间成本和燃油消耗。

社会效益方面，该产品具有很大的市场潜力，它提高了港口装卸效率，保障了集装箱起重设备安全，降低了船公司由于集装箱超载而承担的不必要的经济损失，提升了港口的服务功能。

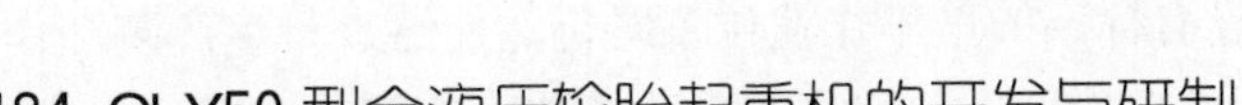

184.QLY50型全液压轮胎起重机的开发与研制

成果所属专题编号：

成果主要完成单位：天津港(集团)有限公司、哈尔滨工程机械制造有限责任公司、武汉理工大学

联系人：李华

联系电话：022-25705094

通信地址：天津市塘沽区津港路99号

E-mail：vincentlih@163.com

邮政编码：300461

一、主要技术内容

轮胎起重机是港口用于件杂货装卸作业的主要设备，具有移动灵活、作业效率高、驾驶舒适、视野性好等特点，广泛应用于国内外各大港口码头。随着我国经济的高速增长，国内港口的吞吐量正以每年30%的速度增加。

随着港口等级的提升，码头货物单体大件吨位越来越高，出现了许多吨位在15～30t之间的单体大件货物，而目前国内港口普遍使用的25t级轮胎起重机由于负荷达不到，造成部分货物无法用轮胎起重机装卸的局面，经过市场调研发现，国内并无厂家生产这种港口型大吨位轮胎起重机。因此，为了适应天津港生产需要，开发这样的港口专用型的轮胎起重机势在必行。

QLY50型全液压轮胎起重机起重能力大、工作速度快、作业效率高，但起重机结构紧凑，外形尺寸小，充分考虑到了码头前沿作业的需要。该机最大额定起重量为50t，额定起重力矩达2 100kN·m，底盘总长7.3m，转弯半径9.3m，尾部回转半径3.55m，在同级别的国内外轮胎起重机中，技术指标领先。此项设计特别适合港口狭小的场地转移和工作，而且全车起升、变幅、回转和整机行走均采用静液压传动，工作平稳可靠，发动机与主变量双泵采用电子极限载荷限制，使发动机与主泵达到最佳匹配，能充分利用发动机功率，提高工作效率，并能有效节能保护发动机；先导比例操纵可容易实现起升、变幅和回转三项复合动作，操作轻松方便，先进的泵控系统和回转恒压系统反接制动，回转平稳可靠，液压系统高效节能。该机卷扬系统制动器具有“常开”、“常闭”两种功能，重载情况下使用常闭制动器，保证作业安全，轻载状况下使用常开制动器，提高生产装卸效率。QLY50型全液压轮胎起重机金属结构采用了与整机经济寿命相一致的设计方法，合理确定了疲劳分析的载荷谱，提高了整机的可靠性，降低了整机全寿命周期内的维护成本。

该设备起重量达到50t，为国内最大，并在整机设计制造过程中运用了很多的新技术。为适应港口装卸需要开发的自由落钩功能，并由此发明双功能卷扬制动器，全车钢结构进行有限元分析计算优化，整机行走、卷扬、变幅、回转均采用静液压传动等，这些技术或是独立发明创造，或者国内首次采用。

二、适用范围

QLY50型全液压轮胎起重机技术先进，创新性强，为港口件杂货装卸提供了实用而可靠的产品，主要技术指标达到了国内领先水平，该设备在港口及件杂货物流行业有着良好的应用推广前景。

三、已应用情况

天津港(集团)有限公司与哈尔滨工程机械制造有限责任公司合作开发研制的QLY50型全液压轮胎起重机，截止到2007年，天津港已购置的QLY50型全液压轮胎起重机达到21台，全国已累计销售了85台。

目前在天津港使用的 QLY50 型轮胎起重机，能够很好地适应港口码头作业环境，在货场通行路较窄，车位很小，甚至有时没有标准的吊车作业位置时仍然能够进行生产装卸作业，在路面不好，粉尘较大的环境中能够保持 24h 连续作业，具有很高的可靠性。主要作业货类为钢杂（15t 以上）、钢板（10～15t）、卷板（19～30t）、大型设备（30t 以下）等，常用负荷在 15～28t 之间，最重作业负荷超过 30t。

四、效益分析

该设备自使用以来，为港口增揽了大量钢杂货类，根据天津港各码头公司的数据统计，截止到 2007 年底，天津港使用的 21 台 QLY50 型全液压轮胎起重机总共装卸了 17 418 769t 货物，大部分为钢材类，总计新增利润达 6 600 余万元，收到了可观的经济效益，上海港、大连港等国内主要港口相继使用了该产品。

QLY50 型全液压轮胎起重机的研制成功，体现了现代化港口机械设备大型化、高效率、高可靠性以及环保、节能和舒适的发展趋势。不仅满足了国内港口对这种大吨位轮胎起重机的需求，提高了港口的机械装运能力，增揽了货源；并且通过技术合作避免了较大的设备资金投入，降低了企业的设备成本。

185. 山区高速公路 LED 雾灯行车诱导系统工程技术研究

成果所属专题编号：闽交科鉴字[2008]第 23 号

成果主要完成单位：福建省高速公路建设总指挥部、龙岩龙长高速公路有限公司、福建省交通科学技术研究所

联系人：黄庆程

联系电话：0591-83323337，13906916266

通信地址：福州市五一中路 104 号

E-mail：83323337@163.com

邮政编码：350004

一、主要技术内容

我省地形以低山丘陵为主，地处亚热带，大部分高速公路经过山区，这些地方由于潮湿多雨，加上植被繁茂的森林环境，导致这些路段常有雾产生。当出现严重的雨雾天气时，如果没有雾天行车诱导系统，只能将高速公路关闭，由此造成高速公路运营部门的巨大经济损失。随着高速公路路网规模的不断扩大，因雾造成的安全隐患和经济损失也将日趋严重。

以交通工程学为理论基础，在收集我省气象特征资料、路段实际纵横线形数据、路段设计资料、监控系统设计资料等基础上，采取理论分析、现场观测、实际效果比对等综合研究方法，得出符合交通安全工程规范的山区高速公路 LED 雾灯行车诱导系统工程设计指南。

通过课题研究：(1)形成诱导系统工程设计的指导性依据，提出了在不同平纵线形的基础上相对应的雾灯高度、视角、间距等设计参数与诱导效果的关系。(2)远程控制设备的通用性研究，形成通用型的雾灯诱导系统本地控制器的成套设备技术与工艺，实现远程或本地控制雾灯的开启、关闭、闪烁方式、闪烁周期、闪烁频率等功能。(3)进行超亮 LED 雾灯性能、结构设计，研究在不同雾况下的雾灯亮度、发光角度等电器性能与防眩效果、诱导效果的关系，并形成指导性依据。(4)研究电力接入条件、电力传输距离、电缆选取等，形成既满足交通机电安全规范，又符合节(约)能效果的供电方案。(5)研究、分析电缆敷设方式的利弊，形成路侧护栏被撞击后，最大限度保全电缆的敷设方式。(6)研究分析雾灯安装方式的利弊，形成既能够向驾驶员展示道路线形的最好效果，又能避免被宽大货车刮碰的雾灯安装方式。

二、适用范围

成果适合在经常有雾产生，同时需要在雾天实施行车诱导的高速公路。

三、已应用情况

成果已经在龙长高速公路船岭崇1号隧道至溪源岭2号隧道之间雾区路段、邵三高速公路南平段、漳龙高速公路龙岩段、泉三高速公路三明段推广应用。

应用结果表明，雾区行车诱导效果显著，消除了因雾带来的安全管理隐患和因雾封道带来的社会负面影响，是高速公路雾区路段不可缺少的安全设施。该成果的应用，实现了高速公路雾天不封道行车的目的，既提高经济效益，又提高社会效益，受到广大交通参与者的一致好评和各级领导的肯定与赞扬。

四、应用效益

1. 经济效益

在山区高速公路雾区路段没有安装雾灯之前，高速公路遇浓雾天气将封道，由于经常性的封道，很多车辆在多雾季节从高速公路转到普通公路；有了雾区行车诱导系统，雾天不用封闭车道，车辆不用分流到普通公路，从而提高了高速公路的运营收益和道路利用率。

2. 社会效益

邵三高速公路南平段自2006年初通车至2007年底，该路段因浓雾天气共发生6起交通安全事故，造成很大的财产损失，而在安装LED雾灯行车诱导系统后，该路段没有发生一起因浓雾所引起的交通事故。

龙长高速公路船岭崇1号隧道至溪源岭2号隧道之间雾区路段安装LED雾灯行车诱导系统后，自通车以来，没有发生过因大雾天气而造成的各类交通事故。

186. 路侧振动带在提高高速公路行车安全中的应用研究

成果所属专题编号：
成果主要完成单位：重庆交通大学、重庆高速公路发展有限公司中渝营运分公司
联系人：刘唐志
联系电话：023-62650300，13883696081
通信地址：重庆市南岸区学府大道66号重庆交通大学
E-mail：liutangzhi@yahoo. com. cn
邮政编码：400074

一、主要技术内容

疲劳驾驶、疏忽驾驶引发的单车掉线事故(Run-Off-Road事故，简称ROR)是近年来我国高速公路交通事故的主要类型之一，在2005年全国45万起交通事故中，ROR事故占1/3以上。国外诸多研究表明，路侧振动带(Shoulder Rumble Strips)技术是预防和减少ROR事故的有效手段。

路侧振动带技术在美国应用广泛，规范和标准是基于多年实践应用成果的总结和提炼，并没有一套系统的路侧振动带设计理论、方法以及相应的评价标准。路侧振动带技术在国内研究和应用尚处于起步阶段，应用范围目前尚仅局限于高速公路，累计里程不超过1 000km。技术指导源于国外规范、标准和自身经验，缺乏适合中国国情的路侧振动带技术设计理论、设计方法和应用指南。

基于以上情况，采用“室内仿真模拟＋有限试验验证＋大规模仿真模拟”相结合的研究手段，以切削

式路侧振动带、热熔标线式路侧振动带以及陶瓷道钉式路侧振动带这3种形式为典型代表(图1),针对路侧振动带设计的基础理论、设计方法以及实践应用等一系列问题开展了系统研究。项目提出了路侧振动带设计车型的概念以及路侧振动带分级设计理念;获得了不同类型路侧振动带设计要素与振动带警示效果之间的规律关系;给出了不同警示级别下路侧振动带的警示指标值、警示效果、设计要素建议值以及适用条件;建立了以车轴振动加速度均方根值、车内噪声增量值为代表的路侧振动带警示效果的评价标准;基于以上成果形成了高速公路路侧振动带技术应用指南。

a) 切削式

b) 陶瓷道钉式

c) 热熔标线式

图1 三种路侧振动带形式

二、适用范围

该技术主要用于预防因疲劳、疏忽驾驶而引发的高速公路路侧事故,可大大提高我国高速公路路侧的安全性,提出的技术指南可直接指导路侧振动带的设计、施工及评价,研究成果对于等级公路路侧振动带的设置也有较高的参考价值。

三、已应用情况

项目研究成果在重庆渝武高速公路进行了成功应用(图2),采用3种不同路侧振动带类型,铺设里程10km。路侧振动带实施以后,将2008年1～8月与2006年、2007年同期同路段路侧事故资料进行对比分析,发现路侧振动带实施后因疲劳驾驶、疏忽驾驶等因素引发的路侧事故大大降低,分别下降了91.6%和96%。

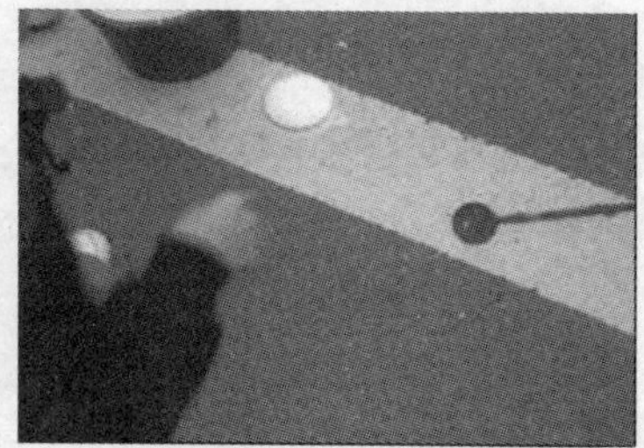

图2 项目成果在依托工程上的应用

四、应用效益

1.社会效益

路侧振动带依托工程实施以后,路侧事故发生数量与2006年、2007年同期相比,分别下降了91.6%、96%。

2.经济效益

路侧振动带依托工程实施后(10km),渝武高速因ROR事故得到有效遏制而减少的交通事故直接经济损失与2006年、2007年同期相比,分别为18.9万元、41.2万元;因路侧事故发生数量减少而导致的波形护栏维护费用节约15万元,累计减少直接经济损失分别为33.9万元、56.2万元,效益成本比分别达到3∶1、5∶1。

187. 湖北省机动车维修检测行业管理及营运车辆技术管理信息系统

成果所属专题编号：鄂科鉴字[2007]第 70213017 号

成果主要完成单位：湖北省交通厅道路运输管理局、合肥华西科技开发有限公司、安徽省淮北市运输管理处、潜江市恒运机动车检测有限公司

联系人：彭源

联系电话：027-83462362

通信地址：武汉市东西湖区金银湖路 10 号

E-mail：

邮政编码：430048

一、主要技术内容

本系统是分别部署在湖北省内各维修检测企业端和道路运输管理部门端的软件，通过网络连接而成的信息系统。系统采用 B/S 和 C/S 混合结构和组建化复核技术，并依照《中华人民共和国道路运输条例》及配套管理办法的要求，实现了包含营运车辆基本情况信息、维修和检测信息、技术状况信息的自动采集和汇总，并通过维修企业和检测站之间的单证使用自动化比对核查功能，实现了车辆技术等级、维修检测车和二级维护等信息的无纸化自动备案；远程配置与管理全省区域内综合性能检测站的检测项目、检测标准、检测报告单格式等工作内容，保证全省范围内的机动车检测数据的统一性、真实性和公正性；通过互联网实现实时动态的收集维修检测企业、营运车辆的相关信息，并作为技术数据源与全省运政管理信息平台进行数据传输，使各业务管理部门协同管理，为道路运输行政执法提供真实、有效的数据。

二、适用范围

一、二类汽车维修企业及机动车综合性能检测站。

三、已应用情况

已在全省 65 家机动车综合性能检测站推广应用，实现了检测数据的实时上传，为运管部门及时了解营运车辆技术状况提供了保障。

四、效益分析

应用该系统可提高行业管理部门的管理手段，提升汽车维修企业和机动车综合性能检测站的专业化水平，并为管理部门的科学化决策提供保障，有显著的社会效益。

188. 公路交通安全数据库技术研究

成果所属专题编号：交科鉴字[2008]第 112 号

成果主要完成单位：北京工业大学、交通部公路科学研究院

联系人：贺玉龙

联系电话：010-67396176，15910795288

通信地址：北京市朝阳区平乐园 100 号

E-mail：ylhe@bjut. edu. cn

邮政编码:100124

一、主要技术内容

该项目针对行政管理者、工程技术人员、专业研究人员以及路政养护人员、社会公众等进行了全面且深入的与本项目相关的需求调查与分析,规范并统一了交通安全数据标准格式,完善了数据库上游数据获取方法,构筑了多用户和分布式的数据库系统,实现了公路属性数据的接口调用以及交通事故数据的导入,研发实现了多角度数据分析程序,建立了GIS及统计分析两个平台,研发了下游数据应用模块,使得数据库系统具备了多角度的事故黑点鉴别,以及多媒体信息处理及应用的功能,最终,取得了如下研究成果:

(1)建立了统一的中国公路交通安全数据体系与标准;

(2)构建了开放式的公路交通安全数据库;

(3)创建了全方位、多用户、分布式的公路交通安全数据分析系统;

(4)创建了多对象、多介质的公路交通安全地理信息数据平台;

(5)创建了多层次公路安全统计分析的平台;

(6)创建了基于有序聚类分析和经验贝叶斯的事故黑点鉴别模型;

(7)研发了服务于公路交通安全分析的多媒体信息处理及演示模块。

二、适用范围

该项目的成果能够在多个部门之间得到广泛应用,具体而言,主要能够应用于以下一些单位或部门:

(1)交通运输部的公路行业管理部门;

(2)公路安全工程的规划、设计、施工、运营管理部门;

(3)公安交通管理部门;

(4)从事公路安全工程咨询的公司或科研院所;

(5)致力于交通安全研究的高等院校、科研机构等;

(6)为公众提供获取公共信息的平台。

三、已应用情况

该项目的成果已经获得较广泛的应用,除了在北京示范区(应用成果见图1)、贵州示范区试用了该数据库系统并取得较好的社会经济效益外,还在京津塘高速公路北京段、甘肃天巉公路、广西G210线、重庆长万高速公路(渝宜高速公路)等试点公路进行了实例分析,说明数据库系统在我国华北、西北、西南广泛的区域内,均能得到很好的应用。

四、应用效益

该项目的核心成果“公路交通安全数据库及其相关标准与规程”能够提高公路交通安全数据分析的精度和科学性,提升公路交通安全决策的科技水平,它的直接效益在于能够大幅度地改进公路安全保障与改造工程,提高公路交通安全管理工作的质量与效率。此外,公路交通安全数据库技术在示范工程地区及北京、甘肃、广西、重庆等地试点公路的应用结果表明,该数据库技术能够大幅度提高相关单位的公路交通安全数据管理、分析、预测水平与决策制定的效率和科学性。同时,这一数据库还具有分析内容丰富、软件操作方便的特点,可以满足管理人员的使用要求,具有较好的实用性。在应用本数据库技术鉴别出事故多发路段后,便可通过完善道路安全设施、加强道路的养护维修以及加强道路交通安全管理等有效的治理方案,来降低事故发生次数,减轻事故严重程度,从而间接地为当地安全水平的提高和社会效益、经济效益的增加作出不可忽视的贡献。

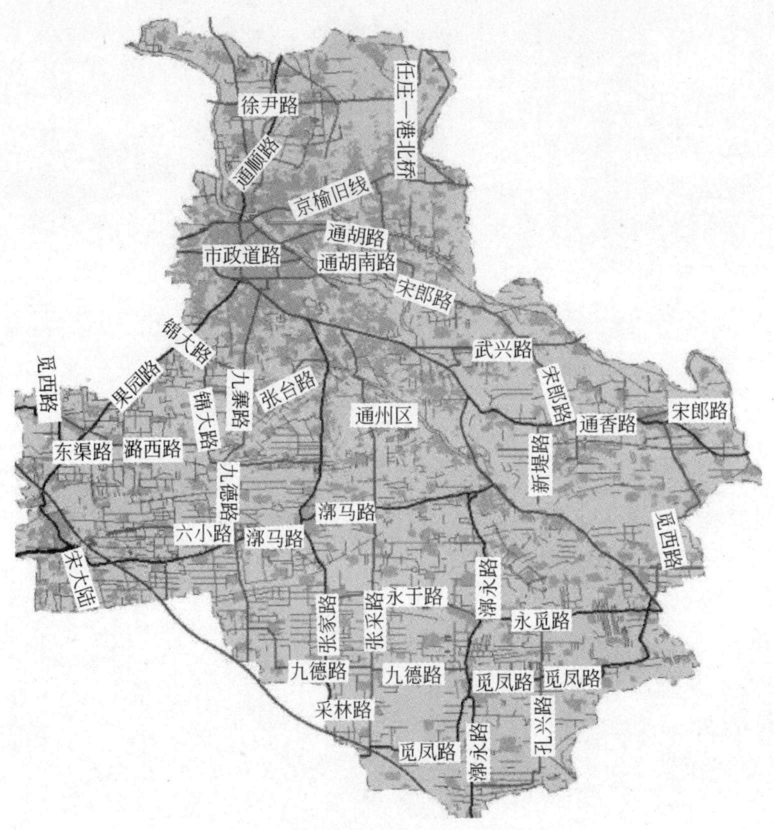

图 1 北京通州区安全数据库路网图